足印

（2012——2016）

◎ 杨志强 赵朝忠 符金钟 主编

中国农业科学技术出版社

图书在版编目（CIP）数据

足印（2012—2016）／杨志强，赵朝忠，符金钟主编 . —北京：中国农业科学技术出版社，2017. 12

ISBN 978-7-5116-3453-5

Ⅰ.①足… Ⅱ.①杨…②赵…③符… Ⅲ.①中国农业科学院-畜牧业-研究所-历史-兰州-2012—2016②中国农业科学院-兽用药-研究所-历史-兰州-2012—2016 Ⅳ.①S8-242.421

中国版本图书馆 CIP 数据核字（2017）第 322107 号

责任编辑	闫庆健
文字加工	李功伟
责任校对	贾海霞

出 版 者	中国农业科学技术出版社
	北京市中关村南大街 12 号　邮编：100081
电　　话	（010）82106625（编辑室）　（010）82109702（发行部）
	（010）82109709（读者服务部）
传　　真	（010）82106625
网　　址	http：//www.castp.cn
经 销 者	各地新华书店
印 刷 者	北京科信印刷有限公司
开　　本	880 mm×1 230 mm　　1/16
印　　张	15. 5
字　　数	416 千字
版　　次	2017 年 12 月第 1 版　2017 年 12 月第 1 次印刷
定　　价	70. 00 元

《足印（2012—2016）》
编　委　会

主　编　杨志强　赵朝忠　符金钟

副主编　张小甫　陈化琦

编　委（按姓氏笔画排序）
　　　　　杨志强　张小甫　陈化琦
　　　　　赵朝忠　符金钟

序

　　1996 年，中国农业科学院中兽医研究所（1958 年建所）与中国农业科学院兰州畜牧研究所合并，成立了中国农业科学院兰州畜牧与兽药研究所，这是一所涵盖畜牧、兽医、兽药、草业 4 大学科研究的国家级综合性农业科研机构。研究所拥有"全国文明单位""全国精神文明建设工作先进单位""甘肃省文明单位""中国农业科学院文明单位""甘肃省绿化模范单位"等众多荣誉称号。多年来，该研究所对科技创新、科技兴农和创新文化作出了不懈的努力，留下了一束束前进发展的足印！

　　2016 年，研究所办公室对历年简报进行归纳整理，既为了回首看看发展的足迹，也为了方便存储和查阅。2017 年年初，开始启动整理编写工作。在办公室工作人员同心努力下，10 月，初稿完成。《足印（2012—2016）》一书按照年度共分 5 个部分，各部分根据工作性质又分为综合政务管理、科技创新与科技兴农、党的建设与文明建设三类，全书既体现了历史的厚重、前进的艰辛，也体现了扎根西北、艰苦奋斗、勇攀高峰的牧药人精神。

　　现编的《足印》上启自 1999 年 9 月创办的研究所第一期工作简报。该简报一直延续至今，每月一期，看似小小举动，十几年坚持下来，净字数达 60 余万，记载了研究所改革发展、服务"三农"的点点滴滴，是研究所最真实的历史记录。研究所即将迎来甲子华诞，全所职工正以奋发昂扬的姿态走进新时代，迈向新征程，谱写新篇章。在此以《足印（2012—2016）》奉献给所有作出贡献的在职和离退休职工，也献给关心、支持、爱护本所发展和进步的各级领导、有关单位和同仁。

杨志强

2017 年 11 月

目　　录

第一部分　二〇一二年简报

2012 年综合政务管理

● 1月9~11日，杨志强所长、刘永明书记赴北京参加中国农业科学院 2012 年工作会议和党风廉政建设工作会议。12 日，杨志强所长参加中国农业科学院 2011 年度高级专业技术职务评审会议。13 日，杨志强所长参加中国农业科学院 2012 年春节团拜会。

● 1月16日，杨志强所长主持召开所长办公会。会议研究了 2011 年科技奖励及绩效奖励事宜。刘永明书记、张继瑜副所长及职能部门负责人参加了会议。

● 1月17日，研究所召开学习贯彻中国农业科学院 2012 年工作会议精神暨 2011 年总结表彰大会。杨志强所长传达学习农业部副部长、中国农业科学院院长李家洋在中国农业科学院 2012 年工作会议上作的题为《解放思想 开拓创新 跨越发展》的工作报告，并结合院 2012 年工作会议精神，安排部署了研究所 2012 年工作。刘永明书记传达了中国农业科学院 2012 年党风廉政建设工作会议精神。张继瑜副所长宣读了研究所《关于表彰 2011 年度文明处室、文明班组、文明职工的决定》，总结表彰了研究所 2011 年工作，宣布了 2011 年获奖集体、个人名单和奖励决定。研究所领导向受到表彰的集体和个人颁发了奖状和奖金。张继瑜副所长主持大会，全所职工参加了会议。

● 1月17日，刘永明书记主持召开 2012 年离退休职工迎新春茶话会。会上，杨志强所长代表所领导班子向离退休同志报告了 2011 年研究所在改革创新、科研立项、成果转化、人才培养、科技兴农、条件建设、开发管理、党的建设和文明建设等方面取得的成绩，以及 2012 年度研究所工作计划。杨志强所长代表所领导班子向离退休同志致以诚挚的问候和新春的祝福，衷心感谢他们对研究所工作的大力支持。张继瑜副所长、党办人事处负责人及离退休职工 70 余人参加了会议。

● 1月18日，杨志强所长、刘永明书记、张继瑜副所长率办公室、党办人事处及相关部门负责人走访慰问研究所在所离休干部、困难职工和孤寡老人，并送上了慰问金等慰问品。

● 1月19日，杨志强所长主持召开所务会议，会议就春节期间放假值班及安全事宜进行了安排。刘永明书记、张继瑜副所长及各部门负责人参加了会议。

● 1月19日，杨志强所长、刘永明书记、张继瑜副所长、办公室赵朝忠主任、科技管理处王学智处长、党办人事处杨振刚主任慰问了春节期间在一线值班的职工。

● 1月19日，研究所在大唐宫举行 2012 年春节团拜会，全所在职职工、离退休职工、在所的研究生 350 余人参加了会议。刘永明书记主持团拜会。杨志强所长发表了热情洋溢的新春祝辞，并代表研究所党政班子向全体职工及家属致以节日的问候。

● 1月20日，杨志强所长主持召开专题会议，就研究所 2012 年修缮购置专项"中国农业科学院共享试点：区域试验站基础设施改造"地形测绘投标单位进行了筛选。基地管理处时永杰处长、条件建设与财务处肖塑处长及项目组成员参加了会议。

● 1月22日，研究所在所部大院举行除夕夜焰火晚会，庆祝龙年春节。

● 1月30日，七里河区彭家坪镇社火队来研究所进行社火表演。

● 2月7日，杨志强所长、刘永明书记和张继瑜副所长看望研究所春节后第一天上班职工。

● 2月7~11日，条件建设与财务处巩亚东副处长等赴北京参加 2011 年中国农业科学院部门决算会审会。

● 2月9日，杨志强所长主持召开所长办公会，就2012年研究所有关工作进行了讨论。职能部门第一负责人参加了会议。

● 2月10日，杨志强所长主持召开所务扩大会议，就编制研究所第三期修缮购置专项资金规划进行了部署；会议还对研究所学科调整与建设进行了讨论。刘永明书记、张继瑜副所长、杨耀光副所长、各部门负责人和科研骨干参加了会议。

● 2月16日、29日，杨志强所长两次主持召开所务会议，讨论并通过了研究所奖励办法、工作人员年度考核实施办法，文明处室、文明班组、文明职工评选办法，公文处理实施细则和计算机信息系统安全保密管理暂行办法。刘永明书记、张继瑜副所长、杨耀光副所长及各部门负责人参加了会议。

● 2月19日，中国农业科学院监察局张逐陈局长、财务局吴胜军副局长来研究所调研。杨志强所长、刘永明书记、张继瑜副所长、杨耀光副所长等陪同调研。

● 2月20~22日，杨志强所长、条件建设与财务处肖堃处长赴杭州市参加农业部财务局2012年修缮购置项目和基本建设项目预算执行工作会。

● 2月22日，研究所召开学习中央"一号文件"精神座谈会。座谈会由研究所党委书记刘永明主持，所理论学习中心组成员、部分重大项目主持人参加座谈会。会上，与会人员全文学习了中共中央、国务院《关于加快推进农业科技创新持续增强农产品供给保障能力的若干意见》，观看了中央电视台《今日观察》聚焦"三农"节目和福建电视台聚焦中央"一号文件"节目视频，以及部分专家对中央"一号文件"的解读。与会人员结合研究所科技创新，畅谈和交流了学习中央"一号文件"的体会。

● 2月23~24日，杨志强所长参观调研上海光明乳业有限公司牧场。

● 2月27日，青海省科技厅邢小方副厅长、青海省畜牧兽医科学院周青平副院长一行4人到研究所调研。杨志强所长就研究所基本情况和长期以来与青海省开展的畜牧科技合作情况向邢小方副厅长一行进行了介绍。张继瑜副所长、畜牧研究室阎萍主任与周青平副院长讨论了下一步科技合作的相关事宜。办公室赵朝忠主任，科技管理处王学智处长参加了会议。

● 2月27日，伊拉克留学生Ali Mahdi Mutlag来研究所交流学习中兽医药学实用技术，杨志强所长、科技管理处王学智处长及中兽医（兽医）研究室李建喜主任代表研究所热烈欢迎他来所学习。

● 2月28日，研究所"新型高效牛羊营养缓释剂的示范推广"项目组依托药厂建立的添加剂预混合饲料生产线顺利通过了农业部全国饲料工业办公室组织的验收。甘肃省兽医局周生明副局长、研究所刘永明书记、杨耀光副所长、中兽医（兽医）研究室潘虎副主任、药厂王瑜副厂长、陈化琦副厂长及项目组成员参加了验收会。

● 3月1日，杨志强所长主持召开专题会议，就2012年房产管理处和药厂年度目标任务进行了讨论。张继瑜副所长、杨耀光副所长参加了会议。

● 3月2日，天津市农垦局陈立东书记、天津市奶牛发展中心吴周良主任等一行3人来研究所调研。杨志强所长主持召开座谈会，并向陈立东书记一行介绍了研究所基本情况和畜、药、病、草四大学科建设情况。陈立东书记对研究所多年来取得的成绩给予了充分肯定，希望今后研究所与天津市农垦局能够交流合作，尤其是在兽药生产与成果推广上深化合作力度。张继瑜副所长、科技管理处王学智处长、畜牧研究室阎萍主任、中兽医（兽医）研究室李建喜主任等参加了座谈会。

● 3月2日，研究所召开全所职工大会，会议通报和传达了新修订的《中国农业科学院兰州畜牧与兽药研究所工作人员年度考核实施办法》《中国农业科学院兰州畜牧与兽药研究所科技奖励办法》和《中国农业科学院兰州畜牧与兽药研究所文明处室、文明班组、文明职工评选办法》3个办法。杨志强所长代表所班子对新修订的3个办法进行了说明，并对贯彻执行3个办法提出了要求。杨志强所长指出，广大干部职工要解放思想，认清形势，深化改革；要做好工作，注重效率，保证产出，突出贡献；要全面落实今年各项任务目标，领导干部要扎扎实实开展工作，起到带头作用。杨耀光副所长根据"马太效应"理论指出，修订的3个办法符合研究所当前实际，进一步完善了奖励机制，全体干部职工要把握机遇，努力创造更新更大的成绩。张继瑜副所长主持了会议。

● 3月5日，研究所组织开展"学雷锋精神，从身边做起"卫生大清扫与卫生评比活动。

● 3月6日，杨志强所长参加了兰州市人大组织的"兰州市贯彻《中华人民共和国农产品质量安全法》和《甘肃省农产品质量安全条例》执行情况"的活动。

● 3月7日，杨志强所长主持召开所务会议，会议通报了研究所卫生大清扫活动的评比结果。杨耀光副所长及各部门负责人参加了会议。

● 3月7日，杨耀光副所长主持召开专题会议。会上，杨志强所长代表研究所与药厂、房产管理处负责人分别签订了2012年经济目标责任书。职能部门负责人参加了会议。

● 3月20日，科技管理处组织召开中兽医（兽医）研究室研究生Seminar。

● 3月29日，农业部工程中心黄洁处长一行5人来研究所调研，并对2012年修缮购置项目——区域试验站基础设施改造项目实施方案进行现场评审。杨志强所长、条件建设与财务处肖堃处长及相关人员参加了会议。

● 4月8日，研究所综合实验室建设项目通过兰州市规划局等部门第二轮对施工图的审查，取得了《建设项目工程规划许可证》。

● 4月9日，研究所张继瑜副所长、科技管理处王学智处长和周磊同志赴北京参加中国农业科学院研究生教育工作会议。

● 4月9日，四川省江油市农委办主任李季、四川北川大禹羌山畜牧食品有限公司董事长张鑫燚等一行5人到研究所调研。杨志强所长主持召开座谈会。李季主任希望与研究所建立良好的合作关系，尤其在防治猪病的中兽药研发和应用方面深化合作力度，充分利用研究所的学科、人才优势，促进当地企业的创新发展。杨志强所长指出，企业带着问题寻求科研合作伙伴，节约了成本，节省了时间；科研单位也能够及时掌握企业生产需求，准确把握研究方向，为进一步解决问题奠定基础，真正做到"产学研"紧密结合。刘永明书记介绍了研究所近年来兽医、兽药研究方面承担的科研项目和取得的成果，并表示研究所非常重视与企业的合作。杨耀光副所长、科技管理处、中兽医（兽医）研究室和兽药研究室负责人及相关专家参加了座谈会。

● 4月10日，杨志强所长主持召开专题会议，就研究所综合实验室项目工程招标的相关事宜进行了研究。张继瑜副所长、条件建设与财务处肖堃处长、党办人事处荔霞副处长及项目办公室袁志俊主任参加了会议。

● 4月10日，七里河区委西湖街道召开2012年度人口和计划生育工作会议，会议表彰了2011年计划生育工作先进集体和先进个人。研究所被授予"2011年度人口和计划生育工作先进集体"称号。

● 4月11日，刘永明书记召开研究所学术委员会会议，就2012年享受政府特贴人员进行了评选。经过综合评议，决定推荐阎萍研究员，并上报中国农业科学院。

● 4月11日，杨志强所长参加西湖街道人大代表"不断创新社会管理模式，深化拓展民情流水线工程"活动。

● 4月13日，根据中国农业科学院研究生院招生工作安排，研究所由杨志强研究员、刘永明研究员、张继瑜研究员、阎萍研究员、梁剑平研究员、李建喜副研究员、王学智副研究员、董鹏程副研究员组成的复试工作小组，对2012年报考研究所的博士、硕士研究生进行了复试，确定10名学生通过研究生复试，并上报研究生院。

● 4月13日，杨志强所长、刘永明书记带领研究所卫生检查评比小组，认真检查了各部门卫生情况并进行了评比。

● 4月14～15日，杨志强所长前后两次主持召开研究所综合实验室项目招标入围单位筛选会。会议按照招标文件要求，会同监理和招标代理单位通过对申报单位资质评议等环节，最后筛选出甘肃第四建筑工程公司等9家单位入围投标。张继瑜副所长、条件建设与财务处肖堃处长、党办人事处荔霞副处长及项目办公室袁志俊主任等参加了会议。

● 4月16日，杨志强所长主持召开所长办公会，研究了3月份岗位津贴发放事宜；通过了拆除原幼儿园和抗生素车间的决定。刘永明书记、杨耀光副所长及职能部门负责人参加了会议。

● 4月16～17日，党办人事处主持召开2012年工作人员招聘会议，对应聘研究所的硕士、博士进行了面试和笔试。杨志强所长、刘永明书记、张继瑜副所长、杨耀光副所长与相关部门负责人参加了会议。

● 4月17～23日，研究所办公室赵朝忠主任赴厦门参加了农业部人力资源开发中心举办的办公室工作人员能力建设研修班。

● 4月17～23日，后勤服务中心张继勤副主任赴厦门参加农业部人力资源开发中心举办的后勤管理人员综合素质提高研修班。

● 4月18日，杨志强所长主持召开专题会议，就区域试验站基础设施改造项目三个标段的监理单位进行了筛选。经过综合评议，确定第一标段和第二标段监理单位为甘肃华兰工程监理有限公司，第三标段监理单位为甘肃衡宇工程建设监理有限责任公司。张继瑜副所长、条件建设与财务处肖堃处长、基地管理处时永杰处长及项目组成员参加了会议。

● 4月19日，中国农业科学院基本建设局付静彬局长一行到研究所就综合实验室建设项目进行了调研。杨志强所长向付静彬局长一行详细汇报了项目前期进展、工程招标现状、下一步工作安排及所区和基地的基本建设规划。20～21日，杨志强所长、条件建设与财务处肖堃处长、基地管理处杨世柱副处长陪同付静彬局长一行考察了张掖基地。

● 4月19～20日，杨志强所长主持召开区域试验站基础设施改造工程项目三个标段招标入围单位筛选会。会议按照招标文件要求，通过对申报单位资质评议等环节，最后筛选出甘肃广林建筑安装工程有限责任公司等18家单位入围投标。条件建设与财务处肖堃处长、党办人事处荔霞副处长及项目组成员参加了会议。

● 4月23日，杨志强所长、张继瑜副所长、基地管理处时永杰处长及项目组人员实地考察并确定了区域试验站基础设施改造工程项目三个标段的具体实施位置。

● 4月25日，杨志强所长主持召开专题会议，就研究所综合实验室项目施工图纸、工程量清单和招投标相关事宜与甘肃第四建筑工程公司等设计投标单位进行了投标前答疑。张继瑜副所长、条件建设与财务处肖堃处长及项目组成员参加了会议。

● 4月27日，后勤服务中心组织全所驾驶员30余人在科研大楼二楼会议室进行了驾驶安全知识学习。

● 阎萍当选甘肃省女科技工作者协会副秘书长

5月3日上午，甘肃省女科技工作者协会成立大会暨第一次会员代表大会在宁卧庄宾馆举行。研究所阎萍研究员当选为甘肃省女科技工作者协会副秘书长。

甘肃省女科技工作者协会是由甘肃省各条战线女科技工作者综合组成的非营利的社会团体，是党和政府联系女科技工作者的桥梁和纽带，是发展甘肃省科学技术事业的重要社会力量。来自甘肃省各条战线的 160 多名女科技工作者参加了大会。

● 5 月 4 日，刘永明书记主持召开中层干部任职试用期满考核大会，杨志强所长、张继瑜副所长和全体在职职工参加了大会。会上，在 2011 年研究所第四次全员竞聘上岗中聘用试用期满的 11 名中层干部与主持部门工作的 2 名部门副职向全体职工报告了一年来的工作，与会领导和职工对 13 名中层干部进行了任职考核民意测评。

● 5 月 7 日，杨志强所长主持召开所长办公会，就领导班子任期工作报告进行了审议。5 月 9 日，对审议通过的任期工作报告在研究所进行了公示并提交中国农业科学院。

● 5 月 8 日，研究所综合实验室建设项目在甘肃省建设工程交易中心开标大厅开标。有 9 家投标企业按时提交了标书。经过评标，最终确定甘肃华成建筑安装工程有限责任公司中标。

● 5 月 8~9 日，后勤服务中心邀请兰州市威立雅水务公司对研究所生活用水水池和工作用水水池进行了清洗、消毒。

● 5 月 14 日，七里河区人民政府魏丽红副区长带领区卫生、城建等部门到研究所检查卫生单位创建工作。刘永明书记率后勤服务中心负责人陪同检查，并汇报了研究所卫生单位创建情况。

● 5 月 15 日，甘肃省卫生厅疾控处胡亚琨处长一行 10 人到研究所检查全民健康生活方式行动示范单位创建工作。刘永明书记等陪同进行检查。检查后，刘永明书记主持座谈会，张继勤副主任汇报了健康生活方式行动示范单位创建工作情况。杨志强所长、苏鹏主任等参加了会议。

● 5 月 16 日，杨志强所长主持召开专题会议，研究推选第四届中华农业英才奖候选人，经过评议，推荐阎萍同志为第四届中华农业英才奖候选人推荐人选。

● 5 月 16 日，杨志强所长主持召开专题会议，传达科技部科技经费管理视频培训会议精神，通报研究所各课题预算执行进度。

● 5 月 17 日，研究所 2012 年博士研究生复试录取工作正式开始。研究所成立由刘永明研究员、张继瑜研究员、阎萍研究员、杨博辉研究员、梁剑平研究员、李剑勇研究员、王学智副研究员等组成的复试工作小组，对 2012 年报考研究所的 3 名博士生进行了复试。

● 5 月 17~18 日，杨志强所长参加兰州市人大法工委、农工委组织的联合视察组，视察兰州市南北两山绿化工程。

● 5 月 18 日，研究所与"综合实验室建设项目"工程施工中标企业甘肃华成建筑安装工程有限责任公司签订了施工合同。

● 5 月 20 日，在七里河区公安分局召开的 2012 年综合治理工作会议上，研究所被授予"2011 年度综合治理工作先进单位"称号。

● 5 月 21 日，"中国农业科学院共享试点：区域试验站基础设施改造项目"在甘肃省建设工程交易中心开标大厅开标。有 18 家投标企业按时提交了标书。经过评标，最终确定兰州市安宁区第二建筑公司中标第一标段，八冶建设集团有限公司中标第二标段，甘肃省第二建筑工程公司中标第三标段。

● 研究所标准化实验动物房通过年检

5 月 24 日，甘肃省实验动物管理委员会组织专家对研究所实验动物许可证进行了年检。

甘肃省科技厅检测中心蔡兴主任、兰州兽医所景志忠研究员等专家，在听取 2011 年研究所实验动物房运转情况的汇报后，认真地查阅了相关文件、使用记录、质量检测报告，结合现场实地检查等进行了综合评审。专家组一致认为：研究所实验动物房自建成后运转良好，使用规范，为研究所科研工作提供了良好的实验平台，同意通过年检。张继瑜副所长代表研究所对各位专家表示欢迎，对委员会的工作表示感谢，对专家组提出的问题和建议表示将即行整改。

● 5 月 27 日，研究所聘请专家组成答辩委员会，对研究所 2012 届研究生的学位论文进行了评议。答辩委员会一致同意 3 名博士研究生和 6 名硕士研究生通过答辩。

● 研究所综合实验室建设项目开工

5 月 29 日，研究所综合实验室建设项目开工典礼在所部大院隆重举行。

杨志强所长代表研究所致辞。杨志强所长指出，综合实验室建设项目体现了农业部和中国农业科学院对牧药所的关怀与支持。项目总投资 2690 万元，建筑面积近 7000 平方米。该项工程开工建设是研究所认真贯彻落实 2012 年中央"一号文件"精神，实施重大农业科技创新，推动现代农业科研一流院所建设的重要举措。该项目的建成将使研究所科研基础条件迈上一个新台阶，为提升研究所科技自主创新能力、将研究所建设成现代农业研究所奠定良好的基础。杨志强所长要求，工程建设，百年大计，质量为先，安全第一，要牢固树立精品意识，又好又快完成建设任务。

质量监督单位、监理单位和承建单位领导分别讲话。杨耀光副所长主持开工典礼。牧药所全体在职职工、部分离退休职工以及相关单位人员等共 200 余人参加了典礼。

● 卫生部疾控局孔灵芝副局长到研究所检查指导工作

5 月 31 日，卫生部疾控局孔灵芝副局长、王维真处长在甘肃省卫生厅、甘肃省疾病控制中心等单位相关领导的陪同下到研究所检查全民健康生活方式行动示范单位创建工作情况。

杨志强所长代表研究所对孔灵芝副局长一行表示热烈欢迎，并陪同孔灵芝副局长一行参观了研究所所史陈列室，检查了所区环境卫生、职工活动场所、创建支持工具，查看了全民健康生活方式行动示范单位创建相关资料，汇报了研究所全民健康生活方式行动示范单位创建情况。孔灵芝副局长一行对研究所创建工作给予充分肯定，祝贺研究所荣获甘肃省健康生活方式行动示范单位荣誉称号。

● 6 月 1 日，兰州市供热办公室张恩坛主任一行 10 人到研究所大洼山试验基地考察工作。杨志强所长、后勤服务中心苏鹏主任和张继勤副主任陪同考察。

● 甘肃省省长助理夏红民到研究所考察工作

6 月 2 日，甘肃省省长助理夏红民一行 4 人到研究所大洼山实验基地考察工作。

在大洼山基地，夏红民省长助理一行查看了苜蓿繁育情况和基础设施建设情况，对试验基地近年来的发展情况给予了肯定。杨志强所长向夏红民省长助理一行汇报了研究所近年来科研工作情况。夏红民省长助理指出，甘肃省是畜牧业大省，优质牧草的种植对畜牧业发展具有重要意义，希望研究所在牧草研究上发挥优势，为全省畜牧业发展做出贡献。刘永明书记、张继瑜副所长、杨耀光副所长及有关部门领导和专家陪同进行考察。

● 研究所区域试验站基础设施改造项目开工

6 月 6 日，研究所区域实验站基础设施改造项目开工典礼在大洼山实验基地隆重举行。

中国农业科学院财务局史志国局长代表中国农业科学院致辞。史志国局长指出，区域实验站基础设施改造项目的建设，凝聚着研究所上下的心血和努力，体现了中国农业科学院对研究所的关心与支持。史志国局长提出两点要求。第一，要加强对项目建设工作的领导和管理。第二，希望设计单位、施工单位和监理单位与研究所相互配合，做到质量第一，安全第一。

杨志强所长代表研究所致辞。杨志强所长指出，研究所区域试验站基础设施改造项目的建设是研究所推动重大农业科技创新的具体体现，项目的完成将使研究所区域试验站基础条件迈上一个新台阶，为牧草新品种的培育提供良好的实验平台，为提升研究所科技自主创新能力、建设成一流现代农业研究所奠定良好的基础。杨志强所长希望各方通力合作，又好又快地完成项目建设任务。

刘永明书记主持开工典礼。项目施工单位和监理单位代表分别讲话。

● 6 月 7 日，杨志强所长主持召开专题办公会议，研究推荐甘肃省优秀科技工作者候选人。经过评议，决定推荐阎萍、郑继方为甘肃省优秀科技工作者候选人。张继瑜副所长及办公室、科技管理处、党办人事处负责人参加了会议。

● 6月11日，杨志强所长主持召开人事办公会议。会议决定聘任蒲万霞研究员技术职务，聘任郭宪、陆金萍、尚若峰、孔繁矼4人副研究员技术职务；聘任杨宗涛、陈云峰、周新明、梁军、刘庆平、肖华、杨克文、王蓉城、郭天幸9人工人技师职务。刘永明书记及职能部门负责人参加了会议。

● 6月11日，中国农业科学院研究生院外语教研室潘淑敏主任一行2人来研究所调研。潘淑敏主任重点介绍了研究生院的外语教学情况，并就关于如何提高研究生外语听、说、读、写能力，提升外语综合素质，为研究所提供更优秀的人才进行专题调研。研究所相关研究生导师和研究生参加了汇报会。科技管理处王学智处长主持会议。

● 6月12~15日，科技管理处董鹏程副处长赴湖北武汉和江苏南京参加中国农业科学院研究生院组织的2013年招生专场宣讲会和现场咨询会。

● 6月12日，杨志强所长主持召开研究所网页建设专题会议。会议对中国农业科学院院所信息化网站建设项目组设计的网页模板和研究所网页迁移时间进行了讨论，对研究所网页模板提出了修改意见。办公室赵朝忠主任、高雅琴副主任及相关人员参加了会议。

● 6月12日，刘永明书记主持召开2012年工人技师资格考核部署会议，对研究所2012年参加甘肃省工人技师资格考核工作进行了部署。研究所12名工人参加了会议。

● 6月13日，应研究所邀请，兰州市政安消防宣传中心特级教官王启光为全所职工作了题为《预防为主，防消结合》的消防安全知识讲座，并进行了现场演练。刘永明书记主持了讲座和演练活动。

● 6月14日，杨志强所长主持召开专题会议，就研究所综合实验室项目图纸交底的相关问题与监理单位、承建单位和设计单位进行了讨论。条件建设与财务处肖堃处长、项目办公室袁志俊主任及项目组成员参加了会议。

● 6月21日，刘永明书记主持召开研究所安全生产会议，对端午节假期值班和安全生产进行了安排部署。各部门负责人参加了会议。

● 杨志强所长一行赴四川北川考察

6月24日，研究所杨志强所长、张继瑜副所长等一行6人赴四川北川大禹畜牧食品科技有限公司考察。

大禹公司董事长张鑫炎对杨志强所长一行表示热烈欢迎，并就大禹公司目前所从事的优质种猪育种、扩繁、示范养殖和食品加工的全产业链农业产业化经营项目进行了介绍，同时表示希望借助研究所在中兽医药研发方面的优势，在猪饲料中兽药添加剂及防治猪病中兽药研发和应用方面建立长期合作关系。

杨志强所长一行参观了大禹公司的种猪繁育基地以及在建的饲料厂和立体化养殖基地，对大禹公司的良好发展势头表示肯定，同时就目前动物饲料添加剂和防治猪病的现状提出了建设性意见。四川省畜牧食品局兰明建副局长、江油市政府副市长胥洪、江油市农委办主任李季及大禹公司有关负责人陪同进行了考察。

● 6月25~26日，杨志强所长赴北京参加中国农业科学院研究生院2012年研究生学位论文评审会。

● 6月25~29日，条件建设与财务处巩亚东副处长、陈靖同志赴北京编制申报了研究所2013年中央部门“一上”预算。

● 7月2~4日，杨志强所长、条件建设与财务处肖堃处长赴北京参加了中国农业科学院召开的2013—2015年度修缮购置专项工作规划和2013年度项目申报答辩会。

● 7月4日，研究所召开博士后研究人员李建喜出站评审会。研究所组织专家对其工作报告进行评审，并通过了评审。

● 7月6日，刘永明书记在甘肃省政府综合楼会议厅参加了全国科技创新大会第一次全体视频会议。

● 7月6日，杨志强所长主持召开所长办公会议。会议决定报废猎豹越野车，并购买新越野车。刘永明书记、张继瑜副所长、杨耀光副所长及办公室、科技管理处、党办人事处、条件建设与财务处、后勤服务中心、房产管理处负责人参加了会议。

● 中国农业科学院国际合作局张陆彪局长一行到兰州两所调研

7月7~8日，国际合作局张陆彪局长一行5人到研究所考察调研。

研究所杨志强所长、兰州兽医所殷宏所长分别代表两所欢迎张局长一行。在座谈会上，张继瑜副所长就牧药所基本情况、近年来国际合作工作进展及下一步规划向张局长一行做了介绍。张局长在听取了张副所长的介绍后，结合李家洋院长提出的建设现代农业科研院所目标，从加快现代科研院所建设、对现代科研院所的认识和理解、中国农业科学院国际合作局的使命与举措等方面对院所国际合作工作进行了分析和解读。他提出，国际合作要做好三方面的工作：一要加强人才队伍建设；二要重视国际合作项目的申报工作；三要有相对稳定的国际合作伙伴。研究所要突出自身的学科优势，从人才和平台建设等多方面提升国际合作的综合实力，紧紧抓住中国农业科学院强劲发展的机遇，扩大国内外影响，早日实现现代农业科研院所的目标。

刘永明书记、杨耀光副所长、科技管理处负责人等参加了座谈会。

● 7月8~11日，杨志强所长、肖堃处长赴青岛参加了中国农业科学院财务工作会暨领导干部财务培训班。

● 7月12日，中国农业科学院环境与可持续发展研究所梅旭荣所长到研究所野外台站考察访问。杨志强所长陪同考察。

● 7月17~20日，党办人事处荔霞副处长、吴晓睿同志参加中国农业科学院博士后管理人员业务培训班。

● 7月22~23日，杨志强所长、肖堃处长在兰州国际太阳能培训中心参加了中国农发食品有限公司第一届董事会第四次会议。

● 7月25日，科技部农村科技司农业科技处许增泰处长一行在甘肃省科技厅郑华平副厅长、农村处张建韬处长、刘改霞副处长的陪同下来研究所调研。杨志强所长汇报了研究所科研工作总体情况，许处长对研究所近年来取得的成绩表示肯定，希望研究所科研人员抓住机遇，开拓创新，推动研究所更好更快的发展。刘永明书记、张继瑜副所长、杨耀光副所长和各部门负责人参加了会议。

● 7月25日，杨志强所长主持召开所长办公会议。会议研究了7月份岗位变化及岗位津贴发放事宜。刘永明书记、杨耀光副所长及职能部门负责人参加了会议。

● 科技部国际合作司领导来研究所指导工作

7月27日，科技部国际合作司计划处副处长孙键和项目官员刘华、李沛在甘肃省科技厅副厅长毛曼君、国际合作处处长李锐、甘肃省科技交流中心主任欧阳春光的陪同下来所检查指导国际科技合作交流与培训工作。

杨志强所长主持召开座谈会，欢迎孙键处长一行。张继瑜副所长简要汇报了研究所国际合作与交流情况。孙键处长在听取汇报后，对研究所在国际合作交流方面取得的成绩表示赞赏，对研究所连续成功举办6期科技部"发展中国家中兽医药学技术国际培训班"和"首届中兽医药学国际学术研讨会"所取得的成果给予充分肯定，并对研究所今后的国际合作项目工作给予厚望并提出了宝贵意见。

会后，孙键处长一行参观了研究所中兽医标本陈列室。刘永明书记、杨耀光副所长、科技管理处王学智处长、中兽医（兽医）研究室严作廷副主任等参加了座谈会。

● 8月1日，杨志强所长主持召开研究所干部大会。会议传达了农业部系统党风廉政建设第一责任人会议、农业部安全维稳和信访工作部署会议精神。

会上，刘永明书记分别传达了"两个会议"精神，通报了李洋案件一审判决情况，传达了中央及农业部领导关于维护安全稳定及信访工作的重要指示精神。

杨志强所长希望大家要增强廉洁自律的自觉性，要从李洋案件中汲取教训，防微杜渐，抓好廉政建设责任制，扎实推进惩防体系建设，保证科研工作顺利进行。同时，杨志强所长传达中国农业科学院关于2012年暑期工作的通知精神，安排部署了研究所2012年暑期工作。

张继瑜副所长、各部门负责人、研究所经费50万元以上项目的负责人、条件建设与财务处及房产管理处财务相关人员参加了会议。

● 8月3日，杨志强所长赴甘肃省农牧厅参加了建设现代化草食畜牧业标准化示范县研讨会。

● 中国农业科学院离退休办领导看望研究所离退休职工

8月8日，中国农业科学院离退休办公室李卫副主任、申拥军副处长到研究所调研离退休工作。

张继瑜副所长向李卫副主任一行汇报了研究所离退休职工管理服务工作的主要做法和进展。李卫副主任一行在张继瑜副所长、党办人事处杨振刚处长、荔霞副处长的陪同下，参观了研究所老年活动室，看望了离休干部游曼青同志和退休领导瞿自明同志，吊唁了逝世的研究员马振宇同志，慰问了马振宇同志的爱人、研究所退休职工吕凤英同志，送去了院领导对离退休同志的关心和问候。几位离退休同志对院领导的关怀表示由衷感谢。

● 8月8～10日，党办人事处荔霞副处长在兰州饭店参加了农业部组织召开的纪念离退休干部工作30周年经验交流会暨离退休干部工作先进工作者表彰会议。

● 8月13日，杨志强所长主持召开所务会议，就研究所第七届职工运动进行了安排部署。刘永明书记、张继瑜副所长及各部门负责人参加了会议。

● 8月13日，中国农业科学院研究生院学位办罗长富主任等一行5人来研究所调研。张继瑜副所长主持召开座谈会。王学智处长介绍了研究所研究生教育的相关情况。罗主任在听取汇报后，对研究所在研究生教育方面取得的成绩表示赞赏，并简单介绍此次调研提纲及目的。随后与会的各研究室主任及导师代表发表意见，并与罗主任及其他成员进行了讨论。杨志强所长、科技管理处董鹏程副处长、各研究室负责人参加了调研活动。

● 8月18日，中国农业科学院科技管理局陆建中副局长、农产品加工研究所戴晓枫所长一行来研究所调研。杨志强所长主持座谈会，刘永明书记就研究所近年来科研工作进展及下一步规划做了介绍。陆建中副局长对研究所在科研工作方面取得的成绩表示充分肯定，希望研究所再接再厉，做好项目和成果储备，执行好现有项目，不仅在应用研究方面再创佳绩，而且要在基础研究方面继续重视，争取在"十二五"期间取得新的突破。科技管理处及相关研究室负责人参加了会议。

● 8月22日，四川省畜牧食品局兰明建副局长一行来研究所考察交流。刘永明书记代表研究所表示热烈欢迎。刘永明书记向兰明建副局长一行介绍了研究所基本情况，并陪同参观了研究所所史陈列室、中兽医标本室和质检中心。科技管理处王学智处长、中兽医（兽医）研究室李建喜主任、严作廷副主任及郑继方研究员等参加了考察交流会。

● 8月24日，刘永明书记带领研究所卫生检查评比小组，认真检查了各部门卫生情况并进行了评比。

● 8月24日，办公室赵朝忠主任代表研究所参加兰州市七里河区西湖街道第九届党心连民心党员爱心捐助暨两个共同建设推进大会。

● 8月29日，杨志强所长和刘永明书记在兰州大剧院参加了甘肃省领导干部会议。

● 8月31日，张继瑜副所长主持召开野外观测站基础设施更新改造项目验收会。杨所长所长、刘永明书记、党办人事处杨振刚处长、条件建设与财务处肖堃处长、基地管理处时永杰处长及设计方、监理方代表等参加了验收会。

● 9月4日，杨志强所长主持召开所长办公会议，会议就研究所贯彻落实甘肃省人社厅、甘肃省财政厅《关于甘肃省其他事业单位绩效工资实施意见的通知》《关于甘肃省其他事业单位实施绩效工资有关问题的通知》和《关于发放机关事业单位离退休人员高龄补贴题的通知》文件精神进行了安排部署。刘永明书记、张继瑜副所长、杨耀光副所长、职能部门负责人参加了会议。

● 9月7日，杨志强所长在兰州参加甘肃省重大科技项目评审会，并担任农业组组长。研究所郭健副研究员申报的"甘肃超细毛羊新品种培育及优质羊毛产业化研究与示范"通过评审。

● 9月9日，杨志强所长在兰州参加甘肃省省属科研团队评审会。

● 9月10日，杨志强所长主持召开全体职工大会。会上，党办人事处杨振刚处长和荔霞副处长分别传达了甘肃省人民政府办公厅转发的《甘肃省人力资源和社会保障厅、省财政厅关于省其他事业单位绩效工资实施意见的通知》《关于甘肃省其他事业单位实施绩效工资有关问题的通知》和《关于发放机关事业单位离退休人员高龄补贴题的通知》的文件精神。杨志强所长就研究所做好绩效工资和补贴工作提出了具体意见。刘永明书记、杨耀光副所长、全所职工及部分离退休职工参加了会议。

● 9月10日，科技管理处组织全所在读博硕士研究生与导师一起举行座谈会，欢度教师节。所领导对在所研究生寄予厚望，希望大家在学习、工作和生活中培养良好的习惯，勤奋努力，踏实钻研，在学业和个人修养方面取得更大进步。并表示，一定要排除困难，给研究生创造一个良好的学习生活环境。研究生代表感谢研究所和导师无微不至的关怀和指导，表示一定不辜负大家的期望，加倍努力，以优异的成绩回报研究所。杨志强所长、刘永明书记、张继瑜副所长和科技管理处负责人等参加了会议。

● 9月12日，刘永明书记主持召开所党委会议，研究决定推荐朱新书同志参加甘肃省委组织部组织的科技副县长挂职工作。杨志强所长、杨耀光副所长、杨振刚处长参加了会议。

● 9月17日，中国农业科学院监察局"现代农业科研院所反腐倡廉制度建设探究"调研组解小慧处长一行5人到研究所调研。所纪委书记张继瑜副所长主持召开工作座谈会。张继瑜副所长向调研组组长解小慧处长一行汇报了研究所基本情况和近年来的纪检监察工作情况。解处长对研究所近年来的发展和纪检监察工作给予了好评，希望研究所继续加强纪检工作，为研究所的发展保驾护航。调研组成员与相关工作人员，就现代农业科研院所反腐倡廉制度体系建设进行了广泛交流。

● 10月18~19日，党办人事处杨振刚处长赴山东青岛参加了中国农业科学院人才工作研讨会。

● 9月19~23日，杨志强所长、条件建设与财务处肖堃处长赴北京向农业部、中国农业科学院汇报了2012年度修购专项"畜禽产品质量安全控制与农业区域环境检测仪器设备购置"进口仪器审批相关事宜。

● 9月25~29日，中共甘肃省委组织部、中共甘肃省委宣传部和甘肃省人力资源和社会保障厅在甘肃国际会展中心举办了甘肃省领军人才三年成就回顾展，展示了甘肃省工业、农业、科技等领域943名领军人才的创新成果。研究所杨志强研究员、阎萍研究员和常根柱研究员的成果在成就回顾展上展出。杨耀光副所长带领研究所相关人员参加了开幕式并参观。

● 9月26日，党办人事处杨振刚处长、拟挂职甘肃省临潭县科技副县长的朱新书同志参加了甘肃省委组织部召开的"选派科技人才到县（市、区）挂职服务工作会议"。

● 9月27日，杨耀光副所长主持召开房产管理处全体人员会议，党办人事处杨振刚处长宣读了研究所关于聘任孔繁矼同志为房产管理处处长的决定，杨耀光副所长对孔繁矼同志和房产管理处的工作提出了希望和要求。

● 9月28日，杨志强所长主持召开所务会，安排部署了研究所2012年"中秋、国庆双节"放假事宜，并巡视检查了研究所大院安全生产情况。刘永明书记、各部门负责人参加了会议。

● 9月28日，科技管理处负责人组织召开在所的研究生工作会议，会议由张继瑜副所长主持，王学智处长、董鹏程副处长和全体在所研究生参加了会议。张继瑜副所长希望研究生加强自身纪律约束，进一步完善打卡考勤制度。为便于进一步强化研究生管理工作，会议选举了两名二年级的在校研究生任副班长。

● 10月10日，由财政部委托的中介评审组对研究所申报的2013年度修缮购置项目进行了中介评审。张继瑜副所长代表研究所向评审组做了汇报。

● 10月12~14日，杨志强所长赴黑龙江哈尔滨市参加由黑龙江出入境检验检疫局主办的现代院所管理高级研修班经验交流会。

● 10月16日，杨志强所长赴北京参加中国农业科学院干部大会。

● 10月16日，杨志强所长、巩亚东副处长在北京参加了由中国农业科学院财务局主持召开的"关于加快预算执行工作"的会议。

● 综合实验室建设项目工程完成主体封顶

10月18日，研究所综合实验室大楼主体封顶典礼在研究所所部隆重举行。

杨志强所长代表研究所致辞。杨志强所长指出，综合实验室建设项目总投资2 690万元，建筑面积6 989.24m²，地上七层、地下一层，占地面积1 168.24m²，总建筑高度27.6m。自今年5月29日项目正式开工以来，历时四个多月的时间，在施工方、监理方和建设方共同努力下顺利封顶，这标志着该项目建设取得了阶段性的重要成果，为下一步项目高质量、快速、高效进行打下了坚实的基础。杨志强所长希望，工程建设，百年大计，质量为先，安全第一，项目组要继续加强与设计、监理、施工单位的精诚团结，共同努力，积极协调，周密组织，在牢固树立精品意识，坚持优质工程的前提下狠抓施工进度，又好又快地完成项目建设。

杨耀光副所长主持典礼，兰州市建设工程质量监督站丁进斌科长、施工方、监理方负责人分别讲话。项目组成员、研究所中层领导及相关人员参加了典礼仪式。

● 10月19日，杨志强所长主持召开专题会议，评议筛选2012年度修缮购置专项"畜禽产品质量安全控制与农业区域环境检测仪器设备购置"项目招标代理企业。通过评议，确定甘肃省招标中心为该项目仪器设备政府采购招标代理。条件建设与财务处肖堃处长、基地管理处时永杰处长、兽药研究室李剑勇副主任、党办人事处荔霞副处长参加了会议。

● 科技部农村科技司陈传宏司长到研究所调研

10月22日，科技部农村科技司陈传宏司长一行在甘肃省科技厅农村处张建韬处长、研究所杨志强所长、兰州兽医研究所殷宏所长等陪同下赴研究所大洼山实验基地检查指导工作。

陈传宏司长一行考察了农业部兰州黄土高原生态环境重点野外科学观测试验站的基础设施条件和运行管理工作，详细了解了观测数据库的建设、试验项目的实施和人才队伍培育等方面的工作进展，并与所领导、专家深入探讨了基地苜蓿种质资源圃建设和苜蓿航天育种研究等情况。陈传宏司长充分肯定了研究所在农业科技领域取得的成绩和创新做法，要求研究所在今后的工作中加强科技创新，努力为现代农业发展服务。调研过程中，杨志强所长汇报了研究所科研工作进展情况，感谢科技部和甘肃省科技厅长期以来对研究所的大力支持，表示将认真落实陈司长一行的指导意见，以改革创新的精神，先行先试，做好科学研究，服务"三农"。科技管理处王学智处长、基地管理处时永杰处长、草业饲料研究室常根柱研究员等参加了调研。

● 10月24~25日，条件建设与财务处肖堃处长在杭州参加了由中国农业科学院基建局举办的2012年片区业务指导员及业务骨干培训班。

● 中国农业科学院基本建设"规范管理年"片区研讨会在兰州召开

11月2日，由中国农业科学院基本建设局主办，研究所承办的中国农业科学院基本建设"规范管理年"片区研讨会在兰州举行。会议由中国农业科学院基建局周霞副局长主持，中国农业科学院基建第一、三、四片区14家单位的30多位代表参加了此次会议。

研究所综合实验室建设项目项目组长袁志俊代表研究所就该项目执行情况进行了汇报，随后参会代表就基本建设项目手册编制、加快项目执行进度及项目经费管理等问题进行了交流研讨。与会代表参观了研究所在建的综合实验大楼、大洼山综合试验站及兰州兽医研究所的在建项目。

● 11月5~7日，由中国农业科学院党组成员、人事局局长魏琦带队的中国农业科学院考察组对研究所领导班子和领导干部进行了考察。

● 陈萌山书记到研究所调研

11月6日，中国农业科学院党组书记陈萌山在中国农业科学院党组成员、人事局魏琦局长，杨志强所长、刘永明书记、张继瑜副所长、杨耀光副所长等的陪同下，到研究所考察调研。

陈萌山书记一行在研究所瞻仰了我国著名兽医学家、教育家盛彤笙院士铜像，参观了研究所史陈列室、中兽医标本室、农业部动物毛皮及制品质量监督检验测试中心以及兽药研究室。随后，召开工作汇报会。杨志强所长代表研究所从基本情况、工作进展、存在问题及工作思路4个方面向陈书记一行作了汇报。在听取汇报和与会人员发言后，陈书记就研究所工作发表了讲话。

陈书记指出，兰州牧药所是我到京外调研的第一个所。研究所地处西北，多年来，艰苦奋斗，开拓创新，为我国畜牧兽医科技事业和现代畜牧业发展做出了较大贡献，在畜牧兽医科研领域有一定影响。研究所十分重视学科传承，继承并发展了盛彤笙先生等老一辈科学家优秀的学术思想和科学精神。目前，研究所发展势头良好。研究所党政班子是一个让院党组放心的班子，充满热情、带着感情、满怀热情为研究所事业的发展开拓进取，是一个努力工作的班子。研究所面临西部大开发、现代农业的快速发展和中国农业科学院建设现代科研院所等千载难逢的发展机遇。希望研究所突出区域特色和学科优势，解放思想，抢抓机遇，强化现代农业科研院所制度建设和创新工程建设，创新体制机制，增强发展活力和创新实力，加快发展步伐。研究所要立足西部，面向全国，准确定位，突出特色。要努力把优势学科做大做强，争取做到世界领先。希望研究所出成果—出一流的成果，出人才—出一流的人才，出思想—出深刻的思想。陈书记讲，党的工作就是保障研究所的科技创新，为研究所中心工作服务。研究所要有宽厚的人文关怀，宽松的工作环境，宽容的人际关系，使研究所快速发展步入到现代化一流科研院所之列。

汇报会由刘永明书记主持。张继瑜副所长、杨耀光副所长及各部门负责人和创新团队首席科学家参加了会议。

● 甘肃省委李建华秘书长会见陈萌山书记一行

11月6日，甘肃省委常委、副省长、省委秘书长李建华在兰州宁卧庄宾馆会见了中国农业科学院党组书记陈萌山一行。

会见中，陈萌山书记代表中国农业科学院感谢甘肃省多年来对中国农业科学院及在兰州的两个研究所给予的关心和帮助，希望中国农业科学院和甘肃省能在已有院地合作的基础上，进一步加强合作。陈书记表示，现代农业增产、农民增收，更多的依靠科技进步，兰州畜牧与兽药研究所、兰州兽医研究所多年扎根西部，立足甘肃，具有明显的学科技术优势和丰富的服务畜牧业发展的经验，希望甘肃省给予两个研究所更大的支持，使两个研究所能够发挥在草食动物育种、动物疫病防治、旱作节水农业等领域的优势，更好地服务于甘肃三农事业。

李建华秘书长对陈萌山书记履任新职表示祝贺！对中国农业科学院多年来给予甘肃省的帮助表示感谢！李建华秘书长说，中国农业科学院两个研究所长期立足甘肃，发挥科技优势，为甘肃省经济社会发展做出了重要贡献，希望中国农业科学院及两个研究所继续加强与甘肃省的合作，发挥科技支撑经济发展的重要作用，为甘肃的发展做出更大的贡献。甘肃省委省政府将继续把两个研究所当作自己的科技力量，给予各方面的关心和支持，使两个研究所在现代畜牧业发展中发挥更大的作用。

参加会见的甘肃省及中国农业科学院领导还有：甘肃省委副秘书长刘玉生、甘肃省科技厅副厅长郑华平、甘肃省农牧厅副厅长杨祁峰、甘肃省兽医局局长周邦贵、兰州市委常委市委宣传部部长周丽宁、中国农业科学院党组成员人事局局长魏琦、中国农业科学院直属机关党委副书记林定根、中国农业科学院办公室副主任孙东升、兰州畜牧与兽药研究所所长杨志强、党委书记刘永明、兰州兽医研究所所长殷宏、党委书记张永光。

● 研究所组织干部职工收看党的"十八大"开幕式

11月8日，研究所组织理论学习中心组成员及各职能部门工作人员在研究所二楼会议室集中收看党的"十八大"开幕式，认真聆听胡锦涛总书记在大会上作的报告。收看开幕式后，刘永明书记要求各党支部、各部门组织全体党员职工认真学习胡总书记的报告，进一步增强广大党员的党性，牢记党员的义务和使命，以学习"十八大"精神为契机，立足岗位，做好本职工作，更好地发挥党员的先锋模范作用，促进研究所各项工作健康永续发展。

● 11月11日，杨志强所长陪同甘肃省科技厅郑华平副厅长赴定西市临洮县参观马铃薯综合利用技术示范点。

● 11月12~14日，杨志强所长参加兰州市第十五届人民代表大会第二次会议。

● 研究所与四川大禹羌山公司签订合作协议

11月16日，研究所与四川省北川大禹羌山畜牧食品科技有限公司项目合作研究与技术开发签约仪式在兰州举行。

项目合作得到了四川省绵阳市当地政府的高度重视，四川省绵阳市农办副主任何春华、江油市农办主任李季、畜牧局副局长张泽民等出席了签约仪式。研究所杨志强所长、刘永明书记、郑继方研究员、四川北川大禹羌山畜牧食品科技有限公司董事长张鑫燚和研究所科技处、中兽医（兽医）研究室等各相关部门负责人出席了签字仪式。张继瑜副所长主持仪式。

杨志强所长代表研究所对何春华副主任、张鑫燚董事长一行表示热烈欢迎，对双方达成项目合作表示祝贺。中兽医药研究是研究所的优势和特色学科，研究所将利用自身科技力量，切实解决企业的实际问题，全力为打造健康猪业工程、保障猪肉产品的绿色健康做好科技支撑，同时努力推进研究所产学研相结合的步伐。

张鑫燚董事长感谢研究所对此次合作的重视，希望中兽药的应用对保障猪肉产品的绿色健康和生猪健康养殖全产业链发挥积极的作用，给公司的发展赋予新的活力。

● 11月17~20日，巩亚东副处长、陈靖会计在北京编制申报了研究所2013年中央部门"二上"预算。

● 研究所邀请党的"十八大"代表作报告

为深入学习贯彻党的"十八大"精神，提高全所干部职工对"十八大"精神的学习理解，11

月 21 日，研究所召开全所职工大会，邀请党的"十八大"代表、西湖街道党工委陈冬梅书记为研究所全体职工作报告。报告会上，陈书记传达了"十八大"报告的主要精神，并结合自己从事基层工作的体会，深入浅出地对报告进行了解读。通过陈书记对大会精神的传达和对报告的解读，使全所干部职工对党的"十八大"和"十八大"报告有了更全面的了解和更深入的认识，增强了全所干部职工对党的"十八大"精神的理解和把握，为研究所开展学习贯彻党的"十八大"精神活动拉开了序幕。

陈书记汇报之后，刘永明书记对全所深入学习贯彻党的"十八大"精神进行了全面部署，要求全所党员干部职工要高度重视党的"十八大"精神的学习贯彻，把学习贯彻"十八大"精神作为当前和今后一个时期的首要政治任务，认真抓好、学好、用好，以"十八大"精神为指导，全面推进研究所的创新发展。

杨志强所长主持了报告会，并要求全所党员干部职工要深刻领会党的"十八大"精神，加强管理创新，加快科技创新，用创新驱动研究所各项事业的全面发展。

● 11 月 22 日，刘永明书记赴北京参加中国农业科学院 2013 年研究生导师培训会。

● 11 月 22 日，研究所 2012 年修购专项"畜禽产品质量安全控制与农业区域环境检测仪器设备购置"项目仪器设备公开招标在甘肃省招标中心开标。杨志强所长、条件建设与财务处肖堃处长、党办人事处荔霞副处长等代表研究所参加了会议。共有 20 家企业对招标设备 6 个分包共 36 台仪器进行了投标。经过综合评议，北京新阳创业科技发展有限公司等 6 家公司确定了中标企业。

● 研究所综合政务工作取得佳绩

11 月 23~25 日，中国农业科学院 2012 年综合政务会议在重庆召开。院办公室主任汪飞杰，柑桔所党委书记龙力，院办公室副主任孙东升、姜梅林出席会议。院属各单位、院机关各部门综合处、办公室负责人和相关工作人员 100 余人参加了会议。会议对中国农业科学院 2011—2012 年度"好公文"、中国农业科学院 2011 年度信息宣传工作先进单位和优秀通讯员进行了表彰。研究所被评为"中国农业科学院 2011—2012 年度'好公文'优秀奖"和"中国农业科学院 2011 年度信息宣传工作先进单位"，符金钟同志被评为"中国农业科学院 2011 年度优秀通讯员"。

● 12 月 2~7 日，巩亚东、王昉赴北京参加由农业部管理干部学院组织召开的 2012 年企业资产管理培训班。

● 12 月 7 日，中国农业科学院监察局林聚家副局长、工会项伯纯副主席一行 4 人来研究所调研。

● 12 月 10~13 日，张继瑜副所长、科技管理处王学智处长及周磊助理研究员赴上海参加中国农业科学院农业科技产业与知识产权培训班。

● 12 月 12 日，科技管理处王学智处长赴北京参加了 2012 年中国农业科学院科研工作管理研讨会。

● 12 月 18 日，刘永明书记主持召开研究所科技人员大会，部署了研究所 2012 年职称评审工作、首次专业技术岗位分级聘用聘期考核工作和第三次专业技术岗位分级聘用工作。

● 12 月 18 日，后勤服务中心张继勤副主任参加兰州市公安局表彰大会，研究所被授予 2011—2012 年度单位内部治安保卫（护卫）先进单位称号。

● 12 月 21 日，杨志强所长主持召开研究所 2012 年部门工作暨中层干部考核大会。所领导和全体职工参加了大会。会上，各部门主要负责人向大会报告了 2012 年部门工作。杨志强所长对研究所 2012 年工作进行了简要点评，提出了做好下一步工作的希望和要求。与会人员对全体中层干部进行了考核测评。

● 12 月 21 日，杨志强所长参加七里河区人民法院文化建设座谈会。

● 12月22日，中国农业科学院专业学位推广硕士甘肃教学点在研究所举行开题报告及中期检查。研究所按照相关规定组织专家对2010级和2011级的13位专业学位推广硕士研究生进行了中期检查和开题报告，专家组听取了每位学生的论文结构及研究进展的报告并提出意见。会议由张继瑜副所长主持，中国农业科学院研究生院专业学位教育处温洋处长、研究所杨志强所长、刘永明书记、科技管理处王学智处长、董鹏程副处长等参加了此次会议。

● 12月22日，受中国农业科学院研究生院委托，研究所组织专家对2012届博士研究生杨博超进行了毕业论文答辩。经答辩委员会综合评议，一致认为该论文通过答辩。

● 12月24日，杨志强所长主持召开2012年工作人员年度考核会议。经过对全所工作人员和部门工作的考核，评选出优秀职工31名，文明职工5名，文明班组5个，文明处室2个。

● 12月25日，杨志强主任委员主持召开研究所中级技术职务评审委员会会议，进行2012年度专业技术职务评审推荐工作。经过评委会定性定量评审评议，并经评委投票表决，同意推荐严作廷同志参加中国农业科学院高评会研究员技术职务评审；同意郭天芬、吴晓睿、田福平、荔霞同志副研究员技术职务资格，报中国农业科学院高评会备案评议和表决；同意李誉、汪晓斌同志助理研究员技术职务资格。

● 12月26日，杨志强所长主持召开研究所专业技术岗位分级聘用委员会会议，进行了首次专业技术岗位分级聘用聘期考核和第三次专业技术岗位分级聘用工作。确定聘期考核优秀人员10名，称职人员53名。推荐郑继方研究员参加中国农业科学院二级专业技术岗位评审，推荐刘永明研究员参加中国农业科学院三级专业技术岗位评审，同时评审通过五级岗位4人、六级岗位7人、八级岗位3人、九级岗位16人、十一级岗位10人、十二级岗位2人的任职资格，报中国农业科学院备案审批。

● 12月26日，杨志强所长主持召开所长办公会议。会议同意聘任邓海平、张景艳、王贵波三同志助理研究员专业技术职务；同意刘文博、李润林、朱新强、杨峰四同志按期转正；同意聘任薛建立同志中级工职务，聘任徐小鸿、屈建民、黄东平、朱光旭、刘世祥、代学义、毛锦超、雷占荣、宋青九位同志工人技师职务。会议还研究了其他事项。

● 12月27日，研究所召开所班子年度考核会议。会议听取了研究所班子及班子成员2012年工作述职报告、研究所2012年干部选拔任用工作报告和研究所2012年度推进惩治和预防腐败体系建设情况报告，与会人员对所班子、班子成员进行了考核测评，对研究所2012年干部选拔任用工作和新选拔任用干部进行了民主评议测评，对研究所2012年度推进惩治和预防腐败体系建设情况进行了民主测评。研究所中层干部和副高及以上职称人员参加了会议。

● 12月27日，"十一五"全国农业科研机构科研综合能力评估结果出炉，研究所在全国1 200多家农业科研机构中位居第44位，在中国农业科学院36个研究所中排名第11位，在甘肃省排名第1，全国行业排名第4。

● 12月28日，刘永明书记主持召开所务会议。会议安排部署了元旦放假值班与安全生产事宜。张继瑜副所长及各部门负责人参加了会议。

2012 年科技创新与科技兴农

● 1月4日，应研究所邀请，首都医科大学基础医学院马伟博士做了题为"PKCδ 活性在哺乳动物配子功能维持和早期胚胎发育过程中的作用研究"的学术报告。杨志强所长、王学智处长、全所科技人员及研究生参加了报告会，张继瑜副所长主持报告会。

● 1月4~10日，杨志强所长、张继瑜副所长、科技管理处王学智处长赴北京就研究所"十二五"项目立项等事宜向科技部、农业部和中国农业科学院等部门进行了汇报。

● 1月10日，杨志强所长赴北京参加奶牛技术体系总结大会。

● 1月12日，研究所主持完成的"益生菌转化兽用中药技术研究与应用"项目通过由甘肃省科技厅组织的成果鉴定。甘肃省农牧厅科教处丁树中副处长主持会议，甘肃省科技厅成果处任贵忠副处长、研究所张继瑜副所长、科技管理处王学智处长、董鹏程副处长和相关人员参加了会议。

● 1月14日，杨志强所长在北京参加农业部兽用药物重点实验室学科启动会。

● 2月8日，研究所举办学术报告会，特邀兰州兽医研究所家畜寄生虫病研究室主任朱兴全教授做了题为"创新科研及写作与发表 SCI 论文的体会与技巧"的学术报告。杨志强所长主持报告会，刘永明书记、张继瑜副所长、杨耀光副所长及全所职工和研究生参加了报告会。

● 2月14日，张继瑜副所长、兽药研究室李剑勇研究员赴北京参加中国农业科学院科技管理局主办的院 2012 年国家自然科学基金重大项目发展工作会。

● 2月17日，张继瑜副所长赴北京参加农业部兽医局组织召开的兽医科技产学研对接研讨会。

● 2月20日，杨耀光副所长、科技管理处王学智处长参加甘肃省委办公厅组织召开的全省"联村联户、为民富民"行动动员大会。

● 2月20日，张继瑜副所长、科技管理处董鹏程副处长赴甘肃省科技厅参加科技部召开的全国学习中央"一号文件"精神视频会议。

● 2月22~23日，科技管理处董鹏程副处长参加甘肃省科技厅组织召开的 2012 年甘肃省科技工作大会。

● 2月23~24日，科技管理处王学智处长赴北京参加中国农业科学院研究生院组织召开的国家一级学科评估工作会。

● 2月24日，科技管理处董鹏程副处长、兽药研究室梁剑平副主任参加 2011 年度甘肃省科学技术奖励大会。研究所科研成果"金丝桃素抗 PRRSV 和 FMDV 研究及其新制剂的研制"和"中兽药复方'金石翁芍散'的研制及产业化"分别荣获省技术发明二等奖和省科技进步二等奖。

● 2月24日，张继瑜副所长主持召开"国家自然科学基金申请书的撰写"学术报告会。张继瑜副所长传达了中国农业科学院 2012 年国家自然科学基金重大项目发展工作会会议精神，并结合研究所国家自然科学基金项目申报现状，从基金项目评审程序、申报学科选择、评审要点、申报选题、存在问题、撰写申请书注意事项、课题组长作用等方面进行了详细讲述，并对研究所 2012 年国家自然科学基金项目申报提出了要求。科技管理处王学智处长、董鹏程副处长及全体科技人员参加了会议。

● 2月28日，研究所"新型高效牛羊营养缓释剂的示范推广"项目组依托药厂建立的添加剂预混合饲料生产线顺利通过了农业部全国饲料工业办公室组织的验收。甘肃省兽医局周生明副局长、研究所刘永明书记、杨耀光副所长、中兽医（兽医）研究室潘虎副主任、药厂王瑜副厂长、陈化琦副厂长及项目组成员参加了验收会。

● 3月1~3日，科技管理处王学智处长赴昆明市参加科技部组织召开的2011年度发展中国家技术培训班工作总结交流会。

● 3月2日，中国畜牧兽医学会秘书长阎汉平、学会学术部主任石娟一行来研究所就第三届中国兽医临床大会在兰州召开的筹备事宜进行了考察。杨志强所长、科技管理处董鹏程副处长参加了会议。

● 3月2日，应研究所邀请，全国草品种审定委员会副主任曹致中教授、全国草品种区试专家汪玺教授、全国牧草育种委员会副主任师尚礼教授等参加研究所组织召开的"中兰2号"苜蓿新品种申报专家讨论会。杨志强所长、科技管理处董鹏程副处长及草业饲料研究室全体人员参加了会议。

● 3月3~14日，刘永明书记、中兽医（兽医）研究室齐志明副研究员一行4人赴新西兰、澳大利亚考察了两国的草原畜牧业发展状况，并与新西兰国际商会、澳大利亚联邦科工贸组织畜牧研究所等相关企业、研究机构进行了交流。

● 3月9日，张继瑜副所长主持召开研究所2012年国家自然科学基金项目申报材料审查会。会上，申请人员就各自拟申请项目从立项依据、主要研究内容、技术路线、可行性分析及研究基础等方面进行了阐述。与会专家对申报材料分别进行了评议。杨志强所长、杨耀光副所长、科技管理处王学智处长、各项目负责人及相关科技人员参加了会议。

● 3月12日，杨志强所长主持召开研究所学术委员会会议，就《研究所学科调整与建设方案》初稿进行了深入讨论。与会人员就研究所学科建设的基本情况、学科调整与建设的指导思想、总体思路、总体目标、存在问题、调整与建设内容、保障措施等方面提出了修改意见。

● 3月16日，杨志强所长主持召开研究所学术委员会会议，对拟申报2012年农业科技成果转化资金项目和中国农业科学院科技重大选题项目进行遴选。经专家评议，确定"抗禽感染疾病中兽药复方新药'金石翁芍散'的推广应用"等2个项目推荐申报农业科技成果转化资金项目，"新型高效安全兽用药物的创制与应用"等4个项目推荐申报中国农业科学院科技重大选题项目。

● 3月19日和23日，杨志强所长先后两次主持召开专题会议，就研究所学科调整与建设方案进行了讨论。与会人员经过对方案的认真分析和讨论，充分肯定研究所围绕草食动物进行畜、药、病、草四大学科建设的定位，形成并通过《中国农业科学院兰州畜牧与兽药研究所学科调整与建设方案》。张继瑜副所长、各部门负责人、学科首席专家和部分学术骨干参加了研讨会。

● 3月28日，科技管理处董鹏程副处长参加了兰州市科技奖励大会。研究所"金丝桃素抗PRRSV和FMDV研究及其新制剂的研制"获兰州市技术发明一等奖。

● 3月29~30日，杨志强所长参加了中国农业科学院第七届学术委员会第二次会议。研究所主持完成的"河西走廊退化草地营养循环级生态治理模式研究"和"新型兽用纳米载药系统研究与应用"两个项目获得2012年度中国农业科学院科技成果二等奖。

● 3月30~31日，杨志强所长、中兽医（兽医）研究室李宏胜研究员赴山西太原考察了隆克尔生物制品公司。

● 3月29日至4月1日，刘永明书记、畜牧研究室丁学智博士赴北京参加了2012年农业部"948"项目合同签订会。

● 3月，研究所认真贯彻落实甘肃省委"联村联户、为民富民"行动实施意见，3月6日，成立了研究所"联村联户、为民富民"行动领导小组。13~15日，由杨志强所长、杨耀光副所长带队，研究所"联村联户、为民富民"行动领导小组一行7人深入甘南藏族自治州临潭县新城镇三个行政村进行调研。

● 4月6~8日，由研究所主持的农业部公益性行业科技专项"夏河社区草-畜高效转化关键技术"和"无抗藏兽药应用和疾病综合防控"课题夏河社区项目启动会在甘肃省甘南藏族自治州夏河县举行。启动会议由该社区协调负责人甘肃农业大学草业学院师尚礼院长主持，研究所杨志强所长、青藏高原社区畜牧业关键技术研究与示范项目首席专家泽柏院长、夏河县孙一军副县长等出席会议并讲话，项目负责人阎萍研究员从课题的立项背景、总体目标、研究内容、考核指标、进度安排及2012年实施内容等方面做了具体的介绍。北京牧医所、兰州牧药所、中国农业大学、兰州大学、甘肃农业大学、夏河县政府、夏河县畜牧局、夏河县草原站及项目各专题负责人以及项目组成员共30多人参加了会议。

● 4月11日，杨志强所长主持召开所务会，会议讨论通过了《联村联户为民富民行动实施方案》，并要求各部门要积极落实甘肃省委"联村联户、为民富民"行动。25~28日，杨耀光副所长一行6人赴临潭县新城镇三个行政村开展双联活动，并就下一步工作与县、镇相关领导进行了座谈。

● 4月11日，宁夏回族自治区动物疫控中心主任杨春生研究员、银川市动物疾病预防控制中心付少刚主任、宁夏大学农学院副院长何生虎教授一行5人到研究所调研，并就奶牛乳房炎综合防控技术等展开交流座谈。付少刚主任就银川市动物疫控中心概况和银川市奶牛养殖业的发展近况进行了介绍。杨志强所长就研究所的基本情况和长期以来与宁夏自治区开展的奶牛疾病防控、畜牧、草业等领域的合作情况进行了介绍，希望通过此次来访，促进双方更加密切的合作。会议由杨耀光副所长主持，科技管理处、中兽医（兽医）研究室和药厂负责人及相关专家参加了座谈会。

● 4月11日，经中国农业科学院第七届学术委员会第二次会议专业评审组评审。研究所主持完成的"河西走廊退化草地营养循环及生态治理模式研究""新型兽用纳米载药系统研究与应用"两项成果分别荣获院科技成果二等奖。

● 4月17日，甘肃省科技厅郑华平副厅长、农村处张建韬处长、刘改霞副处长一行3人到研究所，对研究所申报的"甘肃超细毛羊新品种培育及优质羊毛产业化研究与示范"等2个甘肃省科技重大专项和"奶牛子宫内膜炎治疗药'益蒲灌注液'的研制及产业化"等6个省科技支撑项目进行了调研。项目组就项目的研究内容、创新点和应用前景等进行了汇报。杨志强所长主持会议，刘永明书记、张继瑜副所长、杨耀光副所长、科技管理处王学智处长、董鹏程副处长及相关科研人员参加了会议。

● 4月17日，"十二五"国家科技支撑计划"甘肃南部草原牧区'生产生态生活'保障技术集成与示范"课题实施方案研讨会在研究所召开。甘肃省科技厅郑华平副厅长、农村处张建韬处长、刘改霞副处长、甘肃省科技情报研究所曹方所长、甘南州科技局乔松林局长、研究所杨志强所长、刘永明书记、张继瑜副所长、杨耀光副所长、科技管理处王学智处长、董鹏程副处长等领导和相关专家参加了会议，会议由张建韬处长主持。课题主持人阎萍研究员汇报了课题实施方案。郑华平副厅长在听取汇报后指出，该课题意义深远，关系到项目试验区经济社会发展和牧民生活水平的提高，一定要细化项目实施方案，做好课题顶层设计，明确项目的重点任务和目标，加强组织管理，经费落实到位，协调好各课题组工作，推动项目的顺利实施。

● 4月25~27日，杨志强所长、科技管理处王学智处长和中兽医（兽医）研究室李建喜主任赴北京参加由农业部科技司组织召开的2013年公益性科技项目答辩会。研究所主持的"中兽药生产关键技术与应用"顺利通过答辩。

● 4月27~28日，为积极响应《中国农业科学院农业科技促进年活动实施方案》，认真组织开展农业科技促进年活动，研究所国家奶牛产业技术体系奶牛疾病控制功能研究室联合兰州实验站在兰州成功举办了"规模牧场奶牛繁殖技术培训班"。甘肃省畜牧管理总站何明渊副站长、甘肃省奶业协会颉勇刚副会长出席开班仪式，来自全省规模化奶牛场的技术人员80多人参加了培训。

● 5月14日，杨耀光副所长和办公室赵朝忠主任赴临潭县出席了"双联行动"推进暨培训会。

● 5月21日，杨志强所长陪同甘肃省科技厅郑华平副厅长向科技部汇报了中兽医药工程中心的申报情况。

● 5月24~26日，张继瑜副所长与李剑勇副主任到山东省济宁市参加中国兽用化学药物产业联盟兽用原料药研究开发论坛。

● 5月25日，研究所学术委员会对拟申报2012年甘肃省农业财政项目进行了筛选。推荐"新型微生态饲料酸化剂的研究与应用"等3个项目申报甘肃省农业生物技术研究与应用开发项目。

● 6月2日，研究所参与完成的国家科技支撑计划课题"青藏高原生态农牧区新农村建设关键技术集成与示范"通过了验收。

● 2012年度甘肃省重点实验室验收工作会在研究所召开

6月4日，2012年度甘肃省重点实验室现场验收工作会在研究所召开。甘肃省科技厅组织专家对研究所建设的"甘肃省新兽药工程重点实验室"进行了验收，对"甘肃省牦牛繁育工程重点实验室"进行了中期检查。

甘肃省科技厅发展计划处王芳副处长、牛振明主任科员、中国科学院寒区旱区环境与工程研究所肖洪浪研究员、兰州兽医所罗建勋研究员、兰州大学张迎梅教授等作为现场验收专家组成员出席了会议。"甘肃省新兽药工程重点实验室"主任杨志强研究员和"甘肃省牦牛繁育工程重点实验室"主任阎萍研究员分别从实验室建设、仪器设备、人才引进、制度建设、开放运行、科研项目及论文成果等方面进行了专题汇报。专家组在现场查看、听取汇报、查阅相关材料后，对两个实验室在建设期内取得的科技成果给予了充分肯定，并就相关问题进行了探讨，希望研究所发挥重点实验室优势，在人才引进、产品研发、科研创新等方面取得更好的成绩。

刘永明书记代表研究所讲话，感谢省科技厅领导及各位专家长期以来对研究所的大力支持。针对专家组提出的建议，刘书记表示研究所一定采取措施，进一步加大重点实验室人才、设备、经费等方面的支持力度。王芳副处长主持了会议。张继瑜副所长、杨耀光副所长和相关人员参加了会议。

● 匈牙利科学院院士到研究所访问

6月8日，匈牙利科学院院士 László Stipkovits 一行4人到研究所访问。

张继瑜副所长代表研究所热烈欢迎 László Stipkovits、Susan Szathmary、Vityi Katalin、Maria Somogyi 一行。László Stipkovits 院士做了题为"现代疫苗开发和测试中合并感染的重要性"和"匈牙利兽医疫苗研究进展"的学术报告。匈牙利三角研究中心 Susan Szathmary 博士就中匈科技合作项目进行了简要介绍。随后，研究所相关专家与 László Stipkovits 院士等就兽药创制及兽医研究等进行了广泛的探讨，双方愿意就家畜衣原体病及奶牛乳房炎疾病的发生、防治、疫苗研制等方面开展交流与合作。

据悉，László Stipkovits 院士1961年获得莫斯科兽医大学兽医学博士学位，1968年获得匈牙利科学院博士学位，精通英语、法语、德语和俄语，现任匈牙利科学院兽医研究所兽医研究学科带头人和布达佩斯兽医大学教授。Susan Szathmary 博士 1983 年获得赛梅维什医科大学医学博士学位，2005 年获得圣伊斯特万大学兽医学博士学位，现任伽林生物有限公司董事长和匈牙利科学院兽医研究所访问学者。Vityi Katalin 女士为匈牙利三角研究中心非盈利股份有限公司总经理。Maria Somogyi 女士为匈牙利三角研究中心项目主管。

● 6 月 8 日，张继瑜副所长主持召开专题会议，就"肉牛牦牛产业技术体系第二届技术交流大会"会前工作进行了安排布置。兰州兽医研究所殷宏所长、鲁炳义副处长及研究所科技管理处王学智处长、董鹏程副处长、阎萍研究员、梁春年副研究员、郭宪副研究员、周绪正副研究员等参加了会议。

● 6 月 15~18 日，杨志强所长、中兽医（兽医）研究室李建喜主任赴河南郑州参加由中国奶业协会主办的第三届中国奶业大会暨第十届中国国际奶业展览会。

● 6 月 19 日，刘永明书记主持召开专题会议，就 2012 年课题经费预算执行进度进行了通报。科技管理处王学智处长、条件建设与财务处巩亚东副处长、各研究部门及相关课题负责人参加了会议。

● 6 月 20 日，所学术委员会对研究所 2012 年甘肃省杰出青年基金项目拟申报项目进行了筛选。经过评议，推荐"分子印迹聚合物筛选先导化合物的关键机理研究"和"牦牛适应青藏高原高寒低氧的线粒体蛋白质组学研究"2 个项目申报 2012 年度甘肃省杰出青年基金项目。

● "奶牛健康养殖重要疾病防控关键技术研究"课题启动

6 月 22 日，"十二五"国家科技支撑计划"奶牛健康养殖重要疾病防控关键技术研究"课题启动暨实施方案研讨会在北京召开。

中国农业科学院副院长刘旭院士、科技部农村司许增泰处长、农业部兽医局孙岩处长、农业部科教司陈彦宾处长分别在研讨会上发表了讲话。研究所杨志强所长代表课题承担单位致辞，并分别与子课题负责人签署了任务书。课题主持人严作廷博士介绍了课题的目标任务、经费分配、实施方案及管理措施。与会领导和专家对课题实施方案进行了讨论并提出了建设性意见。

"奶牛健康养殖重要疾病防控关键技术研究"课题主要针对危害我国奶牛健康养殖的常见疾病和多发病开展联合攻关，通过课题的研究和科研成果的转化，整体提高我国奶牛疾病的监测防控水平，保障奶业的持续健康发展。

中国农业大学、华中农业大学、吉林大学、东北农业大学、黑龙江八一农垦大学、四川省畜牧科学研究院等单位的 30 余位专家学者参加了会议。张继瑜副所长主持了会议。

● 6 月 25~26 日，杨耀光副所长、办公室赵朝忠主任赴临潭参加"临潭县联村联户为民富民行动联系单位联席会议"。会议由甘肃省人大常委会秘书长张绪胜主持，杨耀光副所长在会上汇报了研究所"双联"行动进展情况。

● 6 月 25~26 日，张继瑜研究员、郑继方研究员和罗超应副研究员赴北京参加由中兽药产业技术创新联盟主办的 2012 中兽医药发展高层论坛暨中兽药产业技术创新战略联盟盟员大会。

● 6 月 28 日，美籍华裔科学家王庆建博士一行来研究所访问。杨志强所长主持座谈会。访问期间，王庆建博士做了题为"缺氧诱导因子脯氨酰羟化酶抑制剂治疗贫血疾病"的学术报告。并与研究所相关专家进行了广泛的讨论。刘永明书记、张继瑜副所长、科技管理处王学智处长、董鹏程副处长及兽药研究室、中兽医（兽医）研究室全体科技人员参加了交流会。

● 7 月 1 日，研究所申报的"十二五"国家科技计划农村领域备选项目"新型广谱抗寄生虫原料药及制剂的研制与开发"和"兽用妙林类化合物产生菌菌株的重离子诱变选育、衍生物合成、制剂研制与应用"在甘肃省计算中心进行了视频答辩。

● 7 月 2 日，张继瑜副所长同张掖市甘州区畜牧兽医站陈伟副站长和秦王川奶牛场石广禄场长赴北京参加农业部兽医局主办的兽医科技产学研对接大会暨《世界兽医经典著作译丛》首发仪式。

● 7月4日，研究所召开博士后研究人员李建喜出站评审会。研究所组织专家对其工作报告进行评审，并通过了评审。

● 7月6日，刘永明书记在甘肃省政府综合楼会议厅参加了全国科技创新大会第一次全体视频会议。

● 7月14~15日，杨志强所长、杨耀光副所长、办公室赵朝忠主任、高雅琴副主任等赴临潭参加双联单位临潭县红崖村人畜饮水工程竣工剪彩仪式。该工程是研究所开展"联村联户"行动之一。红崖村人畜饮水工程的建成，彻底解决了长期以来困扰红崖村及李家庄村310余户，1 100余名村民饮水的"难心事"，解决了村里外出务工人员的后顾之忧，为脱贫致富奔小康打下了良好的基础，受到了村民们的高度赞扬。

● 7月15~17日，张继瑜副所长、科技管理处王学智处长等赴山东青岛参加院国际合作局主办的"中国农业科学院第五期外事培训班"。

● 7月17日，杨志强所长主持召开专题会议，就院科技创新工程重大命题进行了安排部署。杨志强所长从项目定位、材料组织、人才队伍、平台建设等方面要求各部门积极配合，高度重视，充分认清形势，扎实做好工作，力争在院科技创新工程项目中取得优异成绩。杨耀光副所长、各部门及创新团队负责人参加了会议。

● 7月18~20日，杨志强所长赴四川参加由教育部组织的四川农业大学科技创新团队评估会议。

● 7月18日，草业饲料室李锦华主任和基地管理处田福平同志赴北京参加中国农业科学院科技管理局召开的院科技创新工程"草地资源管理与生产力重建"重大命题研讨会。

● 7月20日，张继瑜副所长赴北京参加中国农业科学院科技管理局召开的院科技创新工程"农业生物天然免疫能力利用"重大命题研讨会。

● 7月23日，研究所召开中国农业科学院科技创新工程"农业生物天然免疫能力利用"重大命题研讨会。张继瑜副所长主持会议。张继瑜副所长从项目立项、项目查重、研究范围、研究经费、研究期限、研究所有希望参与课题等方面给与会专家传达了中国农业科学院的要求，希望大家能立足现实、锐意创新、认真准备、精心组织，将研究所的学科特色和优势充分体现出来，为项目立项打下坚实基础。与会人员就中兽医经络、穴位、靶标、天然产物、动物福利等方面进行了热烈探讨。最后进行了任务分工，要求各专家在规定期限内提交材料。科技管理处董鹏程副处长及中兽医（兽医）研究室、兽药研究室科技专家参加了研讨会。

● 7月23日，科技管理处王学智处长赴北京参加中国农业科学院科技管理局举办的学科建设调查统计培训工作会。

● 7月26日，应研究所邀请，英国布里斯托尔大学宋中枢博士来研究所为全体科技人员做了题为"微生物中天然代谢产物的生物合成"的学术报告。张继瑜副所长主持学术报告会。

● 7月27日，杨志强所长主持召开研究所学科调查统计工作会议。科技管理处王学智处长传达了中国农业科学院学科建设调查统计培训工作会会议精神，并就学科调查基本信息填写进行了详细说明。杨志强所长对具体任务进行了分工，并提出了相关要求。刘永明书记、张继瑜副所长、党办人事处及各研究室负责人参加了会议。

● 研究所承办"2012国家肉牛牦牛产业体系第二届技术交流大会"

7月28~30日，由国家肉牛牦牛产业技术体系主办，中国农业科学院兰州畜牧与兽药研究所、中国农业科学院兰州兽医研究所、甘肃农业大学、甘南藏族自治州畜牧科学研究所、张掖市万禾草畜产业科技开发有限责任公司承办的"2012国家肉牛牦牛产业体系第二届技术交流大会"在兰州召开。中国工程院院士南志标教授、甘肃省农牧厅杨祁峰副厅长、中国农业科学院兰州兽医研究所所长殷宏、甘肃农业大学副校长郁继华和研究所杨志强所长、张继瑜副所长等出席开幕式并致辞。

来自国家肉牛牦牛产业技术体系的首席科学家、岗位专家、综合试验站站长及其团队成员和相关企业代表200余人参加了会议。

● 8月14日，兰州市科技局王慰祖副局长和社会发展处张羽副处长来研究所，对"防治家禽免疫抑制病多糖复合微生态免疫增强剂的研制与应用"等6个申报2012年兰州市生物医药类科技发展计划项目进行了调研。项目申请人就项目立项意义、研究内容、创新点、经费预算和应用前景等分别进行了汇报。杨志强所长主持会议，科技管理处王学智处长、董鹏程副处长及2012年申报兰州市科技计划项目的6位申请人参加了此次会议。

● 湖南农业大学曾建国教授一行到研究所访问

8月14日，湖南农业大学曾建国教授一行来研究所访问。

杨志强所长代表研究所表示热烈欢迎。曾建国教授做了题为"中兽药开发与产业化"的学术报告，从中兽药产业、中兽药现状、中兽药开发及产业化等方面详细论述了中兽药所面临的机遇和挑战，并结合自身工作对中兽药研发提出了一些建议和看法。随后，研究所相关专家与曾建国教授就新兽药创制、质量标准控制、化学合成、基因组学研究、辅助育种等方面进行了广泛而深入的探讨。

科技管理处王学智处长、董鹏程副处长、中兽医（兽医）研究室及兽药研究室全体科技人员参加了会议。

● 8月17~19日，杨志强所长、张继瑜副所长等10余名科技人员在兰州参加了中国畜牧兽医学会第三届临床兽医学大会。

● 西北地区第十五次中兽医学术研讨会在兰州举行

8月17~20日，西北地区第十五次中兽医学术研讨会在甘肃省兰州市举行。本次会议与第三届中国兽医临床大会同时举行。会议邀请了国内外一流的专家、学者做大会报告或专题报告。各相关学科的著名专家、学者齐聚兰州，共同交流最新科研成果、技术，探讨学科发展及兽医临床热点难点问题。

18日上午，大会开幕式在甘肃省政府礼堂举行。研究所杨志强研究员主持开幕式。中国工程院院士、河南省农业科学院研究员张改平做了题为《我国动物疫病防控的问题与新概念疫苗研究》的报告，杨志强研究员做了题为《我国兽医临床面临的问题及思考》的报告。18日下午到19日，与会代表还参加了中国畜牧兽医学会中兽医学分会、兽医外科学分会、家畜内科学分会、小动物医学分会等在各分会场举行的学术报告。本次会议还出版了论文集1本。

来自甘肃、青海、新疆等地的中兽医科技专家与基层工作者参加了本次会议。

● 动物健康养殖与安全生产专题实施推进会在西宁召开

8月16~17日，国家"十二五"科技支撑计划动物健康养殖与安全生产专题实施推进会在青海西宁召开。科技部计划司、条财司、农村司、农村中心的有关负责同志出席了开幕式。科技部农村司郭志伟副司长出席会议并讲话。

此次会议就"十二五"国家科技支撑计划"重点牧区生产生态生活保障技术继承与示范"项目进展情况进行了汇报。科技部计划司、条财司领导分别就课题计划管理、经费管理等内容进行了专题培训。

研究所阎萍研究员就"甘肃甘南草原牧区'生产生态生活'保障技术集成与示范"课题执行情况进行了汇报，并进行了现场交流和答疑。该课题经科技部批准于2012年开始实施，项目总经费 1 099 万元，其中专项经费 909 万元。与会领导专家对课题执行情况给予了肯定，认为课题按合同内容实施进展良好，成效显著；经费的管理制度较为完善，财务管理规范有效。张继瑜研究员、条件建设与财务处巩亚东副处长及相关人员参加了会议。

● 农业部科教司、畜牧业司领导到研究所检查项目执行情况

8 月 22~25 日，农业部科技教育司刘艳副司长、农业部畜牧业司王宗礼副司长、农业部科技教育司产业处张国良处长、农业部畜牧业司黄庆生处长和财政部项目处徐晓阳同志一行 5 人到甘肃甘南藏族自治州夏河社区检查农业部公益性行业科技专项"甘肃夏河社区草-畜高效转化关键技术"项目执行情况。

刘艳副司长、王宗礼副司长等一行重点检查了项目进展情况、牧民对技术的需求情况及资金使用情况等。青藏高原社区畜牧业关键技术研究与示范项目首席专家四川省草原科学研究院泽柏研究员、甘南州委副书记杨继军、副州长才智、研究所杨志强所长、夏河社区草-畜高效转化关键技术项目负责人阎萍研究员陪同考察。

夏河社区草-畜高效转化关键技术项目负责人阎萍研究员对藏兽药的研制与应用示范和夏河社区草-畜高效转化关键技术课题实施情况作了汇报。刘艳副司长、王宗礼副司长一行对项目在夏河社区的实施情况进行了深入了解，考察了夏河羊吉畜牧专业合作社和牦牛、藏羊选育群，对项目在夏河社区的实施管理模式及其效果给予了充分肯定，要求加大服务力度，总结经验，提高对藏区牧民的服务水平。

● 8 月 23~25 日，科技管理处王学智处长赴张掖市参加由中国农业科学院等单位联合举办的第三届张掖绿洲论坛。

● 8 月 24 日，中国农业科学院成果转化局吴胜军副局长、张银定博士一行在科技管理处王学智处长的陪同下前往研究所张掖旱生牧草种子繁育试验基地和研究所与甘州区合作建设的甘州区现代肉牛科技示范园区进行考察。基地管理处杨世柱副处长向吴胜军副局长一行介绍了基地和园区的建设情况，并陪同参观了旱生牧草种子繁育基地和河西肉牛繁育基地。吴胜军副局长在参观考察后对张掖基地所做的工作表示了肯定，希望基地科技人员在旱生牧草种子扩繁和河西肉牛新品种培育方面继续努力，将研究所科研成果切实转化为生产力，为地区农民增产增收做出更大贡献。

● 研究所深入推进"双联"行动

8 月 24 日，研究所召开专题会议，认真学习甘肃省委第六次领导小组会议精神，围绕落实省委提出的"八个全覆盖""五件实事"，加大工作力度。8 月 27 日至 9 月 2 日，由杨耀光副所长带队，一行 5 人进行了 7 天的扶贫行动。

此次行动主要依据甘肃省委提出的"八个全覆盖""五件实事"实施方案，本着"缺什么，补什么"的原则，首先，摸清了临潭县新城镇三个联系村 0~3 岁婴幼儿基本信息，并为三个村 163 名婴幼儿筹措资金 16 300 元购买了营养包；其次，对联系村父母在外务工的 0~16 岁共 15 名留守儿童建立了留守儿童档案；再次，和各村党支部书记、村长共同探讨今后五年的发展思路，形成了牧药所"五年帮扶规划"；最后，针对 22 户贫困户的不同特点和帮扶需求，提出了帮扶计划。研究所将从开展科技培训、帮助申请项目、扶持村办企业、协助改善联系村基础设施、落实省委"八个全覆盖""五件实事"等方面，积极稳定地推进该项工作，使联系村和联系户每年都有新进展、新变化，尽早脱贫致富奔小康。

● 8 月 25~28 日，畜牧研究室杨博辉副主任一行 8 人赴陕西省横山县参加了 2012 年全国养羊生产与学术研讨会暨中国畜牧兽医学会养羊学分会第六届理事会换届选举大会。会议期间，研究所韩吉龙硕士研究生撰写的《Agouti 与 MITF 在不同颜色被毛藏羊皮肤组织中 mRNA 表达量研究》被评为优秀论文；同时会议选举产生养羊学分会第六届理事会成员，杨博辉研究员当选副理事长兼

秘书长、岳耀敬助理研究员当选副秘书长。

● 8月29日，杨志强所长主持召开研究所学术委员会会议，对研究所拟申报的2013年度科研院所技术开发研究专项资金项目进行了遴选。经综合评议，决定推荐"新型中兽药射干地龙颗粒的研制与开发"项目申报2013年度科研院所技术开发研究专项资金项目。

● 8月30日，安徽农业大学余为一教授来研究所给广大科技人员做了"分享撰写基金项目的体会"的报告。杨志强所长主持会议，张继瑜副所长及各研究室科技人员参加了报告会。

● 8月30日，科技管理处王学智处长赴甘肃省科技厅参加"中国．云南桥头堡建设科技入滇对接会动员会"。

● 8月30日，杨志强所长主持召开"中国农业科学院农产品质量安全风险评估研究中心建设启动暨质检中心工作研讨会"筹备会。王学智处长就会议筹备情况做了介绍。杨志强所长对下一步准备工作进行了详细布置。刘永明书记、张继瑜副所长、畜牧研究室杨博辉研究员及科技管理处和质检中心相关人员参加了会议。

● 中国农业科学院农产品质量安全风险评估研究中心建设启动

9月5~6日，由研究所承办的中国农业科学院农产品质量安全风险评估研究中心建设启动暨质检中心工作研讨会在兰州举行。农业部农产品质量监督管理局金发忠副局长、中国农业科学院刘旭副院长、中国农业科学院科技管理局王小虎局长等领导出席了开幕式。

王小虎局长主持会议，研究所杨志强所长致辞。金发忠副局长全面分析了当前我国农产品质量安全总体状况和农产品质量安全面临的新形势和新要求，对中国农业科学院风险评估研究中心的建设工作给予充分肯定，并对未来的发展提出要求，希望各中心进一步加强科技创新和条件建设，充分发挥学科、技术和人才优势，为我国农产品质量安全监管工作提供强有力的科技支撑。

刘旭副院长指出，加强农产品质量风险评估研究工作，对推动中国农业科学院学科建设和保障国家农产品质量安全具有重要意义。随着中国农业科学院质检中心的研究能力和检测手段的进一步提高，农产品质量安全学科发展进入新的阶段，推动中国农业科学院农产品质量安全风险评估研究中心建设成为中国农业科学院一项非常重要的工作任务，各中心要努力提升管理能力和业务水平，推动质检工作再上新台阶。

王小虎局长宣读了中国农业科学院农产品质量安全风险评估研究中心名单并举行授牌仪式。研究所农业部动物毛皮及制品质量监督检验测试中心获建中国农业科学院兰州畜产品质量安全风险评估中心。院属部级农产品质量安全风险评估实验室、农产品质量安全风险评估研究中心、国家、部门质检中心的主任或副主任及业务骨干近100人参加了研讨会。

此次会议的召开，体现了各级领导对农产品质量安全的重视和提高产品质量的决心，为推动中国农业科学院农产品质量安全学科发展，促进质检中心科研与检测工作的结合发挥积极的作用。会议期间，与会代表参观了研究所本部和大洼山试验基地。

开幕式前，农业部农产品质量安全监管局金发忠副局长到研究所考察工作。杨志强所长、杨耀光副所长陪同金发忠副局长参观了研究所史陈列室、所属大院和农业部动物毛皮及制品质量监督检验测试中心（兰州）。考察期间，杨志强所长向金发忠副局长介绍了研究所发展历程、学科特色和科研成果等情况。金发忠副局长在听取杨志强所长的介绍后，对研究所在科学研究、服务三农等各项工作取得的成绩给予了充分的肯定，并希望研究所继续保持良好的发展势头，利用自身优势，在农产品质量安全方面发挥更大的作用。

● 9月9~14日，张继瑜副所长、兽药研究室李剑勇研究员和周绪正副研究员赴泰国曼谷参加第八届发展中国家毒理学大会。

● 9月13~19日，科技管理处王学智处长、兽医（中兽医）研究室李建喜主任、畜牧研究室杨博辉副主任等赴北京进行"十二五"国家科技支撑计划项目立项及农业部兰州畜产品安全风险评估研究中心申报工作汇报。

● 研究所参加"光彩陇原行"大型活动

9月18~19日，为进一步贯彻落实甘肃省第十二次党代会精神，深入践行同心思想，广聚智慧力量，积极服务转型跨越发展、促进社会和谐发展、推动民族共同发展，甘肃省委统战部等部门联合组织在甘部分高等院校、科研院所的专家学者举办了2012年"同心·光彩陇原行"暨"同心·智惠陇原行"临潭大型活动。

活动期间，举行了农牧民技能培训会，兰州牧药所畜牧研究室郭宪博士作了"牦牛繁育技术和疾病防治"专题讲座，并开展了咨询服务活动。临潭县畜牧兽医技术人员、养殖大户及管理人员200余人参加培训。在活动启动仪式上，临潭县委、县政府分别向研究所赠送了"心系群众、奉献三农"以及"传经送宝到地头、科技惠农助增收"的锦旗。

● 9月20~21日，科技管理处董鹏程副处长赴黑龙江省哈尔滨市参加科技部国家科技基础条件平台中心组织的农业领域"十二五"国家科技计划项目科技资源汇交动员培训会议。

● 苏丹畜牧技术交流考察团到研究所访问

9月21日，苏丹畜牧资源与渔业部畜牧经济与计划司司长 KAMAL TAGELSIR ELSHEIKH 先生一行5人到研究所访问。中方陪同访问的有农业部对外经济合作中心经合四处贾焰处长、农业部国际合作司魏康宁、甘肃省农牧厅外经外事处霍文静和甘肃省畜牧管理总站王有国站长。

考察团一行与研究所科研人员进行了座谈交流，座谈会由杨耀光副所长主持，科技管理处、各研究室负责人和科技人员参加了座谈交流。张继瑜副所长代表研究所对考察团一行的来访表示欢迎，并介绍了研究所的基本情况和主要研究成果与进展。KAMAL TAGELSIR ELSHEIKH 先生高度赞扬了研究所近年来取得的成绩，并希望今后中国与苏丹两国在畜牧、兽医领域开展多层次全方位的交流与合作。贾焰处长指出随着两国友好往来的日益增强和经济合作的逐渐加深，农业逐渐成为中苏合作新亮点，深化和拓展中苏农业合作，有利于提高两国的粮食安全保障水平，增强两国经济可持续发展的能力，并实现互利共赢。考察团与研究所科技人员就畜牧、兽医兽药领域的研究进行了积极的探讨和交流，为进一步合作奠定了基础。

张继瑜副所长和杨耀光副所长陪同该考察团一行先后参观了研究所所史陈列室、中兽药标本室、各研究室、农业部兰州黄土高原生态环境重点野外科学观测试验站和药厂。

● 研究所"双联"培训活动深入人心

9月24~27日，研究所张继瑜副所长带领专家队伍一行8人，赴甘南藏族自治州临潭县新城镇开展"双联富民"行动。此次行动主要开展了牛羊寄生虫病防治知识培训，并为养殖户赠送了寄生虫病防治药物及资料。

25日，新城镇政府三楼会议室座无虚席，来自新城镇11个村的70多名村民参加了研究所和新城镇政府共同组织的《牛羊寄生虫病防治》专题讲座。药物与临床用岗位专家张继瑜研究员从当前国内外肉牛发展形势，寄生虫病现状、危害及药物防控，牛羊主要外寄生虫病三个方面作了深入浅出、通俗生动的讲解，培训赢得了阵阵掌声；岗位专家周绪正对研究所研发的广谱抗寄生虫药"速克"和抗应激药物"新型口服补液盐"两种药物的适应症、用法、用量、休药期限等进行了详细说明；随后培训学员就当前牛羊传染病国家的防控策略、防治方法，牛羊的育肥技术等与专家进行了广泛的交流；培训会上，研究所向3个联系村赠送了7 000头份的兽用药物，还向学员赠送了肉牛、肉羊疫病防治技术图书资料200余册。培训班反响积极良好，培训班学员希望能将此项活动长期坚持下去，使他们学到更多的养殖知识，尽快掌握致富本领。

此外，张继瑜副所长一行还考察调研了新城镇南门河村牛羊交易市场及养殖合作社，对合作社成员在牛羊养殖实践中遇到的问题进行了现场解答。并深入 3 户联系户详细了解家庭情况、生活现状、主要经济来源，分析查找贫困根源，为他们送去了食用油等生活资料，并为 1 户因病致贫的贫困户送上了慰问金。

● 9 月 25~27 日，杨志强所长赴北京参加中国毒理学会兽医毒理学与饲料毒理学学术研讨会暨兽医毒理专业委员会第四次全国代表大会。会议选举产生新一届专业委员会，杨志强所长当选为副理事长。

● 10 月 8~12 日，科技管理处王学智处长赴韩国参加欧盟动物福利立法培训班。

● 10 月 10 日，杨志强所长主持召开所学术委员会会议，对研究所 2012 年省级财政农业科技创新项目申报项目进行遴选。经评议，推荐"甘肃优质细羊毛质量控制关键技术研究与示范""西北地区奶牛健康养殖关键技术集成与示范"和"奶牛乳房炎综合防控关键技术示范与推广"等 3 个项目申报甘肃省省级财政农业科技创新项目。

● 10 月 17~18 日，张继瑜副所长赴杭州市参加全国兽用化学药物产业技术联盟培训班。

● 研究所召开重点实验室学术委员会会议

10 月 18 日，农业部兽用药物创制重点实验室和甘肃省新兽药工程重点实验室第一届学术委员会第二次会议暨开放课题评审会在研究所召开。

根据重点实验室开放课题管理办法和申请指南，本着公平公正的原则，重点实验室学术委员会对 9 份开放课题申请书进行了评审，最终评审出"药用植物芫花中高含氧二萜类活性成分研究"等 7 个课题为第二批重点实验室资助项目。

实验室副主任李剑勇研究员汇报了重点实验室 2011 年至 2012 年度的工作情况。与会专家对重点实验室一年来在运行管理、人才培养、成果产出等方面取得的成绩给予充分肯定，同时，希望重点实验室发挥自身优势，重视成果转化、加强创新性研究，为向国家重点实验室迈进奠定基础。

会议由重点实验室学术委员会主任殷宏研究员主持，杨志强研究员、中国科学院兰州化学物理研究所师彦平研究员、甘肃农业大学余四九教授、西北农林科技大学宋晓平教授、西北师范大学俞诗源教授、李剑勇研究员、科技处王学智处长和条件建设与财务处肖堃处长参加了会议。

● 10 月 19~21 日，张继瑜副所长赴武汉市参加了第四届全国牛病防制及产业发展大会，并做了题为"牛药研发现状和临床合理用药"的学术报告。

● 10 月 22 日，杨志强所长参加甘肃省省委和省政府组织召开的全省科技创新大会。

● 10 月 23 日，杨志强所长主持召开研究所学术委员会会议，对 2013 年中国农业科学院基本科研业务费预算增量项目拟申请项目进行遴选。经评议，推荐"牛羊肉质量安全风险因子分析及控制技术研究"申报 2013 年度院基本科研业务费预算增量项目。

● 研究所开展基本科研业务费项目 2012 年总结和 2013 年评审工作

10 月 24~25 日，研究所召开 2012 年基本科研业务费专项资金项目总结汇报会。"苜蓿航天诱变新品种选育"等 26 个项目汇报了项目执行情况。研究所学术委员会对各个项目的实验记录、研究进展、阶段性成果、预期目标、市场前景等多方面进行了考核评分，项目总体执行情况良好。经过评议，决定对其中 12 个项目继续滚动资助。会议由张继瑜副所长主持，杨志强所长、所学术委员会成员、科技处和条件建设与财务处负责人参加了会议。

10 月 30 日，杨志强所长主持召开研究所 2013 年中央级公益性科研院所基本科研业务费专项资金项目评审会议。甘肃省科学技术厅农村处张建韬处长、甘肃农业大学副校长吴建平教授、中国农业科学院兰州兽医研究所所长殷宏研究员、中国科学院化物所副所长师彦平研究员、兰州大学草地农业科技学院院长侯扶江教授及研究所专家组成的基本科研业务费专项资金管理学术委员会，对各研究室申报的 2013 年中央级公益性科研院所基本科研业务费专项资金项目进行了评审，确定对

"发酵黄芪多糖对树突状细胞成熟和功能的体外调节作用研究"等30个项目予以资助。

● 研究所积极关心贫困地区婴幼儿成长

研究所积极响应甘肃省委联村联户为民富民行动协调推进领导小组的号召，10月25日为临潭县新城镇肖家沟村、南门河村和红崖村为163名0~3岁婴幼儿捐赠了163份爱心营养包，这标志着省委双联领导小组确定的"八个全覆盖""五件实事"之一的"为0~3岁儿童捐赠营养包"在研究所对口的3个联系村得到了全面落实。研究所为全省首批捐赠爱心营养包的单位之一。使农民真真切切感受到党和政府对百姓的关爱之情，感受到联村联户活动带来的实惠，感受到为民富民活动暖人心、得人心、稳人心的作用。

● "新型高效牛羊营养缓释剂的示范与推广"通过验收

10月25日，农业部科技发展中心组织有关专家，在杭州对研究所刘永明研究员主持完成的农业科技成果转化资金项目"新型高效牛羊营养缓释剂的示范与推广"进行了验收。

农业部科技发展中心成果转化处郭瑞华处长、熊伟副处长，中国农业科学院成果转化局科技推广处任庆棉处长和赵红鹰同志，研究所科技管理处王学智处长及相关项目组人员等参加了验收会。项目验收专家组一致认为该项目社会、经济效益重大，超额完成了合同书规定的各项任务指标，一致同意通过验收。

该项目建立试验示范点22个，生产牛羊营养舔砖91.00吨、营养缓释剂8.3万枚。推广示范牛羊91 832头（只）。经济、社会效益显著。研制了牛羊营养舔砖专用模具，优化了牛羊营养缓释剂和牛羊营养舔砖生产工艺；研制了牛羊营养缓释剂专用投服器和牛羊营养舔砖支架；制订了《牛羊微量元素预混料企业标准》，获得农业部预混料生产许可证，取得预混料生产文号5个；申报专利7个，其中6个专利已获得国家知识产权局授权。举办培训班3期，共培训学员378名，提高了农民的养殖技术水平。通过检测不同地区土壤–饲草–动物血清中微量元素的盈缺度，结合各主要营养代谢病的发病情况调查，形成奶牛、肉牛、肉羊营养代谢病综合防控技术体系各1套。

● 甘肃省牦牛繁育重点实验室评审2012年开放基金项目

10月26日，甘肃省牦牛繁育重点实验室2012年开放基金评审会议在研究所召开。评审会由杨志强所长主持，开放基金评审专家组由中国农业科学院北京畜牧兽医研究所、西北农林科技大学、甘肃农业大学、西北民族大学、青海省畜牧兽医科学院、甘肃省畜牧管理总站、甘肃省天祝白牦牛育种实验场等单位的7位专家组成。甘肃省科技厅郑华平副厅长、研究所张继瑜副所长参加了会议。

专家组通过听取项目申报人汇报、提问和答疑等形式，逐一对来自新疆维吾尔自治区（以下称新疆）、青海、甘肃等科研院所、大学等申报的"天峻县牦牛犊牛断奶补饲方式的试验研究"等6项开放基金进行了评审，并提出了建议和意见，最终确定了研究所甘肃省牦牛繁育重点实验室2012年开放基金资助项目。

杨志强所长、张继瑜副所长分别简要介绍了重点实验室的发展定位及优势学科等，希望各位专家对重点实验室的发展给予更多关注和支持。甘肃省牦牛繁育重点实验室主任阎萍研究员围绕研究方向、科研成果、主要学术研究工作三个方面，对重点实验室2012年的工作做了详细汇报。专家组一行对甘肃省牦牛繁育重点实验室的工作成绩给予充分肯定，对重点实验室的可持续发展提出了宝贵建议。

● 研究所取得一批科研成果

10月26日，甘肃省科技厅组织有关专家，对研究所主持完成的甘肃省科技重大专项项目"抗动物绦虫病新兽药的研制""细胞色素P450基因多态性与抗氧化中药生物转化关系研究""富锌、铁酵母的生物发酵研制""新型益生菌微生态饲料添加剂的研制与应用""奶牛乳房炎荚膜多糖–蛋白结合疫苗的研制及应用"等 5 个项目进行了成果鉴定或验收。甘肃省科技厅郑华平副厅长、甘肃省科技厅农村处张建韬处长与研究所杨志强所长、张继瑜副所长、科技管理处负责人和相关科研人员等参加了会议。会议由甘肃省科技厅农村处刘改霞副处长主持。

● "牦牛生产性能测定技术规范"行业标准通过审定

10 月 26 日，由农业部畜牧业标准化委员会组织有关专家组成标准预审委员会，对研究所主持完成的《牦牛生产性能测定技术规范》国家行业标准进行了预审。会议由杨志强所长主持召开，甘肃省科技厅郑华平副厅长及项目组相关人员参加了会议。

标准预审委员会由中国农业科学院北京畜牧兽医研究所、西北农林科技大学等大专院校、科研单位及牦牛育种企业的 7 位专家组成。专家组听取了标准起草组对标准的编制说明和标准编制情况的汇报，对标准文本进行了逐章逐条的审定。专家们一致认为：起草单位提供的标准资料齐全，编写格式符合 GB/T 1.1—2009 的规定；在编制过程中标准起草组查阅了大量资料、进行了广泛调研，征求了业内同行的意见。此标准对牦牛生产性能测定等提出了具体要求，具有较强的科学性、先进性和可操作性。专家组一致同意该行业标准预审稿通过审定。建议标准制定单位尽快报农业行业标准化委员会，申请标准终审后正式发布实施。

● 11 月 12 日，张继瑜副所长主持会议，对参加"第二届盛彤笙杯暨第三届青年科技论坛"投稿论文进行了初评推选。经过综合评议，遴选出 13 篇优秀论文进入论坛演讲。

● 甘南牦牛藏羊繁育基地建设及养殖技术集成示范通过中期检查

11 月 14 日，甘肃省科技厅和甘肃省财政厅组织专家对研究所承担的 2011 年甘肃省科技重大专项"甘南牦牛藏羊良种繁育基地建设及健康养殖技术集成示范"项目进行项目实施和经费使用情况监督检查。

甘肃省科技厅赵旭东副厅长、兰州大学万红波教授、甘肃省科技厅条件建设与财务处屠文俊调研员、计划处王芳副处长和张利平主任科员等管理和财务专家组成项目监督检查组对项目进行了检查。杨志强所长代表研究所对赵旭东副厅长一行表示了热烈欢迎。项目负责人阎萍研究员从项目考核指标、完成情况、项目实施、项目经费使用、存在的问题等方面向检查组做了详细汇报。专家组一行在听取汇报后对项目实施进展取得的科技成果和项目经费使用表示满意。

甘南州科技局乔松林局长、甘南州畜牧兽医科学研究所杨勤所长、研究所张继瑜副所长、科技管理处王学智处长、董鹏程副处长以及重大专项课题组相关人员参加了会议。

● 11 月 14 日，张继瑜副所长主持会议，就研究所《学科调整与设置方案》进行研讨修改，重点在基础性前瞻性重大命题选题、科技平台及人才队伍建设等方面进行优化调整。各学科团队负责人、科技管理处王学智处长、董鹏程副处长、党办人事处杨振刚处长及各研究室负责人参加了会议。

● 11 月 14 日，张继瑜副所长主持召开 2013 年度基本科研业务费项目主持人会议，安排布置 2013 年度项目工作。杨志强所长要求各项目主持人根据专家意见和建议，做好项目任务书填报，厘清思路，培养良好的科研习惯，多出科技成果，提升自身素质，为走出去争取所外项目奠定坚实基础。张继瑜副所长希望大家珍惜机会，结合项目查新结果和专家评审意见把项目任务书更加完善，另外要具备团队合作精神，顺利完成项目。科技管理处王学智处长和条件建设与财务处肖堃处长分别从项目管理、经费使用等方面提出了建议。研究所 2013 年基本科研业务费新上项目和滚动项目主持人参加了会议。

● 研究所举办"第二届盛彤笙杯暨第三届青年科技论坛"

11 月 19 日，研究所举办"第二届盛彤笙杯暨第三届青年科技论坛"。论坛邀请了兰州大学、中国科学院兰州分院、甘肃农业大学、兰州兽医研究所等单位的专家作为评委。经过专家遴选的

13 篇论文进入论坛演讲。

本次论坛是研究所开展现代农业科研院所建设行动的重要活动之一，旨在培养青年科技人员的创新能力，为青年人才展示自我、增进交流搭建平台。杨志强所长致开幕辞，张继瑜副所长主持。参赛论文内容涉及牧草繁育、疾病防治、兽药创制、畜禽育种等技术领域的最新实验进展。选手间的激烈角逐和评委的精彩点评，为大家呈现了一场高水平的学术报告会。最终评出一等奖 2 名、二等奖 1 名和三等奖 3 名。

论坛闭幕式上，杨志强所长作了总结讲话。他指出，要实现建设国际一流的现代畜牧兽医研究所的目标，需要富有朝气、勇于探索的青年科技人才不断创新。近年来，研究所高度重视青年科技人才的培养，通过基本科研业务费项目对青年科技人员给予了稳定支持，一批优秀的青年科技人才崭露头角，在科研和技术创新方面发挥了积极的作用。本次论坛的成功举办，充分证明研究所在青年人才培养方面取得了积极的成效。

● 11 月 26 日，杨志强所长主持召开研究所学科领域研究方向科研工作方案研讨会。

● 11 月 29 日，张继瑜副所长率科技管理处王学智处长、畜牧研究室阎萍研究员、郭健副研究员、郭宪副研究员赴北京参加中国农业科学院科技管理局主持召开的"大动物育种战略研讨会"。

● 11 月 29 日至 12 月 14 日，杨志强研究员、畜牧研究室阎萍研究员、刘文博博士一行 3 人赴南美巴西和智利进行了学术考察和交流合作。

● "甘肃细毛羊新品种培育及羊毛产业化研究与示范"通过论证

12 月 4 日，甘肃省科技厅组织有关专家对研究所主持的 2012 年甘肃省科技重大专项计划"甘肃超细毛羊新品种培育及优质羊毛产业化研究与示范"项目实施方案进行了论证。甘肃省科技厅张建韬处长主持会议，甘肃省科技厅郑华平副厅长、刘改霞副处长、研究所刘永明书记、张继瑜副所长、科技管理处王学智处长等参加了会议。

项目主持人郭健副研究员从项目简介、技术路线、研究内容、考核指标等 9 个方面详细汇报了项目实施方案。与会的各位专家和领导分别从新品种的培育、育种场的稳定性、考核指标的系统化、产业化进程、项目协作单位的任务分解和经费分配、知识产权问题等方面提出了意见和建议。

郑华平副厅长在听取汇报后，指出项目实施方案工作做的认真、细致，在项目任务分解、考核指标设定、经济效益估算等方面提出了一些建议，希望课题组在项目主持人的带领下努力将重大专项做好，为项目示范区农业产业发展提供科技支撑。

刘永明书记代表研究所感谢甘肃省科技厅长期以来对研究所的大力支持，表示在项目实施过程中，研究所将给予充分支持，及时跟进业务管理，确保项目经费使用安全，严格按要求执行任务计划，保证项目顺利完成。

● 研究所举行"2012 年度科研项目总结汇报会"

12 月 5～6 日，研究所举行"2012 年度科研项目总结汇报会"。

"河西肉牛良种繁育体系的研究与示范"等 33 个项目进行了 2012 年度项目目标任务完成情况汇报，研究所学术委员会委员对每个项目执行情况进行了现场点评，并从项目设计、研究方法、研究成果等方面提出了意见和建议。

最后刘永明书记、张继瑜副所长分别对汇报项目整体情况做了点评，并指出，本年度各项目的执行情况总体良好，每个项目都完成或超额完成了本年度目标任务，要求各项目组要根据院学科发展战略要求，突出优势，明确重点，集中力量，形成突破，在开展近期工作的同时要有远期目标，超前谋划，提前准备，为今后获得更大的成果奠定坚实基础。

科技管理处王学智处长主持项目汇报会，研究所全体科技人员参加了会议。

● 奶牛乳房炎"三联"诊断及综合防治技术取得新进展

研究所承担的"奶牛乳房炎'三联'诊断及综合防治技术引进及应用研究"项目在对引进技术消化吸收与集成创新的基础上，用改良 LMT 技术代替了引进的 CMT 技术；建立了检测乳房炎病原菌的多重 PCR 技术，筛选出乳房炎疫苗研制所需的 2 种优势血清型，研制了乳房炎二联苗和 2 种防治乳房炎的中兽药制剂；从奶样中筛选出了 N-乙酰基-1-β-D-氨基葡萄糖苷酶（NAG）和髓过氧化物酶（MPO）2 种酶，结合 DHI 监测可作为乳房炎风险预警因子。发表论文 9 篇，制定行业标准草案 1 项，申报专利 2 项。主要技术在示范基地进行了推广应用，推广奶牛 30 000 余头，奶牛乳房炎发病率下降了 2%，产生了显著的经济效益、生态效益和社会效益。

12 月 8 日，该项目通过了中国农业科学院组织的专家组的验收。验收会由中国农业科学院科技管理局文学处长主持。研究所刘永明书记、张继瑜副所长、科技管理处负责人和课题组全体人员参加了会议。

● 12 月 15～19 日，杨志强所长、中兽医研究室李建喜主任赴北京参加了首届国际奶业产业技术论坛暨 2012 年终总结会。

● 12 月 18 日，科技管理处王学智处长参加了甘肃省科技厅组织的甘肃省科技惠民计划培训班。

● 12 月 19 日，科技管理处董鹏程副处长、曾玉峰助理研究员在兰州大学参加了 2012 年度国家自然科学基金甘肃联络网管理工作会议。

● 研究所 4 项科技成果达到国际先进水平

12 月 27 日，中国农业科学院兰州畜牧与兽药研究所主持完成的 4 项科技成果"奶牛乳房炎'三联'诊断和防控新技术研究与示范""抗病毒中药有效成分的分离、筛选、鉴定一体化技术研究""牦牛重要功能基因的挖掘与标识应用研究"和"动物毛、皮质量控制技术研究与示范"通过了甘肃省科技厅组织的成果鉴定，4 项成果均达到了国际先进水平。会议由甘肃省科技厅成果处任贵忠副处长主持，杨志强所长、刘永明书记、张继瑜副所长、科技管理处王学智处长、董鹏程副处长及相关研究室负责人参加了此次会议。

● 12 月 27 日，杨志强所长主持召开农业部动物毛皮及制品质量监督检验测试中心（兰州）2012 年工作汇报会，分析研究了质检中心存在问题，安排部署了下一步工作。刘永明书记、张继瑜副所长、畜牧研究室和科技管理处负责人及质检中心相关工作人员参加了会议。

2012年党的建设和文明建设

● 1月12日，张继瑜副所长主持召开研究所2011年惩防体系建设工作民主测评会议。张继瑜副所长作了研究所2011年党风廉政建设工作总结报告，与会人员对研究所2011年度推进惩治和预防腐败体系建设工作进行了民主测评。各部门负责人、副高级及以上职称人员参加了会议。

● 1月16日，党办人事处杨振刚处长、兽药研究室副主任、九三学社兰州市副主委梁剑平同志参加了七里河区委统战部召开的迎春茶话会。

● 2月10日，研究所纪委书记张继瑜主持召开所纪委会议，安排部署了2012年所纪委监察审计工作。纪委委员苏鹏、党办人事处副处长荔霞参加了会议。

● 2月14日，党办人事处荔霞副处长参加兰州市委组织召开的全市宣传思想工作会议暨市文明委全体会议。

● 2月15日，研究所召开第四届职工代表大会第一次会议。党委书记、工会主席刘永明主持会议。会议审议并通过了杨志强所长代表所领导班子做的工作报告。杨志强所长的报告回顾了2011年研究所各项工作进展情况，既总结了成绩，也实事求是地提出了制约研究所进一步发展的深层次问题，分析了研究所发展所面临的形势，提出了2012年总体工作思路，并对2012年的工作进行了部署。刘永明书记强调指出，2012年是执行"十二五"规划的关键年，研究所全体职工要认真学习贯彻中央"一号文件"精神、中国农业科学院2012年工作会议精神和本次职工代表大会精神，解放思想，统一认识，开拓创新，把握历史机遇，推动研究所跨越发展，用更加优异的成绩迎接党的"十八大"胜利召开。全所在职职工列席了大会。

● 2月21日，研究所举行"关爱生命 奉献爱心"募捐活动，为患尿毒症的2009级研究生李均亮同学募捐，全所职工、家属和在读研究生230人共捐助爱心款39 400元。

● 2月23日，党办人事处荔霞副处长参加省委统战部组织召开的科研院所党委统战部长联席会议。

● 2月24日，党办人事处荔霞副处长赴甘肃省政府参加学习贯彻《关于加强新形势下党外代表人士队伍建设的意见》电视电话会议。

● 3月4~6日，张继瑜副所长、科技管理处王学智处长代表研究所看望慰问了患尿毒症的2009级研究生李均亮，并向他送去了全所4万元捐助爱心款，希望他鼓足生活信心，科学合理治疗。

● 3月7日，研究所在兰州市天沁生态园举办迎"三八"妇女节联欢会。在联谊会上，杨志强所长代表研究所党政班子衷心感谢女职工为研究所发展付出的辛勤努力，并祝大家节日愉快。杨耀光副所长和全体女职工、在读女研究生参加了联欢会。

● 3月12日，张继瑜副所长主持召开研究所理论学习中心组扩大会议。理论学习中心组成员、重大项目负责人及财务管理工作人员参加了会议。杨志强所长传达了李家洋院长在中国农业科学院2012年党风廉政建设工作会议上的讲话，杨耀光副所长传达了董涵英同志在中国农业科学院2012年党风廉政建设工作会议上的讲话，张继瑜传达了院党组副书记、纪检组组长罗炳文在中国农业科学院 2012 年党风廉政建设工作会议上的工作报告，党办人事处杨振刚处长通报了灌溉所违反财经纪律情况。在传达学习有关文件精神之后，张继瑜全面部署了研究所 2012 年纪检监察及党风廉政建设工作，杨志强所长对做好研究所 2012 年党风廉政建设工作提出了具体要求。

● 3 月 14 日，研究所工会副主席、党办人事处杨振刚处长参加了兰州市教科文卫交通邮电工会全委扩大会议。

● 3 月 20 日，研究所荣获中共张掖市委、张掖市政府授予的"2011 年度支持地方经济发展先进单位"称号。

● 3 月 21~23 日，刘永明书记赴杭州市参加了中国农业科学院特色文化建设会议。

● 3 月 28 日，党办人事处荔霞副处长赴金城宾馆参加了中共甘肃省委统战部、甘肃省民族事务委员会举办的全省民族团结进步创建工作研讨会。

● 4 月 10 日，研究所工会副主席杨振刚、女工主任高雅琴参加了兰州市科教交邮工会 2012 年片组会议。

● 4 月 18 日，刘永明书记主持召开党支部书记会议，安排部署了中国农业科学院 2012 年先进基层党组织、优秀共产党员、优秀党务工作者推荐工作。

● 4 月 19 日，经各部门推选、所班子会议研究，决定推荐董鹏程同志参加中国农业科学院"十佳青年"评选，推荐"牦牛高寒低氧适应创新团队"课题组参加中国农业科学院"青年文明号"评选。

● 4 月 20 日，研究所工会副主席杨振刚、女工主任高雅琴参加了兰州市总工会举办的"坚持走中国特色社会主义工会发展道路"专题讲座，听取了全国总工会书记处书记、政策研究室主任李滨生作的"关于中国特色社会主义工会发展道路的若干问题"的报告。

● 4 月 24~28 日，刘永明书记列席了中国共产党甘肃省第十二次代表大会，畜牧研究室阎萍主任出席了中国共产党甘肃省第十二次代表大会。

● 4 月 24~28 日，纪委书记张继瑜副所长和党办人事处荔霞副处长赴成都参加了中国农业科学院纪委书记及纪检监察干部培训班。

● 4 月 25 日，杨志强所长召开会议，研究了 2012 年中国农业科学院先进基层党组织、优秀共产党员、优秀党务工作者推荐人选事宜，决定推荐研究所党委参加中国农业科学院先进基层党组织评选，推荐阎萍、巩亚东参加优秀共产党员评选，推荐杨振刚参加优秀党务工作者评选。

● 5 月 17~18 日，杨志强所长参加兰州市人大法工委、农工委组织的联合视察组，视察兰州市南北两山绿化工程。

● 研究所工会荣获"模范职工之家"称号。

5 月 25 日，兰州市总工会在研究所举行"模范职工之家"授牌仪式，向研究所工会授予"模范职工之家"牌匾。

授牌仪式上，兰州市科教交邮工会孟兰祥主任宣读了兰州市总工会关于表彰"模范职工之家"的决定，兰州市总工会牛国巍副主席向研究所授牌，并对研究所工会在职工之家建设中取得的成绩给予充分肯定。所长杨志强、所党委书记、工会主席刘永明分别发言，感谢市总工会对所工会的关心和信任，表示要以此次获得"模范职工之家"荣誉为契机，进一步加强工会建设，维护职工权益，丰富职工文化生活，营造温馨和谐环境，促进研究所又好又快发展。

● 5 月 28~31 日，张继瑜副所长和荔霞副处长赴长沙参加中国农业科学院中南片廉政文化建设经验交流会。

● 研究所举办健康知识讲座

5 月 30 日，为增强职工健康生活与疾病预防意识，研究所邀请兰州市第一人民医院的 4 位专家，为全所职工及部分离退休职工作了以健康生活为主题的讲座。

兰州市第一人民医院原院长、普外科首席专家、兰州医学会会长李其棠主任医师作了题为《乳房疾病的预防保健与治疗》的讲座，心血管内科主任宁金民主任医师作了题为《心血管疾病的防治》的讲座，妇产科副主任李晶主任医师作了题为《生育期和更年期妇女的健康教育》的讲座，内分泌科主任尹虹主任医师作了题为《代谢性疾病的防治》的讲座。杨志强所长主持了报告会。

● 6月11日，刘永明书记主持召开研究所党委会议，研究同意赵朝忠等11名任职试用期满的中层干部按期转正，正式任职；同意孔繁矼同志任房产管理处处长，按程序办理任职公示、备案审批手续。会议还对研究所庆祝建党91周年暨创先争优表彰工作进行了安排。

● 6月11日，刘永明书记主持召开党支部书记会议，部署庆祝建党91周年暨创先争优表彰大会、基层组织建设年活动有关事宜。各支部书记参加了会议。

● 研究所学习贯彻院现代农业科研院所建设战略研讨会精神

6月13日，研究所召开理论学习中心组扩大会议，学习贯彻中国农业科学院现代农业科研院所建设战略研讨会精神。

会上，刘永明书记传达了中国农业科学院现代农业科研院所建设战略研讨会的基本情况和农业部韩长赋部长在研讨会上的讲话。杨志强所长传达了李家洋院长的主题报告。与会人员结合院战略研讨会和部院领导的讲话精神，对研究所现代农业科研院所建设方案进行认真讨论。杨志强所长对研究所现代农业科研院所建设工作进行了部署：一是要认真学习农业部、中国农业科学院领导在战略研讨会上的讲话精神，积极行动起来，推进现代农业科研院所建设。二是成立研究所现代农业科研院所建设行动小组，组织实施本所的建设工作。三是要立足所情，着力从重点学科、重点项目、科技平台、创新团队、运行机制5个方面加强本所的建设工作。四是要立足当前，扎实做好今年各项工作，用实际行动推进研究所现代农业科研院所建设。

会议由刘永明书记主持。研究所各部门负责人、支部书记、研究员、重大项目主持人共35人参加了会议。

● 6月21日，后勤服务中心副主任张继勤同志参加了七里河区创建全国文明城市动员大会。

● 6月25日，刘永明书记主持召开所党委会议，研究同意机关一支部关于接收王昉同志为中共预备党员的意见；同意畜牧草业支部关于朱新强同志转为中共正式党员的意见；确定机关二支部、兽医兽药支部为创先争优先进党支部，苏普、巩亚东、阎萍、杨振刚、张继勤、时永杰、李剑勇为创先争优优秀共产党员。

● 6月28~30日，党办人事处荔霞副处长赴酒泉参加中共甘肃省委统战部组织召开的全省党外知识分子工作经验交流会暨党外知识分子联谊会建设现场会。

● 研究所召开"庆祝建党91周年暨创先争优表彰大会"

6月29日，研究所召开"庆祝建党91周年暨创先争优表彰大会"。

会上，杨耀光副所长宣读了中国农业科学院直属机关党委《关于表彰中国农业科学院2010—2011年度先进基层党组织优秀共产党员和优秀党务工作者的决定》，所党委委员杨振刚宣读了所党委《关于表彰创先争优活动先进党支部和优秀共产党员的决定》。大会向受表彰的先进党支部机关二支部、兽医兽药支部以及受表彰的优秀共产党员苏普、巩亚东、阎萍、杨振刚、张继勤、时永杰、李剑勇颁发了荣誉证书。兽医兽药支部书记李剑勇、优秀共产党员时永杰分别代表受表彰的先进党支部、优秀共产党员作了发言。

所党委书记刘永明同志讲话，全面总结了两年来研究所开展的创先争优活动，肯定了取得的成绩，总结了成功经验，对下一步的创先争优工作进行了部署。刘永明书记号召各党支部和全体党员要以更加饱满的热情、更加积极的态度投身创先争优活动，再创佳绩，以优异的成绩迎接党的

"十八大"的胜利召开。

大会由杨志强所长主持，全体共产党员及在职职工参加了大会。

● 6月，在中国农业科学院进行的2010—2011年度"两优一先"评选活动中，研究所党委被中国农业科学院评为"先进基层党组织"，阎萍、巩亚东同志被评为"优秀共产党员"，杨振刚同志被评为"优秀党务工作者"。

● 6月，在中国农业科学院进行的2008—2011年度中国农业科学院"十佳青年"和"青年文明号"评选活动中，研究所丁学智博士带领的"牦牛高原低氧适应机制研究"项目团队荣获"青年文明号"荣誉称号。

● 研究所为90岁老同志祝寿

7月13日，研究所为年满90周岁的离休干部杨茂林、游曼青同志举办集体生日宴会，庆祝他们的90华诞。

中午12时，伴随着生日快乐歌的悠扬旋律，头戴生日帽的杨茂林先生、游曼青先生的生日宴会在大家的祝福歌声中开始。两位老同志感动地说："感谢单位和领导没有忘记我们，感谢组织对我们的关爱。"两位老同志的家属也向研究所表示感谢，并祝愿研究所的明天越来越美好。参加宴会的领导、来宾、家属纷纷为两位寿星祝酒并献上祝福，希望二位老人身体健康，安度晚年。杨志强所长在代表所班子讲话时指出，离退休老同志是研究所宝贵的财富与发展的功臣，为研究所建设做出了积极的贡献。研究所将进一步做好各项服务工作，为老同志多办实事，让老同志们度过情趣健康、身心愉快、丰富多彩的晚年生活。杨志强所长和刘永明书记还为二老送上了精心准备的生日礼物。杨耀光副所长出席了宴会。

● 7月13日，研究所工会组织7名会员在兰州市回民中学参加了由兰州市总工会组织的摄影培训班。

● 7月17~20日，党办人事处荔霞副处长、吴晓睿同志参加中国农业科学院博士后管理人员业务培训班。

● 7月18~20日，刘永明书记、党办人事处牛晓荣同志赴昆明参加了中国农业科学院工会干部培训班。

● 7月19日，农业部老干部局政策指导处刘冲处长、刘宇杰副处长到研究所调研离退休干部管理工作。

● 7月25日，刘永明书记主持召开所工会委员会扩大会议，安排部署了研究所第七届职工运动会有关事宜。所工会委员、工会小组长参加了会议。

● 7月27日，兰州市总工会组织民管部黎永珠部长、剡伟副部长，科教交邮工会陈霞副主任等一行5人来研究所，就在研究所内召开兰州市厂务公开民主管理工作展示交流会筹备事宜与研究所领导进行了交流。

● 7月30日，刘永明书记赴北京参加了农业部系统党风廉政建设第一责任人会议、农业部安全维稳和信访工作部署会议。

● 7月，在中国农业科学院研究生院进行的2011年度学生"先进基层党组织、优秀共产党员"评选活动中，研究所2010级硕士研究生孔晓军同学被评为"优秀共产党员"。

● 8月1日，刘永明书记主持召开专题会议，就研究所承办的兰州市厂务公开民主管理工作展示交流会筹备工作进行了安排部署。办公室、党办人事处负责人和工会委员会委员等参加了会议。

● 兰州市事业单位暨科研院所厂务公开民主管理工作展示交流会在研究所召开

8月7日，兰州市事业单位暨科研院所厂务公开民主管理工作展示交流会在研究所召开。兰州市厂务公开领导小组副组长、市人大常委会副主任、市总工会主席胡康生，市厂务公开领导小组成员、市委考核办主任、组织部副部长尤占海，兰州市总工会、各产业工会、各县区工会负责人，有关事业单位、科研院所工会负责人共70余人出席了会议。

本次展示交流会分现场参观和大会交流两个部分。在现场参观部分，与会领导和代表观看了研究所厂务公开民主管理工作展板及厂务公开栏等，参观了研究所临床兽医学研究中心中兽药标本室、农业部动物毛皮质检中心，查阅了部分参会基层单位厂务公开工作档案资料。

交流大会上，研究所党委书记、工会主席刘永明同志致欢迎辞。兰州牧药所、兰州公路总段、兰州市三十五中、皋兰县人民医院、永登一中、西固区绿化所等单位依次介绍了本单位厂务公开民主管理工作。之后，兰州市人大常委会副主任胡康生同志讲话。胡主任在讲话中充分肯定了研究所等交流发言的几个单位的厂务公开工作，肯定了全市厂务公开民主管理工作取得的成绩，指出了兰州市厂务公开存在的不足，希望各方共同努力，继续加强和做好全市厂务公开工作，为推进厂务公开，促进民主管理，维护职工权益，建设和谐社会不懈努力。尤占海副部长在总结讲话中强调，各单位要提高做好厂务公开工作的主动性，强化公开措施，加大公开力度，丰富工作载体，完善公开制度，努力开创全市厂务公开工作新局面。

● 研究所举办第七届职工运动会

8月15日，为了增强职工体质，推动职工健身活动的广泛开展，提高职工的凝聚力、向心力，培养职工团队精神，同时选拔参加院运动会运动员，研究所在大洼山试验基地举办了第七届职工运动会。

伴着运动员进行曲，在大洼山野外观测站广场上，各支代表队迈着整齐的步伐依次入场。随后，兰州牧药所所歌响彻大洼山试验基地。刘永明书记主持开幕式，杨志强所长为本次运动会致辞。杨所长在致辞中指出，研究所第七届职工运动会，是对研究所全体职工综合素质和精神风貌的大检验，是对研究所文化建设的大检阅。希望通过比赛，增进交流，增强团结，凝聚力量，创建和谐，展示牧药所人自强不息、勇攀高峰的风采。

此次运动会，全所职工分为机关一队、机关二队、畜牧草业队、兽药队、后勤房产队、兽医队、基地药厂队7个代表队。比赛项目根据不同年龄段分为甲、乙、丙组，有60米、100米、400米、800米、1 500米跑和铅球、跳远、立定跳远、跳绳、踢毽子等比赛项目。运动员通过一整天的激烈角逐，有15人次获一等奖，25人次获二等奖，30人次获三等奖，3个部门获得组织奖。

比赛结束后，举行了隆重的颁奖仪式。研究所杨志强所长和刘永明书记对取得优异成绩的先进集体和个人表示热烈的祝贺，并颁发奖状和奖金。

● 国家慢性病综合防控示范区考评组到研究所检查

9月4日，国家慢性病综合防控示范区考评组专家组曲日胜副巡视员等一行5人在甘肃省、兰州市及七里河区相关领导的陪同下到研究所检查全民健康生活方式行动和慢性病综合防控示范单位创建工作。

杨志强所长代表研究所对国家慢性病综合防控示范区考评组专家一行表示热烈欢迎，并带领相关人员陪同考评专家组一行，检查了牧药所环境卫生、职工活动场所、创建支持工具、宣传栏，参观了研究所史陈列室、查看了全民健康生活方式行动示范单位创建相关资料，入户进行调查并和住户进行沟通，听取了研究所全民健康生活方式行动示范单位创建情况工作汇报。国家慢性病综合防控示范区考评组专家一行对研究所全民健康生活方式创建工作给予了充分肯定。

● 兰州市文明办、爱卫会检查组到研究所检查工作

9月5日，兰州市文明办、爱卫会检查组一行7人到研究所检查验收兰州市市级卫生先进单位创建工作。

杨耀光副所长代表研究所对兰州市文明办、爱卫会检查组一行表示热烈欢迎，并带领检查组成员参观了研究所史陈列室，向工作组成员介绍了研究所基本情况。检查组实地查看了研究所环境卫生、基础建设、施工现场、查阅了相关资料。后勤服务中心副主任张继勤同志从组织管理、健康教育、环境卫生、卫生安全、除四害五个方面汇报了研究所创建兰州市市级卫生先进单位工作情况。检查组在实地查看和听取汇报后对牧药所市级卫生先进单位工作情况给予了充分肯定和表扬，希望研究所继续加强卫生工作，创建一个和谐文明的生活和工作环境。

● 9月11~14日，研究所组织全所在职及离退休职工300余人分批到兰州市第一人民医院体检中心进行了体检。通过体检活动，为职工有病早发现、早治疗提供了条件，有针对性地做好疾病的预防，强化了健康意识。

● 研究所干部职工到警示教育基地接受教育

9月12日，为进一步提高党员领导干部的廉洁从政意识，增强拒腐防变能力，兰州牧药所组织所班子成员、中层干部、基建修购项目负责人、重大科研项目负责人、财务工作人员以及开发服务部门经济岗位工作人员50余人，到预防职务犯罪警示教育基地兰州监狱接受教育。

在兰州市预防职务犯罪警示教育基地，研究所干部职工现场听取了1名在押服刑人员的忏悔报告，观看了2名服刑人员的现身说法纪录片，还参观了服刑人员监舍及生活场景。这次别开生面的警示教育活动，使各级领导干部和工作人员现场了解服刑人员的生活，从听取服刑人员的现身说法和现场参观中受到深刻教育，引起了强烈反响。大家纷纷表示，这次的警示教育受益匪浅，监狱的高墙铁窗和罪犯的忏悔，警示着所有人时刻不忘惨痛教训，决不能踏越红线，决不能以身试法，要学法、知法、守法，始终把自己置身于组织和群众的监督之下，走好人生每一步，珍惜美好生活，树立正确的权力观、人生观、价值观，进一步筑牢思想道德防线，增强廉洁自律的自觉性和拒腐防变的免疫能力。

● 中国农业科学院院文明单位考核工作组考核研究所文明单位创建工作

9月17~18日，由中国农业科学院信息化所党委书记刘继芳、草原所党委书记王育青、环发所党委副书记王朝云、特产所党委副书记田欣与机关党委汤承超同志等5人组成的院文明单位考核工作组第五组考核了研究所2011—2012年度中国农业科学院文明单位创建工作。

在杨志强所长、刘永明书记、张继瑜副所长、杨耀光副所长等的陪同下，考核组一行考察了农业部兰州黄土高原生态环境重点野外科学观测试验站、研究所所史陈列室、所部大院、农业部动物毛皮及制品质量监督检验测试中心（兰州）和中兽医（兽医）研究室。杨志强所长主持召开研究所申报院文明单位考核汇报会议。刘永明书记代表研究所向考核组一行介绍了研究所基本情况，从领导重视、班子坚强、加强教育、关爱职工、形式多样等12个方面汇报了研究所创建文明单位的主要做法及成效。在听取汇报后，考核组分别与研究所班子成员、工青妇组织负责人以及安全、卫生、保密、绿化、计划生育等部门负责人进行了谈话，并查看了研究所文明单位创建的相关文字与图片材料。考核组成员对研究所精神文明创建工作给予了充分好评。

● 关注职工身心健康 促进研究所和谐发展

9月20日，为普及养生知识，增强自我保健意识，掌握保健方法，研究所邀请兰州大学教授、主任医师、国家二级心理咨询师刘立作了"中医养生保健知识"专题讲座。

刘立教授从中医的整体观念、辨证施治、中医养生基本法则、情志养身、养身十六宜等方面进行了生动形象的讲解和演示。在演示过程中，台上台下进行了活跃的互动和交流，使与会职工更加深刻的了解和掌握中医养身与自我保健知识。讲座由张继瑜副所长主持，研究所在职职工和部分离退休职工参加了会议。

近年来，研究所切实关注职工身心健康，全体职工都参加了甘肃省省直医疗保险，每年组织全体在职及离退休职工进行健康体检，确保了广大职工能尽早发现健康隐患并及时治疗。邀请医学专家举办以健康生活为主题的知识讲座 5 次。建设了篮球场、羽毛球场、网球场、乒乓球室和健康步道，购置安装了 20 余套健身器材。定期举办研究所职工运动会，开展职工广播体操比赛，并将每天练习广播体操作为制度坚持下来。在职工患病时，所领导与相关部门负责人都要前往医院探望，对患病职工进行鼓励与慰问。关心离退休职工身心健康，定期组织进行登山游园等活动，为 90 岁以上离退休老同志举办集体生日聚会，为 80 岁以上老同志赠送生日蛋糕，为他们带去关爱，庆祝他们健康长寿。在所部大院内悬挂文化、健康知识宣传牌 15 个，鼓励和引导广大干部职工及家属健康生活。近日，从甘肃省卫生厅传来喜讯，经甘肃省全民健康生活方式行动创建工作办公室现场评估，确定牧药所为甘肃省首批全民健康生活方式行动示范单位。通过一系列的措施和活动，为研究所创造了良好的健康人文环境，也促进了研究所的和谐发展。

● 9 月 21 日和 24 日，刘永明书记作为院文明单位考核工作组第七小组成员分别对中国农业科学院农业资源与农业区划研究所、北京畜牧兽医研究所和农业部环境保护科研监测所 2011—2012 年度中国农业科学院文明单位创建工作进行了考核。

● 研究所在院运动会上取得佳绩

9 月 22 日，中国农业科学院第六届职工运动会在北京召开，院机关、院后勤服务局及院属各研究所等 36 个代表队参加了本届运动会。刘永明书记带领研究所 9 名运动员参加了本届院运动会并取得佳绩。

本次参加院级运动会，受到了研究所领导的高度重视，并进行了精心组织与安排。通过研究所第七届职工运动会，对运动员进行了选拔，并专门提供场地，安排专家指导训练。在运动员赴京参赛前，所领导班子专程前往运动场慰问，预祝他们取得优异成绩，为他们带去了全所职工的期望与鼓励。

在比赛中，研究所全体队员团结一致，顽强拼搏，充分展示了牧药所人健康向上的精神风貌。杨晓、杨峰、韩吉龙、曾玉峰获得男子甲组 4×100 米跑第二名，曾玉峰获得男子甲组 400 米跑第三名，赵保蕴获得男子乙组铅球第三名，王昉获得女子乙组铅球第四名，张景艳获得女子甲组铅球第五名，杨峰获得男子甲组 400 米跑第六名。研究所获得京外代表队团体总分第四名。

● 10 月 8~11 日，党办人事处荔霞副处长参加由甘肃省委统战部、甘肃社会主义学院举办的全省党外知识分子工作培训班。

● 10 月 19 日，张继勤、席斌参加由兰州市总工会举办的干部新闻写作培训班。

● 10 月 22~26 日，研究所民盟盟员程胜利同志参加了甘肃省民盟委员会举办的民盟甘肃省第十三届委员会新任委员及基层组织骨干盟员培训班。

● 研究所离退休职工欢度重阳佳节

为进一步弘扬中华民族敬老爱老的传统美德，丰富离退休职工的生活，共享研究所发展的成果，营造以人为本、关爱老人、和谐文明的良好氛围，兰州畜牧与兽药研究所组织开展了欢度"重阳佳节"系列活动。

活动分为参观和娱乐两项内容。10 月 23 日上午系列活动在 4A 级国家旅游观光景区兰州水车博览园拉开了序幕，100 余名离退休职工情绪饱满、兴致勃勃地游览参观了水车广场、水车园、文化广场等展示水车文化的主题公园。之后乘车前往天沁神农生态园开展娱乐活动，并集体合影留念。

杨志强所长参加了活动，并代表研究所领导班子发表了热情洋溢的讲话，感谢离退休职工为研究所发展所做出的积极贡献，感谢离退休职工长期以来对研究所各项工作的鼎力支持，并祝福离退休职工重阳佳节快乐，健康长寿，晚年幸福。活动结束后，老人们对此次活动纷纷表示赞扬和感谢。

● 11 月 7 日，兰州市总工会召开"职工书屋"赠书会议，会上，兰州市总工会赠送研究所价值 1 万元图书。

● 11 月 28 日，刘永明书记赴杭州市参加中国农业科学院党的建设与思想政治工作研究会第六届理事会第一次会议，并当选为第六届理事会理事。

● 11 月 30 日，所工会副主席杨振刚、工会女工主任高雅琴参加了兰州市总工会科教交邮工会 2012 年工作总结会议。

● 12 月 4 日，党办人事处杨振刚处长参加由甘肃省文明办和兰州市文明办联合召开的甘肃省·兰州市"国际志愿者日"志愿服务座谈会。

● 研究所理论学习中心组认真学习贯彻党的"十八大"精神

12 月 4 日，研究所召开理论学习中心组会议，学习贯彻党的"十八大"精神。会议由刘永明书记主持，所理论学习中心组全体成员参加了会议。

会上，刘永明书记传达了农业部党组关于认真学习宣传贯彻党的"十八大"精神的通知和中国农业科学院党组关于《学习宣传贯彻党的"十八大"精神工作方案》，传达学习了李家洋院长在院传达贯彻"十八大"精神干部大会上的讲话。之后，与会人员集中收看了中国社会科学院党组成员、副院长李捷主讲的"十八大"辅导视频报告——《深入学习贯彻"十八大"精神》。报告从党的"十八大"的主题、关于科学发展观、关于中国特色社会主义的新认识、关于全面建成小康社会的新论断、关于党的建设总体布局的新概括新要求五个方面对"十八大"报告进行了全面解读。

刘书记指出，党的"十八大"是在我国进入全面建成小康社会决定性阶段召开的一次十分重要的大会，对党和国家事业的发展具有重要意义。学习贯彻"十八大"精神，是当前和今后一个时期一项重要的政治任务，各部门、各党支部要按照院党组、所党委的部署和要求，结合工作，做好全体党员干部职工对"十八大"精神的学习贯彻，把智慧和力量凝聚到"十八大"精神上来，扎实工作，狠抓落实，切实推动研究所跨越式发展。

● 研究所召开廉政风险防控机制建设"回头看"会议

12 月 11 日，研究所召开廉政风险防控机制建设"回头看"会议。会议由刘永明书记主持。所理论学习中心组成员、重大项目负责人及职能部门全体工作人员共 50 余人参加了会议。

会上，刘永明书记传达了《韩长赋部长在农业部惩治和预防腐败体系建设工作成果交流会上的讲话》和《朱保成组长关于农业部 2008—2012 年惩治和预防腐败体系建设的工作报告》。办公室、党办人事处、条件建设与财务处、科技管理处、后勤服务中心、房产管理处、药厂等部门负责人对照《兰州畜牧与兽药研究所廉政风险防控手册》，结合本部门工作实际，逐条汇报了本部门廉政风险防控执行情况以及存在的问题。通过各部门对廉政风险防控工作执行情况的回顾，使大家对各部门工作中存在的廉政风险点及防控措施有了更全面详细的了解，有利于促进廉政风险防控制度的落实。会议还通过"检察官揭秘高校科研腐败生态链""中科院曝科研经费腐败案"以及"堵住科研经费使用'黑洞'"等科研经费管理使用中出现的典型案例，开展了警示教育。

刘永明书记总结了研究所一年来的廉政风险防控机制建设工作，并对下一步工作提出了要求，希望各部门高度重视廉政风险防控手册中提出的风险点，认真抓好防控措施的落实；严格执行规章制度，从源头上防止腐败行为的发生；部门领导及项目负责人要自警、自省，勿以恶小而为之，勿以善小而不为。

● 12 月 14 日，刘永明书记主持召开所理论学习中心组会议，收看《深入学习贯彻"十八大"精神》视频辅导报告，集体学习了科技部党组书记王志刚《科技创新是提高社会生产力和综合国力的战略支撑》的"十八大"学习辅导材料。之后，理论学习中心组成员就学习"十八大"精神心得体会、如何贯彻"十八大"精神、推进研究所发展进行了座谈交流。

中国农业科学院党组书记陈萌山到研究所考察调研

甘肃省省长助理夏红民到研究所大洼山试验基地考察工作

研究所综合实验室建设项目开工典礼在所部大院隆重举行

研究所区域试验站基础设施改造项目开工典礼在大洼山
试验基地隆重举行

"2012 国家肉牛牦牛产业体系第二届技术交流大会"在
兰州召开

中国农业科学院农产品质量安全风险评估研究中心建设
启动并授牌

苏丹农牧渔业部哈桑·巴希尔司长应邀来研究所交流访问

匈牙利科学院院士 Academician László Stipkovits 一行
4 人到研究所访问

"中兽药复方'金石翁芍散'的研制及产业化"获甘肃省科技进步二等奖

研究所援建的临潭县红崖村人畜饮水工程竣工出水

研究所为患尿毒症的李均亮同学募捐

阎萍研究员当选为CCTV第二届"大地之子"年度农业科技人物

研究所干部职工接受预防职务犯罪警示教育

研究所获"中国农业科学院2011－2012年度'好公文'评选活动优秀奖"和"中国农业科学院2011年度信息宣传工作先进单位"称号

研究所党委被评为中国农业科学院"先进基层党组织"

研究所举办"第二届盛彤笙杯暨第三届青年科技论坛"

第二部分　二〇一三年简报

2013 年综合政务管理

● 1月4日，刘永明书记主持召开研究所党委会议，会议研究同意杨博辉同志辞去农业部动物毛皮及制品质量监督检验测试中心副主任、畜牧研究室副主任的申请，决定聘任高雅琴同志为农业部动物毛皮及制品质量监督检验测试中心副主任、畜牧研究室副主任。杨志强、张继瑜、杨振刚参加了会议。

● 1月4日，张继瑜副所长主持召开畜牧研究室（质检中心）全体人员会议。会上，刘永明书记宣布了研究所党委关于解聘杨博辉同志农业部动物毛皮及制品质量监督检验测试中心副主任、畜牧研究室副主任职务，聘任高雅琴同志为农业部动物毛皮及制品质量监督检验测试中心副主任、畜牧研究室副主任的决定。杨志强所长、刘永明书记对做好畜牧研究室（质检中心）的工作提出了希望和要求。

● 1月11日，张继瑜副所长主持会议，就2012年研究所评价数据统计表填报材料进行讨论修改。科技管理处、条件建设与财务处、党办人事处负责人及相关填报人员参加了会议。

● 1月20~24日，杨志强所长、刘永明书记赴北京参加2013年中国农业科学院工作会议、院廉政建设工作会议。

● 研究所贯彻落实院工作会议精神

1月25日，研究所召开职工大会贯彻落实中国农业科学院2013年工作会议和党风廉政建设工作会议精神。杨志强所长传达了2013年中国农业科学院工作会议精神，学习了李家洋院长《扎实推进科技创新工程　全面开创中国农业科学院发展新局面》的工作报告和院党组书记陈萌山在2013年院工作会议上的总结讲话精神。刘永明书记传达了2013年院党风廉政建设工作会议精神，学习了陈萌山书记《扎实推进党风廉政建设全力推进农业科技创新工程》和史志国组长《转变作风，开拓创新，为现代农业科研院所建设保驾护航》的报告。张继瑜副所长主持会议。

杨志强所长指出，李家洋院长的报告以科技创新工程为引领，以现代院所建设为主线，对"青年英才计划"和"通州院区建设"等工作进行了系统部署与安排，为中国农业科学院实现跨越式发展、建设世界一流现代农业科研院所发出了动员令。2013年研究所工作重点：一是以组织实施科技创新工程为重点，以现代院所建设为主线，围绕重大命题，统筹学科、人才、团队、项目、平台进行设计、论证和落实。二是做好重大科研项目立项工作，特别是国家自然基金项目要力争实现重大突破。三是狠抓成果培育，努力在国家级科技成果奖及SCI、EI论文上实现新突破。四是加大国际合作力度和深度，重点做好国际合作项目立项和国际培训班等方面工作。杨志强要求全所职工认真学习贯彻落实院工作会议精神，各部门要进一步解放思想、锐意进取，精心筹划2013年的各项工作，真抓实干，为建成世界一流研究所而努力奋斗。

刘永明书记全面总结了2012年研究所党务工作，部署了2013年党的工作。要求大家明确任务，突出重点，加强组织领导和学习教育，改进工作作风，积极推进所务公开，加强廉政教育，大力开展文明和文化建设，为研究所跨越式发展提供强有力的政治保障。

● 研究所深入贯彻落实院研究所评价方案

1月28日，研究所召开专题会议。深入贯彻落实中国农业科学院研究所评价方案。会议由杨志强所长主持，刘永明书记、张继瑜副所长、各部门负责人、重大科研项目主持人和青年科技骨干60余人参加了会议。

会上，与会代表集体学习了中国农业科学院研究所考核评价体系，并进行了广泛地讨论交流，大家纷纷表示，中国农业科学院研究所评价方案就是研究所发展的指挥棒，具有极高的开放性、导向性、激励性，我们要认真思考、寻找差距、解放思想、抢抓机遇、锐意进取，积极落实2013年的各项工作，力争都实现新的突破。

杨志强所长要求：一是各部认真组织学习，充分认识评价方案的重要性，围绕各部门重点任务，统筹学科、人才、团队、项目、平台精心谋划；二是分解任务，落实督办，突出亮点和优势，以组织实施评价方案为指导，制定好2013年各部门任务目标；三是继续解放思想，完善研究所奖惩机制，为实现研究所跨越式发展、建设世界一流现代农业科研院所打下坚实基础。

● 研究所举办2013年离退休职工迎新春茶话会

1月29日，研究所举行了2013年离退休职工迎新春茶话会。

会上，杨志强所长代表所领导班子向离退休同志作了2012年度研究所工作报告以及2013年度研究所工作计划，指出了影响研究所发展的主要问题。离退休职工踊跃发言，充分肯定了研究所取得的喜人成绩，针对研究所园区规划、人才队伍建设等积极建言献策。刘永明书记作了总结发言，感谢离退休同志长期以来对研究所工作的支持，并向他们致以诚挚的问候和新春的祝福！

会议由刘永明书记主持，张继瑜副所长出席了会议。

● 1月30日，杨志强所长主持召开所长办公会议，会议研究了2012年科技奖励及绩效奖励事宜。刘永明书记、张继瑜副所长及职能部门负责人参加了会议。

● 1月31日，刘永明书记、张继瑜副所长率党办人事处负责人登门走访慰问研究所在所离休干部、困难职工及家属。

● 2月1日，杨志强所长主持召开所务会，会议讨论通过了研究所关于改进工作作风的规定；通报了研究所2012年年底奖励和分配的决定；安排部署了2013年春节值班和安全生产的相关事宜。刘永明书记、张继瑜副所长及各部门负责人参加了会议。

● 研究所举办2012年工作总结及表彰大会

2月5日，研究所举办2012年工作总结及表彰大会。研究所全体职工共110余人参加了会议，会议由刘永明书记主持。

杨志强所长重点从科研进展、服务"三农"、产业开发、条件建设、管理服务、党建与文明建设等方面总结了2012年研究所各项工作取得的进展与成绩，要求广大干部职工紧抓中国农业科学院科技创新工程启动和现代农业科研院所建设行动的发展机遇，解放思想、革故鼎新、与时俱进、开拓创新，精心谋划2013年的各项工作，求真务实，锐意进取，力争各项工作都实现新的突破，为实现研究所跨越式发展、建设世界一流现代农业科研院所打下坚实基础。最后，杨所长代表所领导班子向全所职工致以新春祝福，祝大家在新的一年里身体健康、工作顺利、阖家欢乐！

张继瑜副所长宣读了研究所《关于表彰2012年度文明处室、文明班组、文明职工的决定》，宣布了2012年获有关部门奖励的集体、个人名单和奖励决定。所领导向受到表彰的集体和个人颁发了奖状和奖金。

总结表彰后，举行了春节联欢会。大会在全场奏唱所歌——《让祖国牧业鲜花灿烂》中落下帷幕。会议热烈隆重、简朴大方，切实贯彻落实了中央和院党组关于改进工作作风的规定精神。

● 2月18日，研究所2013年修缮购置专项"张掖、大洼山综合试验站基础设施改造"项目实施方案获得农业部批复。

● 2月25日，杨志强所长及后勤服务中心负责人在来研究所与兰州市公安局交通治安分局小西湖派出所吴兴平所长就警民共建事宜进行了协商。

● 2月27日，杨志强所长主持召开所班子碰头会议，对研究所2013年行政和党务工作进行了深入细致研究，并做出相应的安排部署。刘永明书记和张继瑜副所长参加了会议。

● 2月28日，杨志强所长主持召开所长办公会议，会议根据中国农业科学院《关于转发人力资源社会保障部 财政部〈关于调整艰苦边远地区津贴标准的通知〉的通知》精神，决定落实补发津贴补贴。刘永明书记、张继瑜副所长及职能部门负责人参加了会议。

● 3月1日，杨志强所长参加甘肃省科技奖励办法讨论座谈会。

● 3月4日，杨志强所长主持召开所务会，对2013年工作任务进行了安排部署。刘永明书记、张继瑜副所长及职能部门负责人参加会议。

● 3月6日，杨志强所长主持召开座谈会，会议对研究所绩效、岗位、奖励等办法征求了意见。刘永明书记、各部门负责人及各项目负责人参加了会议。

● 研究所新一届领导班子成立

3月8日，研究所召开职工大会，中国农业科学院党组成员刘旭副院长主持大会并宣布兰州畜牧与兽药研究所新一届领导班子成立。

刘旭副院长首先宣读了研究所领导班子任免通知：杨志强任研究所所长、党委副书记，刘永明任党委书记、副所长，张继瑜任副所长兼纪委书记，阎萍任副所长。杨耀光不再担任副所长职务。

会上，刘旭副院长发表了重要讲话，对研究所上一届领导班子的工作给予了高度评价。他指出，近年来，兰州牧药所各方面事业快速发展，干部职工凝聚力大为增强。特别是在以杨志强同志为班长的所班子领导下，紧紧围绕部、院中心工作，开拓创新，锐意进取，着力加强科学研究、产业开发、条件建设、人才培养、党建和精神文明建设，研究所科技创新能力显著提高，综合发展实力明显增强，职工生活水平切实改善，各项事业呈现出蓬勃发展的良好局面。刘旭副院长代表院党组对新一届所领导班子提出三点希望和要求：第一，珍惜来之不易的大好局面，继续埋头苦干，扎实推进跨越发展。第二，立足西部、服务西部，为地方农业农村经济发展再立新功。第三，加强领导班子和干部人才队伍建设，为研究所发展提供坚强组织保证。

中共兰州市委宣传部汪永国副部长指出：兰州牧药所学科齐全，科技创新能力强，为甘肃畜牧科技事业和农业农村发展做了重要贡献。希望新的研究所领导班子以学习"十八大"精神为抓手，优化资源配置，加强科技创新，进一步促进研究所健康发展，为甘肃省畜牧业的发展做出更大的贡献！

杨志强所长发表讲话，他首先代表新一届所领导班子成员对农业部党组、中国农业科学院党组和全所职工的信任表示感谢。杨志强所长表示新一届所领导班子将居安思危，沉着应对，抢抓机遇，积极采取更新的改革措施和更大的工作力度，一心一意抓工作，聚精会神谋发展。杨志强所长代表所班子全体成员郑重承诺：将不负众望，倍加珍惜再次为研究所职工服务的机会，不遗余力地履行好自己的职责，尽心尽力把研究所事业发展好，把广大职工的事情办好。将始终把发展放在心中，全面落实好院党组提出的科技创新工程和建设世界一流农业科研院所的各项布置。求真务实，破解难题，勇于任事，敢于担当，努力促进研究所的各项事业全面发展。将始终把职工的利益和诉求放在心中，做好群众的贴心人，为职工说实话，办实事，务实效。将始终把法制放在心中，忠于法律的精神和原则，廉洁行政，依法治所，依法办事，不断提高领导水平和服务能力。面对新阶段、新形势、新任务，我们一定按照部院党组和兰州市委的要求，以一个更加良好的精神状态，一个更加良好的工作作风，一个更加良好的工作干劲，在善待和宽容、支持与合作的氛围中，掷地有声抓落实，脚踏实地搞科研，勤俭节约干事业，共同创造更加美丽的兰州牧药所！用更加优异的成绩迎接研究所建所六十周年！

出席大会的还有中共兰州市委宣传部组织处张晓媚处长、中国农业科学院人事局干部处赵锡海。杨耀光同志和阎萍同志分别发言。研究所全体干部职工参加了会议。

● 3月11日，杨志强所长主持召开所班子会议，对研究所所班子进行了分工。刘永明书记、张继瑜副所长和阎萍副所长参加了会议。

● 研究所与甘肃大河生态食品公司签订科技合作协议

3月11日，研究所与甘肃大河生态食品股份有限公司"所企科技合作"签约仪式在兰州举行。杨志强所长、刘永明书记、科技管理处王学智处长、董鹏程副处长、畜牧研究室郎侠博士、甘肃大河生态食品股份有限公司李鑫董事长、张勇总经理、谷昱奎董事、牛晓莉行政主管等出席了签约仪式。张继瑜副所长主持签约仪式。

杨志强所长在签约仪式上讲话，希望通过合作，利用研究所在西部草食畜牧业研究方面的优势，切实解决企业生产实际问题，为企业不断发展壮大提供科技支撑，并形成产学研良性合作机制，提高科技成果转化水平，力争取得丰硕成果，努力实现所企双赢。张勇总经理表示研究所与企业结成战略合作关系将为企业的生产提供很大帮助，也将对推动甘南牧区牦牛、藏羊产业可持续发展，增强生态食品行业创新能力，带动区域经济的跨越式发展，促进民族地区经济繁荣和维护社会稳定起到很大作用。

按照协议，双方将发挥各自技术和资源优势，共建牦牛、藏羊高原生态养殖及牛羊产品精深加工产学研试验示范和成果转化基地，共同开展牦牛、藏羊选育和生态养殖及其产品深加工、生态食品、保健品研发、甘肃省特色畜种资源开发利用等方面的研究与试验示范工作，努力将企业建设成为基地规模大、技术含量高、产业功能齐全、全国一流的生态食品产业科研与成果转化平台。

● 3月12~13日，杨志强所长参加了兰州市人大常委会组织的农业技术推广执行检查小组，分别赴永登和榆中检查执行情况。

● 3月13日，条件建设与财务处肖堃处长赴北京参加了中国农发食品有限公司第一届董事会第五次会议。

● 3月14日，杨志强所长主持召开专题会议。对房产管理处和药厂2013年工作进行交接，由张继瑜副所长分管药厂工作，阎萍副所长分管房产管理处工作。刘永明书记及相关部门职工参加了会议。

● 研究所召开第四届职工代表大会第二次会议

3月15日，研究所第四届职工代表大会第二次会议在研究所伏羲宾馆召开。大会由所党委书记、所工会主席刘永明同志主持。研究所第四届职工代表大会代表39人出席了会议。

大会听取了杨志强所长代表所班子作的研究所工作报告、财务执行情况报告和2013年工作要点。代表们本着对研究所发展和对广大职工负责的态度，分组讨论和审议了杨志强所长的报告。一致认为报告总结成绩到位，分析问题准确，工作重点突出，是一个实事求是、目标明确、催人奋进的报告。大会一致通过了杨志强所长的报告。代表们还对研究所的发展提出了许多建设性的意见和建议，杨志强所长代表所班子对提出的意见建议进行了说明。

● 3月18日、19日、21日，杨志强所长三次主持召开所务会议，讨论研究所奖励办法、管理服务人员业绩考核办法和科研人员绩效考核办法。刘永明书记、张继瑜副所长、阎萍副所长及各部门负责人参加了会议。

● 3月18日，杨志强所长主持召开专题会议，研究成立了2013年度修缮购置专项项目领导小组和项目组。杨志强所长任项目领导小组组长，阎萍副所长任副组长。时永杰、杨世柱分别任大洼山和张掖基地项目组组长。

● 警民携手 共建平安

3月20日，研究所与兰州市公安局交通治安分局，警民共建挂牌仪式及交通治安综合治理座谈会在研究所举行。兰州市公安局交通治安分局李建刚局长、小西湖交通治安派出所、兰州市城市交通运输管理处稽查大队负责人、研究所杨志强所长及相关领导参加了挂牌仪式和座谈会。挂牌仪式和座谈会由刘永明书记主持。

杨志强所长代表研究所对地方政府和公安部门多年来对研究所的关心和支持表示感谢，同时从研究所学科建设、部门设置、科技成果、人才队伍、精神文明建设和内部治安等方面对研究所进行了简要介绍。杨志强所长指出我单位内部环境优美整洁，硬件完善，管理有序，被评为兰州市单位内部治安管理先进单位、兰州市花园式单位、甘肃省绿色单位，但由于种种原因，单位外围治安状况一直不太理想，影响了研究所的所容所貌，也给职工的出行带来一些不便，希望通过警民共建，解决研究所外围治安问题。

李建刚局长对辖区单位重视单位治安问题，并能积极主动与辖区公安部门沟通，联手整治社会治安表示赞赏和肯定，同时介绍了研究所辖区治安和交通治安状况及警力分布情况，并表示由交通治安分局牵头，联合交警大队、辖区交通治安派出所、辖区派出所和兰州市城市交通运输管理处稽查大队，在研究所的配合下，成立联合警务室，建立长效机制。通过集中整治，彻底清除研究所大门口车辆乱停、乱放，甚至一些不雅行为，还研究所一个舒适、宁静的外围环境。

李建刚局长一行还参观了研究所内部治安管理硬件设施。

● 3月20日，杨志强所长主持召开专题会议。会上，杨志强所长代表研究所分别与房产管理处和药厂负责人签订了2013年度经济目标任务书。刘永明书记、张继瑜副所长、阎萍副所长及相关部门职工参加了会议。

● 中国农业科学院离退休工作调研组到研究所调研

3月21日，中国农业科学院离退休办公室申拥军副处长等一行3人来所，对研究所落实院离退休工作会议精神和离退休工作情况进行了调研。

在调研座谈会上，申拥军副处长介绍了院离退休工作领导小组2013年第一次全体会议精神和2013年全院重点做好的十项离退休工作。党办人事处副处长、老干科科长荔霞向调研组汇报了研究所基本情况、主要成绩以及离退休工作开展情况。调研组与研究所参加座谈的人员就做好离退休工作进行了深入交流。刘永明书记主持座谈会。党办人事处杨振刚处长及相关工作人员等参加了座谈会。

会后，调研组一行参观了老年活动室，慰问了离休干部、退休老领导以及困难职工，转达了中国农业科学院领导对广大离退休同志的关心。

● 3月25日，畜牧研究室组织专家举行2012届研究生开题报告会。张继瑜副所长主持会议。评审小组由中国农业科学院北京畜牧兽医研究所许尚忠研究员等6人组成。专家组先后对博士和硕士论文进行了全面审核，并提出意见和建议。阎萍副所长及相关人员参加了会议。

● 3月26日，杨志强所长、刘永明书记赴北京参加了中国农业科学院科技创新工程试点工作会议和2013年院财务管理工作会议。

● 3月28日，杨志强所长主持召开所务会议，会议传达学习了中国农业科学院科技创新工程试点工作会议精神；安排部署了申报科技创新工程试点单位的相关工作；讨论并通过了研究所奖励办法、管理服务人员业绩考核办法和科研人员绩效考核办法。刘永明书记、张继瑜副所长、阎萍副所长及各部门负责人参加了会议。

● 论文写在牧民家，成果用到草原上

近日，中国农业科学院兰州畜牧与兽药研究所畜牧研究室主任阎萍研究员当选为CCTV第二届

"大地之子"年度农业科技人物。

阎萍作为牦牛研究团队的首席专家，足迹遍布青藏高原角角落落，从海拔 3 000~5 000m 的青海高寒牧区、西藏那曲牦牛合作社、川西北若尔盖草原、云南的迪庆藏族自治州及甘南藏族自治州等牦牛产区，都留下了她的身影，被新华网等媒体誉为"牦牛妈妈"。

阎萍研究团队培育的国家牦牛新品种"大通牦牛"，填补了世界上牦牛培育品种的空白，在我国牦牛产区广泛推广，取得明显的社会、经济和生态效益。大通牦牛及其配套技术已成为青藏高原高寒牧区广泛推广应用的成熟技术，每年改良家养牦牛约 30 万头，覆盖我国牦牛产区的 75%，建立了青藏高原生态畜牧业高效发展新的模式，对我国牦牛良种制种、供种体系建设、牦牛改良及生产性能提高具有重要的价值，对促进高寒地区少数民族聚集地，尤其是藏民族地区牧业经济发展具有重要作用和意义。

阎萍现任国家畜禽资源管理委员会牛马驼品种审定委员会委员、中国畜牧兽医协会牛业分会副理事长、全国牦牛育种协作组常务副理事长兼秘书长、中国畜牧兽医学会动物繁殖学分会常务理事和养牛学分会常务理事。先后获国家、省部级奖励 6 项，2007 年获国家科技进步二等奖，2 次荣获国际牦牛骆驼基金会一等奖。出版著作 6 部，发表论文 120 余篇。2009 年荣获新中国 60 年畜牧兽医贡献杰出人物奖。2011 年获全国优秀基层农牧科技工作者。2012 年受邀参加中组部组织的 2012 年北戴河暑期专家休假活动。

据悉，由中央电视台第七套农业节目主办的"大地之子"，从 2012 年 CCTV《科技苑》播出的节目中，甄选出 10 位最具典型意义的农业科技人物，旨在全社会形成关注农业科技、崇尚科学精神、推动科技进展的良好氛围。

● 3 月 31 日至 4 月 3 日，张继瑜副所长和师音同志赴杭州参加中国农业科学院 2013 年研究生招生与管理工作会议。

● 4 月 3 日，兰州市爱国卫生委员会王小莉副主任一行 4 人来研究所，就研究所申报甘肃省卫生单位进行预验收。刘永明书记、后勤服务中心负责人及相关人员参加了会议。

● 4 月 7~9 日，根据中国农业科学院研究生院《关于做好 2013 年硕士研究生复试及录取工作的通知》，研究所成立由刘永明研究员、张继瑜研究员、阎萍研究员、时永杰研究员、董鹏程副研究员组成的复试工作小组，对 2013 年报考研究所的 13 名硕士生进行了复试。

● 4 月 11 日，中国农业科学院共建共享项目：张掖、大洼山综合试验站基础设施改造（张掖部分）监理单位开标，由甘肃坤隆工程建设监理有限公司中标，中标价 9.00 万元。

● 4 月 17~18 日，研究所开展了 2013 年工作人员招录笔试、面试工作。

● 4 月 19 日，甘肃大河生态食品股份有限公司张勇总经理一行来研究所就与研究所在前期签订科技合作协议的基础上开展下一步工作进行洽谈。杨志强所长主持会议。张勇总经理等提出了企业自检室和生态养殖基地建设、人员培训等方面的需求，希望研究所给予支持。杨志强所长表示，研究所将在双方签订的框架协议的基础上根据工作计划签订具体协议，逐项落实。会议还确定了研究所与大河公司合作的总协调人及具体工作联系人，双方计划于 5 月中旬开始就具体工作事宜进行落实。大河公司谷昱奎董事、牛晓莉行政主管、研究所阎萍副所长、畜牧室高雅琴副主任、科技管理处董鹏程副处长及畜牧室郎侠博士等参加了会议。

● 4 月 19 日，杨志强所长主持召开所长办公会议，会议研究了研究所岗位变化及岗位津贴发放事宜。刘永明书记、张继瑜副所长、阎萍副所长及各职能部门负责人参加了会议。

● 4 月 21~23 日，杨志强所长、肖堃处长赴北京参加中国农业科学院预算执行座谈会暨科技创新工程财务支撑能力培训班和中国农业科学院 2014 年中央级科学事业单位修缮购置专项资金项目申报评审会。

● 4月23日，中国农业科学院共建共享项目：张掖、大洼山综合试验站基础设施改造（张掖部分）开标，标段一由甘肃第五建设集团公司中标；标段二由甘肃华威建筑安装（集团）有限责任公司中标。

● 4月24日，杨志强所长主持召开所务会，传达贯彻落实事业单位分类改革文件精神，刘永明书记、张继瑜副所长及各职能部门负责人参加了会议。

● 4月25~26日，杨志强所长两次主持召开所长办公会议，就研究所的事业单位分类意向进行了讨论，经研究决定以公益一类事业单位向中国农业科学院进行申报。刘永明书记、张继瑜副所长、阎萍副所长、办公室和党办人事处负责人参加了会议。

● 4月27~28日，杨志强所长、阎萍副所长、肖堃处长赴张掖对中国农业科学院李家洋院长联系点进行了前期调研及安排，同时对2013年度修缮购置项目（张掖部分）实施情况进行了现场检查指导。

● 4月28日，刘永明书记主持召开所务会，安排部署了研究所2013年五一劳动节放假事宜。张继瑜副所长、各部门负责人参加了会议。

● 5月2日，杨志强所长主持召开专题会议，就研究所家属区后院围墙建设项目投标单位进行筛选，经过综合评议，确定临洮建工为中标承建单位。刘永明书记、张继瑜副所长、阎萍副所长、条件建设与财务处肖堃处长、党办人事处荔霞副处长等参加了会议。

● 5月6日，研究所发布综合实验室建设项目试验台购置招标公告，5月29日，在甘肃省招标中心开标，经过综合评议，确定兰州晋毅科学分析仪器有限公司中标。

● 5月6日，杨志强所长和刘永明书记陪同中国农业科学院李家洋院长前往甘肃省政府会见甘肃省委副书记欧阳坚。

● 5月8~10日，杨志强所长参加甘肃省科学技术协会第七次代表大会，并当选为科学协会委员。

● 5月10日，刘永明书记主持召开研究所甘肃省领军人才任期考核会议。会议听取了在所甘肃省领军人才第一层次人才杨志强研究员、常根柱研究员和第二层次人才阎萍研究员的任期工作总结，按照甘肃省领军人才考核办法对3位领军人才进行综合打分和工作业绩打分。经过打分考核，考核小组确定杨志强研究员、阎萍研究员分别为甘肃省领军人才第一层次、第二层次考核优秀人选，报甘肃省领军人才考核领导小组参加考核。

● 5月15日，杨志强所长主持召开所长办公会议，研究了有关人事工作。

● 5月15日，杨志强所长主持召开所长办公会议，研究了研究所职工集资建房的相关情况。各职能部门负责人参加了会议。

● 5月15日，杨志强所长主持召开所务会，讨论通过了中国农业科学院兰州畜牧与兽药研究所科技创新工程实施方案、科技创新工程人才团队建设方案、科技创新工程岗位暨薪酬管理办法、辅助服务岗位暨薪酬管理办法、创新工程科研项目管理办法、研究生及导师管理暂行办法、创新工程财务管理制度和差旅费管理制度。刘永明书记、张继瑜副所长、阎萍副所长及各部门负责人参加了会议。

● 5月17日，研究所2013年博士研究生复试录取工作正式开始，研究所成立由杨志强研究员、张继瑜研究员、阎萍研究员、杨博辉研究员、梁剑平研究员、王学智副研究员等组成的复试工作小组，对2013年报考研究所的3名博士生进行了复试。31日，由张继瑜研究员、李剑勇研究员、荔霞副研究员、董鹏程副研究员组成的工作小组对报考研究所的博士学位少数民族干部计划考生进行了复试。

● 甘肃省委副书记欧阳坚考察研究所

5月21日，甘肃省委副书记欧阳坚一行到中国农业科学院兰州畜牧与兽药研究所考察，并与研究所相关负责人座谈。

在座谈会上，杨志强所长对研究所的发展历程、科技创新、成果转化应用等各方面的工作进行了汇报，阎萍副所长介绍了甘肃牦牛藏羊增质提效生产关键技术集成与示范工作情况。座谈会由研究所党委书记刘永明主持。

欧阳坚充分肯定了研究所的发展成就和为甘肃省畜牧业发展发挥的重要作用。他指出，兰州牧药所历史悠久，科研力量雄厚，多年来致力于畜牧、兽医、兽药和草业四大研究领域，取得了一批重要科技成果，为甘肃省农牧民脱贫致富做了大量卓有成效的工作。

欧阳坚强调，扶贫攻坚仍然是甘肃省当前最大的政治任务，大力发展现代畜牧业是甘肃省农牧区群众增收致富的有效途径。甘肃畜牧业发展潜力大、前景好，大有可为，关键是要有强有力的科技作支撑，大力培育推广优良草畜品种，推广科学的种植养殖技术，走规模化集约化标准化产业化发展道路，切实提高质量和效益。

欧阳坚希望，研究所要继续紧贴实际，立足甘肃，服务甘肃，努力解决甘肃畜牧业发展中科技问题，破除技术瓶颈，为全省畜牧业腾飞插上科技的翅膀。要以甘肃省建设国家优质奶源基地、优质牛羊肉生产基地为契机，加快搭建科技成果迅速转化的直通车。要以技术和科研成果为依据，形成研发、转化、再研发的良性循环，强化科技支撑，加快成果推广，真正实现论文写在大地上，成果留在农民家，把甘肃畜牧业培育成为农牧民脱贫致富的支柱产业。

考察期间，欧阳坚一行参观了兰州牧药所史陈列室、甘肃省中兽药工程技术研究中心、农业部畜产品质量安全风险评估实验室。省委副秘书长刘玉生、省农牧厅厅长康国玺、省委政研室副主任李志荣等陪同调研。

● 5月23日，研究所举办中央预算单位公务卡使用培训会，研究所各部门负责人及基本科研业务费项目主持人参加了会议。

● 5月23日，后勤服务中心邀请甘肃省五进防火知识宣传中心姚玉明特级教官为全所职工进行了消防安全和地震避险知识讲座，讲座结束后进行了现场演练和示范操作。刘永明书记主持了讲座和演练。

● 5月25日，杨志强所长、刘永明书记、张继瑜副所长、阎萍副所长、科技管理处王学智处长、董鹏程副处长、杨博辉研究员赴北京等参加了中国农业科学院研究生院专业学位教育2013届甘肃教学点7名硕士研究生和西藏分院的5名硕士研究生的学位论文评审会。

● 5月29日，研究所聘请专家组成答辩委员会，对研究所2013届研究生的学位论文进行了评议。答辩委员会一致同意1名博士研究生和9名硕士研究生通过答辩。

● 6月4~7日，科技管理处王学智处长赴重庆参加2013年全国研究生招生现场咨询会。

● 6月5~6日，张继瑜副所长赴北京参加中国农业科学院组织的第四届国际农业科学院院长高层论坛。

● 6月5日，张继瑜副所长和科技管理处王学智处长赴天津参加天津市科委组织召开的天津科技型企业协同创新对接会，会上张继瑜副所长与瑞普（天津）生物药业有限公司签订了战略合作协议。

● 研究所开展安全隐患排查行动

6月5日，研究所召开安全生产委员会会议。会议由刘永明书记主持，研究所安全生产委员全体成员及相关部门负责人参加了会议。

会上，刘永明书记传达了中国农业科学院级关于加强安全生产工作的紧急通知。就近期东北三场大火进行了通报，并安排部署了研究所安全生产工作。要求研究所各部门集中开展安全隐患排查和整治，对供电、供水、供气等重要设备设施进行安全检查，加强交通运输监管力度；要求科研部门严格执行相关规章制度，对剧毒、强腐蚀性等实验用品，强化安全保存措施，落实管理责任；要求所区和基地建设项目切实落实安全监管责任，督促安全生产管理，合理安排，安全施工。

6月6日，由办公室、后勤服务中心牵头，对办公区、科研区、开发服务区、生活区进行了安全隐患排查工作，对发现的隐患责成相关部门进行整改。

● 6月5日，党办人事处杨振刚处长主持召开专题会议，会议安排了研究所2013年工勤技能岗位技师资格考核工作。党办人事处工作人员和拟参加考核的职工参加了会议。

● 6月7日，张继瑜副所长代表研究所在北京陪同陈萌山书记会见古巴农业部部长。

● 6月7日，2013年修购专项大洼山综合试验站锅炉煤改气工程锅炉设备公开招标在甘肃省招标中心进行，经综合评议，最终确定中标单位为兰州陇鑫暖通设备有限公司。

● 6月7日至8日，由财政部委托的中介评审机构福建华兴会计师事务所有限公司北京分所王璐会计师一行四人莅临研究所对2014年度研究所两个修购专项进行了评审。最终确定研究所2014年两个项目预算总投资1 282万元。

● 6月7~8日，农业部财会服务中心安晓宁主任一行三人，对研究所创新工程财务支撑能力进行了考核。

● 6月9日，刘永明书记主持召开专题会议，安排了研究所2013年端午节放假事宜。张继瑜副所长、阎萍副所长及各部门负责人参加了会议。

● 6月12~13日，杨志强所长赴北京市参加政治局委员、国务院副总理汪洋在中国农业科学院的视察工作交流会。

● 6月12~13日，杨志强所长陪同中国农业科学院基建局于辉就研究所张掖基地基础设施改造项目相关事宜进行了调研。

● 6月17日，科技管理处王学智处长、条件建设与财务处肖堃处长赴北京参加中国农业科学院2013年科研项目经费大检查培训会。

● 6月21日，杨志强所长、条件建设与财务处巩亚东副处长等赴北京参加中国农业科学院2014年部门预算编制布置会。

● 6月24日，杨志强所长主持召开专题会议，会议安排部署了中国农业科学院科研经费专项检查工作。刘永明书记、张继瑜副所长、有关职能部门负责人及项目主持人参加了会议。

● 6月24日，杨志强主持召开所务会，传达学习了中央政治局委员、国务院副总理汪洋到中国农业科学院视察的讲话精神，安排部署了研究所2013年上半年工作总结等相关事宜。刘永明书记、张继瑜副所长、阎萍副所长及各部门负责人参加了会议。

● 研究所举办学习"十八大"精神辅导报告会

6月26日下午，研究所邀请甘肃省委党校文史教研部主任肖安鹿教授，为全体职工作了题为《扎实推进社会主义文化强国建设》的"十八大"精神学习辅导专题报告。报告会由刘永明书记主持，杨志强所长、阎萍副所长、研究所全体职工和研究生参加了报告会。

肖安鹿教授从建设社会主义文化强国的必要性、新时期建设社会主义文化强国的政策轨迹、对"文化强国"的基本认识、当前推进社会主义文化强国建设的若干着力点、甘肃的文化大省建设等方面作了精彩的报告，使广大职工对文化建设有了更深入全面的理解。肖教授的报告引经据典、风趣幽默，受到了全体职工的热烈欢迎。

刘永明书记在总结发言中，要求广大干部职工要认真理解肖教授的报告，深入学习"十八大"精神，增强对"十八大"精神实质的把握和理解，创新理念，提高认识，凝心聚力，促进研究所科技创新工作迈上新台阶。

● 6月27日，杨志强所长主持召开专题会议，研究确定2013年修购专项大洼山综合试验站锅炉煤改气工程监理企业。经综合评议，最终确定中标单位为达华工程管理（集团）有限责任公司甘肃公司。

● 7月1日，为进一步规范科研经费的管理和使用，以中国农业科学院农业经济与发展研究所马飞副所长为组长的院科研经费专项检查小组一行4人来研究所开展科研经费专项检查工作。抽查期间，检查组选取了研究所"十一五"期间的4个不同类型的科研项目，采取现场查看、资料查阅、财务凭证抽验、专家约谈等方式，逐一进行了项目抽查工作。

● 7月5日，中国农业科学院副院长李金祥到研究所视察。

● 研究所召开2013年半年工作总结汇报会

7月10日，研究所召开2013年上半年部门工作进展汇报会。会议首先听取了各部门负责人上半年工作进展情况报告，所领导分别对各部门工作开展情况给予充分肯定，并对下半年工作提出了明确要求。

听取汇报后，杨志强所长指出，召开半年工作汇报会是推进年度目标任务考核的重要手段，目的是相互学习交流、取长补短，更好地推动全所各项任务落实。他要求各部门要结合院科技创新工程实施要求和全所2013年的工作重点，对照年初制定的工作目标任务，进一步解放思想，理清思路，开拓创新，鼓足干劲，扎实工作，切实做好全年工作。

刘永明书记就贯彻落实好会议精神，要求各部门认真梳理存在的问题，明确下半年工作目标，分解细化工作任务，采取有力措施，确保高质量、高标准地完成全年各项目标任务，推动研究所快速发展。

● 7月18日，中国农业科学院人事局李巨光处长、谢波副处长、段成立、缴旭、张继宗一行，对研究所人才队伍建设情况进行了专题调研。

● 7月19日，杨志强所长主持召开专题会议，会议讨论了科研事业费和政府采购报账签字程序等相关事宜。张继瑜副所长、条件建设与财务处肖堃处长、巩亚东副处长、科技处董鹏程副处长参加会议。

● 7月，草业饲料研究室李锦华副主任参加中组部组织的援藏工作，赴西藏自治区（以下称西藏）挂职。

● 8月1日，杨志强所长主持召开所务会，安排部署了研究所2013年暑假集中休假事宜。张继瑜副所长、各部门负责人参加了会议。

● 天津瑞普生物技术股份有限公司李旭东副总裁到研究所考察

8月1日，天津瑞普生物技术股份有限公司李旭东副总裁一行来研究所就兽药新产品研发合作进行洽谈合作。

张继瑜副所长介绍了研究所的基本情况，重点就兽医兽药科技平台、条件建设、科研优势、人才队伍、新兽药研发状况和相关产品等做了阐述。李旭东副总裁介绍了公司概况，希望能够将牧药所的兽药新产品尽快引入公司，投入生产，推向市场，取得效益，实现科技成果的有效转化。双方就兽药产品研发、技术合作、中试条件、生产设施等方面进行了广泛的交流。李旭东副总裁对研究所在兽药研究领域拥有如此强大的科研力量表示赞赏，愿意抓住机遇，与研究所开展广泛的合作。

● 8月3日，中国社会科学院农村发展研究所畜牧经济中心刘玉满研究员等一行2人到所考察调研。

● 8月13~15日，党办人事处杨振刚处长、人事干部吴晓睿同志参加了在呼和浩特市举办的中国农业科学院博士后管理人员业务培训班培训学习。

● 中国农业科学院饲料所齐广海所长到研究所考察

8月7日，中国农业科学院饲料研究所所长齐广海研究员一行7人到研究所考察工作。杨志强所长陪同齐广海所长一行参观了研究所史陈列室，所部大院、甘肃省中兽药工程技术研究中心、农业部畜产品质量安全风险评估实验室和农业部兰州黄土高原生态环境重点野外科学观测试验站。

在座谈会上，杨志强所长介绍了研究所的基本情况和近年来的工作进展。齐广海所长对研究所在科技创新、管理服务、党的建设等方面取得的成绩给予了充分的肯定。双方就相关体制机制创新、学科布局、平台建设、队伍建设、农业科技创新工程等具体问题进行了深入交流，并表示要加强合作研究，促进双方共同发展。

张继瑜副所长主持了汇报会，办公室赵朝忠主任、党办人事处杨振刚处长、科技管理处董鹏程副处长、条件建设与财务处巩亚东副处长、中兽医研究所潘虎副主任等参加座谈会。

● 李家洋院长在兰州牧药所调研

8月11~12日，农业部副部长、中国农业科学院院长李家洋到研究所调研，并听取科研人员意见建议。李家洋一行先后考察了农业部兰州黄土高原生态环境重点野外科学观测试验站和国家超旱生牧草基地，并与研究所科研骨干代表进行了座谈。他强调，研究所要围绕国家重大需求，突出优势特色，以实施科技创新工程为契机，实现快速发展。

在农业部兰州黄土高原生态环境重点野外科学观测试验站和国家超旱生牧草基地，李家洋深入研究所牧草航天育种资源圃、苜蓿航天诱变选育新品系、牧草种质资源圃、野外科学观测试验站综合楼、人工加代温室和GMP中兽药生产车间，与科研人员深入交谈，了解科研生产实际和基地建设情况。

在座谈会上，李家洋着重就大家关心的科技创新工程方面的问题与科研人员进行了交流和讨论。李家洋院长强调，研究所要充分发挥自身特色，以实施科技创新工程为契机，实现快速发展。一要牢固树立忧患意识。研究所目前综合发展形势很好，但要认真分析优势和不足。科研人员要立足现实，有理想，有梦想，居安思危，殚精竭虑，潜心科研，努力产出重大科技成果。二要加强人才队伍建设。研究所要创造条件，加强人才培养和引进力度。适时选派青年科研骨干到国内外一流研究所和大学学习，提升创新能力。要在明确人才评价标准的基础上，多想办法，积极创造吸引人才的条件。要扩大博士后队伍，使之成为重要的科研力量。三要加强学科建设。要科学客观地评价学科体系，理清学科发展思路，凝练学科方向，突出特色，做精做强优势学科。建立健全科学完善的考核评价体系和激励机制，坚持实事求是，对不同的评价要求采取不同的评价方法和指标体系。

8月12日，在甘肃省农牧厅副厅长姜良、院成果转化局局长袁龙江、兰州牧药所所长杨志强、党委书记刘永明陪同下，李家洋院长赴基层联系点——甘肃省张掖市甘州区党寨镇下寨村进行了调研。

● 中国农业科学院研究生院温洋副处长一行到研究所调研

8月14日，中国农业科学院研究生院专业学位办公室副处长温洋、学位办公室陈黎明老师到研究所调研，并与导师和研究生进行了座谈。温洋副处长一行先后参观了各研究室、标本室和所史陈列馆。

在座谈会上，温洋副处长一行着重就扎实开展党的群众路线教育实践活动，切实找准研究生教育工作在"四风"方面存在的问题诚恳征求了导师和研究生党员的建议和意见，为下一步研究生教育工作的整改提高做好准备。

在参观各研究室的过程中，温洋副处长一行认真听取了各研究室在科研条件及实力的介绍，同时与在所的研究生深入交谈，了解研究生毕业论文实验进度及完成情况。

张继瑜副所长、科研处王学智处长、科研处董鹏程副处长、中兽医（兽医）研究室李建喜主任、畜牧研究室高雅琴副主任、兽药研究室李剑勇副主任及导师研究生等参加座谈会。

● 8月15日，杨志强所长、巩亚东副处长参加中央驻甘基层预算单位预算执行情况通报会。

● 8月15日，杨志强所长主持召开所务会，会议讨论通过了研究所《大院机动车辆出入和停放管理办法》《公用设施、环境卫生管理办法》《居民水电供用管理办法》《居民热供用管理办法》等规章制度。刘永明书记、张继瑜副所长、阎萍副所长及各部门负责人参加了会议。

● 8月19日，杨志强所长主持专题会议，就研究所动物实验房维修工程项目进行开标审核。张继瑜副所长、科技管理处王学智处长和董鹏程副处长及参与投标的兰州天宝装饰工程有限责任公司、甘肃裕兴建筑实业集团有限公司、兰州鑫宏建筑安装维修工程有限公司等3家公司负责人参加了竞标会，经综合评议，确定甘肃裕兴建筑实业集团有限公司中标。

● 8月19日，杨志强所长参加兰州市人大组织的兰州新区生态环境建设及节水灌溉应用与发展情况的视察。

● 8月19日，杨志强所长主持召开专题会仪，就研究所职工住房建设等相关问题进行了讨论。张继瑜副所长、职能部门负责人、后勤服务中心张继勤副主任和药厂王瑜厂长参加了会议。

● 8月19日，杨志强所长主持召开人事办公会。会议讨论通过了张凌同志的内部退养和王建林同志的换岗申请，会议决定返聘袁志俊同志工作至2013年12月，并决定面向社会招聘司机。刘永明书记、张继瑜副所长、阎萍副所长、办公室赵朝忠主任和党办人事处杨振刚处长参加了会议。

● 天津生机集团王连民董事长一行来研究所考察

8月21日，天津生机集团王连民董事长和集团工程研究中心郭群总经理一行来研究所就新兽药研发及新产品转让合作等进行交流洽谈。刘永明书记主持召开座谈会，并介绍了研究所的基本情况。

王连民董事长介绍了公司概况，希望借助研究所在新兽药研发方面的雄厚力量以及集团公司在兽药生产销售领域的精英团队，双方在兽药新产品研制、成果转让、人才培养、联合申报科研项目等方面开展广泛合作，从而增加企业产品类型，拓宽市场渠道，取得经济效益，实现产学研有机结合。科技管理处王学智处长首先就研究所在研项目、科研经费、兽药研发科技平台及人才队伍等方面的情况作了简要介绍，建议双方在签订框架协议的前提下开展具体合作。之后，研究所专家就已取得或正在研发的一些畜禽兽药新产品与王连民董事长和郭群总经理进行了深入交流，并就相关产品达成了初步意向。兽药研究室、中兽医（兽医）研究所负责人及相关专家参加了座谈会。

● 8月21~23日，杨志强所长、肖堃处长赴北京参加中国农业科学院召开《全国农业科技创新能力条件建设规划（2012—2016年）》专题培训会议。

● 8月30日，杨志强所长主持召开专题会议，对研究所综合实验室建设项目进行预验收。研究所项目组成员与项目勘察、设计、监理、施工各方代表对项目工程的进度、质量、内、外装饰装修情况等进行了全面的现场查验，并提出了详细的整改意见，为项目下一阶段分部分项验收和竣工验收奠定了良好的基础。

● 研究所召开研究生入所教育暨研究生工作座谈会

9月4日，研究所召开研究生入所教育暨研究生工作座谈会。会议由副所长张继瑜主持，党委书记刘永明、副所长阎萍和科技管理处负责人及2012级新入所研究生、2011级研究生、联合培养研究生和导师代表等参加会议。

刘永明书记、张继瑜副所长、阎萍副所长讲话，并希望同学们在求学期间，能够继承和发扬科大传统，求真务实，律己正心，潜心科研，做出国际一流的原创性成果。同时也衷心希望同学们能在研究所收获知识、收获成果、收获友谊，收获兰州牧药人所具有的优良品格。科技管理处王学智处长就研究生培养工作、科研道德、实验室管理和宿舍安全教育等方面提出注意事项，确保研究生在所期间完成毕业论文顺利毕业。

座谈会后科技管理处负责人带领学生们一同学习了《中国农业科学院兰州畜牧与兽药研究所研究生及导师管理暂行办法》《中国农业科学院科研道德规范》和《中国农业科学院研究生院研究生科研实验记录管理暂行办法》。

● 中国农业科学院科技局副局长陆建中一行来研究所调研

9月6日，院科技局副局长陆建中一行来研究所就院学科体系设置、重大项目立项、重大成果申报等进行调研，听取研究所干部职工的意见和建议。院科技局项目管理处副处长刘蓉蓉、科技平台处刘建安、综合处刘佳、发展规划处解沛等陪同调研。

所长杨志强主持会议，介绍了研究所自"十二五"以来在学科发展、科研项目立项、科技平台运行、人才队伍建设和制度创新等方面取得的进展，并重点就院科技创新工程试点申报相关情况进行了汇报。随后研究所各位专家就学科建设、重大命题、试验基地、人才培养、成果报奖等与院科技局领导进行了交流探讨。陆建中副局长对研究所近年来取得的科技进展表示充分肯定，并指出，研究所的学科发展定位要以中长期发展来把握，瞄准建设国际一流研究所目标；人才引进是西部科研院所的瓶颈所在，要以自身培养为主，用好现有人才；平台建设是一个长期过程，要积极争取项目支持，来保障平台的运行和发展；要进一步做好创新工程试点申报方案，争取尽快进入试点。

座谈会后陆建中副局长一行考察了大洼山综合实验基地的基础设施条件和运行管理工作。党委书记刘永明、副所长张继瑜、副所长阎萍、科技管理处和各研究室负责人及相关科技人员参加了调研。

● 9月6~8日，由农业部和中国农业科学院组织的专家组一行11人对研究所2010—2011年度4个修缮购置专项进行了验收。专家组听取了研究所关于项目实施情况的汇报，审阅了验收材料，并察看了项目现场，经质询和认真讨论，专家组一致认为项目管理组织健全，资金使用合理规范，档案资料齐全，同意通过验收。

● 9月11日，杨志强所长主持召开研究所大院停车系统招标专题会议。经综合评议，确定中标单位为兰州晨曦电子科技有限责任公司。

● 9月13日，原中国农业科学院院长翟虎渠研究员到研究所调研。

● 9月18日，刘永明书记主持召开所务会，安排部署了研究所2013年中秋放假事宜。张继瑜副所长、各部门负责人参加了会议。

● 9月26日，杨志强所长赴北京市参加农业部兽医局第四届兽医协会主席会议。

● 农业部科教司王青立处长一行来研究所调研

9月27日，农业部科教司技术推广处处长王青立、科技发展中心成果转化处处长郭瑞华一行来研究所调研。

刘永明书记主持会议并介绍了研究所基本情况和近年来的工作进展，重点对成果转化和科技服务工作进行了汇报。王青立处长和郭瑞华处长对研究所在各方面取得的成绩给予了充分肯定，与研究所专家就加强科技成果转化力度和提高技术推广能力进行了座谈交流。

座谈会后，王青立处长等参观了研究所所史陈列室、中兽医标本室、农业部兽用药物创制重点实验室和农业部畜产品质量安全风险评估实验室。阎萍副所长、科技管理处和各研究室负责人参加了座谈会。

● 9月30日，杨志强所长主持召开所务会，安排部署了研究所2013年国庆假期放假值班等相关事宜。刘永明书记、阎萍副所长、各部门负责人参加了会议。

● 10月9日，杨志强所长、阎萍副所长陪同中国农业科学院副院长李金祥和原副院长章力建赴临夏东乡调研牛羊养殖场。

● 10月9～10日，刘永明书记陪同中国农业科学院副院长李金祥、李滋睿处长赴甘肃平凉调研。

● 中国农业科学院特产所李光玉副所长率队来所开展交流活动

10月11日，由中国农业科学院特产所李光玉副所长率领的考察交流团队一行7人抵达研究所进行考察与交流。

在杨志强所长、阎萍副所长等陪同下，李光玉副所长一行首先参观了研究所所史陈列室，考察了科技和文明建设成果。随后参观了各研究室、农业部畜产品质量安全风险评估实验室和中兽医标本室。

杨志强所长主持召开座谈会，并就研究所各方面的工作情况进行了较为详细的介绍。李光玉副所长等就行政、科研、人事和后勤管理理念、制度及举措，研究所发展方向、创新工程建设方案、创新文化建设等进行了全面、详细的交流。在交流过程中，两所与会人员就各自感兴趣的科研、行政、后勤等方面的问题作了较为深入的探讨，本着取长补短的精神，共商研究所发展大计。

近年来，研究所在各方面都取得了长足的发展，但在发展过程中，也遇到了一些瓶颈与困难。中国农业科学院各研究所之间有共同的情况，也有不同的特点，加强各所之间的交流，互相借鉴彼此成功的经验和做法，有利于促进各所乃至全院更好的发展。

● 10月11日，杨志强所长主持召开所务会，就研究所全国精神文明建设工作先进单位复检进行了安排部署。各部门负责人参加了会议。

● 10月14日，中国农业科学院信息化规划小组一行4人来研究所调研。

● 10月16～17日，杨志强所长赴湖南省长沙考察调研中国农业科学院麻类研究所。

● 10月16～19日，科技管理处王学智处长赴北京参加中国农业科学院2013年外事干部培训班。

● 中国农业出版社赵立山副总编辑一行来研究所交流

10月17日，中国农业出版社赵立山副总编辑、养殖业出版分社黄向阳社长和郭永立编审一行来研究所交流。

刘永明书记主持座谈会并介绍了研究所基本情况。赵立山副总编辑介绍了中国农业出版社及养殖业出版分社的图书出版情况，并说明了此行目的，主要是与研究所专家学者加深沟通交流，了解各自的研究方向、特长及图书出版意向，进而寻求与研究所的合作。双方就图书出版形式、出版成本、出版周期、出版意向、重点资助类别及目前的出版空白等内容进行了广泛的交流。座谈会后，赵立山副总编辑等参观了研究所所史陈列室、中兽医标本室、农业部动物毛皮质量监督检验测试中心。

科技管理处、办公室和各研究室负责人及相关学者参加了座谈会。

● 10月22日，刘永明书记主持召开草业饲料研究室全体工作人员会议。会上，刘永明书记宣布，研究所决定由时永杰同志代理草业饲料研究室主任。杨志强所长、草业饲料研究室全体人员参加了会议。

● 10月22日，杨志强所长主持召开所务会，讨论通过了《研究所大院机动车辆出入和停放管理办法》《研究所大院及住户房屋管理规定》和《研究所公有住房管理和费用收取暂行办法》。刘永明书记及各部门负责人参加了会议。

● 10月29日，杨志强所长主持召开专题会议，就中国农业科学院财务局对研究所领导班子任期审计工作进行了安排部署。阎萍副所长、条件建设与财务处、房产管理处及药厂负责人参加了会议。

● 10月31日至11月5日，研究所组织全所300余名职工在兰州市第一人民医院进行了身体健康检查。

● 李剑勇研究员入选国家"百千万人才工程"

2013年"百千万人才工程"国家级人选评审结果日前揭晓，李剑勇研究员荣列其中。这是研究所高层次人才队伍建设取得的重要成绩，是对全所科技人员的巨大鼓舞。据悉，此次全国共有421人入选2013年国家"百千万人才工程"，农业部有6位专家入选，中国农业科学院占其中5位。

● 11月4~19日，中国农业科学院财务局审计处委派北京会计师事务所对杨志强所长进行任期财务审计。

● 11月12~15日，党办人事处杨振刚处长参加中国农业科学院组织人事干部能力建设培训班学习。

● 11月19~20日，中国农业科学院纪律检查组组长、党组成员史志国来研究所检查指导工作，并对研究所基地规划建设提出了指示。

● 11月22日，中国残疾人联合会授予研究所残疾人就业安置工作先进单位荣誉称号。

● 11月23日，中国农业科学院草原研究所所长侯向阳来研究所考察交流。

● 11月26日，研究所召开综合实验室建设项目竣工验收会议，会议由张继瑜副所长主持。会议邀请了项目勘察、设计、监理、施工四方代表与项目组共同参加验收。经综合评议，项目整体实施情况良好，符合建筑设计和规范要求，工程符合验收标准要求，一致同意通过竣工验收。

● 11月27日，杨志强所长主持召开专题会议，对大洼山试验站标准化实验动物房维修改造工程和专家公寓建设工程进行了初步验收。张继瑜副所长，科技管理处、条件建设与财务处及基地管理处负责人参加了会议。

● 12月1~5日，杨志强所长、条件建设与财务处肖堃处长赴北京参加2013年中国农业科学院基本建设与基地管理工作会。

● 12月5日，研究所试验基地（张掖）建设项目可行性研究报告获得农业部批复，项目正式立项，批复总投资2 120万元。

● 12月9日，杨志强所长主持召开研究所领导班子会议，讨论了研究所副高级专业技术职务评审委员会的组成，提名了评委会所外评委人选。之后，杨志强所长主持召开研究所副高级及以上职称人员会议，推选了研究所副高级专业技术职务评审委员会所内委员。

● 12月10日，杨志强所长主持召开所长办公会议，研究了有关人事工作。刘永明书记、张继瑜副所长、阎萍副所长、党办人事处杨振刚处长、荔霞副处长参加了会议。

● 12月10日，杨志强所长主持召开所务会，讨论通过了研究所招待费管理办法、文书档案管理办法、科学技术档案管理办法、会计档案管理办法、基建档案管理办法、仪器设备档案管理办法、声像和照片档案管理办法和干部人事档案管理办法。刘永明书记、张继瑜副所长、阎萍副所长、各部门负责人参加了会议。

● 12月11日，杨志强所长召开专题会议，研究确定了研究所试验基地建设项目初步设计及概算编制单位，并安排部署了下一步项目实施工作计划。条件建设与财务处肖堃处长及相关人员参加了会议。

● 12月12~13日，条件建设与财务处肖堃处长与试验基地项目设计人员一行4人赴张掖，对研究所试验基地建设项目建设地点进行了实地考察。

● 杨志强所长率队赴牧医所等单位考察

12月16~19日，杨志强所长、阎萍副所长带领条件建设与财务处、基地管理处相关人员和负责研究所试验基地项目的设计人员一行 8 人赴北京和武汉，对北京牧医所、植保所、油料所等所属的 5 个综合试验基地进行了实地考察。在考察中，杨志强所长一行就如何做好实验基地科学规划、如何更好的发挥科研保障作用、规范管理及合理使用等方面内容进行了学习探讨和经验交流。通过 4 天的学习和考察交流，研究所调研团队学到了很多先进的基地建设和管理的经验，将为研究所试验基地建设项目提供很好的参考与借鉴。

● 12 月 16 日，刘永明书记主持召开全体科技人员大会，部署了研究所 2013 年度专业技术职务评审推荐工作。

● 12 月 20 日，杨志强所长主持召开研究所职称评审办法修订会议，对职称评审内容和赋分标准分别进行了修改和完善。研究所职称评审委员会部分委员参加了会议。

● 12 月 24 日，杨志强所长主持召开研究所 2013 年度部门工作暨中层干部考核大会，听取了各部门负责人对年度工作的报告，对部门工作和中层干部进行了民主测评。全体职工参加了会议。

● 12 月 24 日，杨志强所长主持召开工作人员年度考核会议，考核评选出优秀职工 33 名，文明职工 5 名，文明班组 5 个，文明处室 2 个。

● 12 月 25 日，杨志强主任委员主持召开研究所副高级专业技术职务评审委员会会议，进行了 2013 年度专业技术职务评审推荐工作。评审推荐非管理系列李建喜、罗超应，管理系列杨振刚 3 名同志参加中国农业科学院高评会研究员技术职务任职资格评审；推荐管理系列曾玉峰同志参加院高评会副研究员技术职务任职资格评审；评审通过丁学智、王学红、李维红 3 名同志副高级专业技术职务任职资格，通过了符金钟、张玉纲助理研究员任职资格，通过了郝媛研究实习员任职资格。

● 12 月 26 日，杨志强所长主持召开阎萍任研究所副所长任职试用期满考核会议，听取了阎萍副所长任职一年来的工作及廉洁自律情况报告，并进行了民主测评。中国农业科学院人事局干部处季勇副处长、赵锡海同志参加了会议。之后，进行了研究所领导班子年度考核及研究所 2013 年度干部选拔任用"一报告两评议"工作，杨志强所长、刘永明书记、张继瑜副所长分别报告了 2013 年研究所工作、干部选拔任用工作、廉政建设工作及个人年度工作，与会人员对所班子、班子成员进行了考核测评，对干部选拔任用工作、廉政建设工作进行了民主测评。研究所中层干部、副高及以上职称人员参加了会议。

● 12 月 31 日，刘永明书记主持召开安全生产专题会，安排部署了研究所 2014 年元旦假期放假值班等相关事宜。张继瑜副所长、阎萍副所长、各部门负责人参加了会议。

2013 年科技创新与科技兴农

● 研究所组织召开科技人员座谈会

1月4~5日，研究所分别召集副高级以上科研人员和中级职称及以下科研人员举办了两场座谈会。

科技管理处董鹏程副处长首先通报了 2012 年立项项目、到位经费、获取专利、出版著作、发表文章等方面的科技产出情况。与会人员从工作体会、办法修订、成果报奖、人才培养、未来发展方向和 2013 年工作计划等方面进行了热烈交流，并对研究所科研工作提出了建议和意见。杨志强所长、刘永明书记、张继瑜副所长分别作了讲话。

杨志强所长强调，这两次座谈会是对 2012 年研究所科技工作的总结，我们应紧跟中国农业科学院现代科研院所建设步伐，集思广益，超前谋划，抓住重点，明确目标，统筹协调，不断创新，努力将研究所建设成一个现代农业科研院所。张继瑜副所长主持会议。

● 营养代谢病课题组与药厂签订技术转让合同

1月6日，研究所中兽医（兽医）研究室营养代谢病课题组与中国农业科学院中兽医研究所药厂签订技术转让合同，课题组将添加剂预混合饲料生产许可证、奶牛微量元素舔砖、肉牛（牦牛）微量元素舔砖、羊微量元素舔砖批准文号，奶牛、肉牛、羊微量元素营养舔砖生产配方、技术转让给药厂，由药厂使用转让的产品配方、工艺和技术生产符合企业质量标准的奶牛、肉牛、羊微量元素营养舔砖产品。合同的签订将进一步促进微量元素营养舔砖生产技术的推广和应用，提高产品的社会效益和经济效益，推进研究所科技成果的转化。

签字仪式由张继瑜副所长主持，课题组负责人刘永明研究员、课题组成员、药厂王瑜厂长、陈化琦副厂长以及科技管理处工作人员参加了会议。

● 1月8~12日，刘永明书记赴甘南州临潭县开展 2013 元旦春节慰问活动，走访慰问了帮扶村庄和群众。孔繁矼主任、张继勤副主任等陪同参加慰问活动。

● 研究所双联工作考评获"良好"

根据甘肃省省委双联办关于对 2012 年度双联行动考评培训工作会议的要求，2013 年 1 月 13~16 日，由甘肃省交通运输厅牵头，西北民族大学和研究所等单位组成的考核评价工作小组（第 21 组），按照规定的步骤，对临潭县双联工作 12 家省直和中央在甘成员单位进行了考评。在按照《全省联村联户为民富民行动 2012 年度考核评价工作方案》规定的考核内容和标准，综合各个环节考评情况，经考评组评议审定，研究所达到良好水平。

● 研究所举行国家自然基金和国际合作项目申报动员会

1月9日，研究所召开国家自然科学基金和国际合作项目申报动员会，全体科技人员参加了会议。科技处王学智处长介绍了 2012 年国家自然科学基金项目的申报和资助情况，并对研究所 2013 年项目申报工作做了安排和动员。随后，师音同志就近年来研究所国际合作工作概况、国际合作方式与途径和因公出国程序三方面内容展开介绍。

张继瑜副所长在会上指出，实现研究所跨越式发展，建设世界一流研究所，要加强研究所的技术理论创新和基础研究。国家自然科学基金和国际合作项目对提升研究所科研创新水平、培养优秀科技人才具有十分重大的作用，也是研究所科研最薄弱的环节。近年来，研究所高度重视这两类项目的申报工作但成效并不显著，必须依靠全体科研人员不断积累和努力，加强与同行专家的学习交流，借鉴成功申报的经验，在科研思路和工作基础等方面下功夫。他要求各个课题组和科研人员提前做好申报的规划工作，力争在国家自然基金和国际合作立项工作上实现量和质的突破。

● 研究所召开国家科技支撑计划"三生"项目年终工作交流会

1月16日，国家科技支撑计划"甘肃甘南草原牧区'生产生态生活'保障技术集成与示范"课题年终工作交流会在研究所召开。甘肃省科技厅农村处刘改霞副处长、甘南州科技局乔松林局长等应邀出席了会议。

刘永明书记代表研究所对与会的各位领导和专家表示了热烈欢迎，指出项目的实施对提升当地的社会经济效益起到很好的支撑作用，希望会议的召开能为今后更好的开展工作理清思路，明确目标。各子课题负责人分别从任务完成情况、取得进展、经费使用情况、存在问题及下一步工作计划等方面进行了汇报，并就相关内容与各位专家进行了交流和探讨，听取了意见和建议。之后，课题负责人阎萍研究员汇报了课题的总体进展情况，并就2013年度工作进行了安排，要求各子课题严格按照任务书年度工作任务和目标，做好2013年工作。

● 公益性行业（农业）科研专项项目启动会在京召开

1月18~20日，研究所主持的公益性行业（农业）科研专项"中兽药生产关键技术研究与应用"启动会在北京市中国农业科学院研究生院招待中心举行。浙江大学、南京农业大学、内蒙古农牧科学院等11家协作单位派员参加了会议。张继瑜副所长主持开幕式，杨志强所长代表研究所和项目组致辞，中国农业科学院副院长吴孔明院士、农业部科教司张振华副处长、院科技局王小虎局长、农业部兽医局徐亭博士、院科技局项目处王萌博士等出席开幕式并讲话。

项目首席专家杨志强研究员详细介绍了项目的总体实施和任务分解方案，胡松华教授、李建喜博士、侯勇跃研究员等分别介绍了8个任务专题实施方案，条件建设与财务处肖堃处长详细解读了公益性行业（农业）科研专项管理办法细则。与会专家就项目执行专家组与咨询专家组组成、项目实施方案和目标、项目预期成果和项目执行管理等方面进行了深入细致的研讨。最后，杨志强研究员作了总结讲话，对项目的实施提出了具体要求，对项目的管理做出了科学安排，希望各承担单位专家要明确目标，齐心协力，扎实工作，为"中兽药生产关键技术研究与应用"项目顺利执行共同努力，争取在5年后向交出一份满意答卷。

● 1月25日，科技管理处董鹏程副处长在甘肃主会场参加了2012年全国社会发展（地方）科技工作网络视频会议。

● 1月31日，研究所张继瑜副所长、王学智处长、李剑勇研究员、郭宪副研究员参加了甘肃省科技厅组织召开的全省基础研究工作会议。

● 1月31日，科技管理处王学智处长参加了甘肃省科技厅组织召开的2013年全省科技工作会议。

● 2月20~25日，张继瑜研究员赴泰国参加由泰国国家科技发展署与中国农业科学院共同举办的第十届中泰友好研讨会暨科学技术与农村可持续发展研讨会。通过相互学习和借鉴，在生物技术与种质资源、跨境动物疫病防治等方面开展更深入的合作，推进农业科技领域的合作和应用，进一步增强中泰友好关系。

● 3月1日，科技管理处董鹏程副处长在甘肃省分会场参加2013年全国农业科技教育工作视频会议。

● 3月6日，张继瑜副所长赴北京参加农业部兽医局组织召开的兽医科技管理工作座谈会。

● 农业部动物毛皮及制品质量监督检验测试中心通过农业部复审

3月6~9日，农业部动物毛皮及制品质量监督检验测试中心（兰州）（以下简称"中心"）复查评审会在研究所举行。评审组专家由农业部种羊及羊毛羊绒质检中心（乌鲁木齐）主任郑文新任组长。

评审组听取了中心常务副主任高雅琴研究员关于实验室质量管理体系运行情况和3年来工作汇报，实地考察了检验场所，查阅了质量体系文件，进行了人员笔试和座谈等，对中心进行了全面评审。评审组对该中心近年来的发展给予了高度评价，一致认为中心在机构和人员、质量体系、仪器设备、检测工作、记录与报告、设施与环境6个方面符合《实验室资质认定评审准则》和《农产品质量安全检测机构考核评审细则的要求》等要求，具备按相关标准进行检测的能力，同意通过实验室资质认定和农业部审查认可及机构考核的复查评审。

近几年，该中心在毛、皮产品质量检测、技术咨询、名优产品评选和信息服务等方面做了大量工作，受到国内外同行的高度评价，国家故宫博物院就曾专门委托中心对56件缝制于康熙、雍正、嘉庆、光绪年间的馆藏衣物的166个不同部位的毛发样进行鉴别。3年来颁布国家标准4项，完成标准报批7项；获国家专利5项；出版著作4部；发表论文40余篇；有5项检测项目通过了中国国家实验室认可委员会组织的能力验证。中心始终坚持"科学、公正、准确、及时"的质量方针，检验结果准确性、检验报告及时率及客户满意率均达到100%。此次是中心自1998年正式被批准为部级中心以来第4次通过复查评审。

中国农业科学院科技局科技平台处处长熊明民、耿瑜、研究所所长杨志强、书记刘永明、副所长杨耀光及相关部门负责人和中心全体人员参加了评审会。

● 3月11日，张继瑜副所长主持召开研究所国际合作项目申报动员会。张继瑜副所长了介绍国际合作项目申请渠道、项目类别、经费额度以及研究所目前在国际合作项目方面的概况，重点安排了研究所国际合作项目立项工作。阎萍副所长、科技管理处及各研究室负责人参加了会议。

● 3月27日，杨志强所长、张继瑜副所长赴北京参加中国农业科学院第七届学术委员会第三次会议。

● 4月1~6日，杨志强研究员、郑继方研究员、王学智副研究员、李建喜副研究员和周磊助理研究员赴泰国进行学术交流。访问期间与清迈大学动物医学院就采取针灸手段治疗犬椎间盘突出症开展学术交流和实践治疗，参观了清迈大学药剂学院、草药种植基地、草药标本室、牛病医院、马病医院、当地奶牛场等相关机构。双方还就科学研究、人员互访、学术交流、人才联合培养等方面进行合作及联合筹建"中泰中兽医药学技术联合实验室"达成了一致意见。

● 4月2日，由研究所所联合甘肃农业大学共同培育成功的新品种"中兰2号紫花苜蓿"通过了甘肃省第一届草品种审定委员会审定；引进的草坪草新品种"海波草地早熟禾"和"陆地中间偃麦草"通过审定登记为引进品种。

● 研究所举办中兽药注册申报专题报告会

4月9日，研究所邀请农业部兽药评审中心巩忠福博士和北京兽药饲料监察所王亚芳主任来所交流。

巩忠福博士做了题为"中兽药的注册申报"的专题报告。巩忠福博士主要从中兽药注册的一般要求、中兽药的注册分类、中兽药注册申报的技术要求等三个方面结合自己长期以来从事新兽药申报管理工作的切身体会，认真、详细、全面的就新兽药注册申报方面的问题给大家做了说明和讲解。王亚芳主任主要就原料和制剂的质量控制、标准物质、包装材料以及质量标准起草说明等方面的注意事项进行了特别说明。之后，两位专家还与研究所科研人员就兽药注册分类、工艺研究、毒性试验、含量测定、含量限度制定、标准物质及稳定性问题等方面进行了热烈交流。

刘永明书记主持了报告会，强调本次专题报告针对性很强，对研究所今后开展新兽药研究开发工作具有非常重要的意义，为科研人员理清了思路，指明了方向。科技管理处董鹏程副处长、中兽医（兽医）研究室、兽药研究室全体人员及研究生参加了报告会。

● 中国热带农业科学院环境与植物保护研究所易克贤所长和中国农业科学院兰州兽医所朱兴全教授来所交流

4月12日，应研究所邀请，中国热带农业科学院环境与植物保护研究所易克贤所长和中国农业科学院兰州兽医研究所家畜寄生虫病研究室主任朱兴全教授来所开展学术交流。

易克贤所长向大家介绍了环植所条件建设、科研工作和技术开发等方面的概况，并做了题为"柱花草抗病育种研究"的学术报告，展示课题组在柱花草炭疽病防控技术方面的研究及应用进展。朱兴全教授做了题为"科技创新及科研绩效考核的体会"的学术报告，结合自身经验，强调了科技创新的重要性，并分享近年来对科研绩效考核的切身体会和感受。与会人员积极参与交流讨论，现场气氛活跃。

报告会由杨志强所长主持，刘永明书记、阎萍副所长、职能部门和各研究室人员及全体研究生参加了报告会。

● 4月18日，研究所组织召开中国农业科学院科技创新工程试点工作方案申报材料工作研讨会。杨志强所长主持会议。与会人员对各创新团队的摸底调查材料进行了初步审查，确定了科研团队的首席专家，明确了团队的成员数量、人员组成、研究方向、创新目标、考核指标以及条件平台建设需求等内容，并就院科技创新工程相关政策给大家进行了解读。刘永明书记、张继瑜副所长、阎萍副所长及各部门负责人参加了会议。

● 4月8日，研究所主持完成的"药用化合物'阿司匹林丁香酚酯'的创制及成药性研究"一项成果喜获中国农业科学院科技成果奖。

● 4月15~16日，杨志强所长、刘永明书记、张继瑜副所长、阎萍副所长率办公室、条件建设与财务处、党办人事处、科技管理处及中兽医（兽医）研究室，草业饲料室负责人赴中国科学院兰州分院化学物理研究所、寒区旱区环境与工程研究所考察中国科学院知识创新工程实施情况。

● 研究所学习贯彻中国农业科学院科技创新工程精神

4月19日，研究所召开理论学习中心组会议，学习贯彻中国农业科学院科技创新工程精神。

会上，与会人员集体收看了中国科学院副秘书长、规划局局长潘教峰教授作的题为"科研管理创新的实践与思考"的视频报告。潘教授的报告从院所两级管理架构、战略研究与规划、科技布局调整、重大创新活动的组织实施、现代人力资源管理体系构建、科技评价探索等方面，对现代科研院所科研管理创新与实践进行了全面介绍。

通过收看潘教授的报告，与会人员对实施科技创新工程有了进一步的了解与把握。收看辅导报告后，刘永明书记、杨志强所长先后就加强学习，深化认识，全面推进实施中国农业科学院科技创新工程提出了要求。

会议由刘永明书记主持，研究所理论学习中心组全体成员参加了会议。

● 4月27日，张继瑜副所长主持会议，就中国农业科学院科技创新工程试点工作方案申报材料进行初审。各研究室、创新团队及职能部门负责人参加了会议。

● 5月3日、7日、16日、17日，研究所先后4次组织专家就中国农业科学院科技创新工程试点工作方案申报材料进行修改和审议。研究所领导、各研究室、创新团队及职能部门负责人参加了会议。

● 中国兽医药品监察所李向东书记一行来研究所调研

5月22日，中国兽医药品监察所李向东书记、化药评审处段文龙处长和郭桂芳研究员一行来研究所督导检查工作。李向东书记一行考察了研究所兽药 GMP 中试车间、SPF 级标准化试验动物房、中兽医（兽医）研究室、兽药研究室等，了解了研究所新兽药研发的平台条件、仪器设备、人才队伍及管理运行情况。

张继瑜副所长主持座谈会，从兽医兽药学科建设、研究平台及取得的科技成果等方面对研究所进行了简要介绍。李向东书记对研究所在我国兽医药品研发工作中所做出的贡献和近年来取得的成就给予了充分肯定，并就农业部 442 号公告文件内容、承担委托试验单位资质、申报材料格式和审评标准制定等与研究所科技人员进行了交流座谈。李向东书记希望专家们对兽药评审工作提出意见和建议，促进兽药评审工作的顺利开展。

研究所杨志强所长、刘永明书记、科技管理处、兽药研究室和中兽医（兽医）研究室负责人及相关科技人员参加了座谈会。

● "奶牛健康养殖重要疾病防控关键技术研究"年度会议在武汉召开

5 月 23~24 日，"十二五"国家科技支撑计划"奶牛健康养殖重要疾病防控关键技术研究"课题年度会议在在华中农业大学国际学术交流中心召开。中国农业科学院科技局王小虎局长、项目管理处文学处长、华中农业大学陈兴荣副校长等出席了会议。

课题负责人严作廷研究员首先就课题总体进展情况进行了汇报。吉林大学王哲教授、东北农业大学师东方教授等分别就各子课题 2012 年度完成情况、经费使用情况、存在问题及下一年工作计划等做了汇报。王小虎局长在听取汇报后指出，年度会议开的很有必要。课题涉及研究内容广，合作单位多，通过汇报交流可以及时发现问题并加以解决，从而保证项目顺利实施。课题在年度总结交流的基础上还需建立协调沟通机制，要注意规范使用经费，做到专款专用。应及时加强项目成果的固化，争取多出标志性成果，为我国奶业的持续健康发展保驾护航。陈兴荣副校长对各位专家和领导莅临学校指导工作表示感谢，希望大家今后能一如既往地支持奶业项目研究计划，努力实现科研成果的转化应用。

本次会议充分交流了课题 2012 年度的研究工作，总结了成绩，指出了实施过程中遇到的问题，明确了 2013 年的工作思路，达到了预期目标。会后，与会人员考察参观了华中农业大学农业微生物学国家重点实验室和兽医院。华中农业大学科学技术发展研究院、动物科学技术学院、动物医学院负责人及相关课题主持人和研究骨干共 30 余人参加了会议。

● 6 月 1~10 日，杨志强所长赴江西省南昌市参加第四届中国奶业大会，并考察了湖南、江西两省奶业产业情况。

● 6 月 2 日，研究所邀请国家畜禽资源委员会羊专业委员会主任、中国农业科学院北京畜牧兽医研究所杜立新研究员来所。杨博辉研究员介绍了中国美利奴羊高山型细毛羊的培育进展情况，并就羊品种申报相关事宜进行交流。张继瑜副所长、杨博辉研究员、科技管理处负责人及课题组成员参加了座谈会。

● 6 月 21~22 日，奶牛产业技术体系北京市创新团队首席科学家、北京市畜牧兽医总站书记路永强一行 7 人来研究所参观考察，并就奶牛疾病情况与研究所相关专家进行了广泛的讨论交流。杨志强所长、中兽医（兽医）研究室李建喜主任、严作廷副主任和李宏胜研究员参加了交流会。

● 6 月 27 日，青海省大通县农业局刘海年副局长、县兽医站赵志刚站长一行来研究所就研究所与大通县国家现代农业示范区开展合作情况进行座谈。刘海年副局长首先转达了大通县委县政府对双方合作的高度重视，并盛情邀请研究所专家和领导去大通县进行实地考察指导，希望通过举办中兽医理论与技术培训班拉开双方深入合作的序幕。双方初步确定了培训班举办时间。阎萍副所长主持座谈会，科技管理处及各研究室负责人参加了座谈会。

● 6 月 28 日，张继瑜副所长、科技管理处王学智处长和条件建设与财务处巩亚东副处长赴北京参加中国农业科学院首批科技创新工程试点工作方案申报答辩会。

● 6月29~30日，杨志强所长赴黑龙江省哈尔滨市参加中国农业科学院学位审定委员会兽医学科评议组会议。

● 6月30日至7月2日，杨志强所长赴山东省青岛市参加由农业部兽医局主持的2013海峡两岸兽医管理及技术讨论会，并在会上做了题为"中兽药生产关键技术与检测方法研究"的专题报告。

● 甘南藏族自治州首个藏文科技信息平台开通

近日，由研究所主持的"十二五"国家科技支撑计划项目"甘肃甘南草原牧区'生产生态生活'保障技术集成与示范"课题实施推进会在甘南州碌曲县尕海乡尕秀村召开。甘肃省科技厅副厅长郑华平、巡视员李新、甘南州科技局局长乔松林、课题主持人阎萍研究员及课题组成员、牧民群众200多人参加了推进会。

推进会上，郑华平副厅长点击开通了《甘肃甘南草原牧区"生产生态生活"保障技术集成与示范》科技信息平台（藏文版网站）。课题组为尕秀村农牧民发放燃气炉设备52套，并对牧民进行了现场培训；查看了牦牛、藏羊选育与健康养殖关键技术示范户、太阳能光伏电源使用情况和天然草地改良及功能提升示范基地建设情况。会上，阎萍研究员对课题组织实施情况做了总体介绍，6个子课题负责人分别汇报了各子课题的工作进展情况。与会专家和领导通过现场质询，对各子课题的研究目标、研究内容、考核指标完成情况、取得的主要成果及创新点、经费使用情况进行了全面审查。对课题执行过程中存在的问题提出了意见和建议。

据悉，该课题自2012年实施以来，已组建基础母牛群1000头，引进青海大通牦牛10头，对甘南牦牛进行杂交改良；开展退化草地评估、草地改良与高效利用综合技术研究，治理退化草地50余亩，建植人工草地50余亩；示范推广太阳能户用发电系统和便携式光伏发电照明设备50套；建立动物包虫病综合防控技术规范1个，在屠宰场、养殖基地调查牛羊包虫病及家牧犬绦虫病的感染情况，投放驱虫药物20 000头次，培训牧民200余人次；建立了甘南州首个藏语科技信息平台。项目为甘南畜牧产业健康发展、牧民稳步增收、生态环境保护提供了强有力的技术支撑和保障。

● 阿根廷农业技术专家到研究所访问

7月1日，阿根廷农业技术研究所动物生产部小反刍动物研究员、阿根廷国家动物纤维项目协调员Joaquín Pablo Mueller应研究所毛羊资源与创新团队之邀，来研究所进行为期7天的学术交流与访问。

张继瑜副所长代表研究所热烈欢迎Joaquín Pablo Mueller博士一行，陪同参观了畜牧研究室和农业部动物毛皮及制品质量监督检验测试中心（兰州），并向Joaquín Pablo Mueller博士介绍了兰州牧药所在绒毛用羊产业发展及毛绒生产和质量控制等方面的研究进展。Joaquín Pablo Mueller博士做了"阿根廷动物纤维生产与研究"的学术报告，并与畜牧研究室全体科技人员就双方热点话题——羊育种及毛绒质量控制方面的问题进行了热烈的交流和讨论。Joaquín Pablo Mueller博士对研究所在毛羊育种及绒毛质量控制方面取得的成就表示了崇高的敬意和高度的赞赏，并就创新团队提出的4个合作意向进行了充分交流，表示将尽快促成双方的合作与实施。

7月2~7日，Joaquín Pablo Mueller博士在创新团队人员陪同下对绵羊育种试验基地进行了考察。

● 7月8日，杨志强所长参加甘肃省科技厅组织召开的2013年甘肃省创新人才推进计划专家会议。

● 中国中医科学院中药研究所张玉军研究员来研究所作学术报告

7月12日，应研究所邀请，中国中医科学院中药研究所张玉军研究员做了题为"从Darwin到

Lenski—实验进化生物学的新进展"学术报告。报告会由副所长阎萍主持，各研究室人员及全体研究生参加了报告会。

张玉军研究员首先从"自然选择"这个进化的主要机制出发，结合在基因组学领域的研究，阐述了新测序技术在分子遗传学领域的应用和新发展。对大肠杆菌在烧瓶里靠有限的葡萄糖提供能量生存进化等"受控进化论"研究进行了详尽的诠释。并与科研人员进行了基因组学研究的交流讨论。

据悉，张玉军研究员长期从事动植物基因组学和分子遗传学研究，曾在 Nature 系列杂志发表 7 篇论文，在 DNA 测序技术、基因组结构变化（CNV）、人类遗传家系的基因克隆、生物信息学等领域有深入的研究。

● "中兽药生产关键技术研究与应用"研究工作进展顺利

7 月 13~16 日，研究所主持的国家公益性行业（农业）科研专项"中兽药生产关键技术研究与应用"年中总结交流会在内蒙古锡林浩特市召开。项目首席专家研究所所长杨志强研究员主持会议，内蒙古农牧业科学院副院长刘永志研究员和内蒙古锡林郭勒盟农牧局副局长劲松等出席了会议。

参加会议的人员包括项目主持和协作单位主要业务骨干共计 49 人。会上，18 个子课题主持人分别汇报了项目启动半年来取得的重要工作进展和执行过程中存在的主要问题。与会人员围绕执行过程中存在的问题以及 2013 年下半年的工作计划进行了交流和探讨。该项目研究工作已全面展开并取得了积极进展，目前已有 4 个新兽药拿到了临床批件并进入临床试验阶段，2 个新药已进入了农业部评审程序，12 个新药处于前期研发阶段。项目共申报了 7 项发明专利，已录用 SCI 文章 3 篇，发表中文文章 8 篇。会议提出应重视从中兽药研发到新药申报过程中一系列环节，要求各单位要加强沟通和发挥各自在相关领域的优势，明确任务目标，加强职业道德建设，倍加珍惜中兽药（含蒙药、藏药）来之不易的发展和提升机遇，在抓紧科研项目的实施中把科技创新工作放在重要位置，在继承的基础上让传统兽医学发扬光大。

● 7 月 14 日，甘肃省特色农产品产业联盟第一次全体会议暨首届甘肃特色农产品产业论坛在兰州召开。会议表决通过了甘肃省特色农产品产业联盟章程，选举了联盟理事长、副理事长、理事单位，并为理事长、副理事长、理事颁发了聘书。经会议表决，选举兰州牧药所为联盟副理事长单位，阎萍副所长为联盟副理事长。

● 7 月 16 日，甘肃省平凉市副市长李启云一行 5 人到研究所就开展所地科技合作进行交流洽谈。刘永明书记介绍了研究所基本情况。李启云副市长就平凉市农业和草地畜牧业发展情况进行了交流。双方就平凉红牛品种培育、饲草种植、健康养殖、人才培训、基地建设以及项目支持等方面进行了协商。李启云副市长一行还考察了所史陈列室、中兽医标本室和农业部动物毛皮质量监督检验测试中心（兰州）。阎萍副所长、科技处及各研究室负责人参加了座谈会。

● 中国草学会马启智理事长到研究所考察

7 月 25 日，中国草学会理事长、原宁夏回族自治区马启智主席，中国草学会秘书长、中国农业大学王堃教授，兰州大学草地农业学院副院长付华教授到研究所考察工作。

张继瑜副所长代表研究所对马启智理事长一行莅临研究所考察工作表示热烈欢迎，并陪同马启智理事长一行参观了研究所史陈列室、所部大院和农业部兰州黄土高原生态环境重点野外科学观测试验站及研究所牧草航天育种资源圃、苜蓿航天诱变选育新品系、耐旱苜蓿种质资源圃、草坪花卉黄花矶松栽培驯化级试验田。考察期间，张继瑜副所长向马启智理事长一行介绍了研究所发展历程、四大学科和科研成果等情况。马启智理事长在听取张继瑜副所长的介绍后，对研究所在科学研究与创新领域取得的成绩给予了积极的评价，并希望研究所继续保持四大学科良好发展势头，发挥优势，突出特色，继续加强科技创新，尤其在首蓿航天诱变育种方面发挥更出色的成效。科技管理处王学智处长、草业饲料研究室常根柱研究员等陪同考察。

● 7月25日，程富胜副研究员和周磊助理研究员参加兰州市科技创新大会暨科学技术奖励大会。程富胜副研究员主持完成的科技成果"富含活性态微量元素酵母制剂的研究"获得兰州市科技进步二等奖。

● "传统中兽医药资源抢救和整理"项目启动

7月26日，由研究所主持的国家科技基础性工作专项"传统中兽医药资源抢救和整理"启动暨实施方案论证会在兰州召开。军事医学科学院军事兽医研究所夏咸柱院士、农业部科教司张文处长、中国农业科学院科技局原副局长孟宪松研究员、中国兽药监察所标准处副处长巩忠福研究员、中国农业科学院科技局规划处林克剑处长、中国农业科学院办公室李滋睿处长、中国农业科学院兰州兽医所朱兴全教授、西南大学刘娟教授、西北农林科技大学付明哲教授等出席会议。会议由副所长张继瑜主持。阎萍副所长及项目组成员等参加了会议。

会上，农业部科教司张文处长宣读了执行专家组成员名单。中国农业科学院规划处林克剑处长就项目的组织、实施和管理做了详细说明。军事医学科学院军事兽医研究所夏咸柱院士主持了项目实施方案论证会，与会专家听取了杨志强研究员代表项目组制定的实施方案、数据制作标准和规范。各位专家针对项目实施方案提出了建设性的意见。执行专家组组长夏咸柱院士等专家一致认为：该项目地实施对继承和弘扬我国传统医药学技术具有重要意义，是中兽医现代化的最好体现，可为更好地发挥中兽医药在畜禽健康养殖中的优势作用提供可靠的科学数据，功在当代、利在千秋。

据项目主持人杨志强研究员介绍，该项目将开展传统中兽医药古籍文献、传统中兽医药技术、兽医中药标本/针具/器具等资源的搜集与整理及数字化处理。旨在明确我国中兽医药资源及利用现状，制定出资源抢救与整理技术方案，采用资料注解、信息汇编、电子存档、影像处理和网络技术，抢救宝贵的中兽医药资源，形成最具权威的传统中兽医药资源基础性数据库，为传统中兽医药资源利用、技术传承、种质保护、人才培养、产品研发、政策制定和国际交流提供科学依据。

● 7月28日，农业部公益性行业（农业）科研专项"牧区生态高效草原牧养技术模式研究与示范"项目2013年工作交流会议在兰州召开。项目首席科学家、新疆畜牧科学院副院长李柱研究员主持会议。研究所长杨志强和副所长张继瑜、阎萍及来自新疆畜牧科学院、四川草原科学研究院、中国农业科学院农业资源与农业区划研究所、中国农业大学、内蒙古农牧业科学院、甘肃农业大学和研究所40余人参加会议。会上，研究所承担"青藏高原牦牛藏羊生态高效草原牧养技术模式研究与示范"课题各任务负责人作了工作总结交流。会后，与会人员考察祁连项目示范基地。

● 加强牦牛资源保护与利用，促进牦牛特色产业可持续发展

8月11~14日，全国牦牛育种协作组2013年度工作会议在新疆维吾尔自治区库尔勒市召开。会议的主题是加强牦牛资源保护与利用，促进牦牛特色产业可持续发展。会议由全国畜牧总站主办，全国牦牛育种协作组、新疆巴州畜牧兽医局和新疆巴州畜牧工作站共同承办。全国畜牧总站副站长郑友民，新疆巴州人民政府副州长马成，兰州牧药所副所长阎萍、新疆畜牧厅调研员李国强及来自四川、甘肃、青海、西藏、云南、新疆6个省区畜牧主管部门、科研院所等单位的代表40余人参加了会议。

全国牦牛育种协作组常务副理事长、国家现代肉牛牦牛产业技术体系岗位专家阎萍研究员，青海省畜牧科学院刘书杰研究员，西南民族大学钟金城教授在会上作了专题报告。新疆、甘肃、青海、四川、云南、西藏等省（区）牦牛保种场和育种场的代表分别介绍了所在省（区）牦牛遗传资源保护与利用情况，阎萍研究员对各牦牛保种场开展的工作进行了点评，并对存在的问题提出了

改进建议。与会代表就牦牛遗传资源保护与利用进行了研讨。

会议期间，改选了全国牦牛育种协作组理事会，理事会由 46 名成员组成。郑友民当选为协作组理事长，阎萍当选为常务副理事长兼秘书长、梁春年同志为副秘书长。

● 8 月 19 日，杨志强所长主持会议召开中国农业科学院第二批科技创新工程试点工作方案申报组织动员会，对研究所申报中国农业科学院科技创新工程工作进行了安排部署。研究所科技创新工程领导工作小组全体成员参加了会议。

● 8 月 24 日，科技部农村司综合处高旺盛处长一行在甘肃省科技厅郑华平副厅长、农村处张建韬处长和刘改霞副处长等陪同下来研究所调研。杨志强所长对高旺盛处长一行介绍了研究所的总体发展情况及近年来科技工作的基本情况。高旺盛处长对研究所科研工作取得的成绩给予了充分肯定，希望研究所科研工作者再接再厉，进一步加大科技创新力度，不断取得更大的科研成果。阎萍副所长、科技管理处王学智处长、中兽医（兽医）研究室李建喜主任、严作廷副主任和基地管理处时永杰处长等陪同考察。

● 9 月 2 日，张继瑜副所长主持会议就研究所院科技创新工程试点工作方案申报书进行修改讨论。刘永明书记、阎萍副所长、职能部门及各创新团队负责人参加了讨论会。

● 9 月 5 日，杨志强所长、中兽医（兽医）研究室李建喜主任赴白银市参加国家奶牛"金钥匙"技术推广培训班。

● 杨志强所长率队赴天水、平凉考察调研

为了加强研究所与地方农业科研单位的合作，推动科技创新发展，提高农业成果转化水平。9 月 16~18 日，所长杨志强、副所长张继瑜一行 5 人赴天水、平凉调研。

9 月 16 日，杨志强所长一行赴天水市甘谷县天水农科所实验基地、天水农科所牧草试验点，对研究所开展的航天苜蓿育种和黄花补血草驯化种植试验点进行了实地考察。随后与天水市农科所所长张吉堂、党委书记李全民等领导和专家进行了座谈，就充分利用天水农科所得天独厚的实验基地开展牧草新品种选育，进一步加强两所科技合作进行了会谈和交流。

9 月 17~18 日，杨志强所长一行赴平凉市，在平凉市科技局、农牧局领导的陪同下先后考察了田源农牧养殖场、西开集团、平凉市宏远肉牛养殖有限公司、双星养牛良种推广示范基地和平凉市肉牛养殖农民合作社等肉牛养殖、牛肉食品加工企业和农民合作社。随后，平凉市副市长曹复兴主持召开了所地科技合作座谈会。平凉市农牧局副局长陈富国介绍了平凉红牛产业的发展状况。会议重点围绕发挥研究所科技、人才和成果优势，推动平凉市畜牧产业，特别是平凉红牛养殖业的发展等合作事宜进行了广泛讨论。杨志强所长代表研究所对进一步与平凉市开展科技合作提出了 6 个方面的建议。

科技管理处处长王学智、草业饲料研究室常根柱研究员和畜牧研究室副主任高雅琴研究员陪同考察。

● 9 月 17 日，科技管理处董鹏程副处长参加甘肃省科技厅 2014 年发展中国家技术培训班项目初评会。

● 研究所 2012 年专利申报工作创佳绩

近年来，研究所为有效推动科技创新工作，狠抓科研产出，高度重视知识产权保护，并且通过绩效考核和科研奖励等方式鼓励科技人员对具备新颖性、创造性和实用性的技术或产品进行专利申请，研究所予以重点支持，并取得显著成效。

研究所 2012 年共申请专利 42 件，授权 22 件，专利授权量超过了 2006 年至 2010 年累计数量（2006 年至 2010 年专利授权 15 件）。2013 年截至 7 月底已申请专利 65 件，授权 13 件。据《2012甘肃省专利统计分析报告》显示，研究所 2012 年专利申请量和专利授权量在全省科研机构排名均位列第四，仅次于中国科学院兰州化学物理研究所、中国科学院寒区旱区环境与工程研究所和中国航天科技集团公司第五研究院第五一〇研究所，在全省农业科研院所排名第一。

● 研究所深入开展"双联富民"行动

10月14~16日，阎萍副所长带领有关专家一行5人，赴甘南藏族自治州临潭县新城镇开展"双联富民"行动。此次行动主要开展了牛羊疾病综合防治知识培训，实地考察并商定了帮助联系村修复水毁便桥等帮扶事项。

在此次"双联富民"行动中，阎萍研究员带领专家队伍深入村镇，并做了《农村卫生与健康》的专题讲座，中兽医（兽医）研究室副主任、国家现代农业产业技术体系奶牛体系团队成员严作庭研究员做了《牛羊疾病综合防治技术》专题讲座。两位专家深入浅出、通俗生动、图文并茂的讲解，赢得了阵阵掌声。培训会上，专家与乡亲们就遇到的生活和生产实际问题进行了现场互动交流，并向3个联系村农民书屋和养殖户赠送了《肉牛标准化养殖技术图册》《肉牛养殖主推技术》《肉羊标准化养殖技术图册》及研究所编印的《日常生活小常识》科普手册共300份。

培训班由新城镇人民政府镇长沙世宏主持。沙世宏代表乡亲们感谢兰州牧药所送来了精神食粮，并表示以后要鼓励乡亲们多读书、读好书，掌握更多的新知识、新技术，依靠科技尽快脱贫致富。

2013年7月，甘南州临潭县突降暴雨，新城镇遭受了60年不遇的洪涝灾害，洪水冲毁了南门河村、红崖村数座便民桥梁。为尽快修复水毁便桥，减少对村民生产生活的影响，在前期考察、论证的基础上，确定由研究所筹资5万元，其余费用由镇、村自筹。目前，该工程正在实施中。

● 加拿大霍继曾博士应邀来研究所进行学术交流

10月18日，研究所邀请加拿大奥贝泰克药物化学有限公司（Apotex Inc.）霍继曾博士来研究所开展学术交流。刘永明书记主持了报告会。霍继曾博士做了题为"药物分析方法验证（Method Validation）"的学术报告。他主要从新药申报、药品质量标准、分析方法验证目的、分析方法验证参数等方面结合自己长期以来从事药物分析验证及管理工作的切身体会给大家做了详细认真的说明和讲解。之后，霍博士还与研究所科研人员就样品处理、质量标准、分析验证等方面的问题进行了热烈交流。科技管理处董鹏程副处长、中兽医（兽医）研究室、兽药研究室全体人员及研究生参加了报告会。

Apotex Inc. 成立于1974年，是加拿大最大的现代化制药企业，在全球拥有7 500多名员工，从事药品的研制开发，生产制造与上市销售。霍继曾博士在公司主要负责药物分析方法审核、分析方法验证计划、验证报告的审批及实验室间分析方法转让审批等工作。

● 10月18日，杨志强所长、张继瑜副所长、科技管理处王学智处长和党办人事处杨振刚处长赴北京参加中国农业科学院科技创新工程学科与岗位设置审定会。

● 10月20日，杨志强所长主持召开研究所创新工程工作小组会议，就创新工程申报材料和人员配置进行了安排部署。刘永明书记、阎萍副所长及创新工程领导工作小组成员参加了会议。

● 10月25日，杨志强所长、张继瑜副所长、科技管理处王学智处长和党办人事处杨振刚处长赴北京参加中国农业科学院科技创新工程第二批试点申报单位综合评审答辩会。

● "新型高效牛羊微量元素舔砖和缓释剂的研制与推广"获全国农牧渔业丰收奖二等奖

近日，农业部公布了2011—2013年度全国农牧渔业丰收奖获奖成果名单，研究所"新型高效牛羊微量元素舔砖和缓释剂的研制与推广"获二等奖。

近年来，牛羊微量元素缺乏引发的营养代谢病已成为影响牛羊养殖效益和产品质量的主要疾病，具有慢性、隐蔽性、消耗性、发病率高和呈地方性流行的特点，严重影响牛羊的生产性能、综合效益、肉制品和乳制品的质量。

"新型高效牛羊微量元素舔砖和缓释剂的研制与推广"项目,通过牛羊主要养殖区土壤饲草与牛羊生长性能相关研究、营养代谢病流行病学调查和微量元素补饲试验,确定舔砖和缓释剂的配方、剂型,设计补饲途径和方式,完善和优化舔砖和缓释剂的生产工艺,取得生产许可证和奶牛、肉牛、羊微量元素舔砖生产文号,使产品的安全性、有效性和质量可控性得到保障;研制出牛羊舔砖专用支架和缓释剂专用投服器,达到长期、持续、均衡和清洁补充微量元素的目的;开展技术培训,提高牛羊科学养殖水平;形成奶牛、肉牛、羊营养代谢病防控技术;建立示范推广点,推广应用奶牛、肉牛、羊共71.6万头次,实现经济效益25 781.9万元,提高了牛羊生产性能和肉品品质,有效地降低代谢病和相关疾病的发病率,保障牛羊健康,为提供高产、优质、安全的动物源性食品提供技术保障。该成果已取得农业部添加剂预混合饲料生产许可证和甘肃省添加剂生产文号4个,获得国家授权专利6个。

● 丁学智博士获"甘肃省杰出青年科学基金"资助

2013年度甘肃省杰出青年科学基金经过专家评审和申请人答辩,遴选出9位甘肃省杰出基金获得者,研究所丁学智博士入选。丁学智博士研究领域为"牦牛高寒低氧适应"。项目基于前期研究结果,将探讨牦牛在青藏高原生息繁衍中形成的应对低氧环境的遗传和氧代谢特征。

据了解,为加强高层次科技人才队伍建设,促进优秀青年科技人才成长,甘肃省杰出青年基金主要资助45周岁以下,在自然科学基础研究方面已取得国内外同行承认的突出创新性成绩,或对本学科领域的发展有重要的推动作用,在应用基础研究方面取得国内外同行认可的创造性科技成果的优秀青年学者。其主要培养目标是使资助者成长为承担国家杰出青年科学基金、国家自然科学基金重点项目或国家科技支撑计划等国家重大科技计划的优秀学科带头人,尽快步入国家级人才培养计划的行列。

● 11月5~9日,科技管理处王学智处长赴中国科学院大学参加2013年第五期科技团队管理者(课题组长)研讨班。

● 11月6日,研究所邀请兰州大学生命科学学院邱强博士来所开展学术交流。邱强博士做了题为"牦牛基因组及对高海拔的生命适应"的学术报告。之后,邱博士与研究所科研人员进行了广泛交流。张继瑜副所长主持了报告会。杨志强所长、阎萍副所长、全体科研人员及研究生参加了报告会。

● 11月8日,杨志强所长主持召开研究所2014年中央级公益性科研院所基本科研业务费专项资金项目评审会。邀请甘肃农业大学吴建平教授、师尚礼教授、西北民族大学魏锁成教授及研究所刘永明研究员、阎萍研究员等11位中央级公益性科研院所基本科研业务费专项资金项目评审专家委员会委员对项目进行了评审。遴选"药用植物精油对子宫内膜炎的作用机理研究"等27个项目为研究所2014年度基本科研业务费专项资金资助项目。之后,对2013年基本科研业务费专项资金项目进行了评议,对"抗球虫中兽药常山碱的研制"等13个执行进展良好的给予滚动资助。

● 11月10~12日,杨志强研究员、张继瑜研究员、郑继方研究员、严作廷研究员、李剑勇研究员、李建喜副研究员赴北京参加农业部第六届兽药评审会。

● "传统中兽医药资源抢救和整理"项目取得进展

11月13日,由研究所牵头主持的科技基础性工作专项"传统中兽医药资源抢救和整理"工作推进会在西南大学召开。

项目推进会上,西南大学赵子华书记首先介绍了西南大学中兽医教学和研究的发展现状,充分肯定了"传统中兽医药资源抢救和整理"项目对继承和发展中兽医事业的重大意义。之后,项目8个子课题负责人分别汇报了项目执行半年来取得的进展及存在的问题,并就下一步工作计划与各位专家进行了交流和探讨。郑动才、杨本登2位老教授对项目的开展给予了高度评价,针对项目实施

69

过程中遇到的问题进行了详细指导。最后，项目首席专家杨志强研究员对项目的实施提出了进一步要求，希望项目组成员理清思路、抓住重点、圆满完成任务。经过研讨，会议提出应重视传统中兽医药资源的搜集，尤其是中兽医技艺的传承，要求各单位加强沟通，发挥各自的区域优势，明确目标，珍惜机会，在搜集和整理的同时继承和发扬好传统中兽医学。会议由西南区负责人刘娟教授主持。西南大学王永才副校长及研究所张继瑜副所长等出席了会议。

● 研究所召开国家自然科学基金项目申报经验交流会

11月18日，研究所召开2014年国家自然科学基金项目申报经验交流暨动员会。

科技管理处王学智处长首先汇报了2013年国家自然科学基金项目的申报和资助情况，并对研究所2014年项目申报工作做了安排和动员。之后，研究所近年来获得国家自然科学基金项目立项资助的几位科技专家分别从申请书撰写技巧、申报注意事项、前期工作基础、团队人员组成及同行专家认可等方面结合自身经验讲授了心得体会，并与科技人员进行了广泛交流。

张继瑜副所长在会上指出，基金项目申报经验交流暨动员会召开很有必要。国家自然科学基金项目对提高研究所创新能力、学术水平和行业影响力等方面具有重要作用。作为研究所科技项目立项资助的薄弱环节，各部门一定要高度重视，力争在基金立项工作上要有所突破，今后不但要确保项目的申报数量而且要提高质量。

会议由张继瑜副所长主持，全体科技人员参加了会议。

● 11月18日，杨志强所长、刘永明书记、张继瑜副所长和阎萍副所长参加全国农业信息科技创新研讨会暨国家农业图书馆新馆首展活动视频会议。

● 研究所两个科技项目通过验收

11月19日，甘肃省科技厅组织专家对研究所主持完成的甘肃省科技重大专项项目"河西肉牛良种繁育体系的研究与示范"和甘肃省科技支撑计划项目"ELISA技术在喹乙醇残留检测中的应用研究"进行了会议验收。

甘肃省农业大学吴建平教授等组成的验收专家组对两个项目进行了评议。杨世柱副研究员和李建喜副研究员分别代表课题组从项目考核指标、任务完成情况、实施进展、取得成果、经费使用情况等方面进行了汇报。专家组在认真听取汇报和详细查阅资料的基础上，经过认真讨论，一致认为：两个项目验收资料齐全，全面完成了各项计划任务指标，同意通过验收。最后，甘肃省科技厅郑华平副厅长表示，两个项目在课题组的努力下均执行良好，做了许多工作，取得了不错的成绩，希望今后继续坚持发扬光大。

● "畜禽呼吸道疾病防治新兽药菌毒清的中试与示范"通过验收

11月22日，研究所主持的2011年度农业科技成果转化资金项目"畜禽呼吸道疾病防治新兽药菌毒清的中试与示范"验收会在湖南省长沙市召开。该项目超额完成了合同书规定的各项任务指标，得到验收专家组的高度评价，顺利通过农业部科技教育司组织的验收。

"菌毒清"是张继瑜研究员主持完成的纯中药口服制剂，主要用于预防和治疗畜、禽顽固性呼吸道感染类疾病，特别对细菌、病毒等感染引起的鸡、牛等呼吸道感染具有高效、安全、低毒、临床使用方便和无残留的特点。临床防治率高，治疗细菌和病毒混合感染有效率90%，预防有效率95%以上。该项目完成了产品的中试生产，进一步完善了产品的质量控制标准，在甘肃、吉林、山东、宁夏、天津、河北等地示范推广牛20万头、鸡鸭1 200万羽，取得了可观的经济效益和社会效益。

"菌毒清"的研制成功为临床治疗畜禽疾病药物增添了新品种，因其具有疗效高和补充抗生素治疗畜禽疾病缺陷的特点，临床应用前景广阔。该药现已通过农业部新兽药评审，并与湖北武当药业有限公司签订了技术转让协议进行市场开发。

● 11月26日，张继瑜副所长参加甘肃省科技厅组织召开的甘肃省重点实验室建设与管理培训会议。

● 11月30日至12月3日，科技管理处王学智处长赴湖北武汉参加第十一届中国国际农产品交易会暨第十届中国武汉农业博览会。研究所"黄白双花口服液""益蒲灌注液"等12项科技成果参加展览，并获得了良好的评价。

● 12月3日，江苏农牧科技职业学院朱善元副院长和郁杰研究员来研究所就组建现代畜牧科技与新兽药研发协同创新中心进行调研。张继瑜副所长介绍了研究所草、畜、病、药四大学科发展概况。朱善元介绍了学院概况及组建协同创新中心的目的，希望双方能够在畜禽品种培育、动物营养与饲料、新兽药研发等方面开展技术交流与合作。科技管理处、党办人事处、中兽医（兽医）研究室、兽药研究室及药厂相关负责人参加了座谈会。

● 研究所与平凉市签订科技合作协议

12月11日，平凉市副市长曹复兴，科技局局长姚晓峰，农牧局局长闫虎明，农牧局党组成员、总经济师、市肉牛产业开发办公室主任陈富国一行4人到研究所开展科技合作交流，并签订了草畜产业科技合作框架协议。

张继瑜副所长主持会议。杨志强所长代表研究所讲话。他提到，"顶天立地"是目前科研院所的发展所在，"顶天"就是要达到国际农业科技前沿高峰，"立地"就是在农业科技产业化、农业生产应用过程中发挥关键作用。与平凉市签订科技合作协议，开展科技合作，就是研究所"立地"的一个良好平台。研究所自成立以来，积累了许多科技成果，将全力以赴为平凉市畜牧业生产提供支撑，为甘肃省肉牛产业提供帮助。阎萍副所长指出，下一步要把工作落到实处，做成几件实事，希望通过几年时间，使平凉红牛品种达到一个初具规模的水平。

曹复兴副市长指出，平凉市政府与研究所举行草畜产业科技合作框架协议签订仪式，是双方共话友谊、深化合作、推动发展的一件大事和好事。研究所作为中国现代兽医学发源地之一，具有独特的科技优势。合作协议的签订，对于进一步深化地所合作、加快科技成果转化、提升产业科技实力、推进以肉牛为主的草畜产业发展，具有十分重要的推动作用。双方将按照"发挥优势、取长补短、互利共赢、共同发展"的原则，重点在"平凉红牛新品种选育、畜牧科技人才培养、草畜产业科技成果转化、动物疫病防控"等四个方面开展合作。陈富国总经济师也发表讲话，他希望研究所在平凉红牛产业的发展方面给与帮助，提高产能，将品种做大做强。

曹复兴副市长一行还参观了研究所所史陈列室、畜牧研究室和农业部动物毛皮质量监督检验测试中心（兰州）。

● 研究所召开2013年度科研项目总结汇报会

12月12日，研究所举行"2013年度科研项目总结汇报会"。张继瑜副所长主持会议。

"牦牛资源与育种"等19个课题组进行了2013年度项目目标任务完成情况汇报。由所领导及各部门负责人组成的考核小组对每个课题组的工作完成情况进行了现场考评，并从科研投入、科研产出、成果转化、人才队伍、科研条件及国际合作等方面提出了意见和建议。杨志强所长、刘永明书记、张继瑜副所长分别做了点评：2013年度各课题组项目执行情况总体良好，做了许多工作，取得了诸多进展，既有亮点，也有缺点，建议各课题组应明确学科发展方向，超前谋划，合理分工，加强交流，提高水平，集中力量培育重大成果。科技管理处及全体科技人员参加了会议。

● 12月21日，农业部科技教育司委托中国农业科学院科技管理局在兰州组织专家对研究所完成的"酵母多糖微量元素多功能生物制剂研究"等3个项目进行了成果鉴定。中国农业科学院科技管理局副局长陆建中、项目官员张萌与杨志强所长、刘永明书记、科技管理处负责人和相关科研人员参加了会议。会议由陆建中副局长主持。

● 12月27日，研究所召开专题讨论会，就科技部关于推进丝绸之路建设开展科技合作专题研究及2014—2015年度甘肃省科技计划项目申报事宜进行了传达和研讨。张继瑜副所长、科技管理处及各研究室相关人员参加了会议。

2013 年党的建设和文明建设

● 1 月 20 日，党办人事处荔霞副处长在宁卧庄参加了甘肃省委举办的全省统战部长会议。

● 研究所荣获中国农业科学院文明单位称号

1 月 21 日，中国农业科学院 2013 年工作会议在北京召开。会议表彰了 21 个 "2011—2012 年度中国农业科学院文明单位"。研究所被评为 2011—2012 年中国农业科学院文明单位并受到表彰。

两年来，研究所始终高度重视文明创建活动。每年将文明创建工作纳入单位年度工作计划，与中心工作统筹安排，做到文明创建工作与科技创新工作同步推进。研究所以创先争优活动为契机，开展多种形式的精神文明创建活动，加强思想教育，关心职工生活，关爱弱势群体，树立良好社会风尚。研究所坚持所务公开制度，不断推进民主管理。全面深入开展创先争优活动，加强党的建设；坚持研究所特色，推进创新文化建设。以人为本，扎实开展综合治理工作。研究所先后被评为中国农业科学院 "党建和文明建设先进单位"，七里河区 "内保工作优秀单位" "社会治安综合治理先进单位" "车辆安全运行和管理先进单位" 和 "兰州市卫生先进单位" "甘肃省首批全民健康生活方式行动示范单位" "兰州市学习型组织标兵单位"。所工会被授予 "兰州市一类合格工会" "模范职工之家" 称号，所党委被评为兰州市 "全市先进基层党组织" 和中国农业科学院 "先进基层党组织"。

● 2 月 6 日，党办人事处杨振刚处长参加兰州市委召开的兰州市思想宣传工作会议。

● 2 月 27 日，刘永明书记主持召开 2013 年研究所女职工工作会议，会议安排部署了 "三八" 妇女节庆祝活动的相关事宜。党办人事处负责人和女工委员会负责人等参加了会议。

● 研究所举办 "三八" 妇女节联谊会

3 月 7 日，研究所组织女职工、女学生、各部门负责人在伏羲宾馆六楼会议厅召开了庆祝 "三八" 妇女节联欢会。刘永明书记、杨耀光副所长出席联欢会并向女同志表达了节日的祝贺。

联欢会在优美的歌声《谁是我的新郎》中拉开帷幕。之后，与会人员积极参与了 "团结一心" "顶气球" "筷子功" "踩气球" "托乒乓球" "钻竹竿" "快乐呼啦圈" 等娱乐项目。其间，参加活动的同志踊跃献歌，增添了热烈、亲切的气氛。最后，在全体人员集体舞动的锅庄舞中结束了联欢会。

● 3 月 7 日，在中国农业科学院举办的纪念 "三八" 妇女节暨表彰大会上，研究所刘永明书记荣获 "妇女之友" 称号，阎萍副所长荣获 "巾帼建功标兵" 称号，女职工委员会荣获 "先进基层妇女组织" 称号，沙拐枣属遗传结构和 DNA 亲缘关系课题组荣获 "巾帼文明岗" 称号。

● 3 月 13 日，刘永明书记主持召开研究所党风廉政建设会议。所理论学习中心组成员、财务工作人员、重大项目负责人及房产、药厂经济岗位工作人员参加会议。会上，刘永明书记传达了中央政治局关于改进工作作风的八项规定、董涵英局长和陈萌山书记在 2013 年院党风廉政建设工作会议上的讲话精神。张继瑜所长传达了习近平总书记在十八届中纪委二次全会上的重要讲话精神，安排部署了研究所 2013 年党风廉政建设工作。党办人事处杨振刚处长传达了中国农业科学院关于改进工作作风的规定和《中国农业科学院关于改进工作作风有关规定的实施办法》，办公室赵朝忠主任传达了《兰州畜牧与兽药研究所关于改进工作作风的规定》。

● 3月14日，党办人事处荔霞副处长参加了甘肃省委统战部举办的甘肃省科研院所统战部长联席会议。

● 3月21日，刘永明书记参加兰州市总工会第十五届八次全委扩大会议，并当选为市总工会第十五届委员会委员。

● 4月1日，刘永明书记主持召开各部门青年职工代表座谈会，讨论筹建研究所青年工作委员会事宜。

● 4月10日，刘永明书记参加了兰州市总工会科教文卫交通邮电工会全委扩大会议。

● 研究所开展抗震救灾募捐活动

4月22日，研究所组织进行了"向灾区同胞献爱心，帮灾区同胞渡难关"募捐活动，为四川雅安芦山受灾地区募捐。

16时整，赶到捐款现场的全所200多名职工、离退休同志和家属，排着长长的队伍，依次向募捐箱投下自己的一份爱心。非常感人的是，年逾八旬拄着拐杖的离休干部亲自到场捐款，许多行动不便的老同志委托别人带来善款，一些职工在自己捐款的同时也替自己的子女捐上一份爱心，许多出差在外的职工电话委托同事捐款。

"一方有难，八方支援"是我中华民族的传统美德，面对这次雅安芦山地震灾害，兰州牧药所广大职工、家属通过捐款这种力所能及的方式，和全国人民一起，伸出援助之手，奉献爱心，捐赠钱款，帮助灾区人民渡过难过，重建家园。

当天研究所捐款人数达到222人，捐款数额47 320元。

● 研究所畜牧研究室荣获甘肃省"劳动先锋号"荣誉称号

4月22日，研究所畜牧研究室被甘肃省总工会授予甘肃省"劳动先锋号"荣誉称号。

近年来，畜牧研究室围绕国家畜牧业发展战略中面临的重大科技问题，依托国家现代农业产业技术体系、农业部动物毛皮及制品质检中心、甘肃省牦牛繁育重点实验室等科研平台，开展了青藏高原草地畜牧业科研和生产、生态环境保护与建设等方面基础性、前瞻性的创新研究和技术推广工作，尤其在牦牛、绵羊新品种培育、功能基因克隆、高原适应性研究方面取得了显著成绩，为我国西部畜牧业及经济社会发展做出了主要贡献。近5年来完成国家及省部级科研项目80余项，成功培育的大通牦牛新品种获国家科技进步二等奖，同时获省部科技进步奖6项，获中国农业科学院科技进步奖3项。目前承担20余项科研课题，"十二五"期间年科研项目经费达1 500余万元。

● 5月2日，刘永明书记主持召开所党委会议。会议研究了所党委、纪委换届改选工作，决定开展研究所党委、纪委换届改选工作；同意研究所团总支换届改选；同意成立研究所青年工作委员会；通过了研究所2013年党务工作要点、2013年党风廉政建设工作要点。

● 兰州市文明城市督察组到研究所检查工作

5月14日下午，兰州市市直机关工委原书记李克安、市文明办副主任李辛村带领的兰州市文明城市创建迎检专项督查组一行在七里河区政府副区长魏丽红的陪同下，对研究所开展"道德讲堂"和"学雷锋志愿服务"工作进行检查指导。

检查组一行查看了研究所"道德讲堂"，听取"道德讲堂"和"学雷锋志愿服务"活动创建情况汇报，参观了研究所陈列室，对研究所文明建设工作给予充分肯定，希望研究所在创建全国文明城市工作中继续发挥文明典型示范带动作用，为创建和谐美好新兰州做出积极贡献。

● 5月15日，刘永明书记主持召开所党委扩大会议，安排部署了研究所党委、纪委换届改选工作。所党委委员、各党支部书记参加会议。

● 兰州畜牧与兽药研究所青年工作委员会成立

5月17日，兰州畜牧与兽药研究所青年工作委员会成立大会在研究所伏羲宾馆召开。大会由所纪委书记、副所长张继瑜主持，研究所党委书记刘永明及青年职工、研究生参加了会议。

大会通过了《兰州畜牧与兽药研究所青年工作委员会章程》，选举产生了兰州畜牧与兽药研究所青年工作委员会第一届委员会。刘永明书记对研究所青年工作委员会的成立表示祝贺，对青年工作委员会做好青年工作提出了四点希望和要求，希望青年工作委员会准确定位、发挥作用、服务青年、务实创新，为研究所发展做出积极贡献，为研究所青年工作再添新彩。

研究所青年工作委员会工作对象为40岁及以下青年职工和研究生。下设三个工作部，分别是学术部、文体部和宣传服务部，其宗旨是：围绕中心，服务大局，发挥引导青年、关心青年、凝聚青年、服务青年的积极作用，加强青年的思想政治工作和创新文化建设工作，开展适合青年特点的活动，培养造就赋予创新精神和创新能力的牧药科技人才。

● 5月20日，刘永明书记主持召开研究所青年工作委员会第一届委员会第一次会议，会议选举产生主任委员、副主任委员；确定青工委学术部、文体部和生活部部门负责人。党办人事处杨振刚处长及青工委第一届全体委员参加会议。

● 5月22日，刘永明书记主持召开离退休所级党员干部、民主党派负责人、无党派代表人士座谈会，通报了研究所党委、纪委换届改选工作，并听取他们的意见和建议。

● 5月24日，刘永明书记主持召开所党委会议。会议对各党支部推选的研究所下一届党委委员、纪委委员候选提名人进行了研究，按照推选得票情况，从党委委员提名人中确定8人参加党委委员候选人推选，从纪委委员提名人中确定6人参加纪委委员候选人推选；同意研究所第一届青年工作委员会选举结果及委员分工。

● 5月29~31日，党办人事处杨振刚处长参加在北京举办的中国农业科学院工会干部培训班。

● 5月31日，研究所8名职工代表参加了兰州市总工会举办的"金城大讲堂"畅谈中国梦主题活动。

● 6月4日，刘永明书记主持召开会议，会议宣布了所党委关于研究所青年工作委员会的批复文件，明确了各工作部职责，全面部署了青年工作委员会工作，并对青年工作委员会提出了希望。青年工作委员会委员、干事及各部门联络员参加了会议。

● 6月8日，研究所党委组织全体共产党员、入党积极分子在兰州人民剧院观看电影《老百姓是天》。

● 6月9日，纪委书记张继瑜主持召开专题会议，传达了中国农业科学院纪检监察系统会员卡专项清退活动动员会会议精神，部署了研究所纪委委员会员卡清退工作。会后，按照部署开展了清退工作，并上报零持有报告。纪委委员苏鹏和纪检监察干部荔霞参加了会议。

● 6月24日，刘永明书记主持召开所党委会议。会议根据党员推选得票情况，确定了研究所下一届党委、纪委委员候选人，推荐了党委书记、副书记和纪委书记建议人选。会议同意机关一支部关于王昉同志转为中共正式党员的意见。杨志强所长、张继瑜副所长、阎萍副所长和杨振刚处长参加了会议。

● 研究所深入推进党风廉政建设工作

7月11日上午，研究所召开2013年上半年党风廉政建设工作总结及廉政工作座谈会。会议由刘永明书记主持，杨志强所长、张继瑜副所长、阎萍副所长、中层干部、20万元以上项目负责人、经济岗位工作人员50余人参加了座谈会。

会议观看了廉政宣传片《管好"身边人"》和《狠刹浪费之风》，各部门负责人对照《兰州畜牧与兽药研究所廉政风险防控手册》汇报了上半年防控手册执行情况和本部门党风廉政建设工作情况。纪委书记张继瑜从廉政教育、落实党风廉政建设责任制、科研经费管理、作风建设等方面总结了研究所上半年党风廉政建设工作，通报了中国农业科学院科研经费检查情况，部署了2013年下半年研究所党风廉政建设重点工作。科技管理处王学智处长和条件建设与财务处肖堃处长就近期参加院科研经费检查的亲身体会进行了交流。

杨志强所长总结发言，要求大家增强法律意识，严格执法不犯法；增强法规意识，严格按规章制度办事；增强资金的安全意识，特别要加强外拨经费的管理。

刘永明书记强调，各部门要严格执行廉政风险防控手册，部门负责人和重大项目主持人要进一步明确签署廉政责任书的责任，并履行职责，加强监管力度，杜绝违纪违规事项发生，为研究所科技创新事业健康可持续发展负责。

● 7月12日，杨志强所长、刘永明书记、杨振刚处长参加中国农业科学院党的群众路线教育实践活动动员大会，刘永明书记、杨振刚处长还参加了中国农业科学院党的群众路线教育实践活动培训班。

● 7月15~17日，党委书记刘永明召集所党委、办公室、党办人事处主要负责人，安排部署研究所党的群众路线教育实践活动的前期调研和准备工作。

● 7月17日，研究所召开全所职工大会，党委书记刘永明、所长杨志强分别传达了陈萌山书记、李家洋院长在中国农业科学院开展党的群众路线教育实践活动动员大会上的讲话精神。刘永明通报了研究所教育实践活动前期准备工作，并提出了希望和要求。

● 7月19日，党委书记刘永明主持召开党委会议，讨论通过了兰州畜牧与兽药研究所党的群众路线教育实践活动实施方案、活动进度安排表、领导班子成员联系点。同时向院督导组上报研究所党的群众路线教育实践活动实施方案和活动进度安排表。

● 7月23日上午，所长杨志强主持召开教育实践活动动员大会，刘永明书记在大会上作了兰州畜牧与兽药研究所开展党的群众路线教育实践活动动员报告，中国农业科学院第五督导组对研究所领导班子和领导班子成员进行了民主评议。

● 7月23日下午，党委书记刘永明主持召开各部门、各党支部负责人会议，对教育实践活动方案进行讲解和培训。

● 7月24日，党委书记刘永明主持召开党务干部座谈会，会议听取了对研究所开展党的群众路线教育实践活动的意见和建议，对党支部教育活动的学习提出了具体要求，对近期学习教育活动内容进行了安排。

● 7月29日，张继瑜副所长参加甘肃省科技厅组织召开的科技厅党的群众路线教育实践活动听取科技界代表意见座谈会。

● 7月30~31日，杨志强所长、刘永明书记赴北京参加中国农业科学院理论中心组2013年第二次（扩大）会议。

● 7月31日，甘肃省人社厅群众路线教育实践活动调研组来所，征求研究所对人社厅在人才建设、社会保障、劳动工资以及"四风"等方面的意见建议。张继瑜副所长与党办人事处有关人员参加了调研。

● 8月2日，刘永明书记参加兰州市总工会十五届九次全委会议。

● 8月2日，刘永明书记主持召开研究所党的群众路线教育实践活动座谈会，征求对研究所教育实践活动的意见和建议。研究所民主党派负责人、无党派代表人士、职工代表、工青妇组织代表、离退休所领导共30余人参加了座谈会。

● 8月5日，科技管理处董鹏程副处长参加了甘肃省农牧厅群众路线教育实践活动座谈会。

● 研究所召开离退休党员党的群众路线教育实践活动动员大会

8月15日，研究所召开离退休党员党的群众路线教育实践活动动员大会，部署了研究所离退休党员开展党的群众路线教育实践活动工作。党委书记刘永明出席会议并讲话。会议由副所长张继瑜主持，研究所党的群众路线教育实践活动领导小组成员、离退休党员参加了动员大会。

会上，刘永明书记传达了中国农业科学院党的群众路线教育实践活动动员大会精神，传达了《中国农业科学院党组关于在我院离退休党员中开展党的群众路线教育实践活动的实施方案》，通报了研究所开展党的群众路线教育实践活动进展情况。张继瑜宣读了《中国农业科学院兰州畜牧与兽药研究所离退休党员党的群众路线教育实践活动实施方案》，并对在研究所离退休党员中开展党的群众路线教育实践活动提出了要求。与会离退休党员就开展教育实践活动进行了广泛交流，并围绕研究所园区建设、环境治理、才队伍建设等积极建言献策，为全面开展党的群众路线教育实践活动及研究所健康持续发展打下了良好基础。

● 8月19日，刘永明书记主持召开党支部书记会议，听取各支部教育实践活动学习进展，对下一阶段的工作进行了安排。

● 研究所组织党员干部集中收看教育实践活动视频辅导报告

8月21日，研究所组织党员干部集中收看了中共中央党校教授陈冬生作的题为"新形势下群众路线再回顾再教育"专题辅导报告。会议由党委书记刘永明主持，全体党员、中层干部和离退休党员共90余人参加。

陈冬生教授就如何做好党的群众工作，从新形势新党章新使命新要求、群众观点基本内容和原则、群众路线历史经验和实践教训、群众利益维护的实践难点和群众工作模式创新与党建科学化等5个方面，对党的群众路线的内容进行了详细阐述。并运用大量典型案例和翔实资料，结合自身经历，系统阐述了做好新形势下群众工作的重要意义、深刻内涵、重点内容和方式方法。

刘永明在总结发言中指出，陈教授的报告采用大量鲜活的事例，引经据典，既有理论高度，又有现实针对性，对研究所深入开展党的群众路线教育实践活动有深刻的指导意义。希望大家认真学习领会，联系工作实际深入思考，自觉践行党的群众路线，不断改进作风，创新工作方法，努力推进研究所快速发展。

● 8月26日，党委书记刘永明主持召开党委专题会议。会议通报了党的群众路线教育实践活动前期工作进展。全体党委委员逐条讨论研究了群众路线教育实践活动征求到的意见和建议，为下一步民主生活会顺利召开和群众路线教育实践活动深入开展打下了坚实基础。

● 研究所举办党的群众路线教育实践活动座谈会

8月27日，研究所举行了党的群众路线教育实践活动座谈会。党委书记刘永明主持会议，所长杨志强、副所长张继瑜、副所长阎萍、中层干部、各创新团队首席、科研骨干共40余人参加了座谈会。

会上，刘永明通报了研究所党的群众路线教育实践活动近期工作进展和征求的22条意见情况。与会人员围绕"践行群众路线"主题，结合学科建设、人才队伍建设、科技成果转化、体制机制创新等展开了热烈地讨论与交流。并对人才引进及培养、动物房利用、大型仪器共享等研究所发展过程中存在的具体问题积极建言献策。

刘永明在总结发言中指出：这次座谈会开得很好，大家从不同的角度提出了许多很有针对性的意见建议，研究所将进一步进行梳理提炼。针对查找出的问题，要坚持边学边改、边查边改。对暂时难以解决的问题，要根据实际情况，有针对性制定好改进落实措施，逐步整改。

● 9月3日、16日，刘永明书记两次主持召开党支部书记会议，听取了各支部开展群众路线教育实践活动学习情况进展汇报，安排了下一步群路线教育实践活动的有关工作。

● 研究所召开党委、纪委换届选举大会

9月10日，研究所召开党委、纪委换届选举大会，选举产生了新一届党委、纪委。中共兰州市委宣传部常务副部长姜晓红同志及研究所全体党员参加大会，研究所所长、党委副书记杨志强同志主持大会。

大会听取了党委书记刘永明同志作的党务工作报告。刘永明书记从政治核心作用、组织建设、思想政治工作、廉政建设、统战工作、文明建设6个方面对党委的工作进行了报告，并就下一届党委、纪委的工作提出了建议。

中共兰州市委宣传部常务副部长姜晓红同志对研究所党委的工作给予了充分肯定，对研究所新一届党委、纪委工作提出了希望，希望新一届党委、纪委切实抓好党员的思想教育，继续加强党组织自身建设，紧紧围绕研究所的中心任务开展党的工作。

大会通过无记名投票方式，差额选举产生了研究所新一届党委、纪委。研究所新一届党委由5名委员组成，纪委由3名委员组成。

● 9月11日，刘永明书记赴北京参加中国农业科学院召开的党的群众路线教育实践活动推进会。

● 9月16日，刘永明书记主持召开领导干部会议，传达中国农业科学院党的群众路线教育实践活动推进会精神，并对研究所下一步群众路线教育实践活动进行了部署。研究所班子成员、中层干部参加了了会议。

● 9月22日，中国农业科学院群众路线教育实践活动第五督导组申和平组长、聂菊玲同志到研究所开展走访基层党支部活动。督导组走访了研究所畜牧草业党支部，召开了研究所各党支部书记和党员代表座谈会，了解研究所群众路线教育实践活动进展情况，听取广大党员对研究所领导班子和党员领导干部在"四风"方面存在的问题。

● 研究所开展第九套广播体操比赛

9月29日，研究所第九套广播体操比赛在所部举行。党委书记刘永明、所长杨志强及全所职工、研究生参加了比赛。

刘永明书记指出，研究所举办这次广播体操比赛，是为了响应中国农业科学院"健康生活，快乐工作"号召，丰富职工业余生活，加强精神文明建设，深入开展党的群众路线教育实践活动，推动研究所文化建设和职工健身的一次实际行动。

比赛中，各参赛队队员步伐整齐，动作有力，精神饱满，充分展示了积极向上、勇于争先的良好精神风貌。最终，科技处人事处队获得一等奖，办公室条件建设与财务处队、基地药厂队获得二等奖，兽医队、兽药队、房产队、研究生队获得三等奖。通过这次训练比赛，推动了全民健身活动的深入开展，增强了广大干部职工的集体荣誉感和凝聚力。

● 研究所离退休职工欢度重阳佳节

10月11日，研究所组织全所100余名离退休职工在嘉紫尚莊生态园欢度重阳佳节。离退休职工热情洋溢的游园赏景，喝茶聊天，开展麻将、扑克等娱乐活动。杨志强所长代表研究所领导班子向离退休职工致以节日的问候，感谢他们为研究所发展和建设所做出的贡献，希望他们一如既往地关心和支持研究所发展，祝愿他们节日愉快，身体健康，生活幸福。

● 10月17日，刘永明书记主持召开党支部书记会议，对各支部组织党员和党员领导干部撰写群众路线教育实践活动对照检查材料，以及各支部召开组织生活会进行了部署。

● 研究所迎接全国精神文明建设工作先进单位复查验收

10月18日，受甘肃省文明办委托，由兰州市文明办石正福调研员带领的全国、省级文明单位第四复查组一行对研究所全国精神文明建设工作先进单位创建工作进行复查验收。

在所党委书记刘永明的陪同下，复查组实地考察了所区环境、中兽医标本室、农业部动物毛皮及制品质量监督检验测试中心和道德讲堂。复查组一行听取了研究所近5年来文明创建情况工作汇报，进行了材料审核、问卷调查、现场提问和实地考察后，对研究所文明创建工作给予了高度评价，认为兰州牧药所文明创建工作成绩显著，领导力量进一步加强，创建内容进一步丰富，工作成效进一步提升，示范作用进一步发挥。石正福组长对研究所今后的精神文明创建工作提出了要求：一是要抓深化，求巩固。作为科研单位，两手抓、两促进，推动文明创建工作不断深化；二是抓载体，求提升。文明建设工作要与中心工作紧密结合，加大职工教育培训，狠抓文明细胞建设；三是抓队伍，树形象。加强队伍建设，建立一支高素质干部职工队伍，做到依法管理、依法行政，积极参与社会公益活动，发挥示范带头作用。

刘永明表示将以此次复检为新的起点，在今后的工作中再接再厉，力争文明建设工作迈上新台阶。

● 10月21日，刘永明书记主持召开全体在职党员、学生党员大会，通报了党的研究所群众路线教育实践活动领导班子对照检查材料。

● 10月21日，刘永明书记主持召开党委会议，讨论通过了党的研究所群众路线教育实践活动领导班子对照检查材料。

● 10月28日，刘永明书记赴北京参加中国农业科学院院党组专题民主生活会情况通报会。

● 研究所教育实践活动解决职工实际问题

在党的群众路线教育实践活动中，研究所领导班子边查边改，为加强"和谐、文明、优美、平安"的园区文化建设，增强全所职工的舒适感、归属感和荣誉感，研究所制定了大院机动车辆出入和停放管理办法，安装了车辆智能管理系统，划定了停车线。11月1日，研究所大院车辆智能管理系统正式启用。

近年来，随着职工生活水平的不断提高，所大院内私家车逐年增多，随之而来的车辆乱停乱放等问题，既影响了所区和谐优美的环境，又造成了职工工作和生活的诸多不便。自大院车辆智能管理系统试运行以来，大院环境进一步美化，整体形象得到改观，为职工营造了安心、舒心、顺心地工作和生活环境。

● 研究所召开领导班子专题民主生活会

11月5日，按照院党组部署和研究所党的群众教育实践活动安排，研究所召开了领导班子专题民主生活会。中国农业科学院党的群众路线教育实践活动第五督导组申和平组长和聂菊玲处长到会指导工作，所领导班子全体成员参加了会议。

会议由党委书记刘永明同志主持。按照院党组党的群众路线专题民主生活会具体要求，所班子高度重视，精心组织，充分准备，认真查摆问题，广泛征求意见，领导班子和班子成员亲自撰写对照检查材料，深入开展谈心活动，确保专题民主生活会顺利开展。

杨志强所长首先代表研究所领导班子做了对照检查，从执行党的政治纪律和落实中央八项规定、"四风"问题在研究所的主要体现、产生问题的原因以及今后努力的方向和整改措施4个方面，对研究所领导班子中存在的"四风"问题进行了深刻的剖析，并明确提出了整改措施。之后，班子成员依次根据要求进行了对照检查，重点从宗旨意识、理想信念、党性修养、政治纪律等方面开展了触及灵魂的剖析，结合工作实际提出了具体的整改措施。同时，班子成员之间以敢于揭短亮丑和整风的精神开展了批评与自我批评。

申和平组长对专题民主生活会给予了高度评价。他指出，本次民主生活会开得很好，会议主题鲜明，内容充实，态度认真，气氛融洽，是一次认真、务实、团结的会议，达到了提高认识，增进团结，帮助同志，促进工作的目的。体现出4个方面的特点：一是所党委高度重视，准备充分；二是精心布置，认真查摆；三是联系实际，聚焦准确；四是态度认真，生活会开展得有声有色，既是一次严肃认真、民主团结、求真务实的党内民主生活会，也是一次触及灵魂的党性教育和从严治党的制度实践活动。申和平组长还对研究所党的群众路线教育实践活动下一步工作整改落实、建章立制等提出了具体要求。

● 11月4日，刘永明书记主持召开研究所党的群众路线教育实践活动专题民主生活会预备会议。研究所领导班子成员、党的群众路线教育实践活动领导小组成员参加了会议。

● 11月5日，刘永明书记主持会议，通报了研究所党的群众路线教育实践活动专题民主生活会情况，部署了各党支部召开专题组织生活会工作。所领导、中层干部和各党支部书记参加了会议。

● 11月7~20日，按照中国农业科学院党的群众路线教育实践活动安排，研究所畜牧草业党支部、后勤房产党支部、基地药厂党支部、机关第一党支部、机关第二党支部以及兽医兽药党支部分别召开党的群众路线专题组织生活会。研究所党的群众路线教育实践活动领导小组办公室工作人员参加了各党支部组织生活会。

● 12月6日，刘永明书记主持召开研究所理论学习中心组会议，传达学习中国农业科学院党组关于学习贯彻党的十八届三中全会精神的方案，摘要学习了十八届三中全会《决定》，观看了十八届三中全会辅导视频报告《推进社会事业改革创新》。刘永明书记对研究所学习贯彻十八届三中全会精神做出了部署。研究所理论学习中心组成员参加了学习。

● 12月13日，刘永明书记主持召开研究所班子成员、中层干部、支部书记会议，通报中国农业科学院党的群众路线教育实践活动"两方案一计划"，征求对"两方案一计划"的意见建议。

● 12月26日，刘永明书记主持召开研究所党委会议。会议听取了所纪委、机关一支部对张凌同志挪用公款调查情况、处理意见的报告，决定按照《中国共产党党内处分条例》给予张凌党内警告处分，按照《行政机关公务员处分条例》给予张凌行政记过处分；听取了党办人事处关于孔繁矼任职试用期满考核情况的报告，同意孔繁矼同志正式任职；讨论并通过了研究所党支部调整及换届选举方案。杨志强所长、张继瑜副所长、阎萍副所长、党办人事处杨振刚处长参加了会议。

● 12月30日，刘永明书记主持召开党支部调整及换届选举工作会议，对研究所党支部调整及换届选举工作进行了部署。各党支部临时召集人参加了会议。

农业部副部长、中国农业科学院院长李家洋到研究所调研

甘肃省委副书记欧阳坚一行到研究所考察

中国农业科学院党组成员刘旭副院长宣布研究所新一届
领导班子成立

中国农业科学院副院长李金祥到研究所视察

研究所第四届职工代表大会第二次会议召开

阿根廷农业技术专家到研究所访问

研究所与平凉市签订草畜产业科技合作框架协议

科技基础性工作专项"传统中兽医药资源抢救和整理"
工作推进会在西南大学召开

新品种"中兰2号紫花苜蓿"通过了甘肃省第一届
草品种审定委员会审定

"新型高效牛羊微量元素舔砖和缓释剂的研制与推广"获
2011—2013年度全国农牧渔业丰收奖二等奖

研究所为四川雅安芦山受灾地区募捐

研究所组织召开消防安全和地震避险知识讲座

离退休职工欢度重阳佳节

研究所2012年专利申请量和专利授权
量在全省科研机构排名均位列第四,
在全省农业科研院所排名第一

研究所召开党的群众路线教育实践活动
动员大会

研究所荣获"中国农业科学院
文明单位"称号

第三部分 二〇一四年简报

2014 年综合政务管理

● 1月6~17日，研究所综合实验楼搬迁工作顺利完成。

● 1月6日，杨志强所长主持召开专题会议，对研究所2014年度修购专项"中国农业科学院公共安全项目：所区大院基础设施改造"项目设计的5家投标企业进行评标，经综合评议，最终确定中北工程设计咨询有限公司中标。

● 研究所召开离退休职工迎春茶话会

1月9日，研究所召开离退休职工迎春茶话会。所长杨志强代表所领导班子向离退休职工通报了2013年研究所在科技创新工程试点单位申报、科学研究、科技开发、人才队伍和科研平台建设、条件建设与管理服务、党的工作与文明建设等方面取得的新成绩，提出了2014年度研究所工作思路。

座谈中，离退休职工踊跃发言，充分肯定了过去一年里研究所取得的成绩，研究所的发展令人振奋，领导的关心让大家感到温暖。同时，离退休职工也由衷希望研究所领导班子带领全所职工继续永葆骏马精神，开拓进取，努力拼搏，取得更好成绩。

会议由党委书记刘永明主持，阎萍副所长出席了会议。刘永明代表所党政班子，向离退休职工对研究所工作的大力支持表示感谢，并向他们致以诚挚的问候和新春的祝福！

● 1月13~17日，杨志强所长，刘永明书记赴北京参加2014年院工作会议、院党风廉政建设工作会议。

● 研究所举行硕士研究生开题、中期检查报告会和考生复试工作

1月21日上午，受中国农业科学院研究生院委托，研究所组织专家举行了2011级专业学位硕士研究生开题报告会和2010级专业学位硕士研究生中期检查报告会。

中国农业科学院研究生院专业学位教育办温洋副处长、杨志强所长、刘永明书记、张继瑜副所长、阎萍副所长、时永杰主任、高雅琴副主任等专家组成的评审专家组对10名专业学位硕士研究生进行了开题评议和中期检查，并提出了修改意见。中国农业科学院研究生院专业学位教育办秦方老师、李毅刚老师、王学智处长、董鹏程副处长等参加了会议。张继瑜副所长主持了报告会。

1月21日下午，温洋副处长、秦方老师、李毅刚老师和王学智处长对来自西藏、青海和甘肃等地的6名专业学位研究生进行了复试。

● 1月22日，杨志强所长主持召开所长办公会议，会议研究了2013年科技奖励及绩效奖励事宜。刘永明书记、张继瑜副所长、阎萍副所长及职能部门负责人参加了会议。

● 研究所贯彻落实院2014年工作会议精神

1月23日，研究所召开传达中国农业科学院2014年工作会议精神暨2013年工作表彰大会，贯彻落实院2014年工作会议和党风廉政建设工作会议精神，总结研究所2013年工作，表彰先进集体和个人。

张继瑜副所长主持会议。杨志强所长传达了2014年院工作会议精神，学习了农业部副部长、中国农业科学院院长李家洋题为《全面深化改革 加快世界一流院所建设步伐》的工作报告。刘永

明书记传达了中国农业科学院2014年党风廉政建设工作会议精神和院党组书记陈萌山的讲话精神，学习了院党组纪检组组长史志国在党风廉政建设会议上的工作报告。阎萍副所长宣读了研究所《关于表彰2013年度文明处室、文明班组、文明职工的决定》以及2013年获有关部门奖励的集体和个人名单。随后举行颁奖仪式。

杨志强所长总结了研究所2013年工作，并安排部署了2014年重点工作。他指出，过去的2013年，在农业部、中国农业科学院的领导下，研究所抢抓机遇夯基础，凝聚力量促发展，圆满完成了既定的年度工作任务。经过不懈努力，研究所入选中国农业科学院科技创新工程第二批试点单位，为研究所跨越式发展和建设世界一流科研院所奠定了坚实的基础。成绩来之不易，我们唯有认真贯彻落实党的"十八大"和十八届三中全会精神，凝聚强所正能量，用饱满的热情、辛勤的汗水、踏实的作风，深化改革，勇于创新，开创新局面，创造新辉煌，争取在中国农业科学院科技创新工程和世界一流科研院所建设中走在前列。

杨志强所长提出，2014年研究所将在部院党组领导下，认真贯彻落实院工作会议精神，重点抓好以下工作：一是根据中国农业科学院的部署和要求，全面启动实施研究所科技创新工程；二是继续抓好科研立项工作，着手谋划"十三五"重大科研项目；三是加强所地、所企科技合作，大力促进科研成果转化；四是加强国内外科技合作，积极开展学术活动；五是加强科技创新团队建设和优秀人才培养；六是完成张掖基地年度建设任务；七是修订各类人员的绩效考核办法和奖励办法；八是做好党的建设和文明建设，营造良好的创新氛围。

● 1月24日，杨志强所长主持召开专题会议，通报国家审计署将对研究所进行审计的情况，并安排部署了研究所的相关工作。张继瑜副所长、阎萍副所长及职能部门负责人参加了会议。

● 1月27日，杨志强所长主持召开安全生产专题会，安排部署了研究所2014年春节假期放假值班等相关事宜。阎萍副所长、各部门负责人参加了会议。

● 1月27日，杨志强所长在兰州宁卧庄宾馆参加由甘肃省委省政府举办的甘肃省春节专家团拜会。

● 1月27日，杨志强所长、刘永明书记看望水、电、暖供应春节值班人员。

● 2月16~21日，杨志强所长参加兰州市第十五届人代会第四次会议。

● 2月18~19日，杨志强所长主持召开座谈会，分别与研究所科研人员、管理人员和开发人员就修订研究所科技创新工程及奖励办法广泛征求意见。刘永明书记、张继瑜副所长、阎萍副所长及各部门人员参加了会议。

● 研究所举行科研经费管理知识答题活动

2月21日，为提高研究所科研经费管理水平，贯彻落实中国农业科学院办公室关于开展《科研经费管理知识50问》答题活动的要求，研究所组织全体职工进行了《科研经费管理知识50问》答题活动。活动由副所长张继瑜主持。

活动中，参会人员进行现场答题，张继瑜对答题人员进行抽查提问，最后由条件建设与财务处巩亚东副处长结合案例对各试题进行了讲解，就科研人员提出的问题进行了解答。

本次活动的开展，加强了全体职工对科研经费管理知识的掌握水平，增强了科研资金使用风险防范意识，对进一步提高研究所科研资金使用效益、保障科研资金使用安全打下了坚实的基础。

● 2月23日，杨志强所长参加甘肃省科技厅2013年度自然科学系列高级职称评审会。

● 2月27日，杨志强所长主持召开研究所张掖基地初设方案研讨会，就张掖基地初设方案与设计单位进行了专题讨论，并对下一步的工作进行了安排部署。阎萍副所长、条件建设与财务处肖堃处长、基地管理处杨世柱副处长及相关人员参加了会议。

● 3月3~4日，杨志强所长陪同吴孔明副院长赴深圳参观筹建中的中国农业科学院基因组研究所。

● 3月10日，杨志强所长主持召开所务会，会议决定研究所新建专家公寓房相关事宜；讨论了研究所经费运转开支情况；修订通过了《中国农业科学院兰州畜牧与兽药研究所科研人员岗位业绩考核办法》和《中国农业科学院兰州畜牧与兽药研究所奖励办法》。刘永明书记、张继瑜副所长、阎萍副所长及各部门负责人参加了会议。

● 3月12日，广西兽医研究所杨威所长一行到研究所调研交流。

● 3月12日，杨志强所长、刘永明书记、张继瑜副所长、阎萍副所长召开专题会议，通报了办公室、草业饲料研究室、基地管理处负责人调整事宜。相关部门人员参加了会议。

● 3月12日，杨志强所长代表研究所与药厂及房产管理处签订了2014年度经济目标责任书。刘永明书记、张继瑜副所长、阎萍副所长及办公室负责人参加了签订仪式。

● 研究所召开四届三次职代会

3月13日，研究所第四届职工代表大会第三次会议在综合实验楼会议厅召开。研究所第四届职工代表大会代表28人、列席代表10人出席了会议，全体职工旁听了大会。

会议听取了杨志强所长代表所班子作的2013年工作报告、财务执行情况报告和2014年工作计划。代表分三个小组，本着对研究所发展和对广大职工负责的态度，认真讨论和审议了杨志强所长的报告。认为报告总结成绩到位，分析问题准确，工作重点突出，是一个实事求是、目标明确、催人奋进的报告。大会一致通过了杨志强所长的报告。代表们还对研究所的发展提出了建设性的意见和建议。所党委书记、工会主席刘永明对贯彻本次大会精神提出了希望和要求。

● 3月14日，杨志强所长、中兽医（兽医）研究室严作廷副主任赴甘肃省武威市参加中国农业科学院兰州畜牧与兽药研究所新兽药中试试验基地开工仪式。

● 刘旭副院长到研究所调研

3月17日，中国农业科学院刘旭副院长到研究所调研。

在杨志强所长、刘永明书记、阎萍副所长等的陪同下，刘旭副院长参观了研究所新落成的综合实验室，与研究所科研人员就科技创新工作进行了交流。随后，杨志强所长、刘永明书记、阎萍副所长向刘旭副院长汇报了研究所科技创新团队培育、科技平台建设以及"联村联户为民富民"行动情况。

在谈到科技平台建设时，刘副院长指出2014年农业部将在全国建立100个科技创新与集成示范基地，希望研究所抓住机遇，积极申报，争取平台建设再上一个新台阶。

● 3月18日，杨志强所长主持召开专题会议，对研究所2014年度修购专项"中国农业科学院公共安全项目：所区大院基础设施改造"项目监理的5家企业进行评标，经综合评议，最终确定甘肃经纬建设监理咨询有限责任公司中标。条件建设与财务处肖堃处长、后勤服务中心苏鹏主任、张继勤副主任、党办人事处荔霞副处长及相关人员参加了会议。

● 3月19~20日，研究所对应聘的硕士、博士进行了面试和笔试。根据笔试成绩和面试结果，决定录用5名应届毕业生为研究所工作人员。杨志强所长、刘永明书记、张继瑜副所长、阎萍副所长、杨振刚处长参加了会议。

● 3月20日，杨志强所长主持召开所长办公会议，会议研究决定，按照2013年5月15日所长办公会议关于从社会聘用人员中招录研究所正式工作人员的规定，招录符金钟、席斌、王瑜、焦增华四位同志为研究所正式职工。

● 3月24日，杨志强所长主持召开专题会议，对研究所2014年度修购专项"中国农业科学院公共安全项目：所区大院基础设施改造"项目工程量清单编制的6家单位进行评标，经综合评议，最终确定甘肃立信工程造价咨询服务有限公司中标。条件建设与财务处肖堃处长、后勤服务中心苏鹏主任、张继勤副主任、党办人事处荔霞副处长及相关人员参加了会议。

● 3月25日，杨志强所长主持召开所务会，会议通报了研究所调整部分处室及科技平台负责人的决定；研究通过了研究所2014年工作要点及各部门目标任务；讨论决定了科研课题产生的水费、电费、暖费和房屋使用费等的收费事宜。刘永明书记、张继瑜副所长及各部门负责人参加了会议。

● 3月31日，杨志强所长主持召开专题会议，对研究所2014年度修购专项"中国农业科学院公共安全项目：所区大院基础设施改造"项目工程招标代理的5家单位进行评标，经综合评议，最终确定甘肃省建设监理公司中标。条件建设与财务处肖堃处长、后勤服务中心苏鹏主任、张继勤副主任、党办人事处荔霞副处长及相关人员参加了会议。

● 4月1日，杨志强所长主持召开专题会议，就科技部基础工作中兽医药资源收集整理整合项目执行情况进行总结交流，并对中兽医医药工程及国家中兽医工程技术中心的布局进行讨论研究。张继瑜副所长、中兽医（兽医）研究室李建喜主任、郑继方研究员、罗超应研究员等参加了会议。

● 4月1日，科技管理处王学智处长等赴北京参加中国农业科学院研究生院2014年研究生管理工作会议。王学智处长被评为2013年研究生管理先进个人。

● 4月2日，杨志强所长率条件建设与财务处肖堃处长、中兽医（兽医）研究室李建喜主任、基地管理处董鹏程副处长等分别考察了兰州医学院、甘肃省中医学院、甘肃省中医学校的中医标本室（馆），并对研究所中医药学标本陈列室建设进行了规划部署。

● 4月7~9日，根据中国农业科学院研究生院《关于做好2014年硕士研究生复试及录取工作的通知》，由杨志强研究员、刘永明研究员、张继瑜研究员、阎萍研究员、王学智副研究员、荔霞副研究员组成的研究所复试工作小组，对2014年报考研究所的12名硕士生进行了复试。

● 甘肃省和中国农业科学院领导调研座谈会在京召开

4月10日，甘肃省委常委、组织部长吴德刚，省政府副省长郝远一行到中国农业科学院调研，就贯彻落实习近平总书记在甘肃省考察时的重要讲话精神进行座谈。院党组书记陈萌山出席座谈会，研究所杨志强所长参加了座谈会。

吴德刚指出，习近平总书记于2013年2月考察甘肃时提出："必须紧紧抓住科技创新这个核心和培养造就创新型人才这个关键，加快转变经济发展方式，提高甘肃综合实力。"为了贯彻落实好习近平总书记的重要讲话精神，甘肃省研究提出了10项重点行动计划。当前，甘肃省农业发展面临许多瓶颈问题，其中人才和科技问题尤为突出。吴德刚希望中国农业科学院能输送一批优秀的科技人才和农业管理人才到甘肃挂职，为甘肃农业经济发展提供科技支撑。他表示，甘肃省将为挂职人员提供良好的平台条件与广阔的发展空间，发挥个人专长，实现互惠互利。

郝远介绍了甘肃省的草地畜牧业、马铃薯、水果、蔬菜、玉米制种、中药材等区域性优势产业发展情况。

陈萌山对甘肃省委、省政府领导来院调研表示欢迎。他指出，甘肃省是富有特色的农业大省，玉米制种、百合、马铃薯等10多种农产品的产量位居全国前列，发展潜力巨大。中国农业科学院可选择马铃薯主粮化、旱作农业、国家生物屏障等几个重点领域，与甘肃省加强科技合作，从特色农业全产业链角度推动重要产业的发展，从而带动其他行业的发展，提高农产品的产量和农民收入。陈萌山表示，愿意根据甘肃省的要求选派专家挂职，支持甘肃省的建设和发展。

甘肃省委组织部、省科技厅有关负责人，院办公室、科技局、人事局、成果转化局和兰州兽医研究所负责同志参加了座谈会。

● 4月17日，杨志强所长主持召开专题会议，研究讨论了研究所2012—2013国有资产报废相关事宜。张继瑜副所长、阎萍副所长、条件建设与财务处肖堃处长、巩亚东副处长及相关人员参加了会议。

● 4月21日，刘永明书记主持召开研究所党委会议，会议决定调后勤服务中心张继勤副主任到房产管理处协助孔繁矼处长工作。

● 4月24日，杨志强所长主持召开2015年修购项目申报专题会议，对研究所2015年申报的3个项目进行了部署安排。阎萍副所长、条件建设与财务处肖堃处长及相关人员参加了会议。

● 4月24日，杨志强所长参加由甘肃省科技厅主持召开的甘肃省2014年农业科技园区评审会。

● 4月25日，研究所组织开展2011级和2012级博硕士研究生科研实验记录检查工作。5位研究员组成了检查工作小组，张继瑜副所长担任组长。5位博士研究生和16位硕士研究生参加了此次检查，其中：1位博士研究生和1位硕士研究生试验记录检查结果优秀，3位博士研究生和5位硕士研究生的检查结果良好，其他合格，无不合格实验记录。

● 4月28日，研究所2014年修缮购置专项"中国农业科学院公共安全项目：所区大院基础设施改造"项目建设答疑会在研究所召开。杨志强所长、阎萍副所长、条件建设与财务处肖堃处长及相关人员参加了会议。

● 4月30日，杨志强所长主持召开所长办公会议，就去世职工抚恤金发放标准、畜牧兽医医疗卫生津贴等事项进行了研究。

● 4月30日，刘永明书记主持召开党委会议，会议决定任命来所挂职的新疆牧科院研究员阿扎提·祖力皮卡尔为畜牧研究室主任助理。

● 5月4日，杨志强所长主持召开专题会议，对研究所2014年度修购专项"中国农业科学院公共安全项目：所区大院基础设施改造"项目工程招标控制价的6家单位进行评标，经综合评议，最终确定甘肃立信工程造价咨询服务有限公司中标。条件建设与财务处肖堃处长、后勤服务中心苏鹏主任、张继勤副主任、党办人事处荔霞副处长及相关人员参加了会议。

● 院监察局领导到研究所调研

5月6日，由中国农业科学院监察局林聚家副局长、解小惠处长、高于同志一行3人组成的科研经费信息公开课题调研组到研究所就科研经费信息公开情况进行了调研。杨志强所长主持召开调研座谈会，刘永明书记、张继瑜副所长、阎萍副所长、课题主持人、相关管理人员及纪检人员参加了座谈会。

座谈会上，林局长阐述了调研的背景、目的及内容，主要包括科研经费重要环节的公开、重要内容的公开和公开的范围、公开的时间、公开的方式等。参会人员就研究所科研经费信息公开的情况进行了交流。

● 中国农业科学技术出版社骆建忠社长来所交流

5月7日，中国农业科学技术出版社骆建忠社长及闫庆健主任到研究所就农业科技图书出版及信息宣传推广等事宜进行交流。张继瑜副所长主持座谈会。刘永明书记代表研究所对骆社长一行表示热烈欢迎，阎萍副所长、科技管理处王学智处长、各研究室负责人和部分科技人员参加了会议。

骆建忠社长首先介绍了出版社的基本情况，并重点介绍了出版社在体制改革后的运行发展情况，表示出版社现在正处于一个爬坡向好的关键时期，希望借助院科技创新工程如火如荼开展之际，双方能够在现有合作基础上进一步拓展合作渠道。与会人员就科技著作选题策划、图书质量、出版周期、出版费用、研究所科技人员近期图书出版计划等内容进行了深入交流，并在多方面达成共识。会后，骆建忠社长一行参观了研究所所史陈列室等。

● 5月9日，杨志强所长列席参加了兰州市七里河区人大第十七届常委会第十六次会议。

● 5月12～13日，杨志强所长等一行3人赴北京参加中国农业科学院2015年度修购项目申报院级答辩评审会。

● 5月12日，研究所2014年修缮购置专项"中国农业科学院公共安全项目：所区大院基础设施改造"项目在甘肃省公共资源交易局开标，经综合评议，最终确定甘肃华成建筑安装工程有限责任公司为中标单位。张继瑜副所长、后勤服务中心苏鹏主任、党办人事处荔霞副处长及相关人员参加了会议。

● 5月12日，杨志强所长参加甘肃省科技厅创新人才评审会。

● 研究所顺利完成2014届研究生学位论文答辩

5月18日，根据中国农业科学院研究生院《关于做好2014年学位论文答辩工作的通知》文件要求，研究所组织专家举行了2014届研究生毕业论文答辩会。有4名博士研究生、12名研究生参加答辩，其中2名博士研究生为来自伊拉克的留学生。

研究所聘请了兰州兽医研究所殷宏研究员、中国科学院兰州化学物理研究所师彦平研究员和秦波研究员、上海兽医研究所薛飞群研究员和杨锐乐研究员、甘肃农业大学余四九教授和张勇教授、西北民族大学魏锁成教授、兰州大学王建林教授、甘肃省动物疫病预防控制中心贺奋义研究员和研究所杨志强研究员、刘永明研究员、张继瑜研究员、梁剑平研究员、李剑勇研究员及郑继方研究员等16位专家组成答辩委员会。

论文答辩过程中，同学们表达清晰流畅，PPT展示简洁扣题，把自己论文的精髓充分展示给在座的评委及听众，答辩过程中学术气氛浓烈。答辩委员为各位研究生的论文进行了评议并形成决议，16名应届毕业生顺利通过了学位论文答辩。

● 5月19日，阎萍副所长赴拉萨出席西藏牦牛博物馆开馆仪式。

● 5月19日，杨志强所长主持召开专题会议，安排部署了研究所大洼山修购项目决算与审计相关事宜，条件建设与财务处肖堃处长、草业饲料室时永杰主任等参加了会议。

● 湖北省农业科学院郭英所长一行来研究所考察交流

5月22日，湖北省农业科学院畜牧兽医研究所郭英所长及中药材研究所蔡芳副所长一行来研究所就联合申报项目、开展中兽药资源调查等事宜进行交流。

杨志强所长主持座谈会，并介绍了研究所概况。郭英所长和蔡芳副所长分别从人员结构、项目立项、平台建设、基地发展等方面介绍了各自发展情况，希望借助研究所这个中央级科研院所平台，双方能够在畜禽健康养殖、疾病防治、牧草选育、资源整理等方面加强合作。与会人员就上述内容进行了深入交流，并在多方面达成共识。湖北省农业科学院畜牧兽医研究所兽医室田永祥主任、罗青平副主任、中药材研究所何美军主任和研究所中兽医（兽医）研究室严作廷副主任、畜牧研究室高雅琴副主任及相关科研人员参加了座谈会。

● 5月23日，刘永明书记主持召开所党委会议，决定聘任高雅琴同志为畜牧研究室主任，聘任梁春年同志为畜牧研究室副主任，聘任曾玉峰同志为科技管理处副处长。杨志强所长、张继瑜副所长、阎萍副所长、党办人事处杨振刚处长参加了会议。

● 李金祥副院长到研究所调研

5月27～29日，中国农业科学院副院长李金祥率领院基建局、成果转化局等一行6人到研究所调研。

李金祥副院长一行参观了研究所史陈列室、研究所所区和新综合实验楼，并与科研人员交流，了解科研一线实际情况和工作条件。在工作汇报会上，杨志强所长就研究所创新能力条件建设基础及下一步条件建设需求和现有基地规划进行了汇报。

听取汇报后，李金祥副院长指出，研究所条件建设必须将发展规划放在首要的地位，以长远的、前瞻性的科研需求指导条件建设规划，以条件建设提升科技平台水平，吸引优秀科技人才，推动研究所科技创新发展；要多凝练好的题材，统筹规划，突出重点，开放共享，围绕重大科技工程开展条件建设规划工作，找准自身的定位，争创世界一流科研院所。

李金祥副院长一行还深入研究所大洼山试验基地和张掖牧草种籽基地考察。在对基地的考察中李金祥副院长指出，研究所要充分利用现有条件，从顶层设计出发，提升基地定位高度，密切结合国家重大农业科研项目的科研需求，多方调研，合理布局，对两个已有一定基础条件的基地进行科学规划，为尽快成为院级综合性试验基地打造坚实基础。

陪同参观和考察的有院基建局局长刘现武、成果转化局副局长潘燕荣以及研究所党委书记刘永明、副所长张继瑜、阎萍等。

● 6月4~5日，张继瑜副所长、科技管理处王学智处长和曾玉峰副处长赴北京参加院科技管理局组织召开的中国农业科学院科技管理工作会议。

● 6月6~9日，杨志强所长赴北京参加2015年度农业部科研任务评审会。

● 6月8~12日，党委书记刘永明、党办人事处荔霞副处长一行3人赴北京参加中国农业科学院离退休干部培训班。

● 6月10日，科技管理处曾玉峰副处长和条件建设与财务处巩亚东副处长赴甘肃省科技厅参加科技部、财政部联合举办的深化中央财政科研项目和资金管理改革视频培训会。

● 6月11~12日，党办人事处荔霞副处长赴武汉参加了中国农业科学院编外用工现场经验交流会。

● 四川北川大禹羌山畜牧食品科技有限公司董事长张鑫燚来所交流

6月12日，四川北川大禹羌山畜牧食品科技有限公司董事长张鑫燚一行到研究所，就双方深入开展科技合作进行交流。

张继瑜副所长向各位来宾简要介绍了研究所学科设置、科学研究、科技人才、平台基地、仪器设备等方面的情况，希望双方能够在前期合作的基础上进一步扩大合作领域，在项目联合申报、协同创新研究及畜产品安全生产等方面加强合作与交流。

张鑫燚董事长感谢研究所科技人员在生猪健康养殖及疾病防控方面给予的帮助和支持，就当前生猪生产企业面临的问题和机遇进行了分析，对下一步大禹公司的发展模式和近期建设项目做了阐述。他希望借助研究所在中兽医药研究领域的雄厚力量，为企业在饲料生产、生猪养殖、疾病防控、产品加工等方面做到"大健康"提供技术支撑。

四川省江油市农办主任李季、大禹公司监事会主席莫一民、大禹公司党委书记罗华明、江油市小溪坝镇党委书记蒲益、大禹公司营销中心主管赵明霞、大禹公司工程部内勤主任李果翰及研究所科技管理处、中兽医（兽医）研究室负责人和相关人员参加了会议。

● 6月15~17日，基地管理处杨世柱副处长、董鹏程副处长等一行4人赴北京参加院基建局组织的基地建设规划研讨会。

● 6月16~17日，杨志强所长赴北京参加中国农业科学院研究生院学位评定委员会兽医学科评议组会议。

● 6月19日，刘永明书记主持召开所党委会议，研究了房产管理处负责人调整事项，决定杨振刚兼任房产管理处处长，任命张继勤为房产管理处副处长，免去张继勤后勤服务中心副主任兼保卫科科长职务。

● 6月20日，中国农业科学院人事局劳资处处长吴限忠等一行2人来研究所调研编外用工情况。党委书记刘永明主持会议，杨志强所长、张继瑜副所长以及用工部门办公室、后勤服务中心、房产管理处、药厂、基地管理处负责人等参加了会议。会上，党办人事处杨振刚处长汇报了研究所基本情况和编外用工情况，参会人员就研究所编外用工实际情况进行了讨论交流。

● 6月25日，杨志强所长主持召开所务会，会议讨论通过了《研究所"三重一大"实施细则》和《研究所博士后管理办法》。刘永明书记、张继瑜副所长及各部门负责人参加了会议。

● 6月26~27日，杨志强所长、刘永明书记赴北京参加中国农业科学院党组中心组（扩大）学习会议。

● 杨志强所长赴内蒙古蒙羊牧业股份有限公司等单位考察

6月28日至7月1日，杨志强所长一行5人前往内蒙古自治区蒙羊牧业股份有限公司等单位考察。

应内蒙古自治区蒙羊牧业股份有限公司邀请，杨志强所长一行重点就蒙羊牧业股份有限公司肉羊产业发展、肉羊产品质量和蒙药的科学使用进行了调研，参观了蒙羊牧业羊肉加工车间、肉羊育肥生产基地和兽药生产厂。期间，杨志强所长一行还前往中国农业科学院草原研究所、内蒙古农牧大学兽医学院和国家奶业技术体系乳制品加工功能研究室等进行了参观。

参加考察的还有李剑勇研究员、郑继芳研究员、潘虎副主任和陈化琦副厂长。

● 6月28日至7月4日，条件建设与财务处巩亚东副处长，王昉同志赴北京参加中国农业科学院2015年部门预算编制布置会。

● 研究所安全生产月活动有声有色

进入6月，每年一次的安全生产月如期而至。根据中国农业科学院的要求，研究所于本月开展了以"强化红线意识，促进安全生产"为主题的安全生产月系列活动。

研究所领导高度重视"安全生产月"活动，制定了实施方案，通过集中开展系列安全生产宣传教育活动，以"强化红线意识，促进安全发展"的主题，将安全生产细致到了每一个环节，将责任落实到每一个部门，确保安全生产月活动的有效落实，为促进研究所安全生产状况持续稳定发展提供保障。本次活动主要有四项内容：

一是认真学习贯彻习近平总书记关于安全生产系列重要讲话精神，并结合研究所实际，排查安全隐患，发现问题即时整改落实，提高生产安全性。

二是以多种形式开展贯穿全月的安全生产宣传活动。研究所办公室制作了以总书记讲话精神、安全生产"八安八险"、车辆安全十大禁令以及安全生产漫画为主要内容的安全生产主题板报，在宣传栏进行展示。在研究所所务公开电子屏循环滚动播放强化全所职工的安全意识、防灾应急知识为主的宣传材料，强化全所职工的安全意识。

三是集中进行教育培训。6月24日，研究所开展了安全生产教育培训活动。组织全所职工集体观看了2014年全国安全生产月警示教育片《2013安全生产事故典型案例盘点》。甘肃五进防火知识宣传中心王友龙教官做了《全民消防 生命至上》的安全知识讲座，使广大干部职工在学习的过程中进一步提高了安全意识，掌握基本的避险自救技能，全面提高防灾应急能力。

四是整改安全隐患，规范安全行为。为了做到防微杜渐，警钟长鸣，研究所以开展安全生产月活动为契机，对研究所重点部位进行安全隐患排查，发现问题就地整改落实，对大院内老化管线、器材等进行维护更换。在日常工作中，要求科研人员、生产部门及后勤保障部门员工严格遵守操作规范，消除每个细小的事故苗头。通过排查整改提高了安全保障，夯实了安全基础。

通过开展"安全生产月"系列活动，"安全第一"的理念在研究深入人心，全所职工的"红线"意识进一步强化，防灾应急能力进一步增强。

● 研究所传达贯彻院科技管理工作会议精神

7月1日，研究所召开科技人员大会，贯彻落实中国农业科学院科技管理工作会议精神。

刘永明书记主持会议。张继瑜副所长传达了院科技管理工作会议精神，组织学习了李家洋院长的讲话。他指出，面临"十三五"，我们的主要任务就是认清肩负的科技使命，进一步优化学科布局，科学谋划中长期科技发展战略，紧密围绕院科技创新工程，凝练重大科技命题，努力做好人才和平台建设工作，探索科技管理机制创新，提升科技管理效率和水平，推动研究所科技创新工作迈上新台阶，希望各部门和创新团队负责人认真领会会议要旨，把握变革脉搏，创新思路，提前准备，尽早安排部署相关工作。科技管理处王学智处长传达了刘旭副院长在院科技管理工作会上的总结讲话。

刘永明书记做了总结讲话。他强调，院科技管理工作会传递了很重要的信息。全所科技人员要深刻领会会议精神，高度重视，抓住重点，突出特色，做好研究所"十三五"科技发展规划、学科建设及发展战略研究等工作。要通过握拳头、走出去、有声音，统筹谋划，积极参与国家和中国农业科学院科技发展战略研究、学科发展路线图和"十三五"科技发展规划编制工作。

各研究室、职能部门负责人及全体科技人员参加了会议。

● 院科技局陆建中副局长到研究所调研

7月6日，中国农业科学院科技管理局陆建中副局长一行2人到研究所，就院科技创新工程实施和"十三五"科技发展战略研究等进行调研。

杨志强所长主持座谈会。陆建中副局长首先就院科技创新工程实施管理相关问题做了介绍，并从学科布局、团队建设和目标责任等方面提出了意见建议。他希望研究所积极配合，努力做好工作。文学处长简要介绍了项目与成果管理处的主要职能和近期重点任务。

杨志强所长表示，研究所一定准确把握农业科学院相关要求，积极组织申报第三批创新工程试点科研团队，力争有所收获，同时主动配合中国农业科学院做好"十三五"科技发展规划工作。

刘永明书记、张继瑜副所长、阎萍副所长、科技管理处、各研究室及创新团队负责人参加了座谈会。

● 提高红线意识 强化经费管理

7月9日，研究所召开所理论学习中心组学习（扩大）会议，深入学习《国务院关于改进加强中央财政科研项目和资金管理的若干意见》。

刘永明书记主持会议。与会人员集体学习了国发11号文件，解读了文件精神。通报了高校科研院所科研经费违规使用案例。杨志强所长结合文件精神，就研究所加强科研经费管理工作做出了安排：一要充分认识科研经费管理的重要性，强化学习教育，提高红线意识；二要完善监管机制，科学、规范、安全使用科研经费；三要实行实验耗材、办公用品等的集中采购和专人管理；四要进一步加强内部审计。

刘永明书记强调，全体干部职工要认真学习文件以及部、院党组关于科研经费管理的要求，强化"三个责任"、发挥"六个作用"，切实加强科研经费的使用管理，为研究所各项事业发展营造健康的发展环境。

张继瑜副所长等理论学习中心组成员、科研项目主持人及相关人员共70余人参加了会议。

● 陈萌山书记到研究所调研

7月16日，中国农业科学院陈萌山书记等一行4人到研究所调研科技创新团队建设情况。

陈萌山书记一行参观了研究所新综合实验楼，并与科研人员交流了一线工作情况。在座谈会上，刘永明书记就研究所工作作了汇报；阎萍研究员、李剑勇研究员、梁剑平研究员、严作庭研究员分别就"牦牛资源与育种""兽用化学药物""兽用天然药物""奶牛疾病"4个科技创新团队的工作进展进行了汇报。张继瑜副所长主持会议。

在听取汇报后，陈萌山书记与各创新团队负责人进行了交流，进一步了解了研究所各创新团队建设遇到的困难和问题，鼓励大家继续抓好创新工作，勇担责任，开拓工作新局面。

陈萌山书记在讲话中指出：兰州牧药所在学科建设方面布局合理、科学，研究室与创新团队一致，基础工作扎实，对未来的发展做了良好的铺垫；研究所近年来发展势头很好，科技创新团队的研究方向与产业需求相结合，科研、企业、基地创新相结合，创新机制已经形成，这符合国家发展需求，发展前景广阔；研究所管理很规范，发展很健康。

在谈到研究所科技创新工作时，陈萌山书记要求：研究所要立足自身特色，进一步加快学科和能力建设；成果培育和成果转让上要加快、加强，要在培育"973"等国家重大项目和科技成果孵化上下功夫；人才团队建设要有好办法；在建设服务型机关方面要有突破，要转变作风、理念和思路，解放思想、吃透精神、服务科研，更好地为科研工作服务。

会后，陈萌山书记还登门看望了研究所老专家老所长赵荣材先生。

院财务局刘瀛弢局长、创新办董照辉副处长、院办苗水清副处长陪同调研。

● 科技创新工程和科研经费管理宣讲会在兰州召开

7月17日，为贯彻落实《国务院关于改进加强中央财政科研项目和资金管理的若干意见》精神，加强科研项目与经费管理，中国农业科学院科技创新工程和科研经费管理宣讲会在牧药所召开。

中国农业科学院陈萌山书记在会上作了动员讲话。他指出：今年以来，中国农业科学院以科技创新工程和现代院所建设为抓手，扎实推进各项工作，科技创新和院所建设取得了新的成效。中国农业科学院已经进入发展的快车道，面临着难得的发展机遇。面对新的机遇、新的要求、新的任务，我们倍感责任重大、使命光荣。我们首先要做好当前的各项工作，保持住这个良好发展势头。当前我们主要工作。实施好创新工程，要管好用好创新工程经费。通过宣讲，要达到三个目的：一是切实增强农业科技国家队的责任感和使命感，以改革精神、敬业精神、创新精神全力推进农业科技创新工程的实施；二要切实增强科研经费使用管理的责任意识；三要切实增强科研经费管理的政策意识和法纪意识。陈书记要求，要从事业兴衰成败的高度，深刻认识创新工程的重大意义，深刻认识科研经费规范使用的重要性，把思想和行动统一到习近平总书记系列讲话和部院党组的决策上来，落实到工作中去，体现到发展中来。所领导要落实党风廉政建设主体责任和监督责任，当表率、作示范，凝心聚力、攻坚克难，广大科技人员要秉承献身祖国、献身科技、服务人民的科技情怀、廉洁自律、潜心研究，多出成果、出大成果，不断开创研究所跨越发展的新局面，早日建成世界一流研究所，推动我国现代农业大发展。

院财务局刘瀛弢局长、院办公室方放副主任、院监察局姜维民副局长分别就科技创新工程实施要求、国发11号文件精神和科研经费使用失范案例进行了宣讲。

刘永明书记主持会议。兰州兽医所殷宏所长、张永光书记、刘湘涛副所长、罗建勋副所长、赵海燕副书记与研究所张继瑜副所长、阎萍副所长以及两所的科研、管理、财务人员共130余人参加了会议。

● 7月21~23日，党委书记刘永明赴北京参加中国农业科学院干部大会。

● 7月23日，条件建设与财务处巩亚东副处长赴青岛参加农业部财务司举办2014年部直属单位内部审计人员培训。

● 7月29日，杨志强所长主持召开所务会，安排部署了研究所2013年暑假放假值班等相关事宜。刘永明书记、阎萍副所长、各部门负责人参加了会议。

● 7月29~31日，中国农业科学院研究生院潘东芳处长一行4人来所调研并座谈。座谈会由张继瑜副所长主持，杨志强所长、研究生管理人员、研究生导师和研究生等参加了会议。

● 8月6~12日，研究所承办了中国农业科学院2014年度专家考察休假活动，来自中国农业科学院的9名高级专家及其家属参加了休假活动。

- 8 月 13 日，杨志强所长主持召开所长人事办公会议，研究了有关人事事项。
- 8 月 13 日，杨志强所长主持召开所长办公会，讨论通过了研究所 2014 第一季度奖励事项。刘永明书记、张继瑜副所长、阎萍副所长及职能部门负责人参加了会议。
- 8 月 14~16 日，杨志强所长、基地管理处杨世柱副处长参加第五届中国张掖绿洲论坛。
- 8 月 19~22 日，农业部财务司资产处张洵副处长、中国农业科学财务局资产处张富处长一行 4 人对研究所 2013 年度国有资产保值增值等资产管理工作进行检查。
- 8 月 20 日，河南牧翔动物药业有限公司技术中心主任孙江宏与公司研发人员一行 7 人到研究所，就深入开展科技合作进行交流洽谈。中兽医（兽医）研究室李建喜主任，严作廷副主任、潘虎副主任，药厂副厂长陈化琦及相关科研人员参加了座谈会。
- 8 月 22 日，兰州市爱国卫生运动委员会办公室主任金俊河一行 5 人来所，就申报省级卫生单位进行了考核验收。杨志强所长、刘永明书记、后勤服务中心苏鹏主任及相关人员参加了会议。
- 8 月 22 日，杨志强所长主持召开所长办公会，讨论通过了研究所 2014 年第二季度奖励事项。刘永明书记、张继瑜副所长、阎萍副所长及职能部门负责人参加了会议。
- 8 月 25 日，杨志强所长主持召开专题会议，研究并全面安排了第五届国际牦牛大会相关事宜。刘永明书记、张继瑜副所长、阎萍副所长及及会务组和接待生活负责人组参加了会议。
- 中国农业科学院党组副书记、副院长唐华俊到研究所调研

8 月 27~28 日，中国农业科学院党组副书记、副院长唐华俊到研究所调研科技创新工程试点进展情况和基地建设工作。

28 日，唐副院长与国际合作局张陆彪局长、院创新办公室方放主任到研究所就科技创新工程试点工作进展情况进行调研，并征求相关意见和建议。研究所创新团队分别就工作进展及 2015 年创新团队申报的准备工作进行了汇报。

唐华俊副院长听取汇报后对研究所科技创新工程工作进展感到满意。他介绍了中国农业科学院创新工程试点的意义和设想，对试点过程中面临的高层次人才短缺、学科体系构建、科技创新和人事制度创新等问题进行了分析。

唐华俊副院长一行还考察了大洼山试验基地和张掖综合试验基地。在基地考察期间，唐副院长听取了试验基地工作情况汇报并指出，张掖综合试验基地进入 100 个国家农业科技创新与集成示范基地，这是基地难得的发展机遇。要把握机遇，加强与相关单位及兄弟院所的合作，把张掖基地建成真正意义上的国家创新性综合试验基地。

- 不丹农业林业部代表到所访问

9 月 1 日，不丹农业林业部主管扎西·桑珠教授一行 6 人到研究所访问。

扎西·桑珠一行在阎萍副所长的陪同下参观了研究所史陈列室、畜牧研究室、兽医（中兽医）研究室和兽药研究室。在参观过程中，阎萍副所长详细介绍了研究所历史沿革、研究方向以及近年来取得的重大成果，外宾对研究所畜牧学研究、传统中兽医学研究的悠久历史及取得的成绩表现出浓厚的兴趣。

张继瑜副所长对研究所机构设置、学科发展、科技管理等工作进行了介绍。不丹农业林业部主管扎西·桑珠以《不丹的畜牧业发展和研究》为题做了报告，介绍了不丹畜牧业发展现状、科研情况、国际交流情况和面临的问题。报告结束后，与会外宾与研究所科技人员就双方感兴趣的问题进行了交流讨论。扎西·桑珠希望今后双方建立长期的合作关系，在科学研究、互派访问学者及资源共享等方面开展广泛的合作。

- 9 月 3 日，研究所依据《中国农业科学院研究生院研究生学业奖学金评选办法（试行）》

的有关规定，就研究生学业奖学金相关工作召开会议。会议成立了中国农业科学院兰州畜牧与兽药研究所研究生学业奖学金评定委员会，一致通过《研究生学业奖学金评选办法》，并确定了 2014 年新生学业奖学金名单。

● 9 月 4 日，杨志强所长主持召开所务会，讨论通过了研究所编外用工管理办法和研究所领导干部外出报备工作规范。刘永明书记、张继瑜副所长、阎萍副所长及各部门负责人参加了会议。

● 9 月 9 日，杨志强所长主持召开专题会议，中国农业科学院基建局投资计划处徐欢处长就研究所张掖基地建设项目的有关问题进行了讲解。阎萍副所长、条件建设与财务处肖堃处长，基地管理处杨世柱副处长及规划设计单位代表参加会议。

● 9 月 15 日，杨志强所长主持召开专题会议，全面研究并安排部署了 2014 年中国农业科学院基本建设现场培训交流会筹备事宜。条件建设与财务处全体人员参加了会议。

● 9 月 15 日，杨志强所长参加甘肃省科技厅组织的新丝绸之路农业科技创新综合实施方案及品牌战略方案研讨会。

● 江西九江博莱农业集团唐进波董事长来所交流

9 月 15 日，江西九江博莱农业集团唐进波董事长一行 3 人来到研究所，就开展科技合作进行交流。

杨志强所长会见了唐进波一行。张继瑜副所长就研究所兽医、中兽医研究情况与学科建设、平台条件、人才队伍建设等做了详细介绍。唐进波董事长介绍了公司概况，指出目前兽药企业存在的普遍问题是缺乏自主研发的产品，希望与研究所开展广泛合作，依靠研究所的科研力量，为企业发展提供科技支撑。科技管理处、兽医（中兽医）研究室、兽药研究室以及药厂负责人参加了座谈会。

唐进波董事长一行还参观了中兽医（兽医）研究室和兽药研究室。

● 9 月 15～17 日，财政部委托中介评审专家组一行 4 人对研究所 2015 年度修缮购置专项进行了现场评审。经综合评议，最终确定"中国农业科学院前沿优势项目：牛、羊基因资源发掘与创新利用研究仪器设备购置""中国农业科学院前沿优势项目：药物创制与评价研究仪器购置"通过评审。杨志强所长、阎萍副所长、条件建设与财务处肖堃处长参加了会议。

● 9 月 16 日，杨志强所长主持召开所务会，通报并部署了中国农业科学院 2014 年基本建设现场培训交流会相关事宜。张继瑜副所长及各部门负责人参加了会议。

● 9 月 17 日，中国农业科学院人事局综合处吴限忠处长、邹业明同志来所，对研究所机构和人员编制核查情况进行了检查。

● 9 月 21～25 日，巩亚东副处长赴杭州参加中国农业科学院财务与审计培训班。

● 2014 年中国农业科学院基本建设现场交流培训会在研究所召开

受农业部发展计划司委托，9 月 22～24 日，中国农业科学院基本建设局在研究所举办了 2014 年基本建设现场培训交流会，农业部发展计划司监管处霍剑波处长、于慧梅副处长、中国农业科学院基本建设局刘现武局长、周霞副局长、于辉处长出席培训会，研究所杨志强所长致欢迎词。

霍剑波处长指出，基本建设现场培训交流是发展计划司近几年持续开展的培训模式，取得了良好的效果，旨在通过现场案例分析，直观地对基建项目管理给予指导，今后还将加大这类培训的力度和次数，给广大基建管理人员创造更多的交流机会。

院基建局刘现武局长通报了今年中国农业科学院基本建设项目立项与投资计划下达的总体情况和在建项目专项检查情况，并提出工作要求。

培训会上，霍剑波处长对《农业部直属单位建设项目管理办法》进行了解读，周霞副局长对《进一步贯彻农业部直属单位建设项目管理办法的指导意见》进行了说明。培训班还邀请了北京中联环建设工程管理有限公司牛玉芳高级工程师，上海瑞铂云科技发展有限公司卢晓红总经理、蔬菜花卉研究所质检中心刘肃主任分别围绕基建项目全过程投资控制、现代实验室设计理念及发展和实验室布局与建设作了专题讲座。研究所就本所综合实验楼建设情况进行了大会交流。

来自全院 35 个单位及农业部机关服务局、中国热带农业科学院、农业部管理干部学院、中国水产科学研究院、农业部规划设计研究院、农业机械化技术开发推广总站、中国农业大学等单位的基建管理人员共 70 余人参加了培训。

● 9 月 23 日，科技管理处王学智处长赴北京参加中国农业科学院电子文献资源建设专家咨询委员会会议。会上，王学智处长和周磊同志入选专家咨询委员会委员。

● 9 月 25~27 日，中国农业科学院基建局周霞副局长、农业部计划司于慧梅处长一行到张掖基地进行调研。杨志强所长、阎萍副所长和基地管理处杨世柱副处长陪同调研。

● 9 月 29 日，杨志强所长主持召开所务会，安排部署了研究所 2014 年国庆节放假等相关事宜。阎萍副所长及各部门负责人参加了会议。

● 10 月 8 日，杨志强所长主持召开专题会议，就农业科研专项经费检查问题进行了分析，对整改工作提出了具体要求。刘永明书记、阎萍副所长、条件建设与财务处肖堃处长、巩亚东副处长、党办人事处荔霞处长参加会议。

● 10 月 12 日，科技管理处王学智处长赴北京参加中国农业科学院科技计划起草工作会。

● 10 月 12~23 日，阎萍研究员参加由中国农业科学院人事局组织的第三十期所局级干部上岗培训班。

● 10 月 13 日，杨志强所长主持召开专题会议，就研究所综合实验室建设项目决算审核和财务审计单位进行了招标。经综合评议，确定甘肃立信会计师事务有限公司为中标单位。条件建设与财务处肖堃处长、巩亚东副处长、党办人事处荔霞副处长及相关人员参加了会议。

● 10 月 13~17 日，刘永明书记、办公室赵朝忠主任、党办人事处杨振刚处长、畜牧室朱新书副研究员、郭宪副研究员赴临潭县新城镇开展"双联富民"活动，举办科学养殖及疫病防治技术培训，并对联系村联系户进行了走访。

● 10 月 16~17 日，办公室赵朝忠主任赴北京参加农业部政务管理视频培训班暨中国农业科学院 2014 年综合政务会议。

● 10 月 17 日，甘肃省农业科学院李敏权副院长一行 3 人来所调研，并就科技平台建设、人才队伍建设等方面进行了交流。杨志强所长、刘永明书记、张继瑜副所长参加座谈会。

● 10 月 23~26 日，杨志强所长赴新疆自治区考察了新疆农业科学院、新疆畜牧科学院、石河子农垦科学院和塔里木大学，并代表研究所慰问了部院赴疆挂职的领导，杨博辉博士、尚若峰博士陪同调研。

● 10 月 27 日，杨志强所长主持召开所长办公会，传达了甘肃省人事厅和财政厅《关于核定省属其他事业单位绩效工资总量有关问题的通知》文件精神，讨论通过了发放 2014 年绩效工资和补贴的相关事宜。刘永明书记、阎萍副所长及职能部门负责人参加了会议。

● 10 月 28 日，杨志强所长参加由兰州市人大组织的兰州市新型农业经营主体多样化发展情况和农村土地承包权流转的视察活动，并与新型农业经营主体——专业合作社进行了研讨交流。

● 11 月 3 日，杨志强所长主持召开专题办公会，会议研究讨论了科研课题用工情况，2015 年创新工程课题组成员出国事宜，2015 年基本科研业务费项目申报方案和 2014 年第三季度科技奖励等相关事宜，刘永明书记、张继瑜副所长、阎萍副所长参加了会议。

● 11 月 6 日，杨志强所长参加兰州市区人大组织的人大代表视察活动。

● 11 月 6 日，杨志强所长主持召开党政联席会议，对研究所有关部门调整进行了研究。

● 11月13日，杨志强所长主持召开所务会，对研究所科研人员岗位业绩考核办法、奖励办法和工作人员年度考核办法进行了讨论修订。刘永明书记、张继瑜副所长、阎萍副所长和各部门负责人参加了会议。

● 11月14日，杨志强所长主持召开专题会议，就研究所2014年度修缮购置专项"中国农业科学院公共安全项目'所区大院基础设施改造'验收进行了研究讨论，项目设计方、监理方、施工方和研究所项目组进行了专题汇报。经综合评议，一致同意通过竣工验收。

● 11月中旬，研究所"综合实验室建设项目"获得了2014年兰州市工程质量"白塔奖"。并申请了甘肃省工程质量"飞天奖"。

● 塔里木大学党委书记王选东一行到研究所访问

11月20日，塔里木大学党委书记王选东教授一行6人到研究所访问。双方就校所合作的途径和内容等进行了交流。

王选东书记首先参观了研究所所史陈列室、农业部兽用药物创制重点实验室、甘肃省新兽药工程重点实验室、甘肃省中兽药工程技术研究中心和正在建设的中兽医药陈列馆。

座谈会上，杨志强所长对王书记一行来研究所访问表示热烈欢迎。他强调，塔里木大学是南疆独具特色的综合性大学，双方在多方面具有广阔的合作前景。研究所将发挥学科和人才优势，在共同申报科研项目、塔大师生来所攻读学位、共享科技平台资源等方面开展广泛合作，在合作中共同锻炼科研队伍，互利双赢，为新疆经济社会建设和塔里木大学的发展贡献力量。

王选东书记表示，2014年10月杨志强所长一行赴塔里木大学进行了访问，双方签订了科技合作协议。此次赴研究所访问，目的是为了深化双方合作，落实合作的具体事宜。塔里木大学与牧药所的合作，符合西部大开发和丝绸之路经济带建设的国家战略。希望通过在草食动物繁育、兽用药物研制、动物疫病防治、旱生牧草选育等领域的合作，发挥各自优势，促进双方在科学研究、学科建设、研究生培养、科技平台建设等方面取得积极进展。

刘永明书记、阎萍副所长及科技管理处、办公室负责人陪同考察交流，部分创新团队首席科学家参加座谈。陪同王选东书记来访的有塔里木大学副校长孙庆桥、党委组织部部长张理、科技处处长于军、动物科学学院院长石长青、动物科学学院党委书记陶大勇等。

● 11月25日，杨志强所长主持召开所务会，讨论通过了研究所《科研经费信息公开实施细则》和《信息传播工作管理办法》。刘永明书记、阎萍副所长和各部门负责人参加了会议。

● 11月25日，杨志强所长主持召开所长办公会，就调整取暖费补助标准进行了研究讨论，会议决定按照新的取暖费补助标准予以发放。刘永明书记、阎萍副所长、各职能部门及后勤服务中心负责人参加了会议。

● 12月1日，阎萍副所长主持召开研究所"三区"人才建设动员会议，就"三区"人才建设工作签订协议、帮扶对接、工作经费、考核等进行了安排，研究所"三区"人才朱新书、岳耀敬、李建喜、郭健、刘建斌、牛建荣、包鹏甲、丁学智、郭宪及有关人员参加了动员会。

● 12月4日，杨志强所长主持召开专题办公会，会议讨论部署了综合实验室建设项目验收相关事宜，张继瑜副所长、条件建设与财务处肖堃处长、巩亚东副处长及相关人员参加了会议。

● 12月4日，研究所召开研究生管理工作会议，会议组织学习了《研究所研究生奖励办法》和《研究所研究生管理办法》，并举行了研究生班委会换届选举。张继瑜副所长就研究生管理、学术交流活动、研究生生活与安全等作了讲话。全体研究生及科技管理处人员参加会议。

● 12月9日，杨志强所长主持召开党政班子联席会议。会上，刘永明书记通报了中国农业科学院2014年"两研会"、组织人事干部能力建设培训班的情况。研究了事业单位分类改革中研究所改革意向、关于领导干部在企业兼职清理工作、研究所机构调整等有关问题。张继瑜副所长、阎萍副所长和党办人事处杨振刚处长参加了会议。

● 12月10日，杨志强所长赴北京参加中国农业科学院公益性科研单位分类改革通报会。会议初步确定研究所为全院10个公益二类研究所之一。

● 研究所综合实验室建设项目通过验收

12月11日，中国农业科学院李金祥副院长、基建局周霞副局长及验收专家组一行6人对研究所综合实验室建设项目进行了项目验收。

验收专家组对综合实验室建筑、装饰质量、观感、设备运行等方面进行了实地查验，审阅了项目档案、核查了项目资金使用情况。验收专家组认为该项目按照批复完成了全部建设内容，工程质量合格；项目管理规范，执行了法人责任制、招投标制、监理制和合同制；资金使用符合农业部基本建设财务管理要求；档案资料齐全，已分类立卷；完成项目达到了设计要求和预期目标。一致同意该项目通过竣工验收。同时，专家组对本项目的管理、资金安全、档案规范等方面都给予了高度评价。杨志强所长、刘永明书记及项目组全体成员参加了验收会议。

综合实验室建设项目于2011年2月由农业部批复立项，2012年5开工建设，2013年11月通过工程竣工验收。项目新建综合实验室6 989.24平方米，购置实验台594延米，样品柜、通风柜、移动通风罩等116套；配套建设场区道路3 927平方米，敷设场区给排水管线584米、室外消防管线694米，热力管线152米，电力管线1 290米。该项目的建成，解决了研究所科研用房不足的问题，为开展科技创新、人才培养和国内外学术交流创造了条件。

● 12月12日，杨志强所长主持召开专题办公会议，按照甘肃省委人才工作小组通知要求，推荐郭宪副研究员为甘肃省科技副职挂职人选，建议挂任张掖市甘州区副区长。

● 12月12日，杨志强所长主持召开所务会，刘永明书记传达了财政部关于公益性事业单位分类改革的相关文件，杨志强所长通报了研究所关于公益性事业单位分类改革的申报情况和研究所被初步确定为中国农业科学院公益二类研究所的情况。各部门负责人参加了会议。

● 12月12日，研究所试验基地（张掖）建设项目和研究所兽用药物创制重点实验室建设项目获得农业部批复，获批经费分别为2180万元和825万元。

● 12月14～16日，杨志强所长赴北京参加中国农业科学院"十三五"基本建设规划研讨会。

● 科技部农村科技司农业处许增泰处长到研究所调研

12月17日，科技部农村科技司农业处许增泰处长、李树辉副处长到研究所就"十三五"科技工作重点需求进行调研。

刘永明书记主持座谈会。张继瑜副所长从研究所学科体系、人才队伍、科研工作进展和科技平台建设等方面介绍了研究所情况，并就研究所"十三五"科技工作重点和需求做了汇报。阎萍副所长代表课题组汇报了国家科技支撑计划"甘肃甘南草原牧区'生产生态生活'保障技术集成与示范"项目的执行情况。许增泰处长在听取汇报后，肯定了研究所在科研工作方面取得的丰硕成果，希望"十三五"研究所应发挥自身优势，整合科研力量，加大基础创新研究，结合生产需要，一体化考虑科研和产出问题，加大科技成果转化，为推动我国农业发展做出应有的贡献。

部农村科技司农业处李树辉副处长，甘肃省科技厅农村处张学斌处长、郭清毅副处长，研究所科技管理处、各研究室负责人及创新团队首席参加座谈会。

● 12月20日，中国农业科学院研究生院刘荣乐副院长、培养处汪勋清处长、教育办温洋副处长、秦方老师一行来研究所调研，就研究生培养、招生与就业、研究生党团组织建设和后勤服务等工作进行了交流。张继瑜副所长主持座谈会，阎萍副所长、科技管理处王学智处长、研究生导师参加了会议。

● 研究所专业学位硕士研究生答辩报告会顺利召开

12月21日，受中国农业科学院研究生院委托，研究所举行了2014年度专业学位硕士研究生中期检查、开题和论文答辩报告会。有5名学生参加中期检查、1名学生参加开题、4名学生参加论文答辩，其中2人为藏族学生。中国农业科学院研究生院刘荣乐副院长主持报告会。论文答辩过程中，同学们表达清晰流畅，多媒体报告展示简洁扣题，把自己论文的精髓充分展示给在座的评委及听众，答辩过程中学术气氛浓烈。评审专家对研究生的论文进行了评议并形成决议，4名应届毕业生顺利通过了学位论文答辩。中国农业科学院研究生院专业学位教育办温洋副处长、秦方老师、研究所王学智处长等参加了会议。

● 12月22~24日，党办人事处荔霞副处长赴西藏自治区与中国农业科学院考核组一行对研究所援藏干部李锦华副研究员进行了考核。

● 研究所大洼山综合试验基地警务室揭牌

12月24日，研究所大洼山林场警务室揭牌仪式在大洼山综合试验站举行。兰州市森林公安局宋建民副局长、郭浩副政委、赵斌昌所长及研究所杨志强所长等参加了揭牌仪式。

郭浩副政委在揭牌仪式中讲到，在大洼山设立警务室对维护大洼山林场的安全具有重要意义，加强了大洼山林场的安全维护工作，营造、提升了警民协作的良好氛围。希望两家单位携手共进，维护和谐社会。杨志强所长对兰州市森林公安局多年来对研究所的关心和支持表示感谢，希望进一步加强研究所与兰州市森林公安局的协作，共同努力做好大洼山综合试验站安全工作。

● 12月24日，杨志强所长主持召开全体科技人员大会，部署了研究所2014年度专业技术职务评审推荐工作、第四次专业技术岗位分级聘用工作和第二次专业技术岗位分级聘用期满考核工作。

● 12月25~26日，杨志强所长列席兰州市第十五届人大常委会第二十二次会议。

● 12月29日，杨志强所长主持召开研究所职称评审资格审查会议，对申报晋升专业技术职务的人员进行了资格审查，对中国农业科学院下达研究所的评审推荐指标进行了分配。刘永明书记、张继瑜副所长、阎萍副所长、党办人事处荔霞副处长参加了会议。

● 12月29日，杨志强所长主持召开专题办公会，对研究所办公用房清理整改、元旦放假和近期工作等相关事宜进行了安排。刘永明书记、张继瑜副所长、阎萍副所长和办公室赵朝忠主任、党办人事处杨振刚处长参加了会议。

● 12月29日，刘永明书记主持召开所党委会议，研究了有关干部事宜。杨志强所长、张继瑜副所长、阎萍副所长、党办人事处杨振刚处长参加了会议。

● 12月30日，杨志强所长主持召开2014年度工作人员考核会议，按照中国农业科学院《关于开展2014年度考核等有关工作的通知》要求和研究所《工作人员年度考核实施办法》，进行了工作人员年度考核，评选了文明处室、文明班组、文明职工。

● 12月30日，刘永明书记主持召开研究所2014年度部门暨中层干部考核述职大会，杨志强所长、张继瑜副所长、阎萍副所长及全体职工参加了大会。会上，各部门第一负责人向大会汇报了2014年部门工作和本人工作、部门其他负责人向大会汇报了自己一年来的工作业绩，与会人员对各部门和全体中层干部进行了考核测评。会上，刘永明书记向全体职工通报了研究所关于撤销房产管理处、药厂及调整任免部分中层领导的决定。

● 12月31日，杨志强所长主持召开所务会，安排落实了研究所办公用房清理整改和2015年元旦假期放假值班等相关事宜。刘永明书记、张继瑜副所长、阎萍副所长和各部门负责人参加了会议。

● 12月31日，刘永明书记主持召开房产管理处、药厂全体人员会议，通报了研究所关于撤销房产管理处、药厂的决定及两个机构撤销后相关业务、人员的归属和管理等事项。

2014年科技创新与科技兴农

● 1月6日，研究所承担的农业部公益性（农业）行业科研专项"牧区饲草饲料资源开发利用技术研究与示范"项目年度工作会在兰州举行，杨志强所长、张继瑜副所长及项目组相关人员参加了会议。

● 1月20日，研究所2014—2015年度甘肃省科技计划项目申报工作圆满结束。此次共有32个项目申报，经筛选最终推荐23项，其中申报甘肃省科技重大专项1项、甘肃省科技支撑计划11项、甘肃省成果转化项目1项、甘肃省自然科技基金项目10项。

● 1月22日，新疆塔里木大学校长助理高雷、动物科学学院党委书记陶大勇、院长石长青以及动物营养教研室主任许贵善副教授一行4人来研究所进行科技合作洽谈。杨志强所长、张继瑜副所长、科技处王学智处长、董鹏程副处长、兽医（中兽医）研究室李建喜主任、畜牧研究室高雅琴副主任等出席座谈会并就双方意向合作进行了交流。

● "甘肃甘南草原牧区'生产生态生活'保障技术集成与示范"进展良好

2013年，由阎萍研究员主持的"十二五"国家科技支撑计划"甘肃甘南草原牧区'生产生态生活'保障技术集成与示范"项目取得良好进展。1月23日，该项目年度工作总结交流会在研究所召开。甘肃省科技厅郑华平副厅长等相关领导和专家20余人出席了会议。

该项目于2013年度投放甘南牦牛种公牛8头，指导示范户繁育牦牛种公牛20头、母牛600头。按能繁母牦牛50%~55%、种公牛10%~14%、犊牛与育成牛30%~40%进行畜群结构调整与优化，并进行示范。同时筛选优秀欧拉型种公羊10只，对引进的种公羊进行抗逆（病）性等分子检测后投放到示范户羊群；建立了甘南牧区草地重要鼠害防治优化技术体系示范区1个，面积300亩；天然草地改良与高效利用综合技术体系试验示范区1个，面积500亩，试验示范区害鼠密度减少60%以上；建立家畜藏虫病综合防控技术并广泛推广；为充分利用牧区丰富的牛粪资源，采购生物质气化炉55台发放给项目户，为清洁能源利用模式示范推广奠定基础。藏文版和中文版甘南科技信息服务平台上线运行，实现了藏汉文科技信息的转化。

会上，各课题组分别汇报了2013年度工作进展情况和2014年度工作计划。阎萍研究员汇报了项目总体研究进展和取得的成果。各课题汇报后，与会领导专家就目前研究中存在的问题进行了认真细致的讨论，并提出了改进建议和解决方法。

甘肃省科技厅郑华平副厅长在总结中指出，项目要以"生产生态有机结合、生态优先"的牧区发展基本方针和第四次全国牧区工作会议精神为指导，针对甘南牧区又快又好发展的紧迫需求，着力构建甘肃甘南牧区生产—生态—生活保障技术体系优化模式，在注重"生产、生态、生活"的基础上，为甘南乃至西北藏区提供样板工程。郑华平副厅长还提出三点要求：第一，要树立"一盘棋"的思想，加强各项目间的协调能力；第二，各课题要细化年度目标任务，加强考核力度，建立健全课题考核办法；第三，项目主持单位要加强各课题间的统筹，坚持全局性、战略性和创新性，强化法人管理，履职尽责，不断拓展畜牧生产、生态、生活功能的畜牧业发展之路。

杨志强所长、项目协作单位、职能部门、各子课题负责人和项目主要参加人员参加了会议。张继瑜副所长主持了会议。

● 研究所 2 项成果获甘肃省科技进步奖

2 月 12 日，甘肃省委、省政府举行 2013 年度全省科学技术奖励大会。由研究所主持完成的"农牧区动物寄生虫病药物防控技术研究与应用"项目荣获科技进步一等奖；"非解乳糖链球菌发酵黄芪转化多糖的研究与应用"项目获得科技进步三等奖。张继瑜研究员参加会议并上台领奖。

"农牧区动物寄生虫病药物防控技术研究与应用"项目，针对动物抗寄生虫药物规模化生产关键技术和新兽药开展创新研究，解决了我国抗动物寄生虫药生产技术落后、药物稳定性和长效性差、药物在动物源性食品中的残留和生产成本等关键技术问题，对我国流行广、危害严重、缺乏有效防治药物的人畜共患绦虫病、焦虫病等寄生虫病的防控提供了良好的技术支撑，对我国动物寄生虫病防控、保障兽药产业和畜牧养殖业健康发展、动物源性食品安全和公共卫生安全具有重要意义。成果关键技术在国内 7 家兽药企业进行转化和实施，共生产新产品 100 吨。新产品在国内 10 个省、区推广应用，取得直接经济效益 5.12 亿元，同时获得了巨大的社会效益。

"非解乳糖链球菌发酵黄芪转化多糖的研究与应用"成果建立的益生菌发酵补益类中药新技术，不仅能提高相关产品的科技含量，而且为其他兽用中药的深加工技术研发提供了新思路，对促进中兽药研发技术进步具重要意义。该成果在北京、四川药厂试验示范了该技术，在甘肃、陕西等地开展了"参芪发酵散"的田间试验，取得了显著经济、生态、社会效益，推广全程共产生经济效益 18 785.1 万元。

● 甘肃省中兽药工程技术研究中心顺利通过验收

2 月 18 日，甘肃省科技厅组织专家对依托于研究所建设的"甘肃省中兽药工程技术研究中心"进行了会议验收。甘肃省科技厅郑华平副厅长出席并主持了会议。

会上，专家组在认真听取汇报和详细查阅资料的基础上，经过认真讨论，一致认为中心建设项目 3 年来精心组织，全面完成了各项计划任务，达到了预期目标，同意通过验收。郑华平副厅长指出，中心在研究所的大力支持下，在建设期内开展了大量工作，取得了显著成绩。希望进一步做好各方面工作，积极组织申报国家中兽药工程技术中心。科技厅相关领导和研究所杨志强所长、张继瑜副所长、阎萍副所长参加了验收会。

● 2 月 19~20 日，张继瑜副所长赴北京参加了由中国兽医协会，中兽医分会和研究所组织的全国中兽医药技术和文化遗产现状调查方案论证会。

● 2 月 19~23 日，阎萍研究员、李建喜副研究员和梁春年副研究员赴云南昆明参加了农业部行业科技专项"青藏高原草畜高效转化集成技术研究示范"2013 年年终总结大会。

● 2 月 22~28 日，刘永明研究员、齐志明副研究员一行 4 人赴台湾大学，就草食动物微量元素营养代谢病研究和中兽医医药研究与合作进行了学术交流。

● 2 月 28 日，研究所召开专题会议，就院科技创新工程试点研究所任务书及实施方案填报工作进行了安排布置。张继瑜副所长及职能部门、研究室和创新团队负责人参加了会议。

● "中兽药生产关键技术研究与应用"项目工作总结交流会召开

3 月 1~2 日，由研究所主持的国家公益性行业（农业）科研专项"中兽药生产关键技术研究与应用"2013 年工作总结交流会在广州召开。

会上，该项目 8 个专题负责人分别从 2013 年的任务完成情况、阶段性研究成果、取得的重要突破和进展、形成的轻简化技术、人才培养情况、产业对接情况、经费执行情况、存在问题与 2014 年工作计划等方面做了交流。与会领导专家对各个协作单位 2013 年的工作进展情况、经费使用情况和 2014 年的工作任务安排进行了讨论，对存在的问题提出了意见和建议。汇报会后，还召开了项目执行专家组会议，审核了 2013 年项目工作总结报告和 2013 年项目经费决算报告，通过了

2014年经费预算和分解方案。

项目首席专家杨志强研究员充分肯定了项目执行过程中各课题组的工作成绩，对项目今后的实施提出三大要求：一是明确目标，强化任务，进一步加大研究力度，做好各项工作，解决目前中兽药生产中存在的问题；二是善于总结，多出成果，加强成果转化和示范推广；三是合理使用经费，规范项目管理。

来自浙江大学、西北农林科技大学、南京农业大学、西南大学、青岛农业大学、广东省农业科学院动物卫生研究所、内蒙古自治区农牧业科学院、西藏自治区农牧科学院畜牧兽医研究所、重庆市畜牧科学院、山东省农业科学院家禽研究所等11家单位的领导和专家共38人参加了会议。参会人员参观了广东省农业科学院科研创新中心、动物卫生研究所试验基地以及广东省前沿动物保健有限公司。

● 3月5~6日，杨志强所长、杨博辉研究员赴北京全国畜牧总站及北京牧医所，了解细毛羊品种申报相关问题。

● 3月7日，张继瑜副所长主持召开院创新工程试点研究所实施方案及任务书填写申报工作布置会。会上就材料填写格式、考核指标、任务分配、汇总时间等做了具体安排。杨志强所长、科技管理处、党办人事处、办公室、条件建设与财务处及各创新团队负责人参加了会议。

● 3月19日，张继瑜副所长主持会议就农业部2015年及"十三五"公益性行业科研专项、948项目等的储备工作进行安排布置，科技管理处、各研究室及创新团队负责人参加了会议。

● 3月19日，研究所2014年国家自然科学基金项目申报工作结束，此次共有19个项目申报，其中面上项目6个、青年科学基金项目13个。

● 3月20日，院科技局科技平台处熊明民处长一行来研究所就《农业科技基础性长期性数据监测项目实施方案》进行调研。刘建安、刘爽、黄润三位同志陪同调研。熊明民处长就实施方案的立项背景、意义和框架做了说明。研究所各相关学科领域专家就项目设计、运行方式、生物资源、生产要素、生物安全及生态环境等方面的内容进行了交流和探讨。杨志强所长、张继瑜副所长阎萍副所长、科技管理处及各创新团队负责人参加了调研。

● 3月27~28日，杨志强研究员、张继瑜研究员赴北京参加中国农业科学院第七届学术委员会第四次会议。研究所申报的"重金属镉/铅与喹乙醇抗原合成、单克隆抗体制备及ELISA检测技术研究"获中国农业科学院基础研究二等奖。

● 3月28日，杨志强研究员、张继瑜研究员、阎萍研究员、李剑勇研究员赴北京参加中国农业科学院创新工程培训会。

● 研究所创新帮扶模式在甘肃省"双联"行动中获评优秀

近日，中共甘肃省委通报了2013年全省联村联户为民富民行动考评情况，研究所被评为优秀。

研究所在2013年的双联行动中，因地施策，务求实效，获得了联系点群众的高度认可。所领导分别带领中层干部和专家，多次深入研究所联系点开展帮扶工作。从实际情况出发，结合研究所工作实际，精心制定符合联系村特点的产业帮扶规划，帮助调整产业结构，提升农业发展水平，促进脱贫致富。为充分发挥研究所科技和人才优势，进一步加强与新城镇乃至临潭县的科技合作，为推进科技脱贫奠定基础，研究所按照甘肃省委组织部的要求，选派1名高级职称专业技术人员赴临潭县挂职科技副县长，促进行动的针对性和实效性。

在具体做法上，一是培育临潭高原绿色食品厂为肖家沟村主导产业，以带动周边农民农产品销售和深加工，提高农产品附加值和剩余劳动力就业，共同致富。研究所还帮助该企业积极争取甘肃省发展与改革委员会、甘肃省农牧厅的项目扶持，改造升级生产条件，提升生产能力。二是红崖村在实施人畜饮水工程的基础上，培育红崖村油菜种植等经济作物种植为主导产业，根据当地气候条件研究所免费为红崖村提供"青杂5号"等优质油菜品种种子。选派科技人员驻村值班，并深入田间地头，指导农民春耕。三是针对南门河村牛羊养殖合作社和村民进行牛羊短期育肥的传统，发挥研究所科技和人才优势，通过举办科学养殖及疫病防治技术培训，赠送研究所研发的牛羊用矿物质营养舔砖、强力消毒灵、曲滞散等科技产品，引导养殖户运用先进养殖技术和疫病防治技术，帮助扩大牛羊养殖规模和效益，引领养殖业真正成为该村农民增收支柱产业。四是将研究所承担的农业部农业公益性行业专项课题"放牧牛羊营养均衡需要研究与示范"等科研项目安排在临潭县实施。通过项目实施的引领示范作用，带动当地农牧民脱贫致富奔小康。

此外，研究所在新城镇遭受洪涝灾害后，与新政镇党委政府协调沟通，由镇、村和研究所共同筹资修复了水毁农用桥梁。建立并不断完善三个联系村0~3岁婴幼儿基本信息、父母在外务工的0~16岁留守儿童档案。加强文化活动室建设，向三个联系村农民书屋及村民赠送《肉牛标准化养殖技术图册》《肉牛养殖主推技术》和《肉羊标准化养殖技术图册》等科技图书资料300多册。举办《农村卫生与健康》的专题讲座，编印《日常生活小常识》科普手册，普及卫生健康和防灾减灾知识，倡导健康向上的生活新风尚。持续开展送温暖活动。2013年春节前，研究所筹资近2万元，给每个联系户送去了500元慰问金及生活用品。

● 研究所申报国家中兽药工程技术研究中心论证会召开

4月8日，甘肃省科技厅组织召开国家中兽药工程技术研究中心申报论证会。甘肃省科技厅郑华平副厅长、农村处张学斌处长、郭清毅主任科员、甘肃农业大学郁继华教授、甘肃省科学院高世铭研究员、中国农业科学院兰州兽医研究所柳纪省研究员、中国科学院兰州化学物理研究所刘刚研究员和甘肃省轻工研究院赵煜研究员等应邀出席了会议。

会议由张学斌处长主持。中兽医（兽医）研究室主任李建喜研究员从中心组建基本情况、组建必要性、组建内容及实施方案等方面进行了详细汇报。专家组在听取汇报及审阅申报材料后，对研究所在中兽医药研究领域作出的突出贡献和甘肃省中兽药工程技术研究中心在建设期内取得的成绩给予充分肯定，并就申报材料中存在的问题提出意见和建议。

郑华平副厅长希望研究所充分吸取专家就申报材料在文字组织、撰写结构、立项必要性、组建内容、实施方案、经费预算及运行机制等方面提出的建议，紧扣中兽医药学领域，发挥传统优势，突出产业特色，继续完善申报材料，抓住难得机遇，确保项目顺利获批。

杨志强所长、刘永明书记、张继瑜副所长、阎萍副所长、科技管理处王学智处长及中兽医（兽医）研究室全体科技人员参加了论证会。

● 研究所举办留学生学术研讨会

为活跃研究所学术氛围，拓展科研人员的视野，4月9日，研究所举办了留学生及荷兰客座学生学术研讨会。

学术研讨会上，来自荷兰乌德勒支大学兽药学专业的Eric和Susan、伊拉克瓦斯特大学讲师Ali，伊拉克巴士拉大学讲师Alaa，坦桑尼亚政府化学实验室研究人员Peter，苏丹畜牧资源与渔业部兽医Suliman和埃塞俄比亚Alage农业技术和职业教育培训学院讲师Ashenafi等分别做了"荷兰畜牧兽医""牛心朴子对家兔血液生化学和组织病理学的影响""胚胎心脏""通过非正式和正式的市场流通含有抗生素残留的牛奶制品对消费者膳食的风险""痰瘀阻滞的研究背景和进展"和"埃塞俄比亚动物育种场和小反刍动物"6个主题报告。通过本次学术研讨会，研究所科研人员与留学生在学术思想碰撞的同时，了解了相关科研领域的前沿动态，同时也增进了学术联系和友谊。

学术研讨会由张继瑜副所长主持，阎萍副所长、科技管理处王学智处长、青年科研人员及全体研究生参加了研讨会。

● 4月9日，杨志强所长主持召开专题会议，针对国家中兽药工程技术研究中心申报论证会上专家提出的意见和建议，安排布置申报书的修改工作，并就工作进度提出了明确要求。刘永明书记、张继瑜副所长、阎萍副所长、王学智处长、李建喜主任及中兽医（兽医）研究室相关专家参加会议。

● 4月10日，张继瑜副所长、王学智处长赴北京就研究所申报国家中兽药工程技术研究中心工作向科技部相关部门进行了汇报。

● 4月15日，杨志强所长主持召开专题会议，对研究所科技创新工程的管理、考核与实施内容进行了广泛讨论。会议强调要加强首席专家对创新团队的管理，积极推进团队科技创新。张继瑜副所长、阎萍副所长、李剑勇研究员、李宏胜研究员、梁剑平研究员、王学智处长、杨振刚主任、巩亚东副处长等参加了会议。

● 4月17~18日，根据中国农业科学院研究生院有关规定，由杨志强研究员、刘永明研究员、张继瑜研究员、阎萍研究员、李剑勇研究员、王学智副研究员、荔霞副研究员组成的研究所复试工作小组，对2014年报考研究所的4名博士生进行了复试。

● 4月26日，阎萍副所长、科技管理处王学智处长及中国农业科学院兰州畜产品质量安全风险评估研究中心常务副主任高雅琴研究员和杜天庆副研究员赴北京参加院科技管理局举办的中国农业科学院农产品质量安全风险评估培训班。

● 4月28~29日，张继瑜副所长、兽药研究室李剑勇副主任赴深圳参加农业部兽用药物与兽医生物技术学科群工作会议。

● 4月29日，阎萍副所长主持召开第五届国际牦牛大会筹备工作会议，就前期准备工作进行了安排部署。杨志强所长、科技管理处王学智处长、条件建设与财务处肖堃处长及相关人员参加了会议。

● 研究所专利申报工作创佳绩

近日，从国家知识产权局公布的统计数据和《2013甘肃省专利统计分析报告》获悉，中国农业科学院兰州畜牧与兽药研究所专利申请量位居甘肃省第一，超越中国航天科技集团公司第五研究院第五一〇研究所、中国科学院兰州化学物理研究所和中国科学院寒区旱区环境与工程研究所等单位。

截至2013年年底，研究所共申请专利112件，授权44件。2013年，为促进中国农业科学院科技创新工程试点单位建设，实现研究所跨越式发展，研究所建立了与研究所创新工程相适应的科技人员绩效考核和科研奖励等制度，旨在加强知识产权保护，激发科技人员创新能动性，加快科研产出，强化科技原始创新，成效显著。

此次成绩的取得，进一步激发了研究所的创新意识和创新活力，提高了研究所的综合科技创新水平。

● "益蒲灌注液"实现成果转让

5月6日，研究所与河北远征药业有限公司在兰州举行了新兽药"益蒲灌注液"科技成果转让协议签字仪式。该项成果由潘虎创新团队研制成功。杨志强所长和河北远征药业有限公司魏丽娟副总经理分别代表双方在协议上签字。刘永明书记、阎萍副所长以及"益蒲灌注液"的主要研发人员等出席了签字仪式。签字仪式由张继瑜副所长主持。

在签字仪式上，杨志强所长指出，"益蒲灌注液"科技成果转让协议的签订，是研究所与河北远征药业有限公司良好合作的延续，也是研究所"顶天立地"提升科技贡献率的具体表现。要充分发挥研究所新兽药研发实力的优势，通过大力开展与企业的合作，将为畜牧业生产提供更多高质量、高疗效的新兽药，确保动物源食品安全。

魏丽娟副总经理代表受让方表达了对该产品开发前景的决心和信心。她表示转让协议的签订，将会使河北远征与研究所进入开展全方位的新兽药研发合作阶段，从而加快河北远征新兽药研发的速度，提升企业的科技水平，更好地服务于畜牧业生产。

签字仪式后，魏丽娟副总经理一行还与研究所部分新兽药研发团队进行了沟通交流，并参观了兽药研究室和中兽医（兽医）研究室。

● 5月9日，科技管理处王学智处长和兽药研究室李剑勇研究员参加甘肃省发展和改革委员会组织召开的2014年省级战略性新兴产业创新支撑工程和重点产业创新能力建设项目评审会。

● 5月14~16日，张继瑜研究员，李剑勇研究员赴山东省青岛市参加全国兽用化学药物产业技术创新战略联盟会议。

● 5月20日，张继瑜副所长代表研究所参加了2014兰州市科技成果交易周，研究所"农牧区动物寄生虫病药物防控技术研究与应用"等十三项优秀科技成果参加了本届交易周。

● 5月22~23日，科技管理处王学智处长赴北京参加院成果转化局主办的中国农业科学院知识产权全程管理培训班。

● 6月10~13日，杨志强所长、李建喜研究员赴陕西省西安市参加第五届中国奶业大会。

● 6月14~15日，杨志强所长赴湖南省长沙市参加湖南农业大学兽用中药资源与中兽药创制国家地方联合工程研究中心召开的国家中兽医药产业技术创新联盟工作研讨会。

● 6月17日，杨志强所长赴北京参加中国兽医协会第一届常务理事会第十次全体会议。

● 研究所举办学术报告会

6月17日，为活跃研究所学术文化氛围，促进学术交流与学科发展，提高研究所科技创新能力，推动研究所科技创新工程试点工作的顺利实施，研究所举办了2014年学术报告会。张继瑜研究员做了题为《凝练学科方向 推动创新发展》的学术报告。

张继瑜研究员从国家科技政策变革、内容与走向、科技创新体系建设及任务等方面进行了系统讲解与报告。报告中介绍了我国为建设创新型国家在科技方面所做的革新和努力，并就研究所为响应中国农业科学院"建设国际一流科研院所"目标要求在学科设置、学科定位、学科评价、重大选题、成果培育及管理服务等方面做出改革进而推动创新发展提出了自己的建议和看法，并与参会专家和研究生就国家科技政策解读、学科团队建设、科技人才引进、研究生培养等方面的问题进行了交流。

刘永明书记主持报告会。阎萍副所长和科技管理处、党办人事处、办公室和各研究室负责人及全体科技人员参加了报告会。

● 6月18日，科技管理处王学智处长参加甘肃省科技厅组织的关于国家科技支撑计划第二批项目申报工作会议。

● 6月19日，张继瑜副所长和科技管理处曾玉峰副处长赴甘肃省科技厅参加第五届甘肃省实验动物管理委员会工作会议。

● 6月19日，研究所组织各研究部门负责人及专家就国家科技支撑计划第二批项目申报事宜进行安排布置。张继瑜副所长主持会议。王学智处长就指南要求及甘肃省科技厅相关指示进行了传达。会议着重对农业领域中新丝路经济带民族特色农产品品牌培育科技示范工程中的相关项目进行了详细策划，并从课题设置、主要研究内容、人员分工、时间节点等方面进行了具体安排，要求各负责人认真准备、积极联合，为成功争取项目立项打好基础。

● 6月20日，西南大学李学刚教授、曾忠良副教授、刘汉儒副教授一行来研究所就联合申报国家科技项目进行交流洽谈。双方就针对秦巴山区道地药材在畜禽健康养殖中的综合利用及产业化开发选题进行了深入讨论。杨志强所长、张继瑜副所长、李建喜研究员、李剑勇研究员、郑继方研究员等参加了讨论会。

● 6月24~25日，科技管理处王学智处长赴北京参加了中国农业科学院科技局与创新工程办公室组织召开的创新工程机制体制创新座谈会。

● 7月3日，科技管理处王学智处长、条件建设与财务处巩亚东副处长赴北京参加农业部科技教育司组织的农业科研项目和经费管理培训会。

● "六氟化硫示踪法检测牦牛藏羊甲烷排放技术的引进研究与示范"通过验收

7月6日，研究所承担的农业部"948"项目"六氟化硫示踪法检测牦牛藏羊甲烷排放技术的引进研究与示范"在兰州通过了农业部科教司组织的专家验收。

受农业部科教司委托，中国农业科学院科技管理局陆建中副局长主持验收会议。"六氟化硫示踪法检测牦牛藏羊甲烷排放技术的引进研究与示范"项目在国外反刍动物甲烷排放检测技术的基础上，根据牦牛和藏羊的生物学特性，对引进技术进行了消化和吸收，并用管道技术和体外发酵产气法对检测结果进行了验证，在国内首次建立了六氟化硫示踪法检测牦牛和藏羊甲烷排放技术。项目研制了降低牦牛和藏羊瘤胃甲烷排放的营养舔砖。主要检测技术、综合减排措施和新产品在甘肃甘南及青海大通等牧场进行推广应用，甲烷排放量降低了27%，产生了显著的生态效益和社会效益。

● 7月9日，兰州市知识产权局邀请兰州振华专利事务所张晋教授来研究所就知识产权实务运用为广大科技人员进行了培训。

● 7月10日，张继瑜副所长主持会议，就研究所创新工程绩效评价指标体系进行研讨。杨志强所长、阎萍副所长、各职能部门及研究室负责人参加了会议。

● 7月11日，刘永明研究员课题组研发的绿色安全新型中兽药"黄白双花口服液"（商品名称：热痢净）成功转让郑州百瑞动物药业有限公司。

● 7月13~23日，杨志强研究员、李建喜研究员、王学智副研究员等一行4人赴西班牙海博莱公司和马德里康普斯顿大学进行了访问。

● 研究所标准化实验动物房通过年检

7月18日，甘肃省科技厅委托甘肃省实验动物管理委员会组织专家对研究所实验动物使用许可证进行年检。

专家组成员在听取2013年研究所标准化实验动物房运转情况的汇报后，查阅了相关规章制度、使用记录及质量检测报告等资料，并结合现场实地检查等进行了综合评审。专家组一致认为：研究所实验动物房整体运转情况相对良好，使用规范，同意通过年检。

张继瑜副所长参加了年检会，并代表研究所欢迎各位专家来所开展实验动物许可证年检工作，表示一定按照专家组的意见，认真进行整改，确保研究所实验动物工作的高效开展。科技管理处曾玉峰副处长、基地管理处董鹏程副处长及实验动物房相关管理人员参加了年检会。

● 7月18日，甘肃省科技厅郑华平副厅长、农村处李新副处长和郭清毅主任来所就研究所牵头申报的第二批国家科技计划项目"新丝路经济带少数民族地区畜产品优质安全技术与品牌创新模式研究"进行研讨论证。

● 研究所标准化实验动物房通过年检

7月18日，甘肃省科技厅委托甘肃省实验动物管理委员会组织专家对研究所实验动物使用许可证进行年检。

专家组成员在听取2013年研究所标准化实验动物房运转情况的汇报后，查阅了相关规章制度、使用记录及质量检测报告等资料，并结合现场实地检查等进行了综合评审。专家组一致认为：研究所实验动物房整体运转情况相对良好，使用规范，同意通过年检。

张继瑜副所长参加了年检会，并代表研究所欢迎各位专家来所开展实验动物许可证年检工作，表示一定按照专家组的意见，认真进行整改，确保研究所实验动物工作的高效开展。科技管理处曾玉峰副处长、基地管理处董鹏程副处长及实验动物房相关管理人员参加了年检会。

● 2014年兽医药理毒理学分会常务理事会议在兰州召开

7月20~23日，由研究所承办的"中国畜牧兽医学会兽医药理毒理学分会2014年常务理事会"在甘肃省兰州市召开。刘永明书记致欢迎辞。兽医药理毒理学分会沈建忠理事长、甘肃省农牧厅姜良副厅长、甘肃省兽医局周邦贵局长等领导和专家出席了开幕式并讲话。分会副理事长兼秘书长肖希龙教授主持开幕式。

本次会议研讨了兽医药理毒理学分会的发展和工作方针，汇报总结了2013年度分会学术会议财务状况，安排部署了2015年度分会学术会议，讨论了理事会换届等相关事宜，并与参会的企业代表就国家兽药政策、兽药研发趋势、兽药人才培养等问题进行了交流。来自中国兽医药品监察所、中国农业大学、华南农业大学、华中农业大学、吉林大学、南京农业大学等多所高校、科研院所和相关企业的60余位代表参加了会议。

● 7月23日，科技管理处曾玉峰副处长赴甘肃省科技厅参加"三区"人才支持计划科技人员专项计划工作座谈会。

● 7月21~23日，张继瑜研究员、阎萍研究员赴宁夏回族自治区（以下称宁夏）银川市参加国家肉牛体系会议。

● 研究所与德国畜禽遗传研究所和吉森大学签订科技合作协议

7月25日，为了进一步加强国际科技合作，发挥各自学科优势，研究所分别与德国畜禽遗传研究所和德国吉森大学签订了科技合作协议。

在签约仪式上，杨志强所长介绍了研究所基本情况。他指出，我国政府非常重视农业领域的科学研究，大力支持鼓励研究所和国外科研机构的合作交流，中国农业科学院科技创新工程的实施将进一步推动研究所科研国际化水平。德国畜禽遗传研究所、德国吉森大学和研究所已有良好的合作基础，本次签约将使合作水平更上一层楼。德国畜禽研究所黑诺·尼曼教授首先代表德国畜禽研究所和牦牛骆驼基金会，希望在人才交流、畜禽遗传资源与育种研究、功能基因组学研究等方面开展交流合作。德国吉森大学乔治·艾哈德教授希望在联合申请项目、人员交流、奶牛性状及相关功能分析等方面开展合作。阎萍副所长主持签约仪式。

在所期间，黑诺·尼曼教授做了题为"畜禽生物技术研究进展"的报告，乔治·艾哈德教授做了题为"家畜乳蛋白多样性的研究"的报告。牧药所科研人员就报告中涉及的方法、思路及自己研究中碰到的困难与两位教授进行了深入交流。两位教授还参观了农业部兽用药物创制重点实验室、农业部畜产品质量安全风险评估实验室、中兽医标本室和甘肃天祝白牦牛育种场。

● 7月29日，中国兽医药品监察所冯忠武所长、质量监督处高艳春处长、化药评审处段文龙处长、生药评审处赵耕副研究员一行4人来研究所调研。杨志强所长主持座谈会，重点围绕《兽药管理条例》颁布实施效果及其执行过程中存在的问题进行了深入讨论。张继瑜副所长、阎萍副所长、中兽医（兽医）研究室、兽药研究室的专家参加了座谈会。

● 7月，研究所立足自主科技创新培育出的"航苜1号紫花苜蓿"牧草新品种和"陇中黄花矶松"观赏草新品种通过甘肃省草品种审定委员会审定登记。

● 7月24日至8月2日，严作廷研究员和李宏胜研究员赴澳大利亚凯恩斯参加了第二十八届世界牛病大会。

● 甘肃省中兽药工程技术研究中心通过现场评估

8月5日，研究所承建的甘肃省中兽药工程技术研究中心通过了由甘肃省科技厅组织的现场评估。

专家组成员实地查验了建设场所、实验室设备配套、生产加工线建设、研发产品种类等，详细查阅了工程中心建设三年来取得的科技成果、承担的科研项目、技术条件、对外服务、人才培养等情况。专家组对依托牧药所建设的甘肃省中兽药工程技术研究中心建设情况给予了高度评价，也对未来建设、技术研发、开放共享等提出了建设性意见和建议。张继瑜副所长、王学智处长、李建喜主任等参加了本次评估会。

甘肃省中兽药工程技术研究中心于 2010 年 1 月由甘肃省科技厅批准建设，当年投入运行，并对外开放。该中心主要针对甘肃省养殖业中动物疾病防治需求和企业产业化开发需要，结合本省丰富的中草药资源，创制中兽药新品，为产业跨越式发展搭建原始创新平台；对相关产品进行工艺优化、技术集成和产业化开发，建立试验基地，进行集成示范；攻克关键共性技术，破解产业发展难题，为产业持续发展提供有力技术支撑；孵化科技成果，为本省中兽药产业化发展培养优秀人才。中心自建立以来，实施了一批对甘肃省科技发展和国民经济建设具有重要影响的重大科研项目，取得国家级三类新兽药证书 3 个，建立示范基地 4 个、中试生产线 3 条，建立了 1 个中兽医药学创新团队。中心已成为集中兽药新品研发、产品推广、技术培训的开放共享平台。

● 8 月 14 日，杨博辉研究员赴甘肃省科技厅参加了国家民族事务委员会组织的"十二五"国家科技支撑计划农业和村镇建设领域 2015 年度第二批备选项目"新丝路经济带少数民族地区畜产品优质安全技术与品牌创新"视频答辩。

● 8 月 14 日，中国农业科学院草原所党委书记王育青等一行 5 人来研究所调研，并就院创新工程试点单位申报、人才队伍建设等方面进行了交流。座谈会由所长杨志强主持，刘永明书记、张继瑜副所长、办公室赵朝忠主任、科技管理处王学智处长、党办人事处杨振刚处长、条件建设与财务处巩亚东副处长和李剑勇研究员、梁剑平研究员、杨博辉研究员、时永杰研究员、李建喜研究员等参加了会议。

● 8 月 15 日，张继瑜副所长主持召开专题会议，就院科技创新工程第三批申报工作进行了安排，并确定了 4 个创新团队推荐上报。科技管理处王学智处长、党办人事处杨振刚处长、办公室赵朝忠主任、杨博辉研究员、时永杰研究员、李建喜研究员及相关人员参加了会议。

● 8 月 18 日，2014 年度国家自然科学基金申请项目评审结果公布，研究所 5 个项目成功获批，其中包括 4 项青年基金、1 项面上项目，总经费 184 万元。

● 李家洋院长与杨志强所长签署《创新工程绩效管理任务书》

8 月 20 日，中国农业科学院科技创新工程绩效任务书签约仪式暨绩效管理研讨会在北京举行。杨志强所长代表研究所与农业部副部长、中国农业科学院院长李家洋签订了《创新工程绩效管理任务书》。

会上，科技部科技评估中心陈兆莹研究员、中国科学院管理创新与评估研究中心李晓轩研究员、中国农业科学院科技创新工程管理中心办公室主任方放分别做了绩效管理专题报告。张继瑜副所长、科技管理处王学智处长参加会议。

● 8 月 25 日，畜牧研究室丁学智副研究员赴北京参加国家青年基金委生命科学部 2014 年度组织间协议合作研究项目（NSFC-CG）评审会的答辩。

● 第五届国际牦牛大会在兰州召开

8 月 28～30 日，由研究所主办，主题为"牦牛产业可持续发展"的第五届国际牦牛大会在兰州召开。

大会在甘肃国际会展中心举行。大会执行主席阎萍副所长主持开幕式，出席开幕式的主要专家和领导有中国农业科学院院党组副书记唐华俊副院长、甘肃省科技厅厅长李文卿、国际山地综合发展中心副总干事艾科拉亚·沙马、德国牦牛骆驼基金会主席霍斯特·尤金·吉尔豪森、吉尔吉斯斯坦阿迦汗基金会首席执行官卡尔·格佩特、中国农业科学院国际合作局局长张陆彪、西北民族大学副校长何烨等。

唐华俊副院长发表了热情洋溢的讲话。他指出，中国农业科学院是中国规模最大、学科最全、综合研究实力最强的国家级农业科研机构。中国农业科学院新近启动了农业科技创新工程，兰州畜牧与兽药研究所包括牦牛创新团队在内的科研团队入选了科技创新工程试点，牦牛科学研究处于国际领先地位，"大通牦牛"新品种于2007年荣获国家科技进步二等奖。目前牦牛产业的可持续发展面临着巨大挑战，解决这些问题的关键还要依靠科技。真诚希望各位科学家们密切合作，着力解决牦牛产业发展中的关键技术问题，为实现世界牦牛产业的可持续发展而共同努力。

李文卿厅长指出，甘肃甘南牧区是我国长江、黄河上游地区重要的天然生态屏障，是青藏高原"中华水塔"的重要涵养地。草地资源是畜牧业发展的基础，而牦牛是甘南牧区的主要畜种，是当地藏民族赖以生息发展的物质基础。希望以本次学术研讨会为契机，不断解决牦牛生产中的实际问题，提出适合牦牛产业发展的具体措施，促进牦牛产业的健康发展。

杨志强所长代表主办单位致辞。他说牦牛是青藏高原地区的特有畜种，是世界上生活在海拔最高处的哺乳动物之一，有"高原之舟"之称。近年来牦牛生存环境不断恶化，野生牦牛成为濒危灭绝物种，家养牦牛品种逐渐退化，牦牛的现代饲养及其管理技术不足。研究所几代科学家扎根青藏，成功培育出了中国第一个牦牛新品种"大通牦牛"，在牦牛产区广泛应用，产生了显著的经济效益和社会效益。目前，研究所的科学家正与国内外有关单位在牦牛科学研究方面开展广泛的合作，力争在牦牛科学研究方面有所发展、有所创新、有所贡献。

艾科拉亚·沙马博士指出，目前高海拔地区牧民与牧场都面临严峻的自然形势，各国牦牛研究学者应当通力合作，担当责任，共同改善这一现状。吉尔吉斯斯坦阿迦汗基金会首席执行官卡尔·格佩特先生代表基金会介绍了吉尔吉斯斯坦牦牛养殖现状，希望依靠提高牦牛养殖水平和科技发展带动本国畜牧业发展，提高人民收入。

会议期间，来自世界各国的专家学者、企业家围绕牦牛产业可持续发展、环境气候变化、遗传育种、牦牛放牧管理系统、生殖生理等内容进行了学术交流讨论。来自中国、德国、美国、印度、尼泊尔、巴基斯坦、瑞士、不丹、吉尔吉斯斯坦、塔吉克斯坦等10多个国家的200多位专家学者和企业家参加了此次会议。会议还安排了与会代表赴青海考察大通牦牛新品种。

● 8月28日，甘肃省科技厅组织专家组对研究所甘肃省新兽药工程重点实验室和甘肃省牦牛繁育工程重点实验室的建设和运行情况进行现场评估，专家组成员查阅了实验室建设期内取得的成果资料。随后，牦牛繁育工程实验室主任阎萍研究员、兽药工程实验室副主任李剑勇研究员分别向专家组介绍了实验室设备购置使用、人才团队建设、科研等情况。杨志强所长、刘永明书记参加了本次评估会。

● 9月1~2日，杨志强所长参加由农业部奶业管理办公室和甘肃省奶办组织的中国学生饮用奶申报企业评审会。

● 9月11日，中国农业科学院组织创新工程第三批团队首席答辩会。研究所申报的"细毛羊品种资源与育种团队"与"旱生牧草资源与育种团队"参加答辩。

● 9月14~16日，刘永明书记、条件建设与财务处巩亚东副处长、中兽医（兽医）研究室严作廷副主任、李宏胜研究员赴哈尔滨市参加国家科技支撑计划课题"奶牛健康养殖重要疾病防控关键技术研究"年度会议。

● 9月18~21日，杨志强所长赴北京参加奶牛疾病高层论坛暨十三五重大科技项目建议研讨会。

● 研究所与澳大利亚谷河家畜育种公司签订国际科技合作协议

为了进一步加强国际科技合作、推进研究所创新工程的实施，9月20日，研究所与澳大利亚谷河家畜育种公司签订国际科技合作协议。

刘永明书记代表研究所热情欢迎多尔曼·斯坦教授和安妮·乌兹博士，并向来宾详细介绍了研究所历史沿革、学科建设、科研成果和国际合作等方面的情况。双方就细毛羊合作育种、优质绵羊种质资源引进、项目联合申请和双方学术人员互访交流等内容签订了国际科技合作协议。杨博辉研究员主持签约仪式。签约仪式结束后，多尔曼教授做了题为"澳大利亚美利奴羊产业概况"的报告。

据悉，谷河家畜育种中心成立于1976年，是澳大利亚西部首次应用非手术技术转移胚胎和利用腹腔镜对绵羊和山羊进行人工授精的机构。1987年首次承担了我国在吉林省的胚胎和冷冻精液试验，已约有20 000只绵羊和山羊胚胎已成功通过谷河移植提供给中国许多省份。鉴于谷河家畜育种中心对我国畜牧产业发展的大力支持，其负责人多尔曼·斯坦教授于2006年获得由国家外国专家局授予的"国家友谊奖"荣誉。

● 9月25~27日，根据院里的统一安排，科技管理处王学智处长、党办人事处荔霞副处长和条件建设与财务处陈靖同志赴哈尔滨兽医研究所开展农业科研项目经费使用管理情况专项检查工作。

● 9月26日，丁学智副研究员申报的国际自然科学基金国际（地区）合作与交流项目《青藏高原牦牛与黄牛瘤胃甲烷排放差异的比较宏基因组学研究》获得立项资助，资助经费200万元，这是研究所首次获批国家自然科学基金国际合作项目，也是研究所获得国家自然科学基金资助额度最高的项目。

● 9月27日，张继瑜副所长、中兽医（兽医）研究室李建喜主任一行4人赴重庆参加第六届全国牛病防治及产业发展大会。张继瑜副所长做了题为"放牧牛焦虫病防治研究"的学术报告。

● 9月30日至10月1日，张继瑜副所长赴重庆市西南农业大学药学院，就中国农业领域关键技术类科研计划"十三五"期间秦巴山区道地药材综合开发及在特色畜禽健康养殖中的应用示范进行了讨论。中兽医（兽医）研究室李建喜研究员、兽药研究室周绪正副研究员参加了会议。

● 10月8日，科技管理处王学智处长赴北京参加农业科研项目经费使用管理情况专项检查总结汇报会。

● 夏咸柱院士和中国兽医药品监察所段文龙研究员到所进行学术交流

10月9日，军事医学科学院夏咸柱院士和中国兽医药品监察所段文龙研究员应邀在所做了学术报告。

夏院士做了题为《生物技术等外来人畜共患病》的报告。他从外来人兽共患病的危害入手，向大家讲述了国际流行的几种人兽共患病的致病机理及流行方式，深入浅出的分析了生物技术在人兽共患病的诊断、预防、治疗方面的方法和作用，并站在国家的角度提出"加强管理，联防联控"的预防措施。夏院士还就生物疫苗研制、传染病防控等方面的问题与科研人员进行了广泛交流。段文龙研究员做了题为《新兽药研发应注意的几个问题》的报告。主要从新兽药注册评审概况、研发思路与对策、研发方向、研发中注意的问题及新兽药注册注意的问题五大方面为大家做了详细的介绍，使大家受益匪浅。

刘永明书记主持报告会，杨志强所长、张继瑜副所长、全体科研人员及研究生参加了学术报告会。

● 农业部兽用药物创制重点实验室和甘肃省新兽药工程重点实验室第一届学术委员会第三次会议在兰州召开

10月9日，农业部兽用药物创制重点实验室和甘肃省新兽药工程重点实验室第一届学术委员会第三次会议在研究所召开。

会上，重点实验室主任张继瑜研究员向与会学术委员会专家和领导汇报了 2012 年至 2014 年重点实验室的各项工作进展，包括基础研究、开发应用研究、实验室建设、学科建设、人才队伍建设和合作交流等各个方面。该重点实验室自 2012 年成立以来，主持和承担各类科研项目共计 150 余项，合同总经费 10 800 余万元，实际到位经费 3 000 余万元；获得科技成果奖励 15 项（省部级 7 项），鉴定成果 10 项；发表论文 220 余篇，出版著作 4 部；获得发明专利 26 件；培养研究生 20 余人，1 人入选国家百千万人才工程。

与会专家和领导对重点实验室取得的工作成绩和建设力度给予了充分肯定；对于重点实验室的学科发展、创新研究、平台建设等进行了热烈讨论，并提出了宝贵意见和建议。学术委员会还对重点实验室开放课题进行了评审，确定"植物内生菌源兽用抗菌药物的筛选"等 5 个项目为 2014 年度开放课题。

出席会议的专家领导有学术委员会成员夏咸柱院士、殷宏研究员、段文龙研究员、余四九教授、俞诗源教授、宋晓平教授、杨志强研究员、张继瑜研究员、李剑勇研究员、梁剑平研究员、农业部兽用药物与生物技术综合实验室王笑梅常务副主任、甘肃省科学技术厅基础处刘改霞处长以及刘永明书记、阎萍副所长等。

● 10 月 10~11 日，杨志强所长赴北京参加中国国际农业促进会暨动物福利国际协会合作委员会第一届第二次常务理事会，并参加动物福利与畜禽产品质量安全高层论坛。

● 10 月 15 日，杨志强所长赴兰州市红古区花庄奶牛场考察富民强县项目的实施情况。

● 10 月 24 日，中国农业科学院科技创新工程第三批试点研究所遴选结果公示，研究所申报的 4 个创新团队——兽药创新与安全评价团队，中兽医与临床团队，细毛羊资源与育种团队，寒生、旱生灌草新品种培育团队均进入创新工程。

● 10 月 27 日，研究所召开 2015 年创新工程国际合作计划申报讨论会，杨志强所长主持会议，8 个创新团队首席专家及科技管理处王学智处长参加会议。

● 10 月 29~30 日，科技管理处王学智处长赴北京参加科技部组织的"十二五"国家科技支撑计划项目课题论证会。

● 10 月 30 日，由研究所承担的"十二五"国家科技支撑计划"新型动物药剂创制与产业化关键技术研究"在北京市顺利通过科技部组织的项目论证，项目负责人张继瑜研究员、科技管理处王学智处长及相关研究人员参加了会议。

● 研究所与西班牙海博莱公司签订国际科技合作协议

为了进一步加强国际科技合作，推进研究所创新工程实施，10 月 31 日，研究所与西班牙海博莱公司签订科技合作协议。根据协议，双方将发挥各自优势，重点在动物疫病的综合防治技术研究与应用领域联合共建实验室、项目研究和研发人员交流等方面开展合作。

在签约仪式上，杨志强所长代表研究所欢迎海博莱公司首席执行官卡洛斯一行来研究所访问，并表示卡洛斯的访问是促进双方互访的良好开端。海博莱公司卡洛斯首席执行官对研究所的邀请表示感谢，并详细介绍了公司情况，他希望双方的合作会越来越好。

在所期间，卡洛斯一行还参观了研究所史陈列室、中兽医（兽医）研究室和兽药研究室。刘永明书记、张继瑜副所长、阎萍副所长等出席了签约仪式。

据悉，海博莱公司始创于 1954 年，是专业从事兽用生物制品及诊断试剂研究与生产的动物保健品公司，拥有欧洲最先进的生物制品和诊断试剂生产车间，以及用于微生物研究和生物制品开发的实验室。其研制的兽药产品处于世界领先水平。

● 11 月 4 日，张继瑜副所长主持召开研究所 2015 年中央级公益性科研院所基本科研业务费专项资金评审会。在听取了2013年在研基本科研业务费专项资金项目执行情况汇报后，评审专家委员会经考核评估，确定"不同人工草地碳储量变化及固机制的研究"等14个执行较好的在研项目作为滚动资助项目；确定"牦牛氧利用和能量代谢通路中关键蛋白的鉴定及差异表达研究"等21个新申报项目为研究所2015年度基本科研业务费专项资金资助项目。

● 11月6日，研究所主持的农业科技成果转化资金项目"抗禽感染疾病中兽药复方新药'金石翁芍散'的推广应用"通过中国农业科学院组织的验收。"金石翁芍散"是研究所取得的第一个国家三类中兽医复方新药，拥有自主知识产权，并与四川巴尔动物药业有限公司合作，实现产业化生产；建立推广示范点6个，举办培训班4期，培训技术人员485人，带动养殖户1 000余户，并免费发放《鸡病防治指南》2 000余册。

● 11月10日，杨志强所长主持召开专题会议，就2015年创新工程国际合作计划申报与8个创新团队首席专家进行了研究讨论，对各团队填报2015年创新工程因公出国（境）和邀请外宾来华计划和经费预算等问题进行交流讨论，确定每个团队的出访和来访任务。

● 11月13日，杨志强所长参加甘肃省科技厅重点实验室评审会。

● 研究所转让2项发明专利

11月17日，研究所与四川江油小寨子生物科技有限公司在兰州举行了"一种防治猪气喘病的中药组合物及其制备和应用"和"一种治疗猪流行性腹泻的中药组合物及其应用"2项发明专利转让及新兽药联合研发协议签约仪式。杨志强所长和四川百川大禹有限公司董事长张鑫燚代表双方在协议上签字。

"一种防治猪气喘病的中药组合物及其制备和应用"发明专利是根据中兽医理法方药原则，发挥中药复方多组分、多环节、多靶点调整作用特点，研发的防治猪喘气病中药处方及其制备技术。猪气喘病是慢性呼吸道传染病，在世界范围内广泛流行，发病率高、难根除，发病猪的生长速度缓慢，饲料利用率低，育肥饲养期延长。据悉，该专利是国家科技支撑计划课题"防治畜禽病原混合感染型疾病的中兽药研制"的成果之一。该发明的应用，对于促进养猪业的健康发展具有十分重要的经济和社会意义。

在签约仪式上，研究所与四川百川大禹有限公司就进一步深入开展科技合作进行了洽谈。杨志强所长强调，研究所将结合企业生产需求，加快科研成果与企业生产的有机对接，推动产业发展。张鑫燚董事长就当前生猪生产企业面临的问题和诸多技术难题进行了分析，并希望研究所发挥在新兽药研究领域国家队的雄厚实力，为企业在发展无抗饲料、生猪养殖、疾病防控、产品加工等方面提供技术支撑，为"健康生猪养殖"提供保障。

张继瑜副所长主持了签约仪式，四川省江油市农办主任李季、四川江油小寨子生物科技有限公司监事会主席莫一民和刘永明书记、阎萍副所长等出席签约仪式。

● 千人计划专家张志东博士来研究所交流

11月19日，国家千人计划专家张志东博士应邀到研究所做了题为"应用共聚焦技术探究口蹄疫病毒的致病机理"的报告。

张志东博士主要从事口蹄疫等动物水泡性疾病致病机制及防控检测技术的相关研究，在口蹄疫病毒持续性感染及垂直传播等研究领域有突出贡献，曾先后在英国PRIBRIGHT研究所和加拿大国家动物外来病中心担任高级博士后研究员、高级兽医病毒学研究员、动物水泡性疾病系主任和博士生导师等职务，是2012年经合组织合作研究计划奖学金获得者。现特聘为中国农业科学院千人计划专家、兰州兽医研究所草食动物病毒病创新团队首席专家。

杨志强所长主持报告会。刘永明书记、阎萍副所长、全体科研人员及研究生参加了报告会。

● 11月27日，农业部兽用药物创制重点实验室主任张继瑜研究员分别与"植物内生菌源兽用抗菌药物的筛选"等基金项目承担者签订了新兽药创制重点实验室开放基金项目任务书。

● 研究所举办青年专家学术报告会

12月5日，为提高青年科技工作者业务能力，营造良好的科技创新氛围，研究所举办青年专家学术报告会，郭宪副研究员等青年科技工作者做了专题报告。

郭宪副研究员做了题为"牦牛卵泡发育过程中卵泡液差异蛋白质组学研究"的报告，岳耀敬助理研究员做了题为"浅议细毛羊育种发展战略"的报告。结合课题组开展的高山美利奴绵羊新品种培育，介绍了国内外细毛羊育种的先进技术手段和今后发展方向。刘希望助理研究员做了题为"噻唑类抗寄生虫药物研究进展"的报告。介绍了我国家畜寄生虫病的现状、特点及主要的防治化学药物，并结合自己的研究工作就噻唑类抗寄生虫的作用机理、构效关系进行了分析，提出了此类化合物的研究难点及发展方向。王慧助理研究员做了题为"我的论文撰写及投稿经验分享"的报告，结合自己最近几年撰写SCI论文的实践经验，主要从文章结构、图表处理、写作及返修技巧等方面进行了实例讲解。董书伟助理研究员做了题为"系统生物学思维在研究奶牛疾病中的应用"的报告，阐述了系统生物学的结构概念、涉及学科领域、研究内容和方法，介绍了利用系统生物学开展的科研工作情况。张继瑜副所长主持报告会并做了总结讲话。

● 研究所4个省级科研项目通过验收

12月9日，甘肃省科技厅组织专家对研究所主持完成的甘肃省科技重大专项项目"甘南牦牛藏羊良种繁育基地建设及健康养殖技术集成示范""防治奶牛繁殖病中药研究与应用"和甘肃省科技支撑计划项目"防治猪病毒性腹泻中药复方新制剂的研制""牧草航天诱变品种（系）选育"进行了会议验收。

项目负责人阎萍研究员、李建喜研究员、常根柱研究员和李锦宇副研究员代表课题组从项目考核指标、任务完成情况、实施进展、取得成果、经费使用情况等方面进行了汇报。专家组在认真听取汇报和详细查阅资料的基础上，质疑答疑，经过认真讨论，一致认为：4个项目验收资料齐全，超额完成了各项计划任务指标，在一些研究和应用领域有新的突破和创新，同意通过验收。

郑华平副厅长指出，由研究所承担的4个项目严格按照项目计划任务要求，高质量的完成了既定计划任务。项目能够紧密结合甘肃省乃至全国畜牧兽医领域的实际需求，研发出了新的技术和成果，且实现了成果的转化和推广应用，取得了良好的成绩。今后要结合生产需要，大力推广获得的新技术和新产品，推动甘肃省农牧业的发展。

甘肃省科技厅农村处张学斌处长主持验收会议，农村处郭清毅博士和杨志强所长、刘永明书记、张继瑜副所长等参加了会议。

● 12月6~7日，杨志强所长应科技部邀请参加青海省农业科学院主持的"青藏高原牦牛现代管理与生态协调技术组装模型研究项目"验收会。

● 研究所与西班牙海博莱公司科技合作取得实质性进展

12月15日，西班牙海博莱公司奶牛乳房炎防治技术研发团队成员罗杰和瑞卡德博士到研究所进行了为期3天的技合作术交流。

自2014年10月西班牙海博莱公司与研究所签订科技合作协议以来，双方进行了富有成效的合作。在此次技术交流中，双方就农业部"948"项目"奶牛乳房炎致病菌高通量检测技术和三联疫苗引进与应用"合作研究进行了深入讨论，确定了以西班牙生产的奶牛乳房炎疫苗和本所研发的中兽药新制剂"蒲行淫羊散"为基础，开展奶牛乳房炎"无抗防治新技术"研究。海博莱公司承诺将在经费上给予支持，以加快双方合作研究进程。近期将签订"Startvac疫苗结合中兽药防治奶牛乳房炎有效性评价"研究合作协议。

在"中兽医与临床"创新团队首席专家李建喜研究员的陪同下，罗杰和瑞卡德一行先后参观了研究所技术示范试验基地和国家奶牛体系兰州试验站，外籍专家对我国奶牛养殖业快速发展给予了高度评价，对合作预期成果充满希望。

● 研究所召开 2014 年度科研项目总结汇报会

12 月 15～16 日，研究所举行由全体科技人员参加的 2014 年度科研项目总结汇报会。56 个项目的主持人分别就 2014 年度目标任务完成情况进行了汇报。科研项目考核小组对各项目组 2014 年度的工作完成情况进行了评议，并从科研投入、科研产出、成果转化、人才队伍、科研条件及国际合作等方面提出了下一步实施意见。

刘永明书记建议各课题组应凝练目标，合理分工，加强交流，集中力量培育重大成果。张继瑜副所长指出，本年度各项目执行情况总体良好，成绩突出，但仍存在基础研究薄弱、项目类型单一、缺乏标志性成果等问题。

● 12 月 17 日，中国农业科学院科技局梅旭荣局长来研究所调研农业部兽用药物创制重点实验室和甘肃省中兽药工程技术研究中心的运行情况，刘永明书记、张继瑜副所长、科技管理处王学智处长、中兽医（兽医）研究室李建喜主任和兽药研究所李剑勇副主任陪同调研。

● 12 月 18～19 日，张继瑜副所长、阎萍副所长、高雅琴研究员、李剑勇研究员、李建喜研究员、田福平副研究员和王学智副研究员赴北京参加中国农业科学院科技发展战略研究培训暨科技规划工作会。

● 中国科学院"百人计划"引进人才杨其恩博士来研究所交流

12 月 19 日，中国科学院"百人计划"引进人才杨其恩博士应邀到研究所做了题为"生殖干细胞自我更新和分化的分子机制研究"的学术报告会。

杨其恩博士在报告中主要阐述了利用生殖干细胞体外培养体系，移植技术和动物模型研究哺乳动物精原干细胞库形成，维持和分化的调控机理，并探索重要家畜精原干细胞分离和培养技术，以及建立将其应用于动物生产和动物育种的技术体系。全体科研人员及研究生参加了报告会。

杨启恩博士毕业于美国佛罗里达大学，在华盛顿州立大学生殖生物学中心从事博士后研究，并担任该校研究助理，中国科学院"百人计划"引进人才，现就职于西北高原生物研究所，发表 SCI 文章 19 篇。阎萍副所长主持报告会。

● 12 月 22 日，兰州市人民政府召开 2013—2014 年度科学技术奖励大会。研究所"新型兽用纳米载药技术的研究与应用"获得 2013 年度兰州市技术发明一等奖，梁剑平同志荣获 2014 年度兰州市科技功臣提名奖。

2014 年党的建设和文明建设

● 1 月 24 日，杨志强所长、张继瑜副所长和阎萍副所长率领研究所工会、党办人事处及相关部门负责人登门走访慰问研究所在所离休干部、困难职工及家属，把研究所的关怀和温暖送给他们。

● 1 月 24 日，刘永明书记赴北京参加中国农业科学院党的群众路线教育实践活动总结大会。

● 研究所召开党的群众路线教育实践活动总结大会

2 月 17 日，研究所召开党的群众路线教育实践活动总结大会。中国农业科学院党的群众路线教育实践活动第五督导组组长申和平副局长、李延青处长、聂菊玲处长出席了总结大会。研究所班子成员、中层干部、在职党员、学生党员、离退休党员代表、民主党派负责人参加了会议。

会议由杨志强所长主持。中国农业科学院第五督导组对研究所领导班子及班子成员开展群众路线教育实践活动情况进行了评议测评，与会人员参加了测评投票。研究所党的群众路线教育实践活动领导小组组长、党委书记刘永明同志对研究所党的群众路线教育实践活动开展情况从基本做法、取得的成效、主要特点、巩固教育实践活动成果的具体措施等方面做了全面的总结报告。

申和平副局长代表督导组对研究所教育实践活动给予了高度评价。他指出，研究所党委认真贯彻落实中央精神，严格按照农业部、院党组的部署要求，紧紧围绕开展活动的总体要求，精心组织开展党的群众路线教育实践活动，达到了预期的效果。希望研究所继续认真学习习近平总书记的系列重要讲话精神，总结运用好教育实践活动的成功经验和做法，不断巩固和扩大教育实践活动的成果；继续把作风建设作为一项长期的工作任务抓紧抓好，积极构建作风建设的长效机制；继续抓好问题整改，使广大党员特别是党员干部牢固树立自觉践行党的群众路线的思想；继续加强党组织建设，切实强化制度建设，抓住机遇，深化改革，促进发展，努力创建一流作风，以一流作风建设世界一流研究所，不断谱写农业科技创新的新篇章。

研究所自开展党的群众路线教育实践活动以来，所党政班子高度重视，精心组织，重点抓学习、抓整改、抓制度，提高思想认识，解决突出问题，建立长效机制，确保教育实践活动取得实效。通过抓学习教育，增强广大党员宗旨意识，坚决戒除形式主义、官僚主义、享乐主义和奢靡之风，坚持从群众中来到群众中去，主动和科研人员沟通，倾听大家的意见建议，积极主动开展工作，敢于担当，研究所务实、向上的氛围更加浓厚。

● 2 月 17 日，刘永明书记主持召开研究所各党支部书记会议，安排部署研究所党的群众路线教育实践活动总结大会事宜。

● 2 月 18 日，党办人事处荔霞副处长在兰州市宁卧庄宾馆参加了甘肃省委统战部举办的统战部长会议。

● 研究所开展学雷锋活动

3 月 5 日，为纪念毛泽东同志"向雷锋同志学习"题词发表 51 周年，进一步弘扬雷锋精神，广泛传播志愿服务理念，研究所开展了学雷锋志愿服务活动。

早上 9 点，兰州的天气依然寒冷，但研究所志愿者们热情高涨。附近街道在经过一个冬天的风雪与雾霾，路边的护栏已是面目全非，志愿者们通过自己的双手，一点点使它们恢复了洁白的原貌，街道焕然一新。虽然清理工作只是一件小事，但在雷锋日开展这样的活动却赋予了这份洁净深刻的意义。发扬雷锋精神，净化心灵，为和谐社会和谐研究所建设增添正能量，这就是志愿者们在这一日的收获与感悟。

● 研究所举行登山比赛活动庆祝三八妇女节

3月7日，为庆祝"三八"国际劳动妇女节，让女职工过一个有意义的节日，体现研究所对女同志的关爱，研究所组织在职女工、在所女学生到兰州市白塔山进行登山比赛活动。

上午9时，迎着纷飞的雪花，50余名女同志集合在白塔山公园，准备参加登山比赛。刘永明书记、张继瑜副所长也参加了活动，并向研究所女同志表达了节日的祝贺。比赛按年龄段分三个组进行，寒冷的飞雪丝毫没有影响到大家登山的热情，反倒为活动增添了色彩与趣味。一路上，全体人员兴致勃勃，精神焕发，相互鼓励，相互帮助，充分体现了牧药所人的团结互助精神。经过近1小时的攀爬，参加比赛的女同志全部登上山顶。刘永明书记和张继瑜所长代表研究所分别向各组前三名颁发了奖品并给予了鼓励。

此次登山比赛活动，既增进了同事友谊，丰富了业余生活，又增强了职工凝聚力和战斗力，营造了积极、健康、团结的文化氛围，促进了和谐研究所的建设。

● 3月11日，刘永明书记主持召开党委会议。会议通过了各党支部委员会委员候选人人选，研究了有关部门负责人调整和补充的事项，做出了对部分中层干部岗位调整并选拔有关岗位中层干部的决定。

● 3月14日，研究所工会女职工委员会主任高雅琴参加了兰州市科教交邮工会在白塔山举办的"快乐庆'三八'、健康在身边"主题活动，并荣获登山比赛中年组二等奖。

● 3月24日，刘永明书记主持召开党委会议，研究同意了各党支部委员会委员选举结果及委员分工，审议通过了2014年党务工作要点。

● 3月25日，研究所党委书记刘永明参加中共兰州市七里河区委大工委会议，会上刘永明书记被中共兰州市七里河区委任命为西湖街道工作委员会委员。

● 4月1日，刘永明书记参加兰州市总工会第十五届十次全委会议。

● 4月8日，刘永明书记主持召开研究所党委会议，讨论通过了中层干部选拔方案。

● 研究所召开廉政建设学习会议

4月10日，研究所召开党风廉政建设学习会议，传达贯彻农业部廉政建设警示教育大会精神。会议由刘永明书记主持，张继瑜副所长、阎萍副所长、中层干部、全体在职党员、财务人员、经济岗位工作人员、重大项目负责人共90余人参加了会议。

会上，与会人员观看了警示教育片《伪装的外衣——沈广贪污案件警示录》。研究所纪委书记张继瑜传达了农业部党组副书记、副部长余欣荣在农业部廉政警示教育大会上的讲话精神。阎萍副所长、杨振刚处长分别传达了院党组书记陈萌山、院党组纪检组组长史志国在中国农业科学院2014年党风廉政建设工作会议上的讲话精神及工作报告。张继瑜部署了2014年研究所党风廉政建设工作，宣读了需要签订廉政责任书的重大项目名称及负责人名单，并说明了廉政责任书主要内容。

刘永明书记强调，全所党员干部要切实做到以下三点：一要认真学习贯彻农业部、中国农业科学院党风廉政建设工作会议精神，统一思想；二要严格执行政策规定，认真履行职责，做到自省自律；三要从自身做起，坚持廉洁自律，自觉遵纪守法，杜绝一切违法违规行为出现。

● 4月11日，研究所工会副主席杨振刚参加兰州市教科文卫交通邮电工会全委（扩大）会议，并在会上做了工会组织建设情况交流发言。

● 4月25日，党办人事处副处长荔霞参加了兰州市委全市发展党员和党员管理工作会议。

● 4月，研究所开展了首届职工摄影作品评选活动。职工投稿140幅，评选出优秀作品12幅，入围作品28幅。

● 5月15日，党办人事处副处长荔霞参加了甘肃省委统战部在甘肃社会主义学院举办的全省民主党派工作会议，并在会议上做交流发言。

● 研究所理论学习中心组专题学习党的十八届三中全会精神

6月4日，研究所召开理论学习中心组会议，专题学习党的十八届三中全会精神。会议由党委书记刘永明主持，所长杨志强、副所长阎萍等理论学习中心组成员参加了学习。

会议集体收看了国家行政学院新闻中心主任胡敏研究员做的题为"三中全会之政府改革—新思想、新观点、新论述"专题辅导视频报告。胡敏研究员在报告中全面阐释了三中全会的重要意义，从政府改革的方向层面、制度层面、配套层面三个层面和党政关系、法政关系、政市关系、政社关系等四个维度对深化政府改革进行了系统分析，充分强调了要准确把握好党的十八届三中全会关于深化政府改革的核心和精髓，正确理解和切实把握好政府改革过程中的几个关系和问题。

收看报告后，中心组成员就全面深化改革讨论交流了各自的认识。刘永明书记总结发言说，胡敏研究员的报告全面系统，对于大家理解十八届三中全会精神，把握政府和事业单位改革方向具有重要意义。交流中大家谈的具体到位，达到了加深对十八届三中全会精神学习与理解的效果。希望大家能够继续认真学习十八届三中全会精神，带头把学习贯彻十八届三中全会精神不断引向深入，联系工作实际，努力推进研究所快速发展。

● 6月13日，刘永明主席主持召开研究所工会小组长会议，对研究所工会为全体会员购买的《在职职工住院医疗互助保障计划》《在职职工住院津贴互助保障计划》两项保险的情况进行了说明。

● 6月18日，九三学社中兽医支社召开社员大会。会上，学习了九三学社兰州市委员会关于学习实践中国特色社会主义理论的文件，为九三学社兰州市委双联点打井工程进行了捐款。

● 6月24日，刘永明书记主持召开研究所党委会议，同意了机关一支部关于接收邓海平同志为中共预备党员的决定，同意兽医支部关于黄美州、任丽花转为中共正式党员的决定。

● 研究所举办"践行核心价值观，创新奉献谋发展"征文暨演讲比赛

为庆祝中国共产党成立93周年，深入贯彻落实党的"十八大"和十八届三中全会精神，引导广大职工践行社会主义核心价值观，研究所组织开展了"践行核心价值观，创新奉献谋发展"征文暨演讲活动。

自6月初开展的征文活动，共收到征文24篇，评选出8篇优秀论文。7月1日，"践行社会主义核心价值观"演讲比赛在研究所举行。会议由张继瑜副所长主持，全所职工参加了活动。刘永明书记代表研究所党委致辞。研究所发展的5名新党员首先进行了庄严的入党宣誓。随后进行的演讲会上，11名选手以"践行核心价值观，创新奉献谋发展"为主题，分别进行了精彩的演讲。经过激烈的角逐与评委的现场打分，评选出一等奖1名，二等奖2名，三等奖3名。在颁奖仪式上，所领导分别为8篇优秀论文的作者和演讲比赛获奖选手颁奖。

● 研究所贯彻落实院党组中心组（扩大）学习会精神

7月4日，研究所召开全所职工大会，传达学习了院党组中心组（扩大）学习会精神。

会上，杨志强所长传达了李家洋院长的讲话和院纪检组史志国组长的科研经费管理案例分析报告。他指出，李家洋院长的报告系统阐释了习近平总书记关于农业、科技工作系列重要论述的深刻内涵与精神实质，并结合全院实际，从建立完善科技创新机制、打造优秀创新团队、加快重大农业科研攻关步伐、加快农业科研成果转化应用和加强农业技术合作交流5个方面，对如何贯彻落实习

总书记讲话进行了部署。他要求全所干部职工要认真学习领会,增强责任感、紧迫感,以扎实推进科技创新工程为抓手,不断开创研究所改革发展的新局面。

杨志强还就贯彻院党组中心组(扩大)学习会精神部署了行动步骤。第一,以所理论学习中心组和全所职工大会形式传达学习习近平总书记系列讲话精神,认真总结2014年上半年工作,全力抓好研究所科技创新工程和条件建设。第二,组织科技人员和财务管理人员专题学习2014年国发11号文件,全面实施相关政策。第三,健全监管组织,强化内部审计,修订科研经费管理办法。

刘永明书记传达了陈萌山书记在院党组中心组(扩大)学习会上的总结讲话。他指出,陈萌山书记要求院属各单位和各单位党委、纪委,要进一步巩固党的群众路线教育实践活动的成果,深入贯彻落实中央八项规定等一系列党风廉政建设的要求,全面落实《国务院关于改进加强中央财政科研项目和资金管理的若干意见》。重点要在强化"三个责任"、发挥"六个作用"上取得实效。刘书记强调,科研经费管理已经成为科研单位党风廉政建设的重要抓手之一。研究所上下要高度重视,严格遵守相关制度。从思想上提高认识,从制度上规范程序,从源头上堵塞漏洞。阎萍副所长主持会议,全所职工参加了学习。

● 9月9日,刘永明书记主持召开研究所工会小组长会议,部署了研究所第八届职工运动会有关事宜。

● 9月11日,按照中国农业科学院文明单位评选程序要求,刘永明书记主持召开全所职工大会,向全体职工汇报了2013年以来研究所文明单位创建情况,听取职工对申报中国农业科学院文明单位的意见。与会职工一致同意研究所申报中国农业科学院文明单位。

● 研究所举办第八届职工运动会

9月28日,为了推动职工健身活动广泛开展,增强研究所凝聚力、向心力,研究所在大洼山试验基地举行了第八届职工运动会。

伴随着激昂的运动员进行曲,运动会在试验基地广场拉开帷幕,7支代表队整齐入场。刘永明书记主持开幕式,杨志强所长为运动会致辞。杨志强在致辞中指出,研究所第八届职工运动会,是对研究所全体职工综合素质和精神风貌的大检验,是对研究所文化建设的大检阅。希望通过比赛,增进交流,增强团结,凝聚力量,创建和谐,再次展示牧药所人自强不息、勇攀高峰的风采。

此次运动会分为7个代表队。比赛项目根据不同年龄段分为甲、乙、丙组,分别设有100米、400米、1 000米、铅球、跳远、跳绳、踢毽子、拔河等项目。近100名运动员通过一整天的激烈角逐,有16人次获一等奖,26人次获二等奖,28人次获三等奖,3个部门获得组织奖。兽药研究室获得团体总分第一名,中兽医(兽医)研究室获得第二名,畜牧研究室获得第三名。

比赛结束后,举行了颁奖仪式。所领导向取得优异成绩的先进集体和个人颁奖。全体职工及研究生参加了运动会,离退休职工也前往比赛现场观摩了运动会。

● 研究所领导国庆节前走访慰问老干部老党员

9月29日,在新中国成立65周年前夕,杨志强所长、刘永明书记、阎萍副所长带领党办人事处及办公室有关人员走访慰问了新中国成立前参加工作的老干部和老党员。

在走访慰问中,研究所领导为老干部老党员们送去了表达祝福的鲜花,使他们真正感受到党的关怀和研究所的温暖。所领导在慰问老同志的时候表示,老同志在过去为国家富强贡献了力量,是研究所的宝贵财富。研究所时刻关心着老同志们,老同志生活中遇到困难研究所一定会尽力提供帮助,使老同志生活得更好。

● 9月29日,杨志强所长、刘永明书记、阎萍副所长看望慰问了在所居住的离休干部杨茂林、游曼青、杨萍、张敬钧、宗恩泽。党办人事处对在兰外居住的杨若、邓诗品、张歆、余智言4位离休干部进行了电话慰问。

● 10月14日，刘永明书记、党办人事处杨振刚处长赴甘南藏族自治州临潭县，对挂职临潭县副县长的朱新书同志进行了挂职期满考核。

● 11月3~7日，研究所组织全所300余名职工在兰州市第一人民医院进行了身体健康检查。

● 研究所举行学习十八届四中全会精神辅导报告会

11月4日，研究所举行学习十八届四中全会精神辅导报告会，甘肃省委党校法学教研部主任张佺仁教授为全体职工做了题为《法治中国建设的若干前沿问题》报告。

报告会由党委书记刘永明主持。研究所全体在职职工、研究生和部分老同志参加了会议。张佺仁教授从十八届四中全会的重大意义、全会内容亮点以及提高运用法治思维和法治方式的能力等方面作了解读，使广大职工对十八届四中全会精神有了更全面的了解。

刘永明书记在总结讲话中指出，张教授的报告将理论与实践相结合，解读了十八届四中全会精神，对广大干部职工学习十八届四中全会精神具有很大帮助，希望各部门各支部组织职工、党员进一步深入学习，牢固树立法治观念、法治意识，运用法治思维，不断开创研究所改革发展的新局面。

● 研究所召开理论学习中心组会议学习十八届四中全会精神

11月4日，研究所召开理论学习中心组学习会，学习十八届四中全会精神。中心组全体成员集中学习了十八届四中全会《决定》及相关社论。刘永明书记主持了会议。

中心组成员结合自身工作畅谈了学习十八届四中全会精神的认识和体会，并就运用法治思维和法治方式做好各项工作进行了交流。杨志强所长、张继瑜副所长、阎萍副所长等同志在学习会议上作了发言，谈了心得体会，纷纷表示要坚持依法治所和科技创新，全面推进研究所的各项工作。

● 11月26~28日，刘永明书记赴河南省安阳市参加中国农业科学院党的建设和思想政治工作研究会第六届理事会第二次会议。

● 民盟兰州牧药所支部委员会换届

11月27日，民盟兰州牧药所支部召开换届会议，会议选举产生了民盟兰州牧药所第三届支部委员会。民盟甘肃省委组织部部长周洁民和副部长乔冬梅、社会服务部部长魏鸣和研究所副所长阎萍、党办人事处副处长荔霞及研究所民盟支部盟员等参加了会议。会议由第一届支部委员会委员杜天庆主持。

会上，民盟兰州牧药所第二届支部委员会主委杨博辉代表第二届支部委员会做了工作报告。通过等额无记名投票方式选举杨博辉、李新圃、牛春娥3人组成第三届支部委员会，杨博辉任主任委员、李新圃任组织委员、牛春娥任宣传委员。周洁民部长、阎萍副所长分别向新一届支部委员会及当选委员表示祝贺，对上一届支部委员会参政议政、建言献策、立足实际发挥作用等工作给予充分肯定，并对新一届委员会提出殷切希望及要求。

● 11月28日，党办人事处荔霞副处长参加了兰州市文明办组织的网络文明传播志愿者培训会议。

● 12月1~4日，刘永明书记、党办人事处杨振刚处长参加中国农业科学院人事劳动工作会暨组织人事干部文明建设培训班。

● 12月9日，刘永明书记主持召开研究所党委会议，研究了有关干部调整事宜。杨志强所长、张继瑜副所长、阎萍副所长和党办人事处杨振刚处长参加了会议。

● 12月23日，杨志强所长主持召开所务会，就迎接甘肃省测评组对研究所创建全国文明单位验收检查工作进行了安排部署。各部门负责人参加了会议。

● 研究所接受全国文明单位测评组验收

12月25日，甘肃省文明办仇颖琦副主任带领省市两级文明办有关部门负责人对研究所创建全国文明单位工作进行了检查验收。

刘永明书记汇报了近年来研究所文明创建工作的相关情况，测评组实地考察了研究所道德讲堂、中兽医药陈列馆、所史陈列室、图书馆、活动中心、大院环境以及大洼山综合试验站等；查阅了文明创建档案及图片材料。测评组对研究所文明创建工作给予高度评价，认为研究所文明创建工作扎实有序，资料翔实，职工活动丰富多彩，文明创建工作成效显著。

在文明创建工作中，研究所坚持将文明创建工作与科技创新工作同规划、同安排、同检查、同考核，制定了详细的文明建设工作规划及相关制度，做到文明单位创建工作制度化、有序化、经常化。成立了由170多人组成的学雷锋志愿服务队伍，开展内容丰富、形式多样的学雷锋志愿服务活动。贯彻实施《公民道德建设实施纲要》，扎实推进社会主义核心价值体系建设，开展"道德讲堂"宣讲活动。

积极开展创建学习型单位活动，学习习近平总书记系列重要讲话精神、社会主义核心价值观、科研经费管理政策和业务知识，提高了职工的道德和业务素养。开展道德经典诵读，传播健康文明风尚，大力营造遵德守礼、崇尚文明的良好文明环境。在职工中广泛开展形式多样的勤俭节约、节能降耗活动，为建设节约型社会做出贡献。围绕重要节日，开展丰富多彩的主题文化活动，增进职工交流，营造温馨环境。坚持开展系列文体活动，增强职工体质，丰富职工文化生活。积极参与帮扶共建，发挥专业优势，全心全意服务"三农"，特别是在藏区开展的牦牛培育、饲养及援藏项目，对促进高寒藏区经济及牧民生活发挥了特殊重要的作用。采取切实措施，加大所区卫生、治安、绿化等环境条件建设，建成了美观宜人、舒适温馨的创新环境。通过持续开展文明创建活动，有力地促进了研究所科技创新。

2014 年

中国农业科学院党组书记陈萌山出席在研究所召开的院科技创新工程和科研经费管理宣讲会并作了动员讲话

中国农业科学院副院长唐华俊出席由研究所主办的第五届国际牦牛大会

中国农业科学院副院长李金祥到研究所大洼山试验基地考察

中国农业科学院副院长、工程院院士刘旭到研究所调研

中国工程院院士、解放军军事医学科学院军事兽医研究所研究员夏咸柱应邀到研究所做学术报告

"农牧区动物寄生虫病药物防控技术研究与应用"项目荣获甘肃省科技进步一等奖，张继瑜研究员参加会议并上台领奖

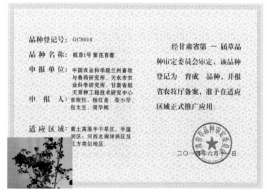

研究所成功研制国家三类新兽药"益蒲灌注液"

研究所成功培育"航苜1号紫花苜蓿"牧草新品种

花期长达 200 天的"陇中黄花矶松"观赏草新品种通过
甘肃省草品种审定委员会审定登记

研究所与西班牙海博莱公司签订科技合作协议

研究所与澳大利亚谷河家畜育种公司签订国际科技合作
协议

不丹农业林业部主管扎西·桑珠教授一行到研究所访问

研究所举办留学生学术研讨会

研究所举办"践行核心价值观,创新奉献谋发展"征文
暨演讲比赛

研究所在大洼山试验基地举行了第八届职工运动会

研究所召开党的群众路线教育实践活动总结大会

第四部分　二〇一五年简报

2015 年综合政务管理

● 1月5日，杨志强所长主持召开研究所领导班子会议，会议听取了专业技术职务评审和第四次岗位分级聘用的汇报，并对工作进行了安排部署。刘永明书记、张继瑜副所长、阎萍副所长及党办人事处负责人参加了会议。

● 1月7日，杨志强主任委员主持召开研究所副高级专业技术职务评审委员会会议，开展了2014年度专业技术职务评审及推荐工作。评审推荐非管理系列王学智及魏云霞、管理系列杨振刚3名同志参加中国农业科学院高评会研究员技术职务任职资格评审；推荐管理系列巩亚东、推广系列王瑜2名同志参加院高评会副研究员技术职务任职资格评审；评审通过非管理系列王旭荣、王宏博、刘建斌、肖玉萍4名同志副高级专业技术职务任职资格。

● 1月7日，刘永明书记主持召开了研究所第二次岗位分级聘用期满考核领导小组会议，研究决定杨志强研究员和王学智、杨振刚副研究员，巩亚东、董书伟助理研究员为考核优秀，其他人员均为称职。考核领导小组成员张继瑜、阎萍、李建喜、时永杰、李剑勇、荔霞、梁春年、严作廷参加了会议。

● 1月7日，杨志强所长主持召开了研究所第四次专业技术岗位分级聘用领导小组会议，研究推荐阎萍、梁剑平参加院二级专业技术岗位任职资格评审，推荐张继瑜、杨博辉参加院三级专业技术岗位任职资格评审，研究确定了五级及以下专业技术岗位拟聘人选。考核领导小组成员刘永明、杨振刚、荔霞、赵朝忠、时永杰、高雅琴、李建喜、严作廷参加了会议。

● 1月8日，农业部兽用药物创制重点实验室建设项目初步设计与概算单位开标，对参加本次初步设计与概算的5家建设单位北京中景昊天工程设计有限公司兰州分公司、甘肃省建筑材料科研设计院、甘肃省轻工业研究院、北京工业设计研究院兰州分公司、甘肃远景科学仪器有限公司进行筛选确定。经综合评议，北京中景昊天工程设计有限公司兰州分公司为中标单位。会议由张继瑜副所长主持，兽药研究室李剑勇副主任、条件建设与财务处巩亚东副处长及项目建设小组人员参加会议。

● 1月9~10日，张继瑜副所长、王学智处长和严作廷副主任一行到河南牧翔动物药业有限公司，就深入开展科技合作进行交流洽谈。

● 1月12日，研究所召开2014年度所领导班子考核述职大会。研究所中层及以上干部、中级及以上专业技术职务人员参加了会议。

● 1月12日，杨志强所长主持召开2014年度研究所干部选拔任用工作"一报告两评议"及所级后备干部民主推荐会议。在会上，刘永明书记报告了研究所2014年干部选拔任用工作情况，参会人员对2014年研究所干部选拔任用工作、2014年选拔任用的干部进行了民主评议测评，同时对研究所所级后备干部进行了推荐。

● 1月13日，兰州理工大学生命科学与工程学院蒲秀瑛副教授带领60名学生来所，开展兽药研究教学。

● 1月14日，中国农业科学院研究生院召开视频工作会，安排布置学位授权点评估及学位授予标准制订相关工作，科技管理处王学智处长、各位研究生导师及相关人员参加会议。

● 1月15日，党办人事处杨振刚处长参加了全国机关事业单位养老保险制度改革工作电视电话会议。

● 农业部副部长李家洋院长到张掖市下寨村和试验基地调研

1月19~20日，农业部副部长、中国农业科学院院长李家洋冒着严寒到张掖市甘州区下寨村调研，同时考察了研究所张掖试验基地。

在联系点下寨村，李家洋考察了农民奶牛养殖专业合作社、蔬菜种植专业合作社、新农村建设示范点和下寨小学。在听取了有关工作情况的汇报后，他与村两委领导班子、基层群众代表进行了座谈，并就村民关心的农业技术培训、奶业市场行情等问题进行了交流。

李家洋表示，下寨村的发展非常快，市、区、镇的支持非常多，下寨村也非常努力，无论是奶牛场的起步还是新建成的小学都非常好。中国农业科学院将委派专家对下寨村产业发展规划、食用菌栽培技术、奶牛健康养殖技术和农业市场信息方面给予指导。从农业部、中国农业科学院来说，在这里有一个联系点，能形成新农村建设可持续发展的一种模式，具有推广价值。希望和省、市、区再进一步规划，做出一些有意义的探索。

甘州区区长张玉林指出，自从中国农业科学院将联系点选在下寨村以来，发展意识强，发展思路明晰，村里发展很快，成为了甘州区发展合作社经济的典型之一，区委区政府在下寨村的发展上给予了支持，希望中国农业科学院利用科技优势，对下寨村的农业技术培训、产业发展规划等方面进一步给予支持。

李家洋一行还考察了位于甘州区党寨镇的研究所试验基地，听取了有关基地发展情况和发展规划的介绍。

甘肃省农牧厅、张掖市委、甘州区委以及兰州牧药所、兰州兽医所领导杨志强、刘永明、殷宏陪同调研。

● 1月21~23日，巩亚东副处长、王昉同志在北京参加2014年中国农业科学院部门决算会审。

● 1月23日，杨志强所长主持召开所长办公会议，对各部门编外用工岗位及相关事项进行了研究。

● 1月26~30日，杨志强所长、刘永明书记赴北京参加中国农业科学院2015年工作会议。

● 研究所与地方政府合作推进中国产业科技创新联盟工作

1月26日，研究所与甘肃省陇南市、定西市，就构建政府与科研单位产业科技创新联盟，开展科技合作事宜进行了交流洽谈。参加会议的有陇南市杨永坤副市长、科技局石培强局长，定西市科技局高占彪局长以张继瑜副所长、阎萍副所长等。

张继瑜副所长主持会议，并从学科设置、平台基地、人才队伍、科研成果等方面介绍了研究所基本情况。他强调，走"产学研"相结合的道路是科研院所的发展所在。现阶段农业部大力推进中国产业科技创新联盟工作，旨在为政府、科研单位、企业搭建交流与合作平台，推动科技创新和科研成果的推广应用。与定西市和陇南市的合作是一次推进产业科技创新联盟工作的良好契机，研究所将全力以赴为两市畜牧业发展提供支撑和帮助。阎萍副所长指出，推进中国产业科技创新联盟工作应当紧密结合当地特色，因地制宜，把工作做细做实。

杨永坤副市长指出，地方和研究所合作对于加快科技成果转化、提升产业科技实力、推进当地草畜产业发展具有十分重要的作用。他代表陇南市委市政府感谢研究所对地方科技工作的支持，希望进一步加强合作，深入推进中国产业科技创新联盟工作。石培强局长介绍了陇南市特色养殖业和种植业，希望研究所在中草药生产、动物疾病防控、人员交流培训等方面与研究所加强合作。高占彪局长介绍了定西市畜牧业发展现状和未来规划，希望在旱生牧草引进种植、畜禽品种改良提高、畜牧兽医人员培训、中兽药联合研发四个具体的方面与研究所进行对接，帮助定西市草食畜牧业快速发展。

会上，研究所与会专家与两市领导就具体的合作事宜进行了广泛交流。杨永坤一行还参观了中兽医药陈列馆。

● 1月29日，河南许昌市王文杰副市长、工信委楚公甫书记、科技局鞠书军局长、天源集团郭建钊董事长来所就地方政府与研究所科技合作和新兽药转化进行交流洽谈。

● 阎萍研究员荣获"第六届全国优秀科技工作者"称号

近日，从中国科学技术协会传来喜讯，阎萍研究员荣获"第六届全国优秀科技工作者"称号。

据悉，全国优秀科技工作者是中国科学技术协会为大力弘扬尊重劳动、尊重知识、尊重人才、尊重创造的良好风尚，充分调动和激发广大科技工作者在实施创新驱动发展战略中的创新热情和创造活力，在全国范围内评选的在自然科学、技术科学、工程技术以及相关科学领域从事科技研究与开发、普及与推广、科技人才培养或促进科技与经济结合，并在第一线工作的优秀科技工作者。

阎萍研究员主要从事动物遗传育种与繁殖研究，先后主持完成国家科技支撑计划等20余项课题。培育国家牦牛新品种1个，填补了世界上牦牛没有培育品种的空白。获国家科技进步奖二等奖1项，省部级科技进步奖5项。发表论文210篇，出版著作10部。

● 研究所贯彻落实中国农业科学院2015年工作会议精神

2月4日，研究所召开职工大会，传达贯彻中国农业科学院2015年工作会议和党风廉政建设工作会议精神，部署研究所2015年工作。

会上，杨志强所长传达了中国农业科学院2015年工作会议精神，学习了李家洋院长题为《全面实施科技创新工程 推进现代农业科研院所建设再上新台阶》的工作报告。刘永明书记传达了农业部和中国农业科学院2015年党风廉政建设工作会议精神，学习了中央纪委驻农业部纪检组组长宋建朝的讲话、院党组书记陈萌山的讲话和院党组纪检组组长史志国在党风廉政建设会议上的工作报告。会议由张继瑜副所长主持。

杨志强要求全所职工要认真贯彻落实院工作会议精神，并提出研究所2015年工作重点。杨志强指出，2015年研究所要重点做好七个方面的工作：一、科技创新方面，以科技创新工程为抓手，开展"一流院所建设""学科调整与建设"等中心工作，完善学科建设与发展规划，并继续抓好科研立项工作和项目的结题验收总结工作。二、成果转化与科技兴农方面，要积极组织国家专利、软件著作权、国家畜草品种、国家新兽药证书和国家标准等申报；进一步加强所地、所企科技合作，大力促进科研成果转化；围绕"三农"和甘肃省"双联"工作，大力开展农业技术培训和科技下乡等工作。三、交流与协作方面，要加强学术交流，加强国际联合实验室和联合中心的建设工作，争取建成中德联合实验室。四、人才与团队建设方面，要争取引进科技创新团队首席专家，并加强中青年科技专家和优秀人才培养。五、条件建设方面，重点完成"张掖试验基地建设项目"和"兽用药物创制重点实验室建设项目"年度建设任务，完成2015修购项目。六、管理工作方面，要进一步完善各类人员的绩效考核办法和奖励办法，进一步加大绩效奖励力度，调动积极性；严格劳动纪律，加强财务管理，大力推进所务公开。七、党建与文明建设方面，要加强理论学习教育和组织建设，继续深入开展创先争优活动和群众性文明创建活动，强化廉政教育，做好纪检、监察、信访工作和工会、统战、妇女工作。

● 2月5~9日，杨志强所长参加兰州市第十五届人大第五次会议。

● 研究所举办研究生专业研讨会

2月5日，为营造良好的学术交流氛围，提高研究生个人综合能力，研究所举办研究生专业研讨会，3位博士研究生和9位硕士研究生分别做了专题报告。

研讨会按照学科类别分为畜牧、兽药和兽医三组，分别由杨博辉研究员、李剑勇研究员和李建喜研究员主持。吴国泰博士"藏药甘青乌头总生物碱的提取分离和药理活性研究"的报告，内容完整、思路清晰、讲解流畅，受到了各位专家的一致好评。研讨会报告内容多样，幻灯片图文并茂，学术讨论积极热烈。

张继瑜副所长在总结讲话中指出，研究生专业研讨会不仅是学术思想的交流碰撞和工作成绩的展示汇报，更是锻炼提升研究生个人表达能力和概括、交流能力的舞台。张继瑜强调，研究生要养成关注学科发展前沿动态，坚持学习、善于思考、勇于发问的良好习惯。

研究生导师、科技管理处相关人员和全体研究生参加研讨会。科技管理处王学智处长主持研讨会。

● 2月10日，杨志强所长主持召开人事办公会议，对长期离所未归人员辞退、先锋草业公司董事长、伏羲宾馆工商注册负责人、援藏干部人选及相关事项进行了研究。刘永明书记、张继瑜副所长及党办人事处负责人参加了会议。

● 2月10日，杨志强所长主持召开所长办公会，研究了2014年科技奖励事宜。刘永明书记、张继瑜副所长和科技管理处负责人参加会议。

● 2月10日，杨志强所长主持召开所长办公会，研究了2014年研究所绩效奖励相关事宜。刘永明书记、张继瑜副所长和条件建设与财务处负责人参加了会议。

● 2月11日，杨志强所长主持召开安全生产专题会，会议传达了院办《关于转发农业部安全生产委员会2015年第一次全体（扩大）会议上的讲话的通知》文件精神，安排部署了研究所2015年春节假期放假值班等相关事宜。刘永明书记、张继瑜副所长和各部门负责人参加了会议。

● 研究所召开离退休职工迎新春座谈会

2月11日，研究所召开离退休职工迎新春座谈会。杨志强所长代表所领导班子向离退休职工汇报了研究所2014年的工作情况，分别介绍了研究所在科技创新、科技成果、条件建设、人才队伍、党的工作等方面取得的成绩，并提出2015年工作计划。与会的离退休职工踊跃发言，充分肯定了研究所2014年取得的成绩，并就做好2015年研究所各项工作提出了意见和建议。刘永明书记主持会议，张继瑜副所长出席了会议。

● 研究所召开2014年工作总结暨表彰大会

2月14日，研究所召开2014年工作总结暨表彰大会。会议由刘永明书记主持，研究所全体职工参加了大会。

张继瑜副所长宣读了研究所《关于表彰2014年度文明处室、文明班组、文明职工的决定》、2014年获有关部门奖励的集体和个人名单以及奖励决定。所领导向获奖的集体和个人颁发了奖状。

杨志强所长代表研究所班子发表讲话，全面总结了研究所2014年工作，希望受表彰的集体和个人珍惜荣誉，再接再厉，以改革创新的精神，进一步推进研究所各项工作，为研究所更好更快地发展贡献自己的力量。

● 3月9日，杨志强所长主持召开科研管理专题工作会议，会议对科技创新工程团队人员进行调整；对《科研人员岗位业绩考核办法》和《奖励办法》进行补充修订；提高研究所科技成果转让奖励力度。刘永明书记、张继瑜副所长、阎萍副所长和科技管理处王学智处长、曾玉峰副处长参加会议。

● 3月10日，杨志强所长主持召开所务会，讨论并通过了《科研人员岗位业绩考核办法》和《奖励办法》，安排部署了2015年各部门工作任务。刘永明书记、张继瑜副所长、阎萍副所长以及各部门负责人参加会议。

● 3月17日，杨志强所长主持召开专题会议，就研究所2015年度实验用品、耗材、办公用品供应商公开招标。各研究室、管理部门共12位代表参加了会议。会议对各报名投标单位的资质证明材料、注册资金、相关业绩等方面进行了综合评议，最终确定了5个招标大类共8家中标供应商。

● 研究所举办安全生产知识讲座与演练

3月18~19日，为增强职工的安全意识，提高应急避险能力，研究所进行了安全生产知识讲座和消防演练。

研究所邀请甘肃五进防火知识宣讲中心王友龙教官以《整改火灾隐患 珍爱生命安全》为题，做了安全生产专题讲座。讲座以近期在全国及甘肃省发生的典型火灾案件为例，讲解了火灾发生的原因及造成的重大灾难和严重后果、火灾中易出现的延误逃生时机的误区、初起火灾的应对方法和消防器材应用知识；车辆安全事故逃生技巧；宣讲了新修订的《安全生产法》。在大院进行消防演练，职工们经过实际操作，熟悉了灭火器材使用要领，提高了灾害应急能力。

● 3月中旬，研究所"试验基地"建设项目顺利取得《建设用地规划许可证》和《建设工程规划许可证》，为项目工程招标和开展下一步工作奠定了基础。

● 3月底，研究所"综合实验室"荣获了2014年度甘肃省建设工程"飞天奖"，这是研究所基建项目首次获得该项殊荣。

● 3月23日，中国农业科学院研究生院召开2015年度研究生招生工作视频会议，安排部署我院2015年硕士、博士招生工作安排与要求。张继瑜副所长、王学智处长及相关人员参加了会议。

● 3月23日，阎萍副所长主持召开专题会议，研究确定研究所张掖试验基地建设项目工程量清单编制单位，项目组全体成员参加了会议。

● 研究所第四届职工代表大会第四次会议召开

3月25日，兰州畜牧与兽药研究所第四届职工代表大会第四次会议在研究所科苑东楼七楼会议厅召开。会议由所党委书记、工会主席刘永明主持，职代会代表28人、列席代表9人出席了会议，全体职工旁听了大会。

会议听取了杨志强所长代表所班子作的2014年工作报告及财务执行情况报告。代表们分组讨论和审议了杨志强所长的报告，并对研究所的发展提出了建设性的意见和建议。会议一致通过了杨志强所长的报告。刘永明书记就贯彻本次大会精神对全体代表提出了要求，一要厘清思路，改进作风，促进工作；二要明确目标，细化任务，责任到人；三要营造风清气正的科技创新环境，为实施科技创新工程、建设现代研究所作出积极贡献。

● 3月30~31日，根据中国农业科学院研究生院《关于做好2015年博士研究生复试及录取工作的通知》，研究所成立由杨志强研究员、刘永明研究员、张继瑜研究员、阎萍研究员、王学智副研究员、李建喜研究员、李剑勇研究员、荔霞副研究员组成的复试工作小组，对2015年报考研究所的11名硕士研究生进行了复试。

● 4月1日，研究所举行了2015年硕士研究生复试，所长杨志强研究员任复试委员会主任，张继瑜副所长主持会议，阎萍研究员、高雅琴研究员、李建喜研究员、李剑勇研究员、科技处处长王学智研究员、人事处副处长荔霞副研究员组成复试小组，对张剑博等11位同学进行了复试。

● 研究所举办科研经费与资产管理政策宣讲会

4月1日，研究所举办了科研经费与资产管理政策宣讲会。会议由党委书记刘永明主持，研究所全体职工参加了会议。

会上，条件建设与财务处副处长巩亚东从研究所主要涉及的科研项目专项经费管理和使用原则、预算编制与预算执行、专项经费开支范围及财务审计等方面对科研经费管理政策规定进行了解读。张玉纲同志从国有资产的资产配置、日常管理及资产处置、政府采购等方面对资产管理、政府采购政策进行了解读。与会人员针对科研经费与资产管理相关问题进行了交流。

刘永明书记强调，这次宣讲会有助于全体职工深入了解科研经费与资产管理政策规定和工作程序。今年是中国农业科学院科研经费监管年，希望广大科技人员按照国家有关政策法规要求，严格遵守各项管理制度，更加合理、规范管理和使用好科研经费和资产。

● 雷茂良副院长到研究所调研

4月2日，中国农业科学院雷茂良副院长到研究所调研指导工作，院科技局陆建中副局长、刘蓉蓉副处长陪同。杨志强所长、张继瑜副所长、阎萍副所长、相关部门负责人及创新团队首席参加座谈会。

杨志强按照"顶天、立地、服务三农"的总体思路，分别从学科建设、体制创新、人才队伍、科研工作、成果转化、平台建设等方面详细汇报了研究所"十二五"期间的工作进展，并就研究所"十三五"发展规划和科技工作做了介绍。

雷茂良指出，通过近年来的发展，兰州牧药所取得了长足的进步，希望研究所紧紧抓住院创新工程的发展契机，充分发挥技术优势和资源优势，不断引领畜牧兽医学科的发展和进步。他强调指出，第一，创新工程的工作重在创新机制的建设，研究所应制定相关制度引导和鼓励创新，充分调动科研人员的积极性。第二，"十三五"期间国家科技管理体制发生重大调整，一方面研究所要响应体制改革的要求，结合自身发展主动谋划，做好统筹调整科研工作的安排部署；另一方面研究所要利用好稳定支持的科研经费，长远布局，做好促进产业发展和服务三农的工作。第三，条件平台建设是单位发展规划的重要方面，"十三五"期间研究所要规划新的建设项目，充分发挥现有平台基地的重要作用。

在调研期间，雷茂良一行还参观了研究所中兽医药陈列馆。

● 4月2日，杨志强所长主持召开所长办公会议，会议研究决定补发在职职工和离退休职工2013年度绩效工资和补贴。刘永明书记、阎萍副所长以及职能部门负责人参加会议。

● 农业部沼气所蔡萍书记一行访问研究所

4月9日，农业部沼气研究所党委书记蔡萍、基建与后勤服务中心主任李晞和办公室副主任吕鲁民一行3人访问研究所。

在座谈会上，蔡萍书记介绍了沼气所历史沿革、研究领域、学科布局、科技创新、人才队伍等基本情况。蔡萍讲到，沼气所近几年取得了长足发展，但是在进步中也存在一些问题，成为发展中的瓶颈。此次来研究所，考察交流科技创新工程绩效考核、团队建设、综合政务管理、党建与文明建设等方面的做法和经验，旨在更好地推动沼气所的发展。

杨志强所长代表研究所介绍了基本情况和工作进展，并就研究所科技创新工程实施情况进行了详细说明。杨志强指出，蔡萍书记一行到所调研是增进兄弟所友谊和相互借鉴学习的良好机会，希望能在交流中共同探索解决发展问题之道。在交流过程中，张继瑜副所长就科技创新工程经费管理方面的做法做了介绍。刘永明书记主持座谈会。办公室、科技管理处、党办人事处、条件建设与财务处、后勤服务中心负责人参加座谈交流。

在研究所期间，蔡萍书记一行还参观了大洼山试验基地、研究所大院、所史陈列室、中兽医药陈列馆和中兽医实验室。

● 4月10日，杨志强所长主持召开所长办公会议，研究推荐张继瑜研究员、李建喜研究员参加"国家百千万人才工程人选"评选。

● 4月10日，杨志强所长主持召开所长办公会议，研究推荐刘永明研究员参加甘肃省优秀专家评选。

● 4月15~16日，研究所开展2015年工作人员招录笔试、面试工作。

● 4月17日，杨志强所长赴北京参加全国农业科技创新座谈会，期间中央政治局委员刘延东副总理视察了中国农业科学院。

● 4月21日，金盾出版社养殖编辑部副编审孙悦来所交流座谈，孙悦详细讲解了著作出版相关事宜，并与参会科研人员进行交流。张继瑜副所长及各团队科研人员代表参加会议。

● 4月21日，研究所开展了2015年博士研究生招生复试。杨志强研究员、张继瑜研究员、阎萍研究员、李建喜研究员、李剑勇研究员、梁剑平研究员、王学智研究员和荔霞副研究员组成的复试工作小组对报考研究所的3名博士研究生进行了复试。

● 4月22日，重庆畜牧科学院王金勇副院长、曹国文研究员来所交流参观。

● 4月22日，杨志强所长主持召开所长办公会议，研究决定由兰州力达建筑工程有限公司开展砂石填埋大洼山工程。刘永明书记、阎萍副所长以及各部门负责人参加会议。

● 4月23~24日，杨志强所长参加市人大农工委组织的《中华人民共和国种子法》贯彻执行情况调研会。

● 4月29日，杨志强所长参加西湖街道双联人大代表在行动帮扶活动，参加七里河区黄裕乡鲁家村现场对接活动。

● 4月29日，2015年度"中国农业科学院兰州畜牧与兽药研究所试验基地建设项目施工招标资格预审公告、监理招标公告"在甘肃省公共资源交易局同时发布。

● 5月5日，杨志强所长主持召开所长办公会议，就吴孔明副院长来研究所调研前期工作进行了安排布置。张继瑜副所长、职能部门负责人参加了会议。

● 中国农业科学院副院长吴孔明院士到研究所调研

5月6日，中国农业科学院副院长吴孔明院士到研究所调研院所发展暨创新工程进展工作。院人事局李巨光副局长、国际合作局杨修处长、财务局谢惠娟处长、科技管理局刘振虎副处长、监察局李昕副处长陪同调研，杨志强所长、张继瑜副所长、阎萍副所长、相关部门负责人及创新团队首席参加了座谈会。

杨志强所长从研究所基本情况、创新工程实施的总体进展、实施创新工程的成效、主要做法和体会及存在的问题和建议等方面汇报了工作。

吴孔明副院长指出，通过近年来的发展，兰州牧药所取得了长足的进步，希望研究所在国家"一带一路"发展倡议引领下，紧紧抓住院创新工程的发展契机，充分发挥学科优势和资源优势，做出新的更大的贡献。吴孔明副院长强调指出，第一，实施好创新工程的重要前提是机制创新，研究所要按照国家科技体制改革进程，完善相关制度，充分调动科研人员的主动性和积极性，引导和鼓励创新。第二，创新工程领军人才要以培养为主，引进为辅。第三，创新工程绩效考核要坚持长短结合，短期考核侧重于科研动态，长期考核注重重大产出。要利用好创新工程经费的稳定支持，长远布局，既要高度重视国家自然科学基金的申报，做好基础研究，也要研发推动产业发展的重大成果。第四，条件平台建设是创新工程的基础，研究所要结合自身研究领域，充分发挥现有平台的作用，突出优势，积极申报更高层次的科技平台。

调研期间，吴孔明副院长一行还参观了研究所大院、所史陈列室、中兽医药陈列馆及综合实验室。

● 5月7日，院财务局会计处谢惠娟处长到研究所就创新工程经费使用情况专题调研。

● 5月8日，研究所试验基地建设项目工程招标投标企业资格预审在甘肃省公共资源交易局进行评审，阎萍副所长、杨世柱副处长与随机抽取的5位专家组成评审专家组，对投标单位资格进行了评审。荔霞副处长对评审过程进行了监督。

● 5月14~15日，杨志强所长参加兰州市人大代表第二期学习培训班。

● 5月15日，研究所举行2015届研究生毕业论文答辩会及专业学位硕士研究生论文答辩、中期检查报告会。受邀的评审专家对研究生的论文进行了评议，19名应届毕业生顺利通过了学位论文答辩，1名推广硕士生进行中期检查。

● 5月17日，研究所试验基地建设项目在张掖召开现场答疑会。杨志强所长、阎萍副所长和杨世柱副处长与投标单位、设计单位、招标代理单位的相关人员就招标文件、施工图纸、施工现场等相关事宜进行现场踏勘及答疑。

● 5月19日，杨志强所长主持召开人事办公会议，对马升祯信访一事进行了研究。刘永明书记、张继瑜副所长、杨振刚处长、荔霞副处长参加了会议。

● 5月19日，杨志强所长主持召开所长办公会议，研究确定了研究所2015年拟招录工作人员人选。刘永明书记、张继瑜副所长、阎萍副所长、杨振刚处长、荔霞副处长参加了会议。

● 5月21日，张掖试验基地建设项目监理工程开标，阎萍副所长和杨世柱副处长及荔霞副处长等参加开标会。甘肃方圆工程监理有限责任公司为中标单位。

● 5月22日，研究所举行了2015届研究生毕业论文答辩会，动物遗传育种专业吴晓云等3名研究生参加答辩。答辩委员会对3位研究生的论文进行了评议并顺利通过了学位论文答辩。

● 5月27日，杨志强所长主持召开专题办公会议。会议通报了研究所3个经济实体2015年的目标任务。研究了2015年度报废电子类、仪器类固定资产处置事宜，决定按程序报废2014—2015年度固定资产一个批次35台件，刘永明书记、张继瑜副所长、阎萍副所长及相关人员参加了会议。

● 5月28日，杨志强所长代表研究所与后勤服务中心等3个部门签订了2015年度目标管理责任书。

● 6月2日，杨志强所长在梁家庄社区参加"两代表一委员"接待活动。

● 6月2日，研究所张掖试验基地建设项目二标段在甘肃省公共资源交易局开标。八冶建设集团有限公司中标。

● 6月3日，甘肃省出入境检验检疫局党组成员、纪检组长王润武，人事处长、离退休干部处处长王晓萍等3人来所，对研究所离退休职工管理服务工作进行了调研学习。刘永明书记陪同王润武组长一行参观了研究所老年活动室、所史陈列室、中兽医药陈列馆、实验室，并向王润武组长一行介绍了研究所离退休职工管理服务工作。党办人事处杨振刚处长、荔霞副处长参加了活动。

● 6月4日，杨志强所长主持召开所长办公会议，研究确定了如下事项：推荐郭宪副研究员参加青藏高原青年科技奖评选；推荐阎萍研究员参加第五届中华农业英才奖评选；决定聘任王学智等5名获得高级专业技术职务任职资格的人员到相应的专业技术岗位。刘永明书记、张继瑜副所长、阎萍副所长及党办人事处负责人参加了会议。

● 6月4日，杨志强所长主持研究所经费预算执行情况通报会。张继瑜副所长、阎萍副所长及各创新团队首席参加了会议。

● 6月11日，杨志强所长到七里河区法院参加区人大组织的弱势群体司法关爱视察活动。

● 6月16日，研究所张掖试验基地建设项目一标段在甘肃省公共资源交易局开标。甘肃华成建筑安装工程有限责任公司中标。

● 6月16~19日，杨志强所长、条件建设与财务处肖堃处长3人赴中国农业科学院参加2016—2018年度修购专项规划申报院级答辩评审会。

● 6月23日，中国农业科学院研究生院培养处李文才副处长、哈尔滨兽医研究所李曦副研究员、兰州兽医研究所刘志杰副处长一行4人到所，就研究所课程建设与教学管理等方面的内容进行调研，并对 2013 级研究生的实验记录进行了检查。张继瑜副所长、科技管理处负责人及研究生导师参加了座谈会。

● 6 月 24 日，杨志强所长、张继瑜副所长和中兽医（兽医）研究室李建喜主任赴黑龙江省哈尔滨市参加 2015 年研究生兽医学科组评议及研究生院兽医学院工作会议。

● 6 月 27 日，云南省畜牧兽医科学院李华春院长来所调研交流。在杨志强所长的陪同下李院长参观了研究所史陈列馆、中兽医药陈列馆和大洼山综合试验基地，并就牛羊新品种培育、牧草新品种选育、畜禽疾病防治等方面的内容与研究所专家进行了交流。

● 6 月 30 日，中国农业科学院基建局刘现武局长、农业部计划司投资处严斌副处长一行来研究所调研。在杨志强所长的陪同下他们考察了大洼山综合试验基地，并听取了研究所"十三五"基建规划。

● 6 月 30 日，根据中国农业科学院研究生院《关于院属各研究生培养单位成立教研室的通知》要求，张继瑜副所长主持召开会议，初步讨论形成了研究所教研室建设方案，确立了组成人员和课程信息。杨志强所长、刘永明书记、科技管理处及各研究室负责人参加了会议。

● 研究所开展安全生产月活动

进入 6 月，每年一次的安全生产月如期而至。研究所开展了以"加强安全法治，保障安全生产"为主题的安全生产月系列活动。

5 月底，研究所召开专题会议，制订了安全生产月活动方案。明确了活动主题，安排了活动内容，将工作细致到每一个环节，将责任落实到每一个部门，确保活动扎实有效，为促进安全生产和持续稳定发展提供保障。主要开展了五个方面的活动：

一是在全所范围内认真学习习近平总书记关于安全生产的讲话精神、新的安全生产法以及 2015 年安全生产活动的指导思想、工作重点等。

二是以多种形式开展安全生产宣传活动。制作了以习总书记讲话、安全生产活动指导思想及新安全生产法十大亮点解读等为主要内容的主题板报；在办公楼电子屏循环滚动播放安全生产有关的视频、图片等宣传材料；在研究所大院悬挂安全生产主题标语。通过"眼见"和"耳听"全方位营造舆论氛围。

三是集中学习教育。6 月 19 日，研究所召开全所职工大会，集中观看了安全生产月警示教育片《安全生产典型事故案例解析——生命不能重来》。

四是开展安全隐患自查及检查。根据研究所统一布置，各部门开展安全生产自查，自查结果以书面形式上报研究所。自查结束后，23 日，杨志强所长、刘永明书记带队，针对自查中发现的问题，对各部门进行安全隐患检查，针对问题落实整改措施和责任人，限期解决隐患问题。

五是所领导与各部门签订了 2015 年安全生产责任书。

通过安全生产月系列活动的开展，"加强安全法治，保障安全生产"的主题思想在研究所深入人心，全所职工的安全生产意识得到了强化，发现的安全隐患得到了解决，安全生产水平进一步提高。

● 7 月 1 日，贵州省畜牧兽医研究所朱冠群副所长一行 4 人来研究所考察交流，杨志强所长主持会议，刘永明书记、张继瑜副所长、畜牧研究室梁春年副主任参加会议。

● 科技部王喆巡视员一行到研究所调研

7 月 9 日，科技部农村科技司王喆巡视员、综合处范云涛博士到研究所考察调研。王喆巡视员一行考察了研究所中兽医（兽医）研究室与兽药研究室，详细了解了"甘肃省中兽药工程研究中心"和"农业部兽药创制重点实验室"建设与科研工作情况。参观了研究所传统中兽医药资源数据共享平台，考察研究所对我国传统中兽医药资源数据的整理、收集和资源共享等工作。随后召开座谈会，与创新团队首席和科研骨干座谈交流。

刘永明书记主持了座谈会。张继瑜副所长向王喆巡视员一行介绍了研究所科研工作、平台与人才团队建设等情况。王喆巡视员听取汇报后，对研究所长期以来的科研工作及取得成绩的表示赞赏，希望研究所发挥学科特色和优势，整合科技资源，加强科研平台建设，紧密联系生产实际，加大自主创新，一体化全链条设计科研路线，促进先进适用科学技术和成果向农村转移，为推动我国农业科技发展作出贡献。

王喆巡视员一行还赴研究所大洼山试验基地，考察基地建设、田间科研工作等情况。甘肃省科技厅郑华平副厅长等陪同考察调研。

● 研究所举行试验基地建设项目开工典礼

7月10日，研究所试验基地建设项目开工典礼在甘肃省张掖综合试验基地隆重举行。中国农业科学院李金祥副院长、成果转化局袁龙江局长、基本建设局夏耀西副局长、张掖市人民政府王海峰副市长、杨志强所长以及张掖市甘州区、党寨镇相关领导和参建各方相关单位人员等共100余人参加了典礼。阎萍副所长主持开工典礼。

李金祥副院长宣布试验基地建设项目开工，并与参加典礼的各位嘉宾为项目开工剪彩、奠基。夏耀西副局长代表中国农业科学院致辞。他指出，作为中国农业科学院"十二五"期间农业科技创新条件建设标志性工程，兰州牧药所试验基地建设项目具有十分重要的意义。项目建成后将进一步提升张掖试验基地的基础设施水平和科技支撑能力，有力推进中国农业科学院的科技创新工程，为加快我国西部农业科技发展步伐做出重要贡献。试验基地建设项目正式动工，只是项目建设的第一步。希望项目参建各方精诚合作，将先进的建设理念和试验基地定位有机结合，打造一个现代化气息浓郁、配套设施完善的标志性科研基地。以一流的建设质量、一流的建设速度和一流的效益确保项目顺利建设、早日竣工。

杨志强所长在讲话中指出，试验基地是科技创新工作的第二实验室。在中国农业科学院的亲切关怀下，研究所获得了张掖试验基地建设新项目——项目总投资2 180万元，建设期2年。该项目是研究所认真贯彻落实今年"中央一号"文件精神，加大农业科技创新力度，加快农业现代化建设的具体体现。该项目的建成将使张掖试验基地基础条件迈上一个新台阶，为研究所科技创新工作提供更加优良的研究平台，为提升研究所科技自主创新能力、建设成一流现代农业研究所奠定良好的基础。杨志强所长要求，百年大计，质量为先，安全第一。在试验基地项目的建设上，希望与施工单位、监理单位和设计单位精诚合作、紧密配合、树立精品意识、争创样板工程，又好又快按期完成建设任务。项目监理单位、承建单位领导也分别致辞。

● 7月10日，成都中牧生物药业有限公司廖成斌董事长一行来研究所就开展科技合作进行交流洽谈。张继瑜副所长主持会议并介绍研究所基本情况，科技管理处、兽药研究室、中兽医（兽医）研究室及药厂负责人等参加会议。

● 7月14日，杨志强所长主持召开所长办公会议。研究决定按相关文件精神为在职职工调整基本工资标准和为离退休职工增加离退休费；推荐张继瑜及其创新团队申报农业部第二批农业科研杰出人才人选和创新团队；分级聘任阎萍等18位同志专业技术岗位聘用人员；同意2014年招录的新职工崔东安等5同志按期转正；聘任王慧等5位同志助理研究员技术职务；同意王娟娟工作调动申请。刘永明书记、阎萍副所长、荔霞副处长参加了会议。

● 农业部兽医局王功民副局长到研究所调研

7月15日下午，农业部兽医局王功民副局长一行2人，在甘肃省兽医局周邦贵局长、何其健副局长等的陪同下到研究所调研。

王功民副局长一行考察了中兽医（兽医）研究室、兽药研究室、所史陈列室和中兽医药陈列馆。在随后召开的座谈会上，杨志强所长代表研究所向王功民副局长介绍了研究所的基本情况和学科建设、体制创新、人才队伍、科研工作、成果转化、平台建设和党建与文明建设等工作进展。王功民副局长指出，研究所特色优势明显，尤其是中兽医药在保障动物源性食品安全、减少抗生素滥用方面独具优势，希望研究所在国家"一带一路"发展倡议引领下，紧紧抓住科技体制改革的契机，加强国际合作与交流，提升科技创新能力，加大科技成果转化力度，为我国畜牧业健康发展做出新的更大的贡献。

刘永明书记、阎萍副所长及有关部门负责人、创新团队首席、科研骨干参加了座谈会。

● 7月16日，杨志强所长、刘永明书记、阎萍副所长、各部门负责人及各创新团队首席科学家参加中国农业科学院创新工程综合调研情况通报（视频）会。

● 7月17日，杨志强所长、张继瑜副所长赴北京参加中国农业科学院2014—2015年度科技奖励评审会。

● 7月20日，条件建设与财务处副处长巩亚东一行3人赴北京参加中国农业科学院2016年部门预算编制会。

● 7月21日，杨志强所长在张掖试验基地主持召开专题会议，研究张掖试验基地建设项目一标段、二标段施工现场场地等事宜，经四方协商确定甘肃华成建筑安装工程有限责任公司承担一标段土方回填工程，八冶建设集团有限公司承担二标段新增挖方、回填砂夹石工程。阎萍副所长、基地管理处杨世柱副处长及建设、设计、监理、施工单位相关人员参加了会议。

● 7月22日，杨志强所长主持召开人事办公会议。会议按照中国农业科学院关于开展2015年创新人才推进计划推荐工作的通知精神，研究决定推荐周绪正副研究员、梁春年副研究员参加中青年科技创新领军人才评选，推荐张继瑜研究员带领的"兽药创新与安全评价创新团队"参加重点领域创新团队评选。

● 7月23日，上海朝翔生物技术有限公司陈佳铭董事长一行来研究所开展交流洽谈。杨志强所长主持会议，张继瑜副所长、阎萍副所长、科技管理处曾玉峰副处长及中兽医（兽医）研究室相关专家参加会议。

● 7月24日，杨志强所长、条件建设与财务处肖堃处长、办公室赵朝忠主任、基地管理处董鹏程副处长到大洼山现场查看锅炉煤改气工程。

● 7月26～29日，杨志强所长赴黑龙江省哈尔滨市参加中国农业科学院院务扩大会议及现代院所建设现场交流会，并作典型发言。

● 7月30日，杨志强所长主持召开所务会，安排部署了研究所2015年暑期集中休假值班等相关事宜。各部门负责人参加了会议。

● 7月30日，中国农业科学院研究生院召开2015年硕士专业学位研究生教育工作研讨会，科技管理处王学智处长等参加会议。

● 农业部高层次人才队伍建设调研组到研究所调研

8月10日，由农业部人事劳动司人才工作处魏旭处长、中国农业科学院人事局李巨光副局长等8人组成的农业部高层次人才队伍建设调研组到所调研。调研组在研究所所召开调研座谈会。杨志强所长、刘永明书记、张继瑜副所长、创新团队首席专家及相关部门负责人参加了座谈会。会议由杨志强所长主持。

会上，刘永明书记从研究所基本情况、人才队伍建设情况、人才队伍建设中存在问题及建议等方面做了汇报。调研组成员与参会人员围绕影响科研人员安心科研的因素、青年科研人才培养、人才激励机制建设、专业技术岗位设置、职称评审、人才吸引等内容进行了讨论交流。

● 8月13～14日，科技管理处曾玉峰副处长等赴北京参加院国际合作局组织召开的"中国农业科学院第四届外事专办员培训班"会议。

● 广东省农业科学院动物卫生研究所徐宏志所长到研究所考察

8月14日，广东省农业科学院动物卫生研究所徐宏志所长一行2人到研究所考察。

在杨志强所长、赵朝忠主任的陪同下，徐宏志一行参观了研究所中兽医药陈列馆、所史陈列室、中兽医（兽医）研究室和兽药研究室。杨志强所长代表研究所对徐宏志一行来研究所考察表示欢迎，并向客人介绍了研究所情况以及兽医、中兽医学科研究情况。徐宏志所长希望能与研究所加强合作与交流，共同提升科技创新能力。

● 8月18日，杨志强所长在兰州参加2015年海峡两岸兽医管理及技术研讨会。

● 史志国组长到研究所调研和安全检查

8月18~19日，院党组成员、纪检组组长、安委会主任史志国，院监察局局长舒文华等一行5人到研究所调研科研经费信息公开落实情况、专项整治"两项工程"落实情况，并对研究所安全工作进行检查。

史组长一行听取了研究所领导班子就科研经费信息公开、专项整治"两项工程"落实情况的汇报。汇报会后，史组长参加了由研究所科研一线骨干、职能部门负责人参加的座谈会，听取了科研一线工作人员对科研经费使用和监管的建议意见。史组长指出，近年来，随着科研经费的大幅增长，科研领域违纪违法现象日益严峻，其中有主观原因，也有管理缺失的客观原因。希望通过调研，进一步了解科研经费的管理现状和存在的问题，建立健全管理机制，规范科研经费管理，引导科研人员廉洁从业，为推动科研事业健康快速发展起到积极的促进作用。希望研究所高度重视，建立长效机制，抓好科研经费管理，使科研经费管理和使用既符合规定又能调动科研人员的积极性，促进研究所科技创新工程的顺利实施。

史志国组长一行还对大洼山试验基地、药厂和实验室安全生产情况进行了现场检查。史组长指出，研究所一定要充分认识安全生产的重要性，提高风险意识，排查安全隐患，对发现的问题立即整改。

● 8月19日，成都中牧生物药业有限公司廖成斌董事长一行来研究所就开展科技合作进行交流洽谈。张继瑜副所长主持会议，科技管理处、兽药研究室、中兽医（兽医）研究室负责人及相关科技专家参加了会议。

● 我国台湾动植物防疫检疫暨检验发展协会代表到研究所参观

8月19日，以我国台湾行政院农业委员会动植物防疫检疫局施泰华副局长为首的台湾动植物防疫检疫暨检验发展协会代表到研究所参观。

在杨志强所长、阎萍副所长的陪同下，代表们参观了研究所所史陈列室、中兽医药陈列馆、所部大院和农业部动物毛皮及制品质量监督检验测试中心。在参观过程中，杨志强所长向代表们介绍了研究所历史沿革、科学研究、学科建设、科技平台等情况。在谈到研究所中兽医药学研究时，台湾代表显示出浓厚的兴趣，并表示愿意与研究所开展进一步的交流合作，共同将传统中兽医药学发扬光大。

● 8月21日，研究所国有资产领导小组主持召开专题会议，会议讨论了伏羲宾馆申请报废设备事宜，条件建设与财务处巩亚东副处长、后勤服务中心张继勤及相关人员参加了会议。

● 8月21日，杨志强所长主持召开专题办公会议，会议听取了科研经费自查的汇报，安排部署了相关事宜。刘永明书记、张继瑜副所长、阎萍副所长、巩亚东副处长参加了会议。

● 山东省农业科学院机关党委齐以芳副书记来研究所考察

8月24日，山东省农业科学院机关党委专职副书记、政工处处长齐以芳一行4人到研究所考察调研。研究所党委书记刘永明主持调研座谈会，相关部门负责人参加了会议。

会上，党办人事处副处长荔霞向调研组介绍了研究所基本情况、文明单位创建活动情况。刘永明书记介绍了研究所的历史沿革、学科建设、民主党派工作、工会工作、青工委工作、制度建设等情况。参会人员就文明创建等内容进行了深入交流。齐以芳副书记对研究所工作给予高度评价，认为研究所领导班子对文明创建工作高度重视，文明创建工作与中心工作结合的非常好，工作细致，有特色。并希望与研究所进一步加强合作与交流。

会后，齐以芳副书记一行参观了研究所所史陈列室、中兽医药陈列馆、中兽医（兽医）研究室和农业部动物毛皮及制品质量监督检验测试中心。

● 8月24日，山西省动物卫生监督所柴桂珍书记和山西兆信生物科技有限公司李亚政总经理来研究所洽谈科技合作。张继瑜所长主持会议并简要介绍了研究所在兽药研发方面的概况。科技管理处曾玉峰副处长、中兽医（兽医）研究室李建喜主任、严作廷副主任、郑继方研究员、李宏胜研究员、兽药研究室李剑勇副主任、梁剑平副主任参加了会议。

● 8月25日，杨志强所长主持召开所务会议。会议通报了研究所科研经费自查情况，安排了研究所安全生产工作。刘永明书记、张继瑜副所长、阎萍副所长、荔霞副处长参加了会议。

● 8月27日，刘永明书记、张继瑜副所长、各部门负责人及相关人员参加了院安全生产视频会议。

● 8月31日，杨志强所长会见了来研究所考察调研的湖北省农业科学院副院长邵华斌研究员一行，双方就开展农业科技合作与人才培养等方面进行了广泛交流。阎萍副所长、办公室赵朝忠主任、科技管理处王学智处长、曾玉峰副处长参加了会见。

● 8月31日，中国畜牧兽医学会科技部咨询主任张高霞、颜海燕来研究所，就构建产学研平台，促进科研成果转化与研究所各位专家交流洽谈。科技管理处王学智处长主持会议，科技管理处曾玉峰副处长、中兽医（兽医）研究室李建喜主任、严作廷副主任、潘虎副主任、罗超应研究员、兽药研究室梁剑平副主任、周绪正副研究员参加了会议。

● 9月1日，兰州市科技局王慰祖副局长、社发处满继星处长、高新处朱文海处长一行来研究所调研产学研合作情况。阎萍副所长主持会议并从研究所基本情况、产学研合作典型案例、存在问题及意见建议等方面做了简要汇报。科技管理处及各研究室负责人及相关人员参加了会议。

● 9月2日，杨志强所长主持召开所务会议。安排部署了中国人民抗日战争及世界反法西斯战争胜利70周年纪念日放假值班事宜；通报了研究所安全检查情况，部署了研究所安全生产工作。阎萍副所长、各部门负责人参加了会议。

● 9月10日，杨志强所长主持召开所长办公会议，决定推荐李剑勇研究员、李建喜研究员、周绪正副研究员参加甘肃省领军人才第二层次人选选拔评审，同意张顼内部退养申请。刘永明书记、张继瑜副所长、阎萍副所长、杨振刚处长、荔霞副处长参加了会议。

● 9月11日，杨志强所长、阎萍副所长、基地管理处董鹏程副处长赴大洼山现场查看了1号、2号井深沟填埋情况及天然气锅炉安装情况。

● 9月14~16日，杨志强所长、张继瑜副所长和王学智处长赴北京参加由院科技局组织召开的2015年中国农业科学院科研管理工作会议。会上，研究所组织撰写的"科学编制规划，合理引导发展"被评为2015年度院科研管理优秀论文。

● 9月14~18日，办公室陈化琦副主任赴北京市参加由农业部干部管理学院组织的办公室主任专题研究班。

● 中国农业科学院环境保护科研监测所朱岩书记来研究所考察调研

9月16日，中国农业科学院环境保护科研监测所朱岩书记等一行4人来研究所考察调研，并参观了研究所所史陈列室、中兽医药陈列馆和中兽医（兽医）研究室。

刘永明书记主持座谈会。杨振刚处长介绍了研究所基本情况、文明单位创建及创新工程实施进展情况等。刘永明书记介绍了研究所的历史沿革、学科建设、制度建设等情况。朱岩书记一行与参会代表就研究所体制改革、科研成果转让、危化品使用与管理进行了交流讨论。希望能与研究所加强合作与交流，共同提升两个研究所的工作。

● 9月16~25日，办公室赵朝忠主任赴江苏省无锡市参加由农业部举办的部属"三院"处级干部能力建设培训班。

● 农业部、中国农业科学院领导检查研究所保密工作

9月22日，农业部办公厅刘剑夕副主任带领中国农业科学院办公室综合处侯希闻处长、农业部办公厅保密与电子政务处邓红亮副处长、保密与电子政务处干部金钊一行到研究所，对研究所保密工作进行检查和指导。杨志强所长主持召开汇报会并致欢迎辞。

检查组一行认真听取了杨志强所长关于保密工作情况的汇报、翻阅了相关制度资料，进行了实地查看检测。刘剑夕副主任对研究所保密工作给予充分肯定，同时也指出检查过程中发现的不足，对研究所进一步做好保密工作提出了指导性建议和意见。

杨志强衷心感谢检查组对研究所保密工作的关心和支持，表示研究所针对此次检查中存在的问题，将认真落实，积极改进，规范管理，不断增强保密意识，进一步推动研究所保密工作。

刘剑夕副主任一行还参观了研究所史陈列室和中兽医药陈列馆。刘永明书记、张继瑜副所长及办公室、科技处领导参加了会议并陪同参观。

● 9月23日，杨志强所长主持召开所长办公会。会议就研究生助研津贴发放做出以下决定：研究生回研究所后的助研津贴发放标准为博士研究生2 000元/月，硕士研究生1 500元/月，留学生在原有发放基础上增加500元/月；助研津贴发放范围指研究所导师为第一导师培养的研究生；新的助研津贴发放标准自2015年10月1日起开始施行。刘永明书记、张继瑜副所长、科技管理处、党办人事处、条件建设与财务处负责人参加了会议。

● 研究所加强隐患治理 提高火灾防控能力

9月24日，为进一步提高研究所职工和研究生的安全生产意识和火灾防控能力，研究所邀请甘肃政安防火知识宣传中心张玉龙教官到研究所进行了防火知识讲座和灭火演练。

张玉龙教官以一起因手机充电引发的火灾和一起因放在地上的插线板引发的火灾为例，详细讲解了火灾发生的原因、造成的重大灾难和严重后果，强调了一些火灾中出现的可能延误逃生时机的误区、初起火灾的应对方法和消防器材应用知识。讲座结束后，在研究所大院进行了灭火演练，职工和研究生经过实际操作，熟悉了灭火器材使用要领，提高了灾害应急能力。

近期，研究所高度重视安全生产工作，调整了研究所安全生产领导小组成员，指定了各部门安全卫生专管员；所领导与各部门第一负责人签订了2015年安全生产责任书；成立了以所长、书记为组长、各部门第一负责人为成员的研究所安全生产隐患自查小组，在全所开展了安全生产大检查，重点检查实验室易燃易爆化学药品存放，研究所水、电、气、热和电梯等设施安全，施工工地安全作业，出租房屋和学生公寓安全监管。做到了检查全覆盖，安全无死角。对安全隐患排查中发现的问题，立即着手整改。

通过知识讲座和隐患排查活动的开展，安全生产思想在牧药所深入人心，全所职工的安全生产意识得到了强化，发现的安全隐患得到了解决，安全生产水平进一步提高。

● 9月25日，杨志强所长、阎萍副所长等4人赴张掖综合试验基地参加研究所试验基地建设项目科研用房封顶仪式。项目组成员和各参建单位代表共同参加了封顶仪式。

● 9月28日，杨志强所长主持召开所务会议，会议传达学习了中共甘肃省纪律检查委员会关于在中秋国庆期间开展"九个严禁，九个严查专项"行动的通知精神。刘永明书记、张继瑜副所

长、各部门负责人参加了会议。

● 9月28日，杨志强所长主持召开专题会议，会议就研究所国家财政支出预算执行进度进行了通报，并对下一步工作提出了要求。刘永明书记、张继瑜副所长、阎萍副所长、条件建设与财务处巩亚东副处长及各课题组负责人参加会议。

● 9月28日，杨志强所长主持召开2012年修购项目验收筹备会议。阎萍副所长、董鹏程副处长及项目组相关人员参加会议。

● 9月29日，杨志强所长、刘永明书记、张继瑜副所长在全所范围内进行安全卫生大检查活动。

● 9月30日，财政部委托的专家组一行4人莅临研究所，对研究所申报2016年度中央及科学事业单位修缮购置专项进行了现场评审。通过现场评审，专家组一致同意项目立项。杨志强所长、阎萍副所长及项目组成员参加了会议。

● 9月30日，刘永明书记主持召开所务会议，安排部署了研究所2015年十一国庆节放假值班等相关事宜。张继瑜副所长、各部门负责人参加了会议。

● 9月30日，张继瑜副所长主持会议就研究生安全工作进行了具体安排。科技管理处王学智处长首先传达了研究所提高研究生助研津贴标准的通知，之后结合研究所安全卫生大检查中发现的相关问题进行了通报。张继瑜副所长就研究生工作生活卫生安全提出了具体要求，并就改善厨房条件做了相关安排。科技管理处相关人员及在所全体研究生参加了会议。

● 10月14日，杨志强所长召开大洼山实验基地规划方案讨论会，会议听取了设计方介绍的规划内容，并对相关问题进行了研究讨论。刘永明书记、阎萍副所长、条件建设与财务处肖堃处长、基地管理处杨世柱副处长、董鹏程副处长及设计方相关人员参加了会议。

● 10月15日，杨志强所长、阎萍副所长和董鹏程副处长在大洼山现场检查了大洼山填沟工程、加代温室整改和锅炉房点火准备工作。

● 10月16日，杨志强所长参加区人大组织的视察活动。

● 10月19日，杨志强所长主持召开所务会议，研究并决定将研究所编外用工月工资在原来的基础上全部上调100元，月工资不足1 500元的统一上调至1 500元，司机岗位2 000元/月，锅炉房技工70元/天，普工55元/天；对研究所保密工作进行了安排部署，责成有关部门根据农业部保密委员会办公室《保密检查反馈意见》认真整改，切实将反馈意见不折不扣落到实处；供暖之前在全所范围内再次进行安全生产大检查；要求各部门做好2015年第四季度工作，并做好2015年年终总结工作。刘永明书记、张继瑜副所长、阎萍副所长及各部门负责人参加会议。

● 10月19日，杨志强所长主持召开所务会议，会议就《研究所奖励办法》第四条进行了修订，增加技术服务内容，其中技术服务（包括信息服务、技术指导、技术培训、委托测试等）和技术咨询收入资金的60%用于奖励课题组，40%用于研究所基本支出；技术开发（包括技术合作、技术委托）收入经费的30%用于奖励课题组，30%用于课题组科研支出，40%用于研究所基本支出。刘永明书记、张继瑜副所长、阎萍副所长及各部门负责人参加会议。

● 10月21日，杨志强所长主持召开专题会议，会议通报了研究所预算执行进度，并对提高执行进度提出了具体要求。阎萍副所长及相关部门负责人参加了会议。

● 10月22~23日，阎萍副所长、条财处巩亚东副处长赴北京市参加中国农业科学院财务工作会。在会上阎萍副所长代表研究所汇报了截至9月底预算执行情况、年底前预算执行计划、年底预算执行目标及落实措施。

● 注重规划引领 推进基地建设——研究所张掖试验基地规划通过专家验收
试验基地是科技创新工作的第二实验室。为高起点、高标准建设张掖综合试验基地，研究所注重规划引领，组织开展了张掖综合试验基地建设规划编制工作。10月24日，中国农业科学院组织专家对研究所张掖综合试验基地规划进行了验收。

专家组充分肯定了张掖综合试验基地规划，同时也指出了存在的不足，要求进一步修改完善后报相关部门审批。专家组希望张掖综合试验基地坚持规划引领，优化试验基地总体布局，完善基础设施，充分利用资源优势，探索规划引领试验基地发展的新思路，实现绿色环保、生态友好的发展模式。

2014年7月，经农业部筛选推荐，研究所张掖试验基地成为国家农业科技创新与集成示范基地，成为研究所发展的又一大助力。试验基地位于甘肃省张掖市，海拔1 482.7米，属典型的大陆性气候，总面积3 108.72亩，试验用地2 700亩，设施齐备。获科研成果奖项2项，积累试验、观测等原始数据约16.5万个。依托该基地建设的中国农业科学院张掖牧草及生态农业野外科学观测试验站成立于2008年，国家旱生超旱生牧草种籽繁殖基地成立于2000年。

出席会议的有农业部计划司严斌副处长、中国农业科学院基建局于辉副处长、中国建筑科学研究院建筑设计院常钟隽副总建筑师、张掖市农业科学院刘建勋院长、张掖市甘州区规划局常红星局长以及牧药所杨志强所长、刘永明书记、阎萍副所长等。

会议期间，专家组还对研究所大洼山综合试验基地规划进行了论证。

● 加强宣传工作 助力科技创新——研究所举办2015年信息宣传专题培训会

为了加强科技创新与现代农业科研院所建设宣传力度，10月27日，研究所举办了2015年信息宣传专题培训会。

杨志强所长出席会议并讲话。他指出，本次培训会的主要目的，是通过学习培训，建设一支政治强、业务精的通讯员队伍，进一步提高全所通讯员的综合素质和业务水平，加大研究所信息宣传力度，进一步营造良好舆论氛围，增强研究所影响力，提高知名度，树立正面形象，推动各项事业的发展。

杨所长还对研究所信息宣传工作进行了总结，对信息宣传工作在推动研究所发展中发挥的作用给予了充分肯定。要求大家充分认识新常态下做好信息宣传工作的重大意义，进一步增强做好宣传工作的自觉性、主动性和紧迫性。要进一步加大宣传工作力度，及时宣传报道研究所各项工作新动态和取得的新成果，扩大社会影响力和知名度，为研究所赢得良好的发展环境和条件。要加强宣传工作的计划性，对涉及所内重大科研活动、重点项目、重要成果及典型人物，加强宣传策划，凝练重点，主动出击。要重视与媒体的合作与交流，多渠道、多方式促进出成果、出人才。要认真学习，努力提高政治素质和业务水平。

杨所长表示，今后要加大对宣传工作的支持力度，从培训学习、业务开展和工作交流等方面为通讯员们创造更好的条件。赵朝忠主任及各部门通讯员参加了会议。

● 10月27~30日，巩亚东副处长赴北京市参加了农业部举办的2015年部属单位财务处长培训班。

● 10月28日，甘肃省研究生联合培养示范基地考察汇报会在研究所召开。甘肃省教育厅刘宏副厅长、甘肃省学位办董仲奇主任、马少虎副主任、西北师范大学李朝东副校长、西北民族大学何烨副校长、甘肃农业大学余四九教授、兰州大学李发第教授及研究所杨志强所长、张继瑜副所长、阎萍副所长等出席会议。经负责人汇报答疑、现场考察、专家评议等环节后最终宣布甘肃农业大学与研究所共建的"草食动物遗传育种领域研究生联合培养省级示范基地"顺利通过考察。

● 研究所标准化实验动物房通过年检

10月28日，甘肃省科技厅委托甘肃省实验动物管理委员会组织专家对研究所实验动物房进行年检。

董鹏程副处长向专家组汇报了一年来标准化实验动物房的运转情况。各位专家在听取汇报后，认真查阅了相关规章制度、使用记录和质量检测报告等资料，并进行了现场检查。专家组一致认为：研究所实验动物房整体运转情况良好，使用规范，同意通过年检。同时也对实验动物房运行过程中存在的一些问题提出了整改意见，希望提高使用效率。科技管理处曾玉峰副处长和实验动物房相关人员参加年检。

● 10月30日，刘永明书记、张继瑜副所长带队对全所进行安全卫生大检查。

● 11月4日，济南亿民动物药业有限公司王涛董事长和周玉武研发总监来研究所洽谈交流合作，重点围绕中草药发酵、中兽药新药研发等与相关项目主持人进行了交流，科技管理处王学智处长主持座谈会议，中兽医（兽医）研究室、兽药研究室相关专家参加了会议。

● 研究所区域试验站基础设施改造项目通过验收

11月5~6日，农业部科教司李谊处长一行8人到所，对研究所承担的2012年度修购专项"中国农业科学院共享试点：区域试验站基础设施改造"项目进行了验收。

验收专家组对项目工程完成情况、工程质量、使用和共享情况进行了实地查验，并审阅了项目档案，核查了项目资金使用情况。验收专家组认为该项目按照实施方案批复完成了全部内容，项目管理规范，执行了法人责任制、招投标制、监理制和合同制，资金使用符合国家和农业部相关法律法规要求，档案资料齐全，项目实施达到了预期效果。专家组一致同意该项目通过验收。

"中国农业科学院共享试点：区域试验站基础设施改造"项目于2012年3月由农业部批复立项，项目实施地点为研究所大洼山综合试验基地。项目内容包括改扩建植物加带人工气候室、平整改良土地、修筑混凝土挡土墙、网状固定柱、围栏、喷灌工程等。项目于2012年6月实施，2013年6月完成了全部工程内容。

项目的实施，使研究所大洼山综合试验站基础设施条件得到了明显改善，科研试验用地更为充足，田间设施、育种设施更加完备，有效提升了试验基地作为科技创新第二实验室的科技支撑能力。

杨志强所长、刘永明书记、阎萍副所长等参加了验收会议。

● 11月5日，研究所在大洼山试验基地举行天然气锅炉点火仪式。农业部科技教育司李谊处长与杨志强所长共同为锅炉房揭彩并为锅炉点火。天然气锅炉的顺利点火彻底改变了大洼山试验基地无天然气的历史，调整了能源结构，促进了节能减排，加快了基地生态文明建设步伐。阎萍副所长及相关人员参加了点火仪式。

● 农业信息研究所刘继芳书记一行到研究所调研

11月6日，农业信息研究所党委书记刘继芳一行到研究所调研。调研组与研究所领导及有关部门负责人进行了座谈交流。杨志强所长向刘书记一行介绍了研究所基本情况、薪酬体系、人才评价与激励、绩效分配、团队建设等情况，双方进行了深入交流，并表示两所加强合作交流，进一步提升管理水平与科技创新能力。

调研组先后参观了研究所所史陈列室、中兽医药陈列馆、农业部动物毛皮及制品质量监督检验测试中心和大院。

● 11月15日，杨志强所长主持召开专题会议，会议通报了研究所预算执行进度，并对提高执行进度提出了具体要求。阎萍副所长及相关课题负责人参加了会议。

● 11月16日，杨志强所长主持召开所长办公会议，根据甘肃省人力资源和社会保障厅、甘肃省财政厅《关于核定省属其他事业单位绩效工资总量有关问题的通知》（甘人社通〔2013〕341号）文件和中国农业科学院兰州畜牧与兽药研究所《会议纪要》（农科牧药纪要〔2014〕22号）文件，研究决定为在职职工补发2012年度绩效工资，离退休职工补发2012年度补贴。刘永明书记、张继瑜副所长、阎萍副所长及各职能部门负责人参加会议。

● 11月23日，杨志强所长主持召开所长办公会议，决定执行2014年甘肃省人社厅、财政厅电话通知，增加在职人员绩效工资和离退休人员补贴，并从2013年1月起按照电话通知标准补发2013年1月至2014年9月在职人员每人每月270元绩效工资和2013年1月至2015年11月离休人员每人每月250元补贴，退休人员每人每月190元补贴。从2015年12月起离休人员每人每月250元补贴，退休人员每人每月190元补贴随离退休费发放。刘永明书记、张继瑜副所长、阎萍副所长及各职能部门负责人参加会议。

● 中国农业科学院科技管理局局长梅旭荣来所调研

11月24日，中国农业科学院科技局梅旭荣局长和科技平台处处长熊明民来研究所调研，并与科研人员交流。

梅旭荣强调，研究所要结合院"十三五"科技发展规划，在学科建设、科研平台、创新团队、科研计划等方面超前谋划布局，组织落实研究所"十三五"科技发展规划撰写工作。他指出，研究所应围绕自身研究基础，结合畜牧、中兽医、兽药和草业等传统学科优势，优化管理机制，全力打造行业特色创新团队，努力构建国家级重大科技平台，并根据国家战略需求，在支撑现代畜牧业发展的基础前沿领域和产业核心关键技术攻关等方面，做好基础研究引导、重大项目储备、重大成果培育、重大平台等项目推进工作，同时有重点的谋划和部署协同创新重大任务，努力实现2020年中国农业科学院建成世界一流现代农业科研院所的宏伟目标。

张继瑜副所长、阎萍副所长和科技管理处、各研究室负责人及创新团队首席、骨干专家参加座谈交流。

● 11月30日，杨志强所长主持召开专题会议，会议通报了研究所预算执行进度，并对提高执行进度提出了具体要求。张继瑜副所长及相关课题负责人参加了会议。

● 11月25日，湖南湘潭圣雅凯生物制药有限公司黎明总经理一行3人来研究所洽谈交流，刘永明书记主持会议，张继瑜副所长就研究所学科设置、人才团队、科技平台及科研产出等情况做了介绍，科技管理处、兽药研究室、中兽医（兽医）研究室负责人及相关专家参加会议。

● 11月26日，中国农业科学院研究生院召开留学生管理工作研讨视频会议，阎萍副所长、科技管理处周磊助理研究员参加会议。

● 11月27日，"2015年博士学位论文答辩会"在研究所召开，褚敏助研的"营养胁迫条件下牦牛皮下脂肪和背肌差异microRNAs的筛选与鉴定"论文获得答辩委员会一致认同，顺利通过答辩。

● 11月30日至12月10日，党办人事处荔霞副处长、后勤服务中心张继勤副主任在深圳参加由农业部主办、中国农业科学院承办的部属"三院"处级干部能力建设培训班。

● 12月1日，刘永明书记主持召开甘肃省领军人才年度考核会议。通过材料审阅评议，建议确定第一层次人才杨志强考核优秀等次，常根柱考核合格等次，第二层次人才阎萍考核优秀等次。

● 12月2日，杨志强所长主持召开人事办公会议，讨论通过了如下事宜。同意尚小飞、王胜义、刘希望、张景艳4人在职攻读学位申请；按照相关文件要求，对研究所副高级专业技术职务任职资格评审委员会委员人选进行了调整；按照甘肃省人社厅文件规定，对王胜义等4名同志在招录到研究所工作前参加工作的工龄进行了认定。刘永明书记、张继瑜副所长、阎萍副所长、党办人事处杨振刚处长参加了会议。

● 12月3日，杨志强所长主持召开研究所副高级专业技术职务评审委员会会议，对研究所《职称评审赋分内容与标准》进行了修订。

● 12月3日，杨志强所长主持召开所务会议，会议讨论修订了《研究所科研人员岗位业绩考核办法》和《研究所奖励办法》。刘永明书记、张继瑜副所长、阎萍副所长及各部门负责人参加了会议。

● 12月4日，阎萍副所长，条件建设与财务处肖堃处长一行3人赴张掖，就研究所试验基地建设项目工程建设情况进行实地调研，并对项目建设情况进行了总结，安排部署了下年度建设计划。项目组人员和施工单位、监理单位代表参加会议。

● 研究所与临泽县人民政府签订院地合作框架协议

为充分发挥研究所科研人才和科技成果优势，进一步加强院地科技经济紧密结合，助推地方农业发展，12月8日，临泽县县委副书记县长冯军、县委副书记兰永武、副县长杨荣等率县农牧局、科技局负责人一行11人到研究所考察交流，并签订了院地合作框架协议。

杨志强所长指出，国家大力提倡实施创新发展驱动战略，走"产学研"相结合的道路正是研究所的创新发展所在，"谋创新就是谋发展，谋创新就是谋未来"，希望借助这次合作的良好契机，使研究所的科技成果在临泽县"落地生根"，真正解决当地畜牧业发展的瓶颈问题，提高畜产品效益和农牧民收入。研究所将全力以赴为临泽县现代畜牧业的发展提供科技支撑。

冯县长详细介绍了临泽县农牧业发展基本情况。他说，临泽县畜禽养殖发展已初见成效，但面对畜牧业"全产业链发展"的严峻形势，仍旧存在很多问题。希望围绕临泽县现代农业发展目标，与研究所在人才交流、技术培训、共建示范基地、科技成果推广示范、畜禽药品研发等方面开展多层次、宽领域的科技合作。

张继瑜副所长主持会议。阎萍副所长、科技管理处、中兽医（兽医）研究室、兽药研究室、草业研究室、畜牧研究室负责人参加了会议。

● 12月8日，杨志强所长主持召开研究所博士后工作会议，研究拟定了研究所博士后考核小组、博士后评审小组人员组成，并对1名博士后进行了中期考核，研究所同意接收于鹏为博士后人选。

● 12月9日，肃南县政协主席安玉冰一行4人到研究所交流洽谈院地合作。刘永明书记主持会议，细毛羊资源与育种创新团队首席专家杨博辉研究员介绍了"羊增产增效技术集成与综合生产模式研究示范"项目工作进展。畜牧研究室高雅琴主任、梁春年副主任，科技管理处曾玉峰副处长及细毛羊资源与育种创新团队部分成员参加会议。

● 12月11~13日，党办人事处荔霞副处长在深圳参加了中国农业科学院专业技术人员继续教育工作研讨会。

● 12月14日，四川省民政厅董维全副厅长一行5人来研究所开展交流洽谈并签署《所企协同创新平台与中兽药成果转化基地共建协议书》，杨志强所长主持会议。羌山农牧公司监事会主席莫一民，江油市农牧办主任李季，江油小寨子生物科技有限公司董事长张鑫燚和董事长秘书王孝武，研究所阎萍副所长，科技管理处王学智处长、中兽医（兽医）研究室李建喜主任、郑继方研究员、罗永江副研究员等参加会议。

● 12月14日，杨志强主任委员主持召开研究所2015年度职称评审推荐工作部署会议，刘永明书记对具体工作进行了安排部署。

● 12月14~17日，张继瑜副所长赴湖北省武汉市参加农业部举办的农业科研杰出人才及其创新团队高级研修班暨管理工作座谈会。

● 12月16~18日，杨志强所长，条件建设与财务处肖堃处长等3人赴北京参加中国农业科学院2015年基本建设工作会议。

● 12月17日，内蒙古农牧科学院赵存发院长、内蒙古蒙羊牧业股份有限公司董事长秘书黄宝龙和项目经理祁一峰来研究所交流洽谈。阎萍副所长主持会议，畜牧研究室高雅琴主任、兽药研究室李剑勇副主任、中兽医（兽医）研究室潘虎副主任、科技管理处曾玉峰副处长和细毛羊创新团队部分成员参加会议。

● 研究所与成都中牧签署战略合作协议

12月19日，研究所与成都中牧生物药业有限公司在成都签署战略合作协议。杨志强所长与成都中牧生物药业有限公司廖成斌董事长签署协议，并共同为"联合实验室"揭牌。

根据协议，双方将充分发挥各自的技术和资源优势，以实现绿色养殖、健康养殖和无抗养殖为兽药产业发展的突破口，通过建立联合实验室，利用中兽药安全环保的优势，在中兽药原料质量控制、中兽药制剂工艺、中兽药研发与推广应用等方面开展合作，加速研究所科技成果转化，打造产学研联合平台，切实解决制约企业发展的实际问题，提升企业的研发实力和发展后劲，以实现双方资源共享、共同发展。张继瑜副所长应邀做了题为《中兽药研发与应用》的报告。

● 研究所与企业共建成果转化基地

12月21日，研究所与江油小寨子生物科技有限公司成果转化基地建设研讨会在四川绵阳召开。研究所与小寨子公司共同建设的"科研成果转化基地""科研教学实验实践基地"和"中兽药协同创新基地"在会上挂牌成立。四川省农业厅杨朝波副厅长、江油市王军副市长、华中农业大学钱平教授等出席了会议。

经过三年多的合作，研究所与江油小寨子生物科技有限公司在健康饲料、猪病防治、技术转让等方面取得了实质性的进展，并不断拓展和深入。杨志强所长提出，3个共同建设基地的挂牌成立，为今后双方更好地开展合作夯实了基础。希望双方保持长期合作关系，从生产实际出发，研发适合企业需求的能解决产业发展问题的新技术、新产品，促进科技成果的转化应用，提高企业的核心竞争力。

鉴于江油小寨子生物科技有限公司张鑫燚董事长和朱雷总经理在生猪养殖精细化管理和肉食品风味调控等方面丰富的专业知识和突出的工作成绩，研究所特聘请两位专家为客座研究员。

会后，杨志强所长还参观了该公司12万吨健康猪业饲料中试生产车间和20万头生猪专业养殖场。

● 12月23日，杨志强所长在梁家庄社区参加七里河区人大代表述职述廉活动。

● 12月25日，杨志强主任委员和刘永明副主任委员主持召开研究所2015年度专业技术职务评审委员会会议。评审推荐非管理系列梁春年、潘虎和管理系列杨振刚3名同志参加中国农业科学院高评会研究员技术职务任职资格评审；推荐管理系列周磊、出版系列王华东2名同志参加院高评会副研究员技术职务任职资格评审；评审通过非管理系列王东升、裴杰、路远、魏晓娟4名同志副研究员任职资格，评审通过冯锐同志实验师任职资格。

● 12月31日，杨志强所长主持召开所务会，安排部署了2016年元旦假期放假值班等相关事宜。刘永明书记、张继瑜副所长、阎萍副所长和各部门负责人参加了会议。

● 张继瑜研究员入选2015年国家"百千万人才"工程

日前，国家人力资源和社会保障部发布《关于确定2015年国家"百千万人才"工程入选人员名单的通知》，张继瑜研究员获批入选2015年国家"百千万人才"工程，并被授予"有突出贡献中青年专家"荣誉称号。

● 张继瑜研究员入选全国农业科研杰出人才

日前，农业部公布了第二批全国农业科研杰出人才及其创新团队，张继瑜研究员入选全国农业科研杰出人才，其带领的"兽药创新与安全评价创新团队"入选创新团队。

● 研究所科技传播工作获表彰

近日，在中国农业科学院 2013—2014 年度科技传播工作先进单位、优秀通讯员评选中，研究所获科技传播工作先进单位称号，办公室符金钟同志被评为优秀通讯员。

此次评选综合了科技传播绩效评分及进步程度、通讯员实际发挥的作用以及新闻作品的影响力等因素。2013—2014 年，研究所科技传播工作取得了优异的成绩。其中，在《中国农业科学院网》《中国农业科学院报》《中国农业科学院工作简讯》上发表宣传稿件 58 篇。在有关报刊、媒体上发表的宣传稿获得历史性突破，在《人民网》《中国网》《新华网》等大型门户网站和《光明日报》《农民日报》《工人日报》《中国科学报》《中国妇女报》等报刊发表有关研究所宣传报道达 24 篇。农业部官网刊登研究所新闻报道 3 篇，央视［科技苑］栏目制作播出了关于研究所牦牛繁育研究工作的专题片《一群在春天吃肥的牦牛》，在全国范围内获得了广泛好评。同时，相关媒体转载量呈井喷式增长，为研究所树立了良好的社会形象。

2015 年科技创新与科技兴农

● 1月14~16日，杨志强所长和中兽医（兽医）研究室李建喜主任赴北京参加国家奶牛产业技术体系年终工作总结会。

● 1月14日，张继瑜副所长主持召开农业部兽用药物创制重点实验室建设项目仪器设备参数论证会，与会的各位专家就重点实验室建设项目仪器设备进行了讨论，提出了修改意见和建议。项目建设小组根据专家论证意见、修改和完善重点实验室建设项目购置仪器的招标参数文件。兽药研究室李剑勇副主任、条件建设与财务处巩亚东副处长及项目建设小组人员参加会议。

● 1月15日，甘肃省科技厅基础处组织召开"2015年度国家自然科学基金联合申报工作座谈会"，科技管理处王学智处长、甘肃省新兽药工程重点实验室李剑勇副主任、甘肃省牦牛繁育工程重点实验室梁春年副主任及相关人员参加会议。

● 1月23~24日，科技管理处王学智处长参加中国农业科学院科技管理局召开的2015年度国家自然科学基金项目申报培训暨动员会。

● 研究所2项成果荣获2014年甘肃省科技进步奖

1月25日，甘肃省委、省政府在兰州隆重召开全省科学技术奖励大会，阎萍研究员主持完成的"牦牛选育改良及提质增效关键技术研究与示范"项目获得2014年甘肃省科技进步二等奖。刘永明研究员主持完成的"牛羊微量元素精准调控技术研究与应用"项目获2014年甘肃省科技进步三等奖。

牦牛是高寒地区的特有牛种，主产于青藏高原海拔3 000米以上地区，有"高原之舟"之称。近年来牦牛生存环境不断恶化，野生牦牛濒临灭绝，家养牦牛品种退化，牦牛的现代饲养及其管理技术严重滞后。阎萍研究员科研团队以牦牛选育和提质增效为目标，在成功培育出了中国第一个牦牛新品种"大通牦牛"之后，继续开展牦牛种质资源创新利用与综合开发研究，通过产、学、研联合，建立了以品种选育、杂交改良、营养调控、分子标记辅助选择技术、功能基因挖掘等为主要内容的牦牛种质资源创新利用与开发综合配套技术体系，该技术已成为牦牛主产区科技含量高、经济效益显著、牧民实惠多、发展潜力大的畜牧业适用技术。成果应用的三年来，新增总产值2.089亿元，新增利润1.073亿元，产生了良好的社会效益和生态效益。该项目在甘南建立了牦牛三级繁育技术体系，推广甘南牦牛种牛9 100头，改良甘南当地牦牛，改良犊牛比当地犊牛生长速度快，各项产肉指标均提高10%以上，产毛绒量提高11.04%。项目还获得了具有自主知识产权的12个牦牛基因序列登记号码，为牦牛肉用性状、生长发育相关的候选基因辅助遗传标记等提供了理论指导和技术支撑。在实施期间，组装集成牦牛提质增效关键技术1套，建成甘南牦牛本品种选育基地2个，养殖示范基地3个，近三年累计改良牦牛39.77万头。

"牛羊微量元素精准调控技术研究与应用"项目通过对甘肃等省（区）牛羊主要养殖区土壤、牧草、牛羊血清微量元素动态变化进行系统检测、牛羊生产性能和相关疾病流行病学调查，研发出8种奶牛、肉（牦）牛、犊牛和羊微量元素舔砖系列新产品及2种牛羊缓释剂，研发牛羊舔砖专用支架2种和缓释剂专用投服器2种，制定出牛羊微量元素调控技术和补饲技术，实现了牛羊微量元素精准调控。该项目获国家授权专利 11 项，取得农业部添加剂预混合饲料生产许可证 1 个，获得甘肃省添加剂预混料生产文号 8 个，甘肃省企业产品标准 8 个。建立添加剂预混料生产车间和 2 条微量元素舔砖和缓释剂生产线，研发的新产品已向 2 家企业转让并批量生产。研发的新产品已在甘肃、青海、宁夏等省（区）52 个试验示范点（区）共推广应用牛 29.77 万头（次）、羊共 57.65 万只（次），可显著提高肉（牦）牛、犊牛和羊生产性能，提高母畜受胎率和犊牛、羔羊成活率，减少流产，降低乳房炎、子宫内膜炎产后瘫痪等病的发病率。已实现经济效益 4.5 亿元。

● 抗球虫中兽药"常山碱"实现成果转让

近日，研究所与石家庄正道动物药业有限公司在石家庄举行了新兽药"常山碱"科技成果转让和新兽药联合申报签字仪式。"常山碱"项目负责人郭志廷和正道药业刘志国总经理分别代表双方在协议上签字。正道药业刘宏董事长、徐海城项目经理出席了签字仪式。

常山碱是研究所在"十一五"国家科技支撑计划"安全环保型中兽药的研制与应用"项目资助下，研制的抗球虫新型中兽药。目前已基本完成常山碱的临床前研制，下一步将进行中试生产、临床复核和申报新兽药证书工作；相关研究成果已申请国家发明专利 3 项，在国家核心期刊上发表论文 15 篇。

鸡球虫病是一种全球流行、无季节性、高发病率和高死亡率的肠道寄生性原虫病。全球每年由本病造成的经济损失高达 50 亿美元，我国在 30 亿元人民币以上，其中抗球虫药物费用每年为 6 亿元左右。与常用化学药物相比，中药常山碱具有安全高效、低毒低残留和不易产生耐药性等优点，不仅可以直接杀灭球虫，还可提高机体自身免疫力，从而大幅提高药物的抗球虫效果和疫苗免疫效果。

刘宏董事长代表受让方表达了对常山碱开发前景的决心和信心。他表示转让协议的签订，将会使正道药业与研究所进入全方位的新兽药研发合作阶段，从而加快石家庄正道药业新兽药研发的速度，提升企业的科技水平，更好地服务于畜牧业生产。

● 研究所召开 2015 年度国家自然科学基金项目申报暨研究所"十三五"科技发展规划制定推进会

2 月 4 日，为了切实做好 2015 年度国家自然基金项目申报工作，开展研究所"十三五"科技发展规划的编制工作，研究所召开了 2015 年度国家自然基金项目申报暨"十三五"科技发展规划工作推进会。

会议邀请了中国农业科学院科技管理局陆建中副局长和规划处王琳博士莅临指导。陆建中首先做了"如何开展农业科技战略研究"与"十三五"科技战略规划制定应注意的问题的报告。随后以"国家自然科学基金项目申报之思考"为题，围绕如何写好国家自然科学基金项目书，归纳基金项目申报常见的问题，结合实例，凝练总结，详细讲解了基金申报书撰写应注意的 5 个关键点、5 个侧重点和 5 个注意点，为研究所科研人员申报国家自然基金项目进行了辅导。

王学智处长传达了 2015 年度国家自然科学基金申报管理工作会议的精神，对研究所 2014 年基金申请情况和存在的问题进行分析说明，对 2015 年基金项目申报工作进行了安排部署和动员。

张继瑜副所长指出，在当前国家深化科技管理体制改革的背景下，国家自然科学基金项目作为五大科技计划之一，已成为评价研究所综合实力的重要标志，为实现研究所跨越发展，必须加强基础研究和理论创新。全所科研人员要不断积累和刻苦努力，加强同行交流，学习成功经验，创新科研思路，夯实工作基础，积极做好 2015 年度申报工作，力争在基金项目立项工作上实现"量"和"质"的突破。张继瑜强调，战略和规划研究在指导和引领科技发展方面起着关键性作用，"十三五"科技发展战略研究规划工作是一项目标导向性很强的工作，需要我们厘清形势和需求，明确现状和问题，找出优势和差距，发现目标和途径，做出决策和部署。

张继瑜主持会议，研究所科技管理部门负责人和全体科研人员参加了会议。

● 2月9日，研究所召开"十三五"科技发展规划和重大科技选题组织筹备会，张继瑜所长主持会议，对研究所"十三五"规划的起草和重大科研选题的征集进行了安排部署。科技管理处王学智处长、曾玉峰副处长、梁剑平研究员、李建喜研究员、时永杰研究员、严作廷研究员、潘虎副研究员、梁春年副研究员、田福平副研究员等参加了会议。

● 2月9日，张继瑜副所长代表研究所和西班牙海博莱公司正式签订"Startvac灭活疫苗预防中国金黄色葡萄球菌、大肠杆菌性奶牛乳房炎的有效性和安全性评价"研究合作协议，签约仪式后海博莱公司奶牛乳房炎防治技术研发团队成员德梅特里奥和瑞卡德博士分别做了题为"乳房炎控制与乳品质量"和"西班牙海博莱公司疫苗研发进展"的学术报告。科技管理处、中兽医（兽医）研究室负责人及相关人员参加了会议。

● 2月10~16日，研究所举办2014年度科研成果展，共展出获奖成果11项，国家标准2项，软件著作权2项，著作20部，成果转让8项，专利149项（其中发明专利15项），SCI文章35篇（其中院选SCI核心期刊7篇，院选核心中文期刊6篇）。全所先后有120人次参观了展览。

● 2月12日，科技管理处王学智处长参加了兰州市科技局召开的2015年全市科技工作暨党风廉政建设工作会议。

● 3月4日，刘永明书记和陈化琦副主任参加甘肃省藏区双联工作培训会。

● 3月10日，杨志强研究员、阎萍研究员、时永杰研究员、李建喜研究员、梁春年副研究员赴四川省成都市参加了青藏高原社区畜牧业项目2014年度工作总结会。

● 3月19日，杨志强所长赴甘肃省定西市陇西县为"中国农业科学院航天苜蓿品种示范基地"揭牌，并与甘肃省定西市科技局签署了《中国农业科学院兰州畜牧与兽药研究所与定西市科技局所地科技合作框架协议》。科技管理处王学智处长、草业研究室李锦华副主任、常根柱研究员及相关人员等参加揭牌仪式。

● "细毛羊增产增效技术集成生产模式研究"项目论证会召开

3月24日，"2015年农业增产增效集成生产模式研究——细毛羊增产增效技术集成生产模式研究"项目论证会在研究所召开。中国农业科学院李金祥副院长、基本建设局刘现武局长等出席会议，成果转化局袁龙江局长主持论证会。

会上，成果转化局任庆棉处长就中国农业科学院增产增效项目的发展历程、取得的成绩及下一步的工作安排做了介绍。项目首席专家杨博辉研究员介绍了项目的总体实施方案，与会专家针对项目执行管理、内容分工、示范基地选择、技术平台整合等提出了指导意见。李金祥副院长充分肯定了该实施方案，并提出进一步做好增产增效研究与示范工作，必须提升技术的集成性、先进性以及基地的示范性和规范性。杨志强所长表示，项目组要认真吸取各位专家的意见，进一步完善和细化方案，达到为畜牧业高产创建提供技术模式和技术储备的预期效果。

该项目利用优质细毛羊、肉羊品种，在甘肃、内蒙古、青海等省区组建"政府+科技+企业+合作社（家庭牧场）+养殖大户"相契合的细毛羊增产增效研究团队，集成优质细毛羊品种、饲草料调制技术、营养调控技术、高效繁殖调控技术、疾病防控技术、羊毛标准化生产技术、优质草原肥羔生产技术、羊肉指令评价及加工技术、云端养殖综合技术9大核心技术体系，构建牧区"放牧+补饲"、牧区"育肥和牧区繁育+农区舍饲育肥"综合生产模式，探索"细毛羊产业全程可追溯的云端新型养殖模式"，加强"肉用多胎细毛羊新品种培育"，解决细毛羊产业中的降本、增产、提质、增效的重大问题，实现细毛羊产业高产、质优、高效的新常态。

会议期间，李副院长一行还参观了中兽医药陈列馆。刘永明书记、张继瑜副所长、阎萍副所长及细毛羊资源与育种创新团队研究人员参加了会议。

146

● 3月26日，杨志强所长主持召开有关院科技创新工程专题工作会议，就研究所8个院科技创新工程团队人员补充调整、设立团队秘书及创新工程经费调整有关事宜进行研究讨论。刘永明书记、张继瑜副所长、阎萍副所长、各部门负责人及创新团队首席参加会议。

● "千人计划"人才李靖博士到研究所交流

3月27日，"高聚工程""海聚工程""千人计划"获得者李靖博士应邀到研究所做了题为"宠物用药——一个新的经济板块"的学术报告会。

在报告中，李靖博士就结合国内人药滥用于宠物、国外已有在人体和宠物方面机理类似的药物等宠物用药国内外发展现状，通过分析宠物与人体生理结构的差异，探讨了宠物用药的特异性及国内的发展前景。李靖博士与研究所科研人员就经济动物用药、中兽医在宠物医疗方面的发展前景等问题进行了广泛交流。杨志强所长、张继瑜副所长、阎萍副所长、全体科研人员及研究生参加报告会。

李靖博士毕业于美国威斯康星密尔沃基大学有机化学专业，1999—2006年期间担任辉瑞制药全球研发总部首席科学家，申请专利50余项，授权15项。发表论文28篇，包括《美国化学会志》《有机化学》《四面体通讯》等。现为欧博方医药科技有限公司总裁。

● 公益性行业（农业）科研专项"中兽药生产关键技术研究与应用"2014年度总结会召开

3月28日，由研究所牵头，联合浙江大学、西北农林科技大学、西南大学、青岛农业大学等12家单位共同开展的全国公益性行业（农业）科研专项"中兽药生产关键技术研究与应用"2014年度总结会在研究所召开。甘肃省科技厅郑华平副厅长、杨志强所长、张继瑜副所长、中国农业科学院科技管理局文学处长、甘肃省农牧厅丁连生处长等出席会议并讲话。

张继瑜副所长主持会议。首席专家杨志强研究员对参加会议的各位领导及专家表示热烈的欢迎，并简单介绍了项目的概况。文学处长对各课题组提出了考核要求。各承担单位的专家分别对2014年各自承担的课题执行情况进行了汇报。会议还对课题执行过程中存在的共性问题进行了深入讨论，并对经费的预算执行情况和经费的使用问题进行了问询和讨论。

公益性行业（农业）科研专项"中兽药生产关键技术研究与应用"项目进展良好。2014年获得科技成果1项，获得国家发明专利11项、实用新型专利7项，申报国家发明专利13项，进入国家新兽药评审复审阶段药物3个，研发新产品8个，制定中兽药质量标准草案4个，形成中兽药有效成分提取技术4套，建立新工艺4个，形成生产线2条，建立基地2个。发表论文40篇，其中SCI收录文章8篇；出版著作2部，培养研究生27名，本科生16名。

● 科技部"传统中兽医药资源抢救和整理"2014年度工作总结会召开

3月29日，由研究所牵头，联合西南大学和西北农林科技大学等多家单位共同承担的国家科技基础性工作专项"传统中兽医药资源抢救和整理"2014年度项目总结会在研究所召开。

中兽医药学作为中华民族科学技术遗产中的一颗璀璨明珠，是人们几千年来与畜禽疾病斗争的实践经验和智慧结晶，拥有独特的诊疗方法与精湛技艺。然而，当前中兽医药学人才缺乏，经典著作亡佚殆尽，有形资源标本亟待创新补缺，无形技术遗产急需抢救整理。老一代中兽医的独特经验与诊疗技艺面临失传之虞，中兽医药学的传承与发展面临严峻挑战。在这样的形势下，国家科技基础性工作专项"传统中兽医药资源抢救和整理"项目的实施具有重大意义。

项目自2013年6月启动以来，集中力量对我国中兽医药资源进行了抢救和整理。现已建成一个涵盖文化、标本和器械于一体的中兽医药陈列馆，同时建成了一个数字化共享数据库。项目共收集整理相关的中兽医药资源信息千余条，整理中兽医药标本1 210余种，收集中兽医药标本280余种，收集中兽医诊疗器械140余件，收集整理各类中兽医古籍230余册，收集中兽医挂图30余幅。完成的中兽医药陈列馆及中兽医药资源共享数据库受到领导和专家的积极评价。

项目组各单位及各位专家就项目实施过程中的技术细则进行了交流，对课题执行过程中遇到的困难进行了讨论，并提出了许多合理化的建议。首席专家杨志强所长在项目总结会议讲话中指出，开展传统中兽医药资源抢救和整理工作功在当代，利在千秋，科技基础工作专项需要大家多沟通交流。此次项目执行情况交流会的召开，就是为了了解各课题组在执行过程中遇到的困难，为更好地完成项目打实基础。希望参加单位抓紧时间，分类整理收集到的中兽医器具、文献和诊疗技艺，并注重应用现代化的手段做好电子共享平台。张继瑜副所长主持了会议。

● 3月29日，研究所邀请甘肃农业大学蔺海明如做了题为"甘肃省中药材产业发展现状及提升思路"的学术报告。

● 4月2日，研究所举办知识产权专题讲座，邀请甘肃省知识产权事务中心张景玲主任、业务部孙慧娜副部长分别做了题为"甘肃省知识产权事务中心基本情况及服务特色"和"专利交底材料准备与审查意见答复"的报告。杨志强所长、科技管理处王学智处长及全体科研人员参加会议，阎萍副所长主持会议。

● 4月7日，张继瑜副所长主持召开研究所"十三五"期间科技发展需求与建议报告会，8个创新团队首席结合本团队发展现状需求，分别做了详细汇报。科管处负责人及各创新团队首席参加会议。

● 4月14~17日，张继瑜研究员和李剑勇研究员赴江西省九江市参加2015年度兽用化学药品产业技术创新战略联盟会议。

● 4月15日，杨志强所长主持召开院科技创新团队专题会议，安排部署了《中国农业科技科技创新工程年度任务书》填报工作。阎萍副所长，科管处、条件建设与财务处负责人和各创新团队首席及团队秘书参加了会议。

● 4月15日，研究所组织专题会议，对王晓力副研究员申报的2015年甘肃省科技重大专项"饲用甜高粱种质创新及饲用技术的研究与示范"进行了讨论，与会专家对申报材料提出了修改意见和建议。杨志强所长、阎萍副所长、王学智处长、杨博辉研究员、李锦华副研究员、田福平副研究员参加了会议。

● 4月20日，张继瑜副所长主持召开专题会议，听取了李建喜主任就"国家中兽药工程技术研究中心"申报情况的汇报，郑继方研究员、李剑勇研究员、严作廷研究员、王学智研究员、潘虎副研究员等就有关建设思路提出了修改意见和建议。

● 4月23日，张继瑜副所长、王学智处长、李建喜主任赴北京参加院科技管理局召开的"中国农业科学院国家工程技术研究中心工作研讨会"。张继瑜副所长向与会专家领导汇报了研究所申报的"国家中兽药工程技术研究中心"的建设思路及方案，该方案得到了与会专家领导的充分肯定，并提出了进一步完善的意见和建议。

● 阎萍研究员等获中国牛业科技贡献奖

4月25~27日，中国畜牧兽医学会养牛学分会第八届全国会员代表大会暨2015年学术研讨会在北京召开。会议主题是高效、环保、健康。牦牛资源与育种创新团队首席科学家阎萍研究员做了"牦牛繁育科研进展"特邀大会报告。为了表彰在中国牛业发展及其学术活动中突出成就。大会评选并颁发了终身成就奖、中国牛业科技贡献奖和中国牛业青年科技奖。研究所阎萍研究员获中国牛业科技贡献奖，郭宪副研究员获中国牛业青年科技奖。

● 4月29日，甘肃省科技厅召开2015年省科技重大专项专家评审会，王晓力副研究员对申报的"饲用甜高粱种质创新及饲用技术的研究与示范"课题进行了答辩。

● 5月8日，杨志强所长参加甘肃省科技厅工程中心答辩会。

● 5月8日，浙江省农业科学院植物保护与微生物所研究员王欣博士、西北农林科技大学水土保持研究所/中国科学院水利部水土保持研究所副研究员方临川博士应邀到研究所分别做了题为"动物肠道微生态与健康"和"络合诱导植物修复的微生物响应机制和氮转化"的学术报告会。全体科研人员及研究生参加报告会。

● 5月11~13日，杨志强所长、张继瑜副所长赴北京参加中国农业科学院学术委员会第五届第五次会议。

● 5月11日，苏丹农牧渔业部哈桑·巴希尔司长应邀来所交流访问。杨志强所长接见了哈桑·巴希尔并就进一步开展科技合作进行了交谈。兽用天然药物创新团队首席梁剑平研究员与哈桑·巴希尔关于落实"苏丹农牧渔业部与中国农业科学院兰州畜牧与兽药研究所有关动物药物研究与人员交流的合作备忘录"进行了座谈，双方签订了"2014—2019有关动物药物研究与人员交流合作的执行计划"的合作协议，科技管理处王学智处长主持座谈会，兽用天然药物创新团队成员参加了座谈会。

● 5月11日，张继瑜副所长赴云南省腾冲市参加中国畜牧兽医学会第十三届五次理事会。

● 研究所组织藏区牧民开展牦牛科学养殖培训活动

5月12日，由阎萍研究员主持的"十二五"国家科技支撑计划"甘肃甘南草原牧区'生产生态生活'保障技术集成与示范"项目在研究所开展牦牛科学养殖技术培训活动。来自甘南藏族自治州碌曲县、夏河县的牦牛养殖户、课题组人员及基层工作人员共计30余人参加了培训。

在培训会上，项目组科技人员就牦牛品种选育与改良、枯草季适时补饲、燕麦草种植贮藏及包虫病防治等养殖关键技术进行了讲解，并发放了《牦牛科学养殖实用技术手册》（藏汉双语）、《家庭农场肉牛兽医手册》《包虫病繁殖技术指南》及包虫病防治挂图等培训材料，组织参加培训的人员赴青海海北州及大通牦牛场参观学习牦牛科学养殖关键技术。牧民代表参观了"海北高原现代生态畜牧业科技试验示范园"和"海晏夏华养殖场"牦牛舍饲育肥情况，考察了"海晏县牦牛养殖合作社"和"大兴隆养殖合作社"牦牛分群管理饲养模式。

通过此次培训，使牧民群众看到科学养殖技术应用带来的增收效益，促进藏区牧民之间交流交往交融，为牧区增产、增效、增收提供了科技支撑。

● 5月14~15日，西北农林科技大学动物科技学院陈宏教授、黄永震博士一行访问了研究所并进行学术交流。阎萍副所长及牦牛资源与育种创新团队成员、研究生等参加了交流活动。交流期间，陈宏教授做了题为"中国黄牛肌肉脂肪发育的表观遗传研究"的学术报告，并与参会人员展开了热烈讨论。

● 研究所邀请西班牙专家进行技术与学术交流

5月17~21日，应研究所"中兽医与临床"创新团队邀请，西班牙加泰罗尼亚牛奶质量控制技术支持公司兽医临床专家德梅特里奥、西班牙海博莱公司奶牛乳房炎专家罗杰与冯军科博士来华进行了为期5天的技术与学术交流。双方以奶牛乳房炎减抗防治为主题，围绕中国—西班牙国际科学技术合作项目"Startvac疫苗结合中兽药防治中国奶牛乳房炎临床有效性研究"，对Startvac疫苗临床试验过程中存在的问题和乳房炎防控关键技术进行了深入讨论，对阶段性临床试验结果进行了分析和总结，并对该项目下一步研究提出了可行性建议和意见。

期间，德梅特里奥在研究所做了题为"传染性乳房炎防控关键技术"的学术报告，中兽医与临床创新团队首席李建喜研究员陪同外方专家先后前往技术示范试验基地"白银鑫昊乳业乳品有限公司奶牛场"和"西安草滩牧业有限公司华阴奶牛二场"，进行了乳房炎防治技术指导与现场操作示范，并为奶牛场相关负责人及技术人员进行了为期两天的技术培训。此次培训为奶牛场乳房炎的管理提供了实用技术，受到了奶牛场管理和技术一线人员的高度重视。

● 5月19日，杨志强所长主持召开甘肃高山细毛羊品种培育工作汇报会，主要就羊新品种申报工作向甘肃省农牧厅姜良副厅长做了汇报。在会上细毛羊资源与育种创新团队首席专家杨博辉研究员就甘肃高山细毛羊新品种申报的工作进展及后续工作计划等做了详细汇报。与会专家从品种申报和项目实施的的规模要求、材料完善、申报方案、执行管理、内容分工等方面提出了意见建议。姜良副厅长在会上充分肯定了研究所前期工作安排，并表示将全力以赴支持细毛羊品种申报工作。杨志强所长要求项目组要认真吸取各位专家的意见，进一步完善和细化品种申报资料，明确任务要求。刘永明书记、阎萍副所长、科技管理处王学智处长、甘肃省农牧厅畜牧处万占全处长、甘肃省绵羊繁育技术推广站李范文站长等参加会议。

● 5月27日，张继瑜副所长主持召开研究所"十三五"科技发展规划制定工作会，与研究所相关部门负责人、创新团队首席共同分析了"十三五"期间国内外畜牧业发展的形势与需求，围绕粮食安全、公共卫生安全和食品安全等研究领域提出了研究所"十三五科技发展规划"起草方案，并对各团队重点方向与任务做了讨论和要求。

● 5月28日，杨志强所长、办公室赵朝忠主任参加甘肃省交通运输厅召开的"临潭县省直级联村单位协调推进座谈会"。会议传达学习了省委有关文件精神和成县现场会会议精神。临潭县委书记宋健汇报了临潭县双联行动开展情况和下一步打算，提出了需省级联村单位帮助解决的25项基础设施建设和13项富民产业项目，涉及研究所的有基础设施建设项目3项、富民产业项目1项。杨志强所长介绍了研究所双联行动开展情况，并对临潭县双联工作提出了建议。

● 6月4日，研究所召开学术委员会会议，研究讨论了2013级研究生中期考核工作、2015年学位论文答辩工作、2015年度硕士生导师备案工作和2016年度导师招生资格年度审核工作。会议决定推荐2015届毕业生吴晓云为院优秀毕业生人选；推荐吴国泰、张超的学位论文为院级候选优秀论文；同意丁学智等5人具备2015年度硕士生研究生指导教师资格；同意张继瑜等16位导师具备2016年招生资格的条件。杨志强所长主持会议，刘永明书记、张继瑜副所长、阎萍副所长等参加会议。

● 6月4日，杨志强所长主持召开研究所2015年第一季度成果通报会，会上通报了第一季度各创新团队和成员考核成绩。刘永明书记、张继瑜副所长、阎萍副所长、科技管理处王学智处长及各创新团队首席和秘书参加了会议。

● 研究所举办甘肃细毛羊发展论坛

6月12~13日，由研究所、甘肃省农牧厅和甘肃省绵羊繁育技术推广站联合举办的"甘肃细毛羊发展论坛"在甘肃举行。全国畜牧总站畜禽资源处杨红杰处长、徐杨博士，中国农业科学院北京畜牧兽医研究所教授、国家畜禽遗传资源委员会羊专业委员会主任杜立新，新疆畜牧科学院研究员、国家绒毛用羊产业技术体系首席科学家田可川，内蒙古农业大学教授、国家畜禽遗传资源委员会羊专业委员会副主任李金泉，青岛农业大学柳楠教授，新疆农垦科学院石国庆研究员，四川省畜禽繁育改良总站傅昌秀研究员，兰州大学李发弟教授等专家领导出席了论坛。甘肃省农牧厅姜良副厅长在兰州会见了与会的专家，希望来自全国各地的专家对皇城美利奴羊品种选育和甘肃省羊产业的发展出谋划策。

论坛由杨志强所长主持，甘肃省绵羊繁育推广站站长李范文致欢迎辞。杨博辉研究员汇报了皇城美利奴羊新品种的培育进展，与会专家重点围绕细毛羊新品种培育、新品种认定及我国羊新品种培育战略等方面的问题建言献策，并考察了皇城美利奴羊新品种核心群、育种群，参观了甘肃省绵羊繁育推广站现代化剪羊毛车间，对细毛羊培育工作给予了充分肯定，一致认为皇城美利奴羊新品种培育工作已基本完成。杨红杰处长指出，根据与会专家提出的建设性意见和建议，希望研究所尽快完善相关材料，争取尽早通过国家畜禽新品种审定。

甘肃省农牧厅畜牧处万占全副处长、研究所张继瑜副所长、王学智处长、细毛羊资源与育种创新团队全体成员、甘肃省绵羊繁育推广站贺学昌书记等 30 多人参加了论坛。

● 阎萍副所长在农科讲坛做学术报告

6 月 23 日，中国农业科学院 2015 年第 5 期"农科讲坛（中国农业科技报告会）"在国家农业图书馆报告厅举行。研究所阎萍研究员作了题为"牦牛产业发展现状和对策"的报告。农业部副部长、中国农业科学院院长李家洋，院党组书记陈萌山，副院长雷茂良、吴孔明，院党组成员、人事局局长魏琦出席报告会。青海省畜牧兽医科学院副院长刘书杰、北京畜牧兽医研究所研究员许尚忠作为点评嘉宾参加报告会。报告会由科技管理局副局长李新海主持。

阎萍围绕着牦牛产业发展现状、牦牛种质特性、牦牛育种科技创新成效及牦牛产业未来发展趋势等方面作了报告。报告让与会人员更加深入地了解了牦牛及其产业发展。

交流中，点评嘉宾对阎萍研究员作为一个女性科研工作者，却在高寒缺氧的青藏高原，30 年如一日坚守在科研一线，把论文写在牧民家，把成果用在草原上的精神给予了高度赞扬。对她立足前辈研究基础，带领科研团队，填补世界上牦牛没有培育品种及相关培育技术体系的空白的工作业绩给予充分肯定。

院属京区各单位领导、青年职工代表、研究生院学生代表等 300 余人参加了报告会。

● 6 月 23 日，张继瑜副所长召开农业部重点实验室评估工作安排会，对评估的方式和内容、材料准备及人员分工做了安排部署。科技管理处王学智处长、中兽医（兽医）研究室李建喜主任及相关人员参加了会议。

● 6 月 24~25 日，科技管理处曾玉峰副处长一行三人赴兰州大学参加 2015 年兰州市科技成果交易会。

● 英国布里斯托大学宋中枢博士访问研究所

6 月 25 日，英国布里斯托大学化学学院宋中枢博士应邀到研究所访问交流。

在学术交流会上，刘永明书记向宋中枢博士介绍了研究所科研工作，特别是兽药学科领域的研究进展，并就进一步加强研究所与布里斯托大学开展合作进行了交流。宋中枢博士为全所科技人员和研究生做了题为"天然化合物在微生物中的生物合成"的学术报告。

宋中枢博士现任布里斯托大学化学学院生物实验室主任，在真菌多酮类天然产物方面的研究处于国际领先地位，并发表过多篇有影响力的文章。

● "羊绿色增产增效技术集成模式研究与示范"项目推进会召开

7 月 7~9 日，中国农业科学院科技创新工程"羊绿色增产增效技术集成模式研究与示范"项目推进会在甘肃省肃南裕固族自治县召开。中国农业科学院李金祥副院长、甘肃省农牧厅姜良副厅长出席会议并讲话。成果转化局袁龙江局长主持会议。

会上，项目负责人杨博辉研究员就该项目 2015 年的实施方案和前半年工作进展做了汇报，中国农业科学院饲料研究所、北京畜牧兽医研究所、兰州兽医研究所和农产品加工研究所等各参加单位的项目负责人就各自要集成的技术和集成方案进行了汇报。项目主持单位兰州畜牧与兽药研究所与示范基地肃南裕固族自治县人民政府签署了科技合作协议。会议期间，与会代表现场观摩了项目示范点。

李金祥副院长在听取项目组汇报后表示，该项目的进展令人满意，希望项目实施团队要充分利用羊产业快速发展的历史机遇，高度重视，齐抓共管，联合攻关，重点要抓住绿色增产增效这一关键词，在构建羊产业可持续发展模式上下功夫，要紧密依靠科技进步，转变观念，改变落后的生产方式，突出重点，发挥优势，促进养羊业"绿色、提质、增效"，构建"育、繁、推、产、加、销"一条龙的全产业链生产经营模式，确保我国养羊业的持续健康发展。李金祥副院长对项目组提出了三点要求：第一要加强组织领导，保证项目顺利实施；第二要凝练科学问题，发挥项目的引领示范作用；第三要加强合作，协同创新，共同做好羊绿色增产增效技术集成模式研究与示范工作。

杨志强所长指出，羊绿色增产增效技术集成模式研究与示范项目在院领导和成果转化局的亲切关心和悉心指导下，在甘肃省农牧厅领导的大力支持下已全面展开。作为项目主持单位，研究所将精心组织、全力支持项目组开展工作，同时将与各参加单位团结协作，发挥各自优势，努力构建全产业链生产经营模式，保障绿色、安全、优质羊产品的供给，推动农牧区养羊业的"绿色、提质、增产、增效"。

院基建局夏耀西副局长、院办公室李滋睿处长、院成果转化局任庆棉处长、研究所张继瑜副所长、科技管理处王学智处长、甘肃省张掖市畜牧兽医局张和平副局长及养羊企业代表、养羊大户等80余人参加了推进会。

● 7月11日，公益性行业专项"新型动物专用药物的研制与应用"项目2015年中期研讨会在兰州召开，项目首席专家上海兽医研究所薛飞群研究员主持会议，张继瑜副所长讲话。各项目参加单位负责人汇报了子课题项目进展情况，并就相关进行详细讨论。本次会议由研究所承办，中国农业科学院饲料研究所、中国农业大学、南京农业大学等8家单位共30余人参加会议。

● 研究所"双联"工作获得好评

7月中旬，阎萍副所长带队一行5人，赴甘肃省甘南藏族自治州临潭县新城镇开展为期5天的"双联富民"行动。行动主要对研究所2015年上半年双联工作进行自查，并参加由甘肃省交通厅组织的督查工作。

在双联工作督查中，督查组对研究所的双联工作给予了积极评价，认为研究所双联行动能够从联系村实际出发，结合专业优势，精心组织，在双联村产业发展及基础设施建设等方面做了大量工作，为双联村办了许多实事、好事。

2015年，研究所先后选派双联干部5批19人（次）进村入户，进行调查摸底和维稳工作，做到长流水、不断线；建立健全了联系户基本情况调查登记表，开展了空巢老人、留守儿童、留守妇女等摸底登记工作；在甘肃省交通运输厅的大力支持下，投资80万元，在肖家沟村、红崖村修建两座便民桥；与新城镇党委政府共同努力，为南门河村80户村民争取到92万元危房改造资金、为肖家沟村争取到150万元的"精准扶贫、整村推进"道路建设项目；联系甘肃省民进党向南门河村、红崖村、肖家沟村三所小学捐赠图书3000册。发挥研究所优势，向双联村的养殖户免费发放牛羊驱虫药和消毒剂。

● 7月17日，甘肃省农牧厅对2015年甘肃省农牧渔业丰收奖获奖项目进行公示，研究所苗小楼副研究员主持的"益蒲灌注液的研制与推广应用"项目获省农牧渔业丰收一等奖，梁春年副研究员主持的"甘南牦牛良种繁育及健康养殖技术集成与示范"获省农牧渔业丰收二等奖。

● 7月20~21日，《国家自然科学基金资助项目资金管理办法》西北片区依托单位培训会议在西安第四军医大学召开，科技管理处曾玉峰副处长等参加了会议。

● 7月22~24日，中国畜牧兽医学会兽医内科及临床诊疗学分会与动物毒物学分会联合在黑龙江省大庆市召开2015年会员代表大会与学术研讨会，研究所董书伟博士和杨峰助理研究员受邀分别作了题为"中药治疗奶牛子宫内膜炎的系统评价和meta分析"和"兰州地区奶牛乳房炎金黄色葡萄球菌耐药性分析"的学术报告。董书伟博士的论文获评优秀论文。

● 7月29~30日，院农产品质量安全风险评估交流研讨会——第二期动物源类风险评估实验室交流研讨会在上海举行，风险评估实验室（兰州）高雅琴研究员、杜天庆副研究员等参加会议。

● 8月4~5日，张继瑜副所长、科技管理处王学智处长赴北京参加院科技创新工程"十三五"规划编制工作会议、农业部"十三五"重点实验室规划和十三五试验基地规划工作会议。

● 8月10日，张继瑜副所长主持会议，部署安排研究所创新团队关于"十三五"院科技创新工程规划编制会。科技管理处王学智处长传达了院创新工程会议要求，并就规划书写的结构、内容等具体方面做了要求。中兽医与临床团队李建喜首席、奶牛疾病团队严作廷研究员、兽用化学药物团队李剑勇首席、兽用天然药物团队梁剑平首席、牦牛资源与育种团队梁春年副研究员、细毛羊资源与育种团队岳耀敬助理研究员和寒生、旱生灌草新品种选育团队田福平首席参加了会议。

● 世界牛病学会秘书长到研究所访问

8月11~14日，应研究所邀请，世界牛病学会秘书长、匈牙利圣伊斯特凡大学兽医学院奥托·圣兹教授到所访问。

杨志强所长向奥托·圣兹教授介绍了研究所基本情况，严作廷研究员介绍了奶牛疾病创新团队的科研工作进展。奥托·圣兹教授作了题为"奶牛产后子宫疾病的定义、诊断和治疗"的学术报告，并与科研人员进行了交流。在访问期间，双方就开展奶牛疾病的合作研究以及建立联合实验室等方面进行了深入探讨。

奥托·圣兹教授发表论文557篇，出版著作30部，是世界著名的兽医学家。现在担任世界牛病学会秘书长、匈牙利牛病协会主席、欧洲牛健康管理学院秘书长、罗马尼亚雅西农业兽医学院董事会成员、韩国农业绿色技术科学顾问。

● 8月11日，2015年度兰州市科学技术奖评审结果公布，研究所推荐申报的"益蒲灌注液的研制与推广应用"项目获市科技进步二等奖、"阿司匹林丁香酚酯的创制及成药性研究"项目获市技术发明三等奖。

● 澳大利亚牧草育种专家到研究所访问

8月上旬，应研究所邀请，澳大利亚西澳大学教授、著名草地与牧草育种专家菲利普·尼古拉斯博士和高级研究员、牧草育种专家丹尼尔·瑞尔博士一行到研究所进行了为期8天的访问。

访问期间，菲利普博士和丹尼尔博士分别作了题为"澳大利亚豆科牧草研究进展"和"多年生豆科牧草品种选育"的学术报告。杨志强所长向来访专家介绍了研究所基本情况，并就双方开展科技合作提出了建议。

为了详细了解研究所"寒生、旱生灌草新品种选育"创新团队科学研究情况，2位专家先后赴研究所大洼山综合试验站团队育种试验田、甘南藏族自治州牧草繁育试验点、张掖市旱生牧草基地和永昌苜蓿产业化示范基地，考察沙拐枣、梭梭、花棒等防风固沙植物品种的栽培驯化试验与苜蓿产业化示范情况。团队首席专家田福平为专家做了题为"寒生、旱生灌草新品种选育创新团队新品种选育"的报告，介绍了团队研究方向、团队结构、新品种选育试验及下一步研究计划等。团队成员与菲利普博士和丹尼尔博士就今后在牧草育种、品种引进、资源共享等方面进行合作的具体事宜进行了洽谈，就双方共同关心的问题达成了合作意愿。

据悉，菲利普·尼古拉斯博士为澳大利亚西澳农业和食品部高级科学家，一直致力于草地农艺、生态学和植物育种方面的研究，在分子育种（Molecular Breeding）、植物与土壤（Plant and Soil）、Euphytica 等发表论文45篇，参与编著3部，育成品种19个，主持制订 UPOV 国际技术规程中的地三叶植物育种者品种权，任 Crop and Pasture Science 杂志副主编。丹尼尔·瑞尔博士系澳大利亚西澳农业和食品部高级科学家、植物育种组负责人，西澳大学、地中海农业豆科牧草中心（CLIMA）高级副教授，在 Crop Science、Plant and Soil 等发表论文45篇，育成品种8个。

● 8月18日，张继瑜副所长主持会议就院科技创新工程"十三五"规划编制材料进行审阅。会议重点对研究所牵头撰写的"兽药与中兽药创新中心"和"羊创新中心"规划材料进行了研讨论证，同时听取了参与其他创新中心的团队规划内容，并提出修改意见和建议。科技管理处负责人和各创新团队首席参加了会议。

● 阎萍研究员访问英国皇家兽医学院

近日，应英国皇家兽医学院邀请，阎萍研究员、严作廷研究员等一行 4 人赴该学院访问并进行学术交流。

在英国皇家兽医学院，副院长乔纳森·埃利奥特教授和阎萍研究员分别介绍了本单位基本情况和科研进展。阎萍研究员做了题为"青海藏族高原牦牛和藏羊的育种研究"的学术报告，严作廷研究员做了题为"奶牛子宫内膜炎研究进展"的学术报告。双方就牛繁殖性状候选基因、牛角性状候选基因、胚胎移植繁殖、生物信息学、奶牛繁殖疾病、奶牛乳房炎免疫、乳房炎发病机制和诊断技术等研究情况进行了深入交流。

访问期间，阎萍研究员一行还参观了皇家兽医学院的大动物医院、英国最大的小动物医院—皇后医院、学院实验动物基地、生物科学创新中心和博尔顿公园农场。皇家兽医学院表示欢迎研究所工作人员到院学习交流。阎萍研究员代表研究所邀请皇家兽医学院派员访问研究所，进一步开展科研合作与交流。

● 8 月 20 日，杨志强所长主持召开所长办公会议，就各研究部门无记名投票选举产生的中国农业科学院第八届学术委员会委员候选人建议名单进行审议。经研究，决定推荐杨志强、张继瑜、阎萍为中国农业科学院第八届学术委员会院内委员候选人，推荐兰州大学南志标院士和河南农业大学张改平院士为院外委员候选人。刘永明书记、张继瑜副所长、阎萍副所长、科技管理处王学智处长、曾玉峰副处长参加会议。

● 8 月 24 日，华东理工大学李洪林教授应邀来研究所做了题为"第三代 EGFR 候选药物研究"的学术报告。张继瑜副所长主持报告会，兽药研究室、中兽医（兽医）研究室全体人员及研究生参加了会议。

● 8 月 26 日，研究所和岷县方正草业开发有限责任公司在岷县举行"岷山红三叶航天育种合作研究签约仪式"。岷县人民政府刘映菊副县长主持签约仪式，岷县县委常委、宣传部长史学华出席签约仪式并致欢迎辞，科技管理处王学智处长介绍了岷山红三叶航天育种合作研究概况，杨志强所长代表研究所签约并发表讲话。草业研究室常根柱研究员、周学辉助理研究员，中兽医（兽医）研究室李建喜主任、郑继方研究员，定西市科技局李虹副局长，县人大常委会孙明香副主任、县政协白雪芳副主席出席签约仪式；岷县科技局、畜牧局、草原站负责同志及部分职工、县内有关企业负责人、岷县派驻企业科技特派员、岷县方正草业公司部分职工、部分种草大户约 50 人参加签约仪式。8 月 27 日，杨志强一行还对岷县、宕昌中药材种植基地进行了考察。

● 8 月 31 日，科技管理处王学智处长主持召开"高山美利奴羊"新品种现场审定会筹备会，对承办会议材料准备、会场布置、工作人员任务安排等进行了安排布置。细毛羊资源与育种创新团队首席专家杨博辉研究员、科技管理处曾玉峰副研究员及相关人员参加了会议。

● 8 月 27 日至 9 月 2 日，刘永明书记、李剑勇研究员、周绪正副研究员、丁学智副研究员一行 6 人赴荷兰、瑞士访问和并进行学术交流。

● 刘永明研究员访问荷兰乌特勒支大学和瑞士伯尔尼大学

8 月 27 日至 9 月 2 日，应荷兰乌特勒支大学兽医学院和瑞士伯尔尼大学寄生虫学研究所的邀请，刘永明研究员等一行 6 人先后对该学院和研究所访问。

在荷兰乌特勒支大学，兽医学院副院长弗里克·范·慕斯温克尔教授和刘永明研究员分别介绍了本单位基本情况和科研进展。刘永明研究员、李剑勇研究员、丁学智副研究员和刘希望助理研究员分别做了学术报告。双方就天然产物在兽医学科的应用、反刍动物营养与甲烷排放、奶牛乳房炎免疫、分子病毒学与转录等研究情况进行了深入交流。刘永明研究员一行还了解了乌特勒支大学兽医学院的兽医教学情况，参观了教学和科研实验室及动物医院。双方都表示，希望能互派工作人员学习交流，开展科技合作与交流。

在瑞士伯尔尼大学，寄生虫学研究所负责人安德鲁·亨普希尔教授和李剑勇研究员分别介绍了本单位基本情况和科研进展。李剑勇研究员、刘永明研究员、丁学智副研究员、杨亚军助理研究员和王胜义助理研究员分别做了学术报告。双方交流了抗寄生虫药物的耐药性机理、寄生虫与宿主的相互作用、抗寄生虫药物的药效评价等方面的研究进展。刘永明研究员一行还参观伯尔尼大学寄生虫学研究所实验室、实验动物基地及牛羊养殖场等。双方在合作研究、人员短期培训、联合申报项目等方面达成了意向。

● 9月1日，杨志强所长、科技管理处王学智处长赴北京参加中国农业科技管理委员会科技发展战略研究工作委员会2015年学术年会。

● 9月2日，杨志强所长主持召开"高山美利奴羊"新品种现场审定会筹备会议，对会议材料、会场布置、任务分工、后勤保障等进行了详细安排，以确保会议顺利进行。阎萍副所长、科技管理处、办公室、畜牧室负责人及细毛羊资源与育种创新团队全体人员参加会议。

● 9月6~8日，由国家畜禽遗传资源委员会办公室组织羊专业委员会有关专家，在兰州对研究所和甘肃省绵羊繁育技术推广站等单位历经20载育成的国内外唯一适应高海拔寒冷与干旱严酷牧区的高山型毛肉兼用细毛羊新品种"高山美利奴羊"，进行了新品种现场审定。审定会上，专家组现场考察了"高山美利奴羊"新品种繁育体系建设与设备和核心群与育种群、抽测了生产性能及查阅了育种资料，杨博辉研究员代表申请单位作了育种工作报告。经过现场审定，"高山美利奴羊"新品种获得了与会专家组的充分肯定，成功通过了国家畜禽遗传资源委员会羊专业委员会初审。国家畜禽遗传资源委员会办公室主任郑友民，国家畜禽遗传资源委员会办公室副主任、全国畜牧总站畜禽资源处处长杨红杰，全国畜牧总站畜禽资源处徐杨博士、甘肃省农牧厅副厅长姜良、畜牧处副处长万占全、中国农业科学院科技局副局长李新海、中国农业科学院兰州畜牧与兽药研究所所长杨志强、党委书记刘永明、副所长张继瑜、副所长阎萍、甘肃省绵羊繁育技术推广站站长李范文，"高山美利奴羊"新品种育种协作组成员以及相关代表50多人参加了会议。

● 9月22日，中国农业科学院麻类研究所沅江实验站朱爱国副站长一行来研究所调研牧草种质资源收集和野外台站建设情况。常根柱研究员简要介绍了研究所牧草繁育工作概况，双方就牧草综合利用进行了深入交流。基地管理处董鹏程副处长、科技管理处曾玉峰副处长陪同调研并参观了大洼山试验基地。

● 9月24日，杨志强所长赴甘肃省定西市参加由草产业联盟和奶牛体系联合举办的草业高层论坛。

● 9月30日，张继瑜副所长主持会议就2016年因公出国境培训项目和创新型人才项目等申报工作进行了安排部署。科技管理处王学智处长传达了相关文件精神，并解读了有关要求。党办人事处及各研究室负责人参加了会议。

● 杨志强研究员赴俄罗斯毛皮动物与家兔研究所开展学术交流

10月9~13日，应俄罗斯毛皮动物与家兔研究所所长卡诺莫夫所长邀请，杨志强研究员等一行6人赴该研究所进行了访问与学术交流。

访问期间，俄罗斯毛皮动物与家兔研究所所长卡诺莫夫研究员和研究所所长杨志强研究员各自介绍双方单位基本情况、科研优势与研究进展。卡诺莫夫研究员给中方人员介绍了俄罗斯毛皮动物与家兔研究所主要骨干及其研究成果。杨志强研究员一行参观了该所的实验室及其实验基地。访问期间，双方进行了主题学术交流。卡诺莫夫研究员、塞玛科若索瓦博士分别做了"俄罗斯草食动物遗传学与营养学研究进展"和"动物毛皮保护及其疾病防治"的报告，罗超应研究员、梁春年博士、李建喜博士分别做了"中兽医针灸防治动物疾病""牦牛功能基因挖掘及遗传多样性保护与利用"和"草食动物胃肠道益生菌在中兽药生物转化中的应用技术"的报告。双方在主题学术交流的基础上，就合作事宜及相关细节进行了深入讨论，初步达成合作意向，拟在明年签署合作协议。

● "奶牛健康养殖重要疾病防控关键技术研究"取得新进展

10月10日，由严作廷研究员主持的"十二五"国家科技支撑计划"奶牛健康养殖重要疾病防控关键技术研究"2015年度工作交流会在吉林大学召开。

本次会议的主要任务是对照课题任务书查漏补缺，结合任务书查看各项工作完成总体情况和财务预算执行情况。吉林大学动物医学院院长赖良学致辞。王学智处长从目标任务完成情况、经费进度、成果凝练三个方面对各课题组提出了具体要求，并解读了国家"十三五"重点研发规划。各子课题负责人分别就2015年工作进展、取得成绩、存在问题进行了汇报，并就课题成果凝练、课题验收以及"十三五"计划等问题进行了探讨。

通过汇报，大家一致认为该项目自启动以来，承担单位协同创新，不断取得新成果，执行情况良好，但还有部分任务需要进一步加快进度。目前共获得科技成果3项，国家发明专利8项、实用新型专利27项，获得新兽药证书3个，已申报并进入复核阶段的新兽药2个，研制疫苗4种、微生态制剂4种，制定并颁布农业行业标准1项，申报国家标准1项，研发快速诊断技术16种、早期预警技术1套、防控技术规范2套，转化成果3个。发表论文122篇，其中SCI收录43篇，出版著作3部。培养博士研究生19名、硕士研究生52名。

参加会议的有中国农业科学院哈尔滨兽医研究所、吉林大学、东北农业大学、华中农业大学、中国农业大学、黑龙江八一农垦大学、四川畜牧兽医科学院和江苏农林职业技术学院等9家单位的课题负责人。

● 10月13日，张继瑜副所长主持会议就"十三五"国家重点研发计划重点专项申报工作进行提前谋划。张继瑜副所长结合国家科技计划体制改革形势及重点专项申报动态，针对研究所各创新团队重点工作任务安排布置申报事宜，并要求大家高度重视，做好准备，积极联合。科技管理处负责人、各研究室主任及创新团队首席参加会议。

● 爱尔兰都柏林大学谢默斯·范宁教授到研究所访问

10月15~17日，应研究所邀请，世界卫生组织协作中心主任、爱尔兰都柏林大学食品安全中心谢默斯·范宁教授到所访问。

杨志强所长向谢默斯·范宁教授介绍了研究所基本情况，严作廷研究员介绍了奶牛疾病方面研究进展。范宁教授做了题为"连接动物和人类抗微生物化合物耐抗生素细菌的分子鉴定"的学术报告，并与科研人员进行了交流。在访问期间，范宁教授参观了中兽医药陈列馆，并就开展合作研究等方面进行了深入探讨。

谢默斯·范宁教授为都柏林大学食品安全中心和世界卫生组织协作中心主任，北爱尔兰贝尔法斯特女王大学全球粮食安全研究所的教授，是美国微生物学会（ASM）、应用微生物学学会（SFAM）和国际食品保护协会（IAFP）会员。范宁教授的研究重点聚焦在影响人畜共患/非共患性细菌病的控制上，其研究领域是利用分子亚型和全基因组测序方法鉴定食源性致病菌以及多种食源性致病菌多重耐药的遗传机制以及药物。他还担任WHO/FAO等多个国际组织的职务。1998年以来，范宁教授主持62项科学研究基金，发表233篇论文，累计影响因子3 413.844，累计被引次数2 147次。2009年至今，是32种SCI杂志的的副主编和审稿人。

● 10月19日，德国柏林洪堡大学生命科学学院农业与园艺研究所Aijan Tolobekova博士来研究所做了题为"Analysis and assessment of animal-environmental-Interactions in yaks in Kyrgyz high mountains"的学术报告，阎萍副所长、畜牧研究室及草业饲料研究室科研人员及全体研究生参加会议。

● 10月20~23日，中国畜牧兽医学会兽医病理毒理学分会第十三届学术讨论会在湖南省长沙市召开，研究所近20名人员参加此次会议，其中4篇论文在大会和分会进行了学术交流，并获得优秀论文奖励。大会还进行了新一届理事会换届，经会议表决，选举张继瑜研究员为学会副理事长，选举李剑勇研究员为学会副秘书长。

● 纽约奥尔巴尼药学和健康科学学院专家到研究所交流

10月21日，纽约奥尔巴尼药学和健康科学学院高级研究专家马卓教授到研究所进行学术交流，并作了题为"抗氧化基因在土拉杆菌病分子发病机理的作用"的报告。

马卓教授还参观了中兽医药陈列馆和中兽医（兽医）研究室。马卓教授先后在美圣·祖德儿童研究医院、南阿拉巴马大学、纽约奥尔巴尼医学院、纽约州政府卫生部等研究机构从事博士后和科研工作，现为纽约奥尔巴尼药学和健康科学学院高级研究科学家。他长期从事细菌基因遗传与分子病理发生的研究，在分子细胞、核酸研究、分子和细胞生物学、免疫学杂志、分子微生物学、细菌学等国际主流期刊发表多篇文章。

● 10月26日，张继瑜研究员、李建喜研究员、梁剑平研究员、杨博辉研究员、严作廷研究员及相关人员参加中国农业科学院举办的科技成果转化与专利价值分析培训班。

● 10月26~30日，为进一步商讨中国农业科学院研究生院与悉尼大学兽医学院合作事宜，促进与悉尼大学在兽医和动物繁殖领域的合作，应澳大利亚悉尼大学兽医学院院长Rosanne Taylor的邀请，研究生院组团赴澳大利亚悉尼大学访问，主要就双方研究生教学活动信息、建立博士联合基金项目、互访人员安排及项目资金拨付等具体问题开展研讨交流，科技处王学智处长随团出访。

● 10月27日，中国农业科学院植物保护研究所植物保护教研室举办生物统计与试验国际课程视频教学，研究所科研人员及全体研究生参加学习。

● 10月30日，杨志强所长参加甘肃省农牧厅国际合作项目研讨会。

● 10月30日，张继瑜副所长主持会议讨论省级工程技术中心及重点实验室主任等相关事宜，会议决定推荐李建喜研究员为甘肃省中兽药工程技术研究中心主任，杨志强研究员为专家委员会主任；推荐张继瑜研究员为甘肃省新兽药工程重点实验室主任，殷宏研究员为学术委员会主任；阎萍研究员为甘肃省牦牛繁育工程重点实验室主任，曹兵海教授为学术委员会主任。

● 研究所组团出访美国食品和药品管理局兽药中心

11月2~7日，应美国食品和药品管理局兽药中心邀请，张继瑜副所长等一行5人赴该机构进行了访问，并还参观了兽药中心实验室。

在美国食品和药品管理局兽药中心，乔恩·沙伊德主任和张继瑜副所长分别介绍了各自单位的基本情况、科研优势、科研成果与研究进展。默顿·史密斯博士做了题为《美国动物药品残留限量的制定与管理》的报告，对美国最新上市使用的新兽药及新兽药创制申报等相关情况进行了介绍。李冰助理研究员作了题为《LC-MS/MS技术在药代动力学和兽药残留研究中的应用》的报告。在交流中，双方就目前中美两国关于动物源食品安全及新兽药创制申报等相关法律法规、兽药残留检测技术和新兽药研发等情况进行了探讨。双方都希望能互派工作人员交流学习，在相关领域开展科技合作。

● 研究所仪器设备水平进一步提高

11月3~4日，中国农业科学院财务局局长刘瀛弢一行7人，到研究所对2012年度修购专项"畜禽产品质量安全评价与农业区域环境监测仪器设备购置"项目进行了验收。

验收专家组对仪器设备现场、使用和共享情况进行了实地查验，审阅了项目档案，核查了项目资金使用情况。验收专家组认为该项目按照实施方案批复完成了全部内容，项目管理规范，执行了法人责任制、招投标制和合同制；资金使用符合要求，档案资料齐全；项目实施达到了预期效果并发挥了很好地效益，一致同意该项目通过验收。

畜禽产品质量安全评价与农业区域环境监测仪器设备购置项目于 2012 年 2 月由农业部批复立项，批复总投资 1 350 万元，2012 年 6 月实施，2012 年 12 月完成了项目内容。共购置仪器设备 40 台套，其中进口仪器 31 台套。

项目的实施，使研究所的科研条件得到改善，提升了兽药安全性评价、畜禽产品药物残留检测工作的准确性和可靠性，提高了研究所科技创新能力。

杨志强所长、阎萍副所长等参加了验收会。

● 11 月 11 日，张继瑜副所长主持召开会议，讨论安排了研究所"十三五"创新工程规划起草工作。科技管理处、各研究室主任及创新团队首席、团队骨干和财务助理参加了会议。

● 11 月 12 日，研究所召开 948 项目验收会议，阎萍研究员承担完成的"牦牛新型单外流瘤胃体外连续培养技术引进与应用"项目通过了专家委员会验收。验收会由中国农业科学院科技局陆建中副局长主持，会议邀请兰州大学、甘肃农业大学、甘肃民族大学、甘肃省疾控中心等单位的专家组成项目验收专家委员会。杨志强所长代表研究所讲话，中国农业科学院科技局项目处王萌、科技管理处处长王学智和牦牛课题组成员及其研究生参加了会议。

● 11 月 12 日，中国农业科学院科技管理局陆建中副局长应邀为兰州牧药所、兰州兽医所科技人员和管理人员做了题为"国家奖成果的培育与申报策略"的报告。报告会由杨志强所长主持。报告中，陆建中副局长介绍了近年来中国农业科学院在国家奖方面取得的成就，并从国家奖总体情况、基本要求，成果培育环节、成果申报与答辩等做了介绍。报告会后，陆建中副局长与参会人员进行了交流互动，解答了重大成果培育和报奖中的相关问题。阎萍副所长、兰州兽医所罗建勋副所长等 60 余人参加了报告会。

● 11 月 13 日，杨志强所长赴平凉参加甘肃省农牧厅组织的科技培训活动，并做了题为我国牛羊产业发展与问题对策的主题报告。

● 11 月 13 日，张继瑜副所长主持会议，对《研究所创新工程"十三五"科技发展规划》进行修改，严作廷、李建喜、杨振刚、尚若峰、郭婷婷、梁春年、王学智、杨晓等团队成员及相关人员参加。

● 11 月 15 日，张继瑜副所长主持召开会议就研究所"十三五"创新工程规划初稿进行了讨论修改，进一步明确发展思路目标，突出重点科技任务。科技管理处王学智处长、李剑勇、李建喜、杨博辉、田福平等创新团队首席科学家及李宏胜研究员、刘宇助理研究员参加了会议。

● 11 月 16~19 日，阎萍研究员参加了由西北农林科技大学举办的"第三届（2015）中国肉牛选育改良与产业发展国际研讨会"。

● 11 月 17 日，研究所组织全体科技人员参加中国农业科学院 2016 年度国家自然科学基金项目申报动员暨技能培训视频会议。杨志强所长、刘永明书记、科技管理处及各研究部门在所负责人和科研人员参加了会议。

● 11 月 18 日，杨志强所长召开会议就研究所申报的"饲料和饲料添加剂毒理学评价试验机构"现场考察会相关事宜进行安排布置。

● 11 月 20 日，农业部饲料办丁健博士、中国农业大学肖希龙教授和国家食品安全风险评估中心隋海霞副研究员就研究所申报的"饲料和饲料添加剂毒理学评价试验机构"进行考察论证。杨志强所长主持会议，中兽医（兽医）研究室严作廷副主任做了汇报，张继瑜副所长、科技管理处、中兽医（兽医）研究室、兽药研究室及基地处负责人参加会议。在所期间，三位专家还到农业部兽用药物创制重点实验室、甘肃省中兽医技术工程中心和大洼山 SPF 实验动物房进行现场考察。

● 11 月 25 日,杨志强所长赴平凉、庆阳参加甘肃省农牧厅组织的科技培训活动。

● 德国柏林洪堡大学派员到研究所交流学习

11 月 25 日,德国柏林洪堡大学博士研究生爱简到研究所进行了为期一个月的交流与学习。

爱简的研究领域为牦牛放牧行为的追踪及牦牛放牧系统研究。在研究所牦牛资源与育种创新团队学习期间,爱简就相关学术问题进行了重点学习,并就牦牛养殖现状、牦牛基础科学研究动态及产业发展方向等问题进行了调研考察。团队首席阎萍研究员带领爱简参观了青海、甘肃等地的牦牛养殖场及示范基地。爱简此次访问与学习是双方合作交流的良好开端,为后续的合作奠定了基础。

● 11 月 25 日,张继瑜副所长主持召开国家科技支撑计划"新型动物药剂创制与产业化关键技术研究"推进会筹备会议,对会议材料、会场布置、任务分工、后勤保障等进行了详细安排,以确保会议顺利进行。科技管理处、办公室、条件建设与财务处财负责人及兽药创新与安全评价创新团队全体人员参加会议。

● "新型动物药剂创制与产业化关键技术研究"项目启动

11 月 28~30 日,由研究所主持的"十二五"国家科技支撑计划"新型动物药剂创制与产业化关键技术研究"项目推进会在兰州顺利召开。甘肃省科技厅副厅长郑华平主持会议。

该项目是"十二五"以来国家科技部支持的首个开展兽用化学药物和生物药物原料药开发以及相关评价技术研究的支撑计划项目。会议进行了工作汇报和工作布置。科技部农村科技发展中心、农业部科教司、中国兽医药品监察所以及中国农业科学院科技局、研究所等单位领导出席大会并讲话。

据项目主持人张继瑜研究员介绍,该项目由全国从事兽药研究的 19 家科研院所、高等院校和高新技术企业参加。项目结合国内外兽药发展趋势,针对我国兽药行业发展现状、畜牧养殖业与公共卫生事业发展对新型兽药产品的重大需求,重点开展新型动物专用化学药物、生物药物的创制,开展兽药新制剂的研制以及兽药产业化关键技术、质量控制技术和安全评价技术的研究。通过项目攻关,可提升我国兽药的研发及生产技术水平,建立兽药安全性、有效性评价技术和研发平台,并培养一批从事兽药研究的优秀技术人才,满足我国畜禽养殖疾病防治的迫切需求,对畜牧养殖业健康发展、公共卫生安全和食品安全提供强有力的保障。

● 抗球虫中兽药常山碱的研制与应用荣获第九届大北农科技奖成果二等奖

近日,"第九届大北农科技奖颁奖大会暨中关村全球农业生物技术创新论坛"在北京隆重召开。研究所青年科技人员郭志廷主持研发的"抗球虫中兽药常山碱的研制与应用"荣获大北农科技奖成果二等奖。

荣获本届科技成果一、二等奖的项目共计 31 项。奖励委员会对"抗球虫中兽药常山碱的研制与应用"给予了高度评价。该项成果采用现代中药分离技术,将中药常山中的常山碱提取,并在国内外首次将常山碱用于防控鸡球虫病,具有抗球虫疗效好、低毒低残留和不易产生耐药性等优点,为我国畜禽球虫病的防控做出积极贡献。

● 研究所成功培育"高山美利奴羊"国家新品种

研究所杨博辉研究员为首席的创新团队联合甘肃省绵羊繁育技术推广站等 7 家单位,历经 20 载,培育出我国首例适应高山寒旱生态区的细型细毛羊新品种——高山美利奴羊。新品种的培育成功,填补了世界高海拔生态区细型细毛羊育种的空白,是我国高山细毛羊培育的重大突破,达到国际领先水平。近日,该品种通过了国家畜禽遗传资源委员会新品种审定,并荣获国家畜禽新品种证书。

高山美利奴羊是以澳洲美利奴羊为父本甘肃高山细毛羊为母本,运用现代育种先进技术培育成功的新品种。该品种适应 2 400~4 070 米生态区，具有良好的抗逆性和生态差异化优势，羊毛细度达到 19.1~21.5 微米，性能指标和综合品质超过了同类型澳洲美利奴羊，实现了澳洲美利奴羊在我国高海拔、高山寒旱生态区的国产化，丰富了羊品种资源的结构。据预测，每年可推广种公羊 1.6 万只，改良细毛羊 600 万只，新增产值可达 10 亿元。对于促进我国细毛羊产业升级，满足我国毛纺工业特别是高档羊毛的需求，提升国际竞争力，改善广大农牧民的生活生产，具有极其重要的经济价值、生态地位和社会意义。

● 研究所召开 2015 年国际合作与交流总结汇报会

12 月 4 日，研究所召开 2015 年国际合作与交流总结汇报会。张继瑜副所长主持汇报会，刘永明书记和全体科研人员参加了会议。

为推动创新工程的顺利实施，提升研究所国际科技合作水平。研究所广泛深入地开展国际科技合作、促进科技发展、加速科研成果产业化。2015 年派出 16 个团组，51 人（次）出访美国、肯尼亚、澳大利亚、荷兰、瑞士、苏丹、俄罗斯、日本、英国和西班牙 10 个国家 22 个研究所和大学参加国际学术会议、开展合作交流与技术培训等。

● 研究所扎实推进精准扶贫

12 月 10~11 日，为了深入开展精准扶贫工作，扎实推进"联村联户为民富民"行动，打好扶贫攻坚战，杨志强所长、阎萍副所长率队前往甘南藏族自治州临潭县，举办 2015 年双联培训会，对全县广大种植、养殖户进行专题培训，提高当地农牧业生产科技水平。

10 日下午，在临潭县新城镇政府会议厅，全县种植、养殖大户共计 120 余人汇聚一堂，认真聆听专家讲座。临潭县委胡殿弼副书记主持培训会并致辞。他讲到，兰州牧药所自 2012 年以来，发挥研究所科技优势，在临潭县进行了大量切实有效的扶贫工作，充分显示了作为国家级科研院所的责任与担当。他代表县委县政府欢迎和感谢研究所举办的此次培训，希望今后加强交流与合作，进一步推进精准扶贫和双联工作。

培训会上，杨志强所长以《畜禽健康养殖新技术及其应用》为题，阎萍副所长以《肉羊、肉牛高效饲养技术》为题，蔡子平博士以《当归规范化栽培技术及初加工》为题做了主题报告。讲座结束后，杨志强所长等为参加培训的农牧民群众赠送了价值 5 万元的牛羊营养舔砖、动物驱虫药和养殖技术书籍等。此次培训内容丰富、扎实，都是当地农牧民群众急需的生产技术知识，受到了当地政府以及广大种、养殖户的一致好评。办公室陈化琦副主任等参加了培训活动。

11 日，杨志强所长一行还赴研究所在临潭县新城镇的 4 个双联村，与村委班子座谈并考察了双联村农牧民群众的生产生活情况，初步研究确定了研究所 2016 年双联重点帮扶任务。

● 12 月 17~24 日，王学智研究员、李建喜研究员等一行 3 人赴荷兰乌特勒支大学和西班牙海博莱生物大药厂执行国际交流合作任务。

● 12 月 20~23 日，张继瑜副所长、阎萍副所长赴北京参加国家肉牛牦牛产业技术体系年终工作总结会。

● 12 月 21 日，杨志强所长组织召开 2016 年度出国计划制订工作会议。会议传达学习了"关于报送 2016 年度因公出国（境）计划通知"的文件，并要求各研究室及创新团队严格按照要求合理制定出国计划。刘永明书记，条件建设与财务处肖堃处长、巩亚东副处长、兽药研究室梁剑平副主任、李剑勇副主任，中兽医（兽医）研究室严作廷副主任，畜牧研究室杨博辉研究员，草业研究室李锦华副主任、田福平副研究员，科技管理处曾玉峰副处长参加会议。

● 12 月 28~31 日，中兽医（兽医）研究室李建喜主任赴天津参加国家奶牛产业技术体系年终工作总结会。

● 《河曲马》农业行业标准预审会召开

近日，研究所邀请国内相关专家对农业行业标准《河曲马》征求意见稿进行了预审。

专家组在听取了项目主持人梁春年副研究员的汇报后，遵循科学、客观、公正、实用、规范的原则，对标准进行了认真细致的审查和修改。经充分讨论，专家组一致认为：农业行业标准《河曲马》是根据河曲马生产实际需要而制定的。标准总体水平先进，测定内容设置科学、合理，测定方法可靠，有利于促进河曲马选育和生产性能提高。标准符合科学性、实用性、可操作性和规范性的要求。建议修改完善后报农业部审查。

2015 年党的建设和文明建设

● 1 月 12 日，刘永明书记主持召开党委会议，研究了所级后备干部人选。杨志强所长、张继瑜副所长、阎萍副所长参加了会议。

● 1 月 19 日，中国农业科学院监察局舒文华局长来研究所调研。舒文华局长在张继瑜副所长的陪同下参观了研究所所史陈列室、中兽医药陈列馆、实验室，并对研究所科研经费信息公开工作提出了指导意见。

● 1 月 19 日，刘永明书记主持召开职工征求意见会，就关于开好研究所领导班子民主生活会进行了座谈，有关部门负责人和部分科研人员 30 多人参加了会议。

● 1 月 21 日，刘永明书记主持召开党委会议，对各党支部民主评议党员等次建议进行了审议，确定了民主评议等次结果。杨志强所长、张继瑜副所长、阎萍副所长、党办人事处杨振刚处长参加了会议。

● 研究所召开 2014 年度民主生活会

按照中国农业科学院党组部署，1 月 22 日，研究所召开 2014 年度领导班子民主生活会。会议的主题是严格党内生活，严守党的纪律，深化作风建设，认真贯彻中央八项规定精神，坚决反对"四风"，持续抓好党的群众路线教育实践活动整改落实。中国农业科学院监察局李延青副局长到会指导。研究所党委书记刘永明主持会议。

为了开好这次民主生活会，研究所党委制订了民主生活会方案，采取召开座谈会、发放征求意见表、开展谈心谈话等活动广泛征求党员群众意见建议。通报了教育实践活动专题民主生活会整改落实情况，进行了群众满意度测评，群众满意和比较满意的达到 97.6%，整改落实情况得到全所职工的充分认可。在民主生活会上，所长、党委副书记杨志强代表所领导班子作对照检查。之后，研究所领导班子成员依次作了个人对照检查。大家紧紧围绕民主生活会主题，认真查找存在的问题，深入分析问题原因，认真开展批评与自我批评，提出了努力方向和整改措施。

李延青副局长在随后的讲话中指出，研究所领导班子在民主生活会前广泛征求了群众意见，进行了谈心谈话，通报了教育实践活动专题民主生活会整改落实情况，进行了群众满意度测评，班子及班子成员按照民主生活会要求，紧紧围绕主题，查摆问题到位，分析原因深刻，批评与自我批评不护短，努力方向和整改措施明确，是一次成功的民主生活会。希望研究所领导班子围绕本次民主生活会提出的问题，厘清思路，提出措施，认真加以落实。

会议最后对本次民主生活会进行了测评。

● 1 月 28 日，刘永明书记、杨志强所长和张继瑜副所长参加院 2015 年党风廉政建设工作会。

● 研究所召开理论学习中心组 2015 年第一次学习会议

2 月 5 日上午，研究所召开理论学习中心组 2015 年第一次会议，学习传达贯彻中国农业科学院 2015 年党风廉政建设会议精神。会议由党委书记刘永明主持，研究所领导、各部门负责人、各党支部书记及创新团队首席专家参加了会议。

会上，刘永明书记分别传达了中央纪委驻农业部纪检组组长宋建朝、中国农业科学院党组书记陈萌山、纪检组组长史志国在中国农业科学院 2015 年党风廉政建设工作会议上的讲话，学习了《关于严禁中国农业科学院工作人员收受礼金的实施细则》《关于进一步严明纪律确保务实节俭廉洁过节的通知》《关于做好 2015 年春节期间有关工作的通知》等文件精神，并对研究所进一步做好党风廉政建设工作提出了具体要求。

刘永明指出，认真学习贯彻院党风廉政建设会议精神，一要高度重视，提高认识，把思想认识统一到部院党风廉政建设会议精神上，落实好"两个责任"，提高"三个意识"；二要加强学习，转变作风，切实适应新形势、新任务、新常态的要求。要提升能力，强化工作效率。要克服为难情绪，直面问题，敢于担当；三要廉洁自律，切实做到防微杜渐。要把监督、管理、巡视、内审有效的结合起来，强化监督管理；四要尽快梳理完善研究所有关规定和办法，搭建好制度的铁笼子，谋划安排好研究所 2015 年党风廉政建设工作，为研究所可持续发展保驾护航。

纪委书记张继瑜安排部署了 2015 年研究所党风廉政建设工作：一要加强廉政教育，严明政治纪律和政治规矩。二要切实做好信访、办案工作，始终保持惩治腐败的高压态势。三要健全制度，细化责任，确保"两个责任"落到实处。

● 2 月 9 日，党办人事处荔霞副处长在宁卧庄宾馆参加了甘肃省统战部长会议。

● 2 月 10 日，党委书记、研究所工会主席刘永明主持召开研究所工会委员会会议，通报了2014 年工会经费收支情况，研究了职工福利、困难职工救助事项，审议了 2014 年工会工作报告。研究所工会副主席杨振刚及工会委员王瑜、张继勤、田福平、郭宪参加了会议。

● 2 月 12 日，杨志强所长、刘永明书记、张继瑜副所长率领职能部门负责人走访慰问研究所离休干部、困难党员、困难职工，把研究所的关怀和温暖送给他们。

● 研究所荣获全国文明单位称号

2 月 28 日，在北京举行的全国精神文明建设工作表彰暨学雷锋志愿服务大会上，研究所被中央文明委授予第四届"全国文明单位"荣誉称号。

近年来，研究所以科技创新为核心，以文明建设为驱动，扎实做好文明创建工作，先后成立领导小组，制定了发展规划，完善了相关办法，确保文明创建活动有序开展；制订学雷锋活动实施方案，成立了由 170 多人组成的学雷锋志愿服务队伍，开展科技兴农、困难帮扶、交通安全、卫生清扫、爱心党费、资助困难大学生等形式多样的学雷锋志愿服务活动。设置文明传播专栏，制定文明上网规范，开设了文明传播 QQ 群，开展网络文明传播活动；开设道德讲堂，倡导良好职业道德风尚；积极开展创建学习型单位活动，扎实推进社会主义核心价值体系建设，提高职工的道德和业务素养。围绕重要节日，开展走访慰问、茶话会、系列节日庆祝活动等群体性文明创建活动。开展知识竞赛、科技论坛、征文演讲、摄影展、创先争优等主题文化活动，增进职工交流。坚持开展系列文体活动，增强职工体质。建设了活动场所，购置健身器材，定期召开职工运动会、趣味运动会，取得中国农业科学院第六届职工运动会京外单位第四名的好成绩。积极参与帮扶共建，发挥专业优势，全心全意服务三农，在藏区开展的牦牛培育、饲养及援藏项目，对促进高寒藏区经济及牧民生活发挥了特殊重要的作用，在甘肃省"双联富民"行动中，受到甘肃省委省政府的表彰。采取切实措施，加大所区卫生、治安、绿化等环境条件建设，建成了美观宜人，舒适温馨的创新环境。

通过持续的文明创建活动，有力地促进了研究所事业蓬勃发展。近三年，科研项目立项 212项，获资助经费 1.47 亿元。取得科技成果奖 54 项，专利 213 项，发表论文 1100 篇、出版专著 53部。8 个团队先后进入中国农业科学院科技创新团队。2014 年，在中国农业科学院对各研究所的评价中，研究所发展速度排名全院第五，显示出持续发展的良好态势，成为国家实施创新驱动战略的重要力量。党建工作实现了新跨越，所党委先后被评为兰州市和中国农业科学院先进基层党组织。

环境条件进一步优化，研究所被评为甘肃省企业事业单位安全保卫工作先进集体、甘肃省首批全民健康生活方式行动示范单位、甘肃省卫生先进单位等。和谐程度进一步增强，所工会被授予模范职工之家称号，研究所被评为全国助残先进单位。科技创新能力不断提升。

研究所将珍惜荣誉，发扬成绩，再接再厉，锐意进取，在农业部、中国农业科学院的关怀和领导下，在甘肃省、兰州市文明委的指导下，全面贯彻党的"十八大"和十八届三中、四中全会精神，深入学习贯彻习近平总书记系列重要讲话精神，坚持不懈开展群众性精神文明创建活动中，探索新做法、创造新载体，以实际行动继续做好文明创建工作，以精神文明建设推动现代科研院所建设，为研究所改革发展和科技创新提供思想保证、精神力量。

● 研究所荣获中国农业科学院文明单位

近日，研究所荣获2014年度中国农业科学院文明单位称号。

近年来，研究所以科技创新为核心，以文明建设为驱动，呈现出和谐发展的新局面。为了扎实做好文明创建工作，研究所成立领导小组，制定了发展规划，完善相关办法。以创先争优、群众路线教育实践活动为契机，开展理想信念教育、爱国主义教育、核心价值观教育，宣传院所《职工守则》以及《科技人员道德准则》，培养职工的科学精神和职业素养。制订学雷锋活动实施方案，成立志愿服务队伍，开展科技培训、困难帮扶、交通安全、卫生清扫、爱心党费、资助困难大学生等志愿服务活动。设置文明传播专栏，制定文明上网规范，开设了文明传播QQ群。研究所被评为甘肃省"双联"优秀单位、"全国助残先进单位"。开展了知识竞赛、科技论坛、建言跨越式发展、征文演讲等活动。开展标准党支部创建、党支部结对帮扶、立足岗位创先争优活动等。制订了文体活动实施方案，建设了活动场所，购置健身器材；开展了职工田径运动会、趣味运动会，取得中国农业科学院第六届职工运动会京外单位第四名的好成绩。每年开展春节走访慰问、迎新春茶话会、总结表彰大会、妇女节、青年节、建党节、重阳节、国庆节等活动。

党建工作实现了新跨越。研究所党委被评为兰州市和中国农业科学院先进基层党组织。研究所通过了"全国精神文明建设工作先进单位"复查验收。环境条件进一步优化。研究所被评为甘肃省企业事业单位安全保卫工作先进集体、甘肃省首批全民健康生活方式行动示范单位、甘肃省卫生先进单位等。和谐程度进一步增强。所工会被授予模范职工之家，研究所被评为全国助残先进单位等。目前，研究所是甘肃省文明单位、中国农业科学院文明单位、全国精神文明建设工作先进单位。

研究所将珍惜这次荣誉，发扬成绩，再接再厉，锐意进取，继续做好文明创建活动，以精神文明建设推动现代科研究所建设，为实现研究所持续发展做出更大的贡献。

● 研究所举行庆祝"三八"妇女节联欢会

3月12日，研究所举行了庆祝"三八"妇女节联欢会。刘永明书记、张继瑜副所长、在所女职工、女研究生、各部门负责人参加了联欢会。

刘永明书记代表研究所班子感谢女同志们为研究所的发展做出的重要贡献。刘书记讲到，2015年是"十二五"的收官之年，也是"十三五"的谋划之年。希望广大女同胞要勇于承担起推动研究所改革发展、促进和谐稳定、加快文明进步的重任，在研究所创新工程建设和现代院所建设中更好地发挥"半边天"作用。

联欢会上娱乐游戏、猜谜语、才艺表演等形式多样的活动相继展开。会场欢声笑语，掌声不断，让大家充分享受了节日的欢乐。本次联欢会丰富了女同胞们的文化生活，增进了女同胞间的了解，增强了凝聚力，使大家能以更加饱满的热情、更加良好的状态投入到工作中去，为推动研究所发展再建新功。

● 3月9日，党办人事处杨振刚处长、郭宪副研究员参加了甘肃省委组织部召开的甘肃省选派科技人才到县市区挂职服务工作会议。

● 3月16日，受甘肃省委组织部选派的郭宪副研究员赴张掖市甘州区挂任科技副区长，任期2年。

● 3月18日，受中组部选派的牛建荣副研究员赴西藏自治区挂任自治区农牧厅兽医局副局长，任期1.5年。

● 3月19日，刘永明书记和张继瑜副所长赴北京农业部干部管理学院参加了中国农业科学院基层党组织书记落实党风廉政主体责任暨纪检干部专题培训班。

● 研究所举办党支部书记落实主体责任暨纪检干部专题培训

3月23日、24日，研究所开展了基层党组织书记落实主体责任暨纪检干部专题培训。党委书记刘永明主持，研究所纪委书记、党支部书记、纪委委员、党委办公室正、副主任共12人参加了培训。

会上，刘永明书记介绍了院基层党组织书记落实主体责任暨纪检干部培训班情况，并组织与会人员认真学习了陈萌山书记在培训班上的讲话和《中共中国农业科学院党组关于落实党风廉政建设主体责任监督责任的意见》，学习了驻部纪检组监察局董涵英局长在培训班上的讲话，收看了中央党校马丽教授关于《深入落实主体责任，强化责任追究》的视频辅导报告。刘永明书记要求与会人员认真学习十八届中央纪委五次全会精神和中央国家机关工委编印的《学习材料》《落实"两个责任"有关材料》《思考与实践》等三本培训教材，并结合工作实际，深入研讨，撰写思想汇报或交流材料。

在学习的基础上，与会人员畅谈了参加"两个责任"培训学习活动的认识和体会。大家一致认为，通过本次培训，更进一步明确了落实"两个责任"在加强党风廉政建设中的重要意义，明确了党支部在加强党风廉政建设中的责任，要按照落实"两个责任"的要求，认真做好各项工作，推进党风廉政建设。

刘永明书记就强化落实"两个责任"进行了安排部署。第一，组织召开研究所理论学习中心组会议，深入学习院党组关于落实党风廉政建设"两个责任"的精神和陈萌山书记的重要讲话。第二，各党支部要召开支部会议传达本次会议精神，让全体党员全面了解加强党风廉政建设的主体责任和监督责任有关要求和内容。第三，各党支部严格执行每月一次的学习制度，组织党员认真学习《党章》和党内法规，结合工作实际开展研讨和交流。第四，研究所与部门负责人、团队首席、重大项目主持人、各党支部书记签订党风廉政建设责任书。第五，党委办公室要尽快完成相关制度汇编，并发放到各部门，供广大党员职工学习和执行。第六，条件建设与财务处、党办人事处要在4月底前举办关于加强科研经费管理与使用宣讲会，讲解有关财务、资产、廉政等方面的政策规定，开展警示教育活动。

● 3月24日，党办人事处荔霞副处长参加了甘肃省委统战部在社会主义学院举办的全省企事业单位统战部长联席会议。

● 3月26日，刘永明书记主持召开党委会，会议讨论并分别通过了《研究所关于落实党风廉政建设主体责任、监督责任实施细则》；《研究所2015年党务工作要点》和《研究所2015年党风廉政建设工作要点》《通过了研究所党风廉政建设责任书》。

● 研究所举行2015年度党风廉政建设责任书签字仪式

3月27日，研究所举行2015年度党风廉政建设责任书签字仪式。签字仪式由党委书记刘永明主持，杨志强所长、张继瑜副所长、阎萍副所长、部门负责人、创新团队首席专家和基建修购项目主持人及党支部书记共25人参加了仪式。

纪委书记张继瑜代表研究所与部门主要负责人、创新团队首席专家及党支部书记分别签订了党风廉政建设责任书。党委书记刘永明代表研究所与基建修购项目主持人分别签订了党风廉政建设责任书。

杨志强所长就加强党风廉政建设工作提出要求，希望各部门、各创新团队要充分认识签订党风廉政建设责任书的重要性，认真遵守各项规定，做好廉政工作。要严格落实责任书内容，在科研经费、基建项目、日常经费支出管理等方面做到人人有责任，事事有落实。

刘永明书记强调指出，各部门、各创新团队要认真对照党风廉政建设责任书内容分解到相应岗位，创新团队首席专家与团队成员、部门负责人与部门重要岗位人员也要签订责任书。要求部门负责人、创新团队首席专家、修购基建项目主持人、党支部书记要协调好工作，共同承担党风廉政建设责任。

● 4月10日，刘永明书记主持召开专题会议，讨论了研究所青年工作委员会2015年工作计划，青工委负责人参加了会议。

● 4月10日，研究所召开青年工作委员会会议，安排部署了青工委2015年工作计划和任务分工，青工委荔霞主任主持会议，青工委委员及联络员参加了会议。

● 研究所职工在大洼山基地进行春季劳动

草长莺飞，春暖花开。4月13~17日，研究所职工在大洼山试验基地进行了春季劳动。杨志强所长、刘永明书记、张继瑜副所长、阎萍副所长以及全体职工、研究生参加了本次活动。

近年来，大洼山试验基地在部、院的关怀下，基本条件建设取得了长足进步，试验条件大幅改善。研究所组织职工分批次开展了植树、平整土地、修建地垄等劳动。植树点上，职工们挖坑的挖坑、种树的种树，填土的填土，将一颗颗充满生机和希望的树苗植入田中，新栽的树苗排列整齐，迎风挺立。在要平整的地块里，大家挥锹抡镐，埋头狠干，硬是将一块块满是碎石的地块变成了平整松软的田地。大洼山基地充满着领导和职工们快乐的笑声和忙碌的身影。通过短短几天的辛勤劳动，不仅平整了土地，栽种了树苗，加强了大洼山基地基础建设，增强了对大洼山试验基地的了解，增进了职工间的凝聚力和热爱研究所的情怀，为研究所的发展创造了更加和谐的氛围。

● 4月15~17日，纪委书记张继瑜副所长、党办人事处荔霞副处长赴武汉参加中国农业科学院科研经费专项整治活动启动会暨纪检监察干部培训班。

● 中心组学习落实"两个责任"及开展科研经费专项整治活动会议精神

4月22日，兰州畜牧与兽药研究所召开理论学习中心组会议，学习中国农业科学院落实基层党组织主体责任、监督责任会议精神及中国农业科学院开展科研经费专项整治活动会议精神，部署科研经费专项检查工作。刘永明书记主持会议，杨志强所长、张继瑜副所长、阎萍副所长、全体中层干部、党支部书记和创新团队首席科学家参加了会议。

与会人员认真学习了陈萌山书记在中国农业科学院基层党组织书记落实党风廉政建设主体责任暨纪检干部专题轮训班上的报告和中国农业科学院党组关于落实党风廉政建设主体责任监督责任的意见，学习了史志国组长在中国农业科学院科研经费专项整治活动暨纪检监察干部培训会上的讲话精神和中国农业科学院开展科研经费专项整治活动的意见和工作方案。张继瑜副所长部署了研究所科研经费专项检查工作。

会上，杨志强所长要求：中心组成员要充分认识落实研究所党风廉政建设工作的极端重要性，认清当前反腐的高压态势，自觉遵守廉政规定；勇于承担责任，管好自己的"责任田"，做好本岗位廉政建设及业务工作，清廉做事，干净做人；全力以赴推进研究所依法治所、建章立制，营造不能腐、不想腐、不敢腐的创新环境。杨志强所长同时介绍了刘延东副总理在中国农业科学院召开的农业科技创新座谈会的有关情况。

刘永明书记就研究所落实"两个责任"、开展科研经费专项检查工作提出了2点要求，一要落实四个责任，织牢党风廉政建设责任网，按制度严格办事，抓好学习教育，开展警示教育，树立责任意识。二要按照院所科研经费专项整治及检查活动实施方案的要求，明确研究所科研经费检查的内容、流程等，相关部门全力配合，认真开展研究所科研经费自查工作。

● 4 月 27 日，刘永明书记参加兰州市总工会第十五届第十一次全委扩大会议。

● 4 月 28 日，刘永明书记主持召开所工会小组长会议，部署了研究所"庆五一健步走"活动。

● 研究所举行"庆五一健步走"活动

4 月 30 日，研究所举行"庆五一健步走"活动。杨志强所长、刘永明书记、张继瑜副所长和阎萍副所长与 150 余名职工、研究生共同参加了健步走活动。

本次活动从研究所出发，沿南滨河路人行道向西步行至安宁黄河大桥，过黄河桥后，沿北滨河路人行道向东至小西湖立交桥，返回研究所，全程近 10 公里。这次活动不仅让职工锻炼了身体，也丰富了大家的文化生活。

● 5 月 4 日，张继瑜副所长主持召开研究所科研经费专项检查工作部署会议。条件建设与财务处、党办人事处、科技管理处负责人及相关同志参加了会议。

● 5 月 7 日，中国农业科学院人事局李巨光副局长对研究所青年科技人才培养工作进行调研，刘永明书记主持召开青年科技人才培养工作座谈会，研究所 11 名青年科技人才代表参加了座谈。

● 小处见真情　真爱无国界

5 月 25 日，在研究所党办人事处办公室里出现了一幕温馨而感人的场面。留学生埃塞俄比亚籍学员 Megersa Ashenafi Getachew 通过翻译向牛晓荣副研究员表达真诚的感谢，而牛晓荣副研究员则不停地表示不用客气，中非人民是一家人。

原来事情的经过是这样的。几天前，气温突然升高，温度高达 28℃。牛晓荣副研究员在上班途中发现留学生 Ashenafi 竟然还穿着羽绒服，这让他感到吃惊。古道热肠的他特意为此进行了了解，原来 Ashenafi 家境贫寒，成家有子，赴中国留学十分不易。第二天，Ashenafi 意外地收到了牛晓荣副研究员转交给他的 2 件崭新夏装。收到衣物，Ashenafi 的心情久久不能平复，内心十分感激。于是才出现了上面感人的一幕。

2 件夏装并不是一件大事，但是它包含着中非人民之间的友谊，体现了研究所职工助人为乐的精神和良好风貌。真是小处见真情，真爱无国界。

● 5 月 25 日，刘永明书记赴北京参加中国农业科学院"三严三实"专题党课。

● 5 月 27 日，刘永明书记主持召开党委会议，通报了中国农业科学院"三严三实"专题党课精神，讨论通过了《兰州畜牧与兽药研究所开展"三严三实"专题教育工作方案》和《兰州畜牧与兽药研究所加强服务型党组织建设工作方案》，安排部署了近期有关工作。杨志强所长、张继瑜副所长、阎萍副所长参加了会议。

● 6 月 1 日，刘永明书记主持召开研究所党支部书记会议，学习了《兰州畜牧与兽药研究所加强服务型党组织建设实施方案》，部署了研究所服务型党组织建设工作。

● 研究所部署"三严三实"专题教育活动

6 月 3 日，按照中国农业科学院党组的要求，研究所"三严三实"专题教育活动正式开始。党委书记刘永明为处级以上领导干部作了题为"践行'三严三实'，培育优良作风，推进创新发展"的党课。

刘永明书记从充分认识、准确把握"三严三实"重大意义及其科学内涵，坚持问题导向、切实增强思想自觉和行动自觉，用"三严三实"打造服务科研的过硬作风，从严要求、扎实开展

"三严三实"的专题教育等4个方面为处级以上领导干部上了党课。同时，从把握总体要求、强化组织领导、创新活动载体、构建长效机制、注重讲求实效等方面部署了研究所"三严三实"专题教育工作，要求领导干部深入学习领会"三严三实"精神及内涵，自觉把思想和行动统一到"三严三实"专题教育上来，切实增强责任感和使命感，努力营造积极向上、严谨求实的优良作风，确保专题教育活动取得实实在在的成效。

杨志强所长强调研究所领导干部一要深刻认识专题教育的重要意义，真正把践行"三严三实"贯彻到工作之中；二要认真践行"三严三实"，营造良好的创新氛围，树立良好的风尚，做好科技创新工作；三要按照所党委安排，做好专题教育工作，将"三严三实"成果体现在日常工作中，全力做好"十二五"最后一年工作和"十三五"规划。

● 6月18日，刘永明书记主持召开"三严三实"专题教育研讨会。会议学习了农业部党组书记韩长赋同志在农业部"三严三实"专题教育启动会上的讲话，观看了中共中央党校陈冬生教授作的题为"三严三实贵在三做三讲"的视频报告，与会人员进行了讨论。杨志强所长、阎萍副所长、各部门负责人参加了会议。

● 6月18日，刘永明书记参加离退休党支部庆"七一"生活会。

● 研究所举行庆祝中国共产党成立九十四周年报告会

6月26日，研究所举行庆祝中国共产党成立九十四周年报告会。甘肃省委讲师团团长、省宣传干部培训中心主任、省理论教育信息中心主任白坚为全体党员、职工和研究生作了题为《坚持"四个全面"，践行"三严三实"，牢记责任使命，推进创新发展》的报告。刘永明书记主持了报告会。

白坚主任结合党的发展历程、党在不同时期面临的形势和任务、党的"十八大"提出的两个一百年奋斗目标，以及正在开展的"三严三实"专题教育活动，以通俗易懂的语言、丰富的事例、深入浅出的讲解风格，从认清形势，处理好变与不变的关系；围绕大局，把握好"四个全面"的关系；锐意创新，掌握好重点突破与全面推进的关系；事业成败，关键在党等四个方面，讲解了新形势下如何加强党的建设，推进各项事业创新发展。

刘永明书记指出，白坚主任的报告讲解了推进党和国家事业发展和实现两个一百年奋斗目标，关键在党，希望研究所广大党员干部，认真领会报告内容，切实落实"两个责任"，扎实开展"三严三实"专题教育工作，用实际行动推动研究所党的建设。

● 6月30日至7月3日，党办人事处荔霞副处长在衡阳参加中国农业科学院2015年党办主任培训会。

● 研究所开展"强化廉政意识，落实廉政责任"参观学习活动

为了进一步强化研究所领导干部廉政意识，落实好廉政建设"两个责任"，结合"三严三实"教育工作，7月3日，研究所开展了"强化廉政意识，落实廉政责任"参观学习活动。刘永明书记、张继瑜副所长、阎萍副所长以及中层领导干部参加了活动。

兰州市廉政文化主题公园位于兰州市北滨河路，东西长455米，总面积约34亩，以"扬正气、倡勤廉、促和谐"为主题，具有兰州地域特色，反映廉政文化内涵。通过讲解员对6组《廉吏故事》、9个《九莲咏洁》地雕、5个《吉祥廉印》地印及红色莲花透雕墙和刻有《公仆三字经》的《汉简》的详细介绍。

参观廉政公园后，刘永明书记主持了学习会议。集体学习了中央纪委的"加大纪律审查力度，遏制腐败蔓延势头"系列文章5及中国农业科学院党组《关于印发〈中共中国农业科学院党组关于落实党风廉政建设主体责任和监督责任的实施细则（试行）〉的通知》。

刘永明书记就加强党风廉政建设和反腐败工作提出了要求：一要高度重视党风廉政建设工作，

提高认识，强化责任，抓好部门和工作人员廉政工作。二要按照院党组要求和所党委部署，认真开展"三严三实"教育，抓好研究所的党风廉政建设工作，保持研究所稳定和谐的大好局面，推动研究所各项事业持续、健康发展。三要严格遵守规则和纪律，加强对各岗位的管理和监督，不断提升纪律审查工作的质量和水平。

● 7月6~11日，党办人事处荔霞副处长在北京参加中国农业科学院博士后管理能力建设专题研修班、养老保险制度改革培训会议，以及农业部人事档案专项审核动员部署会议。

● 7月10日，九三学社七里河第一支社（畜牧中兽医支社）举行换届选举大会，选举产生了支社委员会，严作廷研究员担任新一届支社委员会主委。

● 7月16~17日，党办人事处杨振刚处长在北京参加中国农业科学院2014年度"西部之光"访问学者培养工作总结座谈会和"西部之光"访问学者管理工作研讨会。

● 7月20日，刘永明书记主持专题会议，就中国农业科学院纪检监察华中协作组会议前期工作进行了安排布署。张继瑜副所长、党办人事处负责人及相关人员参加了会议。

● 7月20日，刘永明书记主持召开党支部书记会议，对研究所开展纪念抗日战争暨世界反法西斯战争胜利70周年活动进行了部署。

● 7月28日，中国农业科学院直属机关党委吕春生副书记、直属机关党委办公室韩进副主任，对研究所落实党风廉政建设落实"两个责任"及服务型党组织建设工作进行调研。刘永明书记向吕春生副书记一行汇报了研究所落实"两个责任"及服务型党组织建设情况。吕春生副书记一行与参会人员进行了座谈交流。

● 中国农业科学院纪检监察华中协作组会议在张掖召开

7月30日，中国农业科学院纪检监察华中协作组会议在甘肃省张掖市召开，会议由监察局主办，研究所承办。中国农业科学院监察局舒文华局长、姜维民副局长，院直属机关党委吕春生副书记、张掖市纪委李仲杰副书记以及油料研究所、灌溉研究所、棉花研究所、郑州果树研究所、兰州兽医研究所、兰州畜牧与兽药研究所等研究所领导和纪检监察干部近20人参加了会议。会议由刘永明书记主持。

会上，舒文华局长介绍了中国农业科学院党组近期有关廉政建设工作开展情况，并从切实强化监督执纪问责、落实两个责任、抓好科研经费监管等方面对各单位做好廉政建设工作提出了要求。李仲杰副书记代表张掖市对会议的召开表示了祝贺，并介绍了张掖市在廉政建设中的有关经验和做法。与会各所分别汇报了本所科研经费信息公开、科研经费专项整治以及落实"两个责任"情况，并围绕上述主题及如何做好廉政建设工作进行了交流。

会议代表还考察了研究所张掖试验基地和张掖市国家级现代化农业高科技示范园。

● 8月4日，党办人事处杨振刚处长参加了甘肃省委组织部召开的"陇原之光"人才培养计划征求意见座谈会。

● 8月10日，刘永明书记参加了兰州市总工会第十五届第十二次全委会议。

● 8月17日，刘永明书记主持召开党支部书记会议，对研究所纪念中国人民抗日战争暨世界反法西斯战争胜利70周年演唱会筹备情况进行了检查，对其他系列活动进行了安排部署。

● 研究所举行纪念中国人民抗日战争暨世界反法西斯战争胜利70周年演唱会

8月31日，研究所举行了纪念中国人民抗日战争暨世界反法西斯战争胜利70周年演唱会。牧药所人用歌声重温历史、追思先烈，用歌声警示未来、感恩祖国、珍视和平。杨志强所长发表了讲话，全所在职及离退休职工、在所的研究生参加了演唱会，阎萍副所长主持了演唱会。

杨志强所长在致辞中指出，中国人民抗日战争的胜利虽然距离今天已经整整过去了70年，但在中国人民经过长达14年艰苦卓绝的斗争中，形成了不畏强暴、血战到底、百折不挠、坚忍不拔的抗战精神。正是这种精神，激励着所有海内外中华儿女，为民族而战，为祖国而战，为尊严而战；正是这种精神，激励着我们兰州牧药所人不断推进学科团队建设、科技平台和基地建设、创新机制和文化建设，攻克科研发展中的重大科学问题和技术难题，发挥一流科研院所的支撑和引领作用，为创新农业科技，服务"三农"事业做出新的更大的贡献！牧药所人应铭记历史，维护和平。

演唱会以慷慨激昂的《游击队之歌》《打靶归来》拉开序幕。以支部为单位组织参加演唱会的全所在职、离退休职工和在所研究生近 200 人，以重唱、合唱等形式演绎了《八路军进行曲》《大刀进行曲》等十余首人民群众耳熟能详的经典革命歌曲。以全所人合唱《歌唱祖国》把整个演唱会推向了高潮。

● 9 月 9 日，张继瑜副所长主持召开研究所科研经费专项整治（检查）小组会议，通报了科研经费专项检查工作进展情况，部署了科研经费专项检查下一步工作。检查小组成员杨振刚、王学智、巩亚东、荔霞、刘丽娟参加了会议。

● 9 月 10 日，刘永明书记主持召开党委会议，会议讨论通过了高雅琴同志等三人任职期满继续任职、预备党员转正及文明单位命名庆典相关事宜。刘永明书记、张继瑜副所长、阎萍副所长参加了会议。

● 10 月 13 日，研究所工会女职工委员会组织全体女职工观看中央国家工委家庭助廉行动颁奖仪式暨"清风正气传家远"家风展示活动视频。所工会主席刘永明、副主席杨振刚，所工会女职工委员会主任高雅琴及女职工、女学生 40 余人观看了视频。

● 10 月 20 日，党委书记刘永明主持召开研究所"三严三实"专题研讨会。会上，杨志强所长以"践行三严三实，全力做好创新工程"为题讲党课；刘永明书记传达学习了中共中央组织部关于在"三严三实"专题教育中学习反面典型的通知，以及关于认真学习贯彻习近平总书记重要指示精神和余欣荣部长在"三严三实"专题教育党课上的报告；参会人员围绕杨志强所长的报告以及"严以用权"开展讨论交流。研究所所领导和中层干部参加了专题研讨会。

● 研究所离退休职工欢度重阳节

10 月 21 日，为进一步弘扬中华民族爱老、敬老、助老的传统美德，丰富老年人的文化娱乐生活，研究所开展了离退休职工欢度重阳节趣味活动。刘永明书记致辞，向全体离退休职工致以节日的问候和祝愿！

趣味活动内容丰富，设置了跳棋、双扣、麻将、飞镖、趣味保龄球、运乒乓球等深受老同志们欢迎的趣味性游戏活动，大家踊跃参与，活动过程高潮迭起，欢声笑语，现场气氛热烈而融洽，一片祥和！经过长达三小时比赛，结果当场揭晓后向获奖离退休职工颁发奖品。

本次活动的开展，不仅丰富了离退休职工的业余生活，加强了沟通联系，还让离退休职工感受到了活动的乐趣，达到了陶冶情操、愉悦精神、交流思想的目的，进一步增加了凝聚力，为研究所的和谐、稳定发展奠定了良好基础。离退休职工对此次活动非常满意，对研究所领导的关心与支持表示感谢。整个娱乐活动在一片欢声笑语中结束，为这个秋意深浓的日子记下了华美的一页。

● 10 月 26~27 日，研究所组织全所在职、离退休职工在兰州市第一人民医院进行了健康体检。

● 10 月 29 日，党委书记刘永明主持召开研究所"三严三实"专题研讨会。会上，张继瑜副所长、阎副所长分别以"严于律己，坚守思想和行动底线""践行三严三实，加快科研发展"为题讲党课，参会人员围绕张继瑜副所长、阎萍副所长党课报告及研究所科技创新、经费管理、作风建设以及纪检工作深入开展研讨交流。研究所所领导和中层干部参加了专题研讨会。

● 践行三严三实 又好又快执行预算——研究所举办管理学术报告会

11 月 4 日，中国农业科学院财务局刘瀛弢局长应邀到研究所作了题为《践行三严三实 又好又快执行预算》的管理学术报告。报告会由杨志强所长主持。

报告中，刘瀛弢局长通报了全院财政专项、科技创新工程和基本建设预算执行情况，分析了不同经费预算执行快慢情况的原因。针对研究所的预算执行进度难点，刘局长向与会人员宣讲了有关政策和办法，提出了合理使用的意见和措施。刘局长还结合当前国家财政的总体形势，以她多年的工作经验以及亲身体会，就如何落实国家财政政策进行了讲解。报告会后，刘瀛弢局长与参会人员进行了交流互动，解答了有关预算执行中的问题。

杨志强所长指出，刘局长的报告全面细致，针对性强，对研究所正确合理执行预算非常有帮助。杨所长要求，一要加大基建项目的实施力度，抓紧实施，加快预算执行进度。二要做好财政专项的预算工作，按预算科学化、精细化要求，切实提高财政专项的质量水平。三要实行预算安排与执行进度挂钩的机制，在研究所建立绩效考核评价与预算分配调整体系。四要加大资金使用监管力度，严格财务审核把关，切实提高预算执行的安全性和有效性。

刘永明书记、阎萍副所长等 110 余人参加了报告会。

● 11 月 10 日，刘永明书记和张继瑜副所长赴山东省青岛市参加中国农业科学院党的建设与思想政治工作研究会第六届理事会第三次会议暨纪检干部培训班。

● 11 月 16 日，研究所召开班子会议，刘永明书记、张继瑜副所长传达两个责任工作会会议精神及陈萌山书记讲话要点。

● 11 月 19 日，杨志强所长主持召开研究所所务会议，就全国文明单位挂牌仪式进行安排筹备，对会场布置、会场准备、任务分工等进行了详细部署，以确保会议顺利进行。各部门负责人参加会议。

● 11 月 20 日，刘永明书记参加甘肃省省委统战工作会议。

● 11 月 21 日，中国农业科学院蔬菜研究所周霞书记、人事处陈红处长，中国农业科学院质量标准与检测技术研究所赖燕萍副书记、人事处干部李颖来所调研。杨志强所长、刘永明书记和各职能部门负责人，与来宾就文明建设、落实党风廉政建设"两个责任"、创新工程实施、人才队伍建设、科研绩效评价、分配激励机制、财务管理等议题进行了交流。

● 研究所隆重举行"全国文明单位"挂牌大会

11 月 24 日，研究所隆重举行"全国文明单位"挂牌大会。中国农业科学院副院长李金祥，甘肃省委宣传部副部长、省文明办主任高志凌共同为研究所"全国文明单位"揭牌。

兰州市文明办主任汪永国宣读了中央精神文明建设指导委员会《关于表彰第四届全国文明城市（区）、文明村镇、文明单位的决定》。党委书记刘永明汇报了研究所文明单位创建工作。刘永明讲到，多年来，研究所在中国农业科学院的坚强领导下，在甘肃省和兰州市文明办的指导下，坚持将文明创建工作纳入研究所发展总体规划和党委重要议事日程，努力做到文明建设工作与科技创新工作同规划、同安排、同检查、同考核，做到文明单位创建工作制度化、有序化、经常化，精神文明建设工作有力地推动了研究所各项事业的发展。研究所将站在新的起点上，以推进文明创建工作为保障，以提高干部职工队伍整体素质为支撑，以推进研究所综合治理为切入点，以全面提升科技创新能力为核心，大力推进研究所工作不断向前发展，为建设现代科研院所，推动我国现代畜牧业又好又快发展做出新的更大的贡献！

甘肃省委宣传部副部长、省文明办主任高志凌对兰州牧药所多年来坚持"两手抓、两手硬"的方针，不断推进社会主义核心价值体系建设，不断地拓展创建领域，丰富创建内容，改进创建形式，提升创建水平，推动研究所各项事业发展的文明创建工作给予充分肯定。希望研究所珍惜荣誉，再接再厉，以"全国文明单位"挂牌为契机，继续推进文明建设，积极探索新途径新方法，提高职工职业素养，确保文明创建工作内涵得到进一步拓展，为研究所发展提供强大精神动力。

中国农业科学院副院长李金祥代表院党组对研究所荣获"全国文明单位"表示热烈祝贺，向一直以来关心和支持兰州牧药所精神文明创建工作的甘肃省委宣传部、兰州市委表示诚挚的感谢，并就进一步推进研究所精神文明建设工作提出了三点希望：一要深入学习贯彻党的十八届五中全会精神和习近平总书记系列重要讲话精神，进一步统一思想和行动，增强学习贯彻全会精神的自觉性，一以贯之地抓好精神文明建设；二要大力推进思想道德建设，培育和谐文明的科研风尚，注重人文关怀、心理疏导和正面激励，不断增强思想政治工作的吸引力、感染力和针对性，保持和谐奋进的良好氛围；三要紧密结合干部职工实际需要，积极开展群众性精神文明创建活动，丰富干部职工的精神文化生活，增强团队精神和单位凝聚力，使群众性精神文明创建成为推进研究所发展的强大动力。

出席挂牌大会的领导还有中国农业科学院直属机关党委常务副书记高士军、科技局局长梅旭荣、直属机关党委宣传处处长李建才、科技局科技平台处处长熊明民以及兰州市七里河区、西湖街道办事处、梁家庄社区相关领导。

挂牌大会由所长杨志强主持，副所长张继瑜、阎萍以及全所在职职工、在所研究生和部分离退休职工参加了大会。

● 研究所召开理论学习中心组会议学习十八届五中全会精神

11月27日，研究所召开理论学习中心组会议，学习十八届五中全会精神。会议由党委书记刘永明主持，所领导、全体中层干部、各党支部书记及创新团队首席专家参加了会议。

会上，刘永明书记传达了《中共中国农业科学院党组关于学习宣传贯彻党的十八届五中全会精神的通知》《中国共产党第十八届中央委员会第五次全体会议公报》，集体观看了由国家行政学院王小广教授主讲的十八届五中全会专题辅导视频报告《"十三五"规划建议的新理念新思路新举措》，学习了《人民日报》社论、有关专家对十八届五中全会提出的五大发展理念的解读。部署了研究所学习贯彻十八届五中全会精神工作。

刘永明书记就学习贯彻十八届五中全会精神提出要求：一是各部门、各党支部、各创新团队要精心组织、高度重视，把学习全会精神作为当前的一项重要任务，认真组织好学习工作；二是党办人事处要做好引导工作，利用网络、专栏、展板等方式，对职工进行全会精神学习宣传，在研究所形成良好的学习氛围；三是结合年末工作总结和研究所"十三五"规划，科学设计、合理布局，把"十三五"规划制定好。

杨志强所长要求研究所领导干部一要充分认识十八届五中全会重大意义，深刻领会精神；二要深刻理解十八届五中全会提出的新理念新思路新举措，提出研究所"十三五"发展的基本思路、目标任务、重点工作、保障措施，促进科技创新工作持续健康发展。

● 12月3日，杨志强所长主持召开研究所党政联席会议，讨论了研究所荣获全国文明单位后给职工发放奖励事宜。

● 研究所召开落实党风廉政建设"两个责任"集体约谈会

12月4日，研究所召开落实党风廉政建设"两个责任"集体约谈会，贯彻落实院党风廉政建设"两个责任"集体约谈会、院党的建设和思想政治工作研究会六届三次会议精神，进一步强化落实"两个责任"工作。会议由党委书记刘永明主持，所领导、全体中层干部、各党支部书记及创新团队首席参加了会议。

会上，刘永明书记传达了中国农业科学院党组书记陈萌山在落实党风廉政建设"两个责任"集体约谈会上的讲话。纪委书记张继瑜通报了农业部系统6起违纪案例。刘永明书记要求全所党员干部一要认真理解陈萌山书记讲话精神，强化责任意识和底线意识，牢固树立红线意识；二要加强科研经费监管，重点在课题主持人、创新团队首席和财务相关人员；三要高度重视，引以为戒，切实做好廉政工作。

杨志强所长要求全所领导干部一要加强学习，提高认识，尤其要学习党中央、中纪委的相关文件精神，提高规矩意识和廉政意识；二要身体力行，按三严三实要求履职尽责，切实做好研究所的党风廉政建设工作，保证研究所科技创新工作持续健康发展。

● 12月4日，刘永明书记主持召开研究所"三严三实"专题研讨会议，主要开展了党员干部违法违纪典型案例警示教育，并进行了研讨。

● 12月14日，刘永明书记主持召开党支部书记会议，对研究所开展党建述职评议工作和民主评议党员工作进行了部署。

● 12月23日，刘永明书记主持召开研究所理论学习中心组会议，通报了研究所2015年领导班子民主生活会主题，通报了2014年领导班子民主生活会职工意见建议整改落实情况。

● 12月23日，研究所召开全所职工大会，杨志强所长代表所班子向全体职工通报了研究所2015年领导班子民主生活会主题，通报了2014年领导班子民主生活会职工意见建议整改落实情况。

● 12月24日，刘永明书记召开党委会，会议讨论通过了研究所2015年度"三严三实"民主生活会领导班子汇报材料和研究所党建生活述职报告。

● 研究所召开2015年度"三严三实"专题民主生活会

12月25日，研究所按照中国农业科学院党组部署召开2015年度领导班子"三严三实"专题民主生活会。中国农业科学院人事局吴京凯副局长到会指导。所党委书记刘永明主持会议。

为了开好这次专题民主生活会，研究所党委制订了民主生活会方案，班子成员深入学习领会习近平总书记关于党员领导干部践行"三严三实"的重要论述，打牢开展专题民主生活会的思想基础。通过召开座谈会、发放征求意见表、谈心谈话等多种形式广泛征求党员群众意见建议。通报了2014年民主生活会整改落实情况，进行了群众满意度测评，群众满意和比较满意的达到91.47%，整改落实情况得到职工的充分认可。在民主生活会上，所长、党委副书记杨志强代表所领导班子作对照检查。所领导班子成员作了个人对照检查，开展了严肃认真的批评与自我批评。大家开门见山、直奔主题，把自己摆进去，往实里查、往深里剖，与事对接、与人见面，从班子问题中认领个人问题，从身边问题反思自己问题，深刻剖析了问题根源，提出了明确具体的改进措施。

吴京凯副局长在讲话中指出，兰州牧药所领导班子在民主生活会前按照"三严三实"要求，打好思想基础，广泛征求了意见，进行了谈心谈话，通报了2014年专题民主生活会整改落实情况，进行了群众满意度测评，班子及班子成员按照民主生活会要求，围绕主题，查摆问题到位，分析原因深刻，批评与自我批评不护短，努力方向和改进措施明确，是一次成功的的民主生活会。希望所领导班子围绕本次民主生活会提出的问题，理清思路，提出措施，认真加以落实。以此次专题民主生活会为契机，推动践行"三严三实"要求制度化常态化长效化，坚持两手抓两促进，认真总结好、运用好、转化好这次专题教育的成果，激发党员干部提振精气神、树立好作风、增强执行力，推进研究所改革发展各项工作。

2015 年

农业部副部长、中国农业科学院院长李家洋到研究所
张掖试验基地调研

中国农业科学院副院长李金祥，甘肃省委宣传部副部长、
省文明办主任高志凌共同为研究所"全国文明单位"揭牌

院党组成员、纪检组组长、安委会主任史志国到研究所
检查工作

中国农业科学院副院长、中国工程院院士吴孔明到
研究所调研

国家畜禽遗传资源委员会对研究所"高山美利奴羊"
进行了新品种现场审定

杨志强所长访问俄罗斯毛皮动物与家兔研究所

世界牛病学会秘书长到研究所访问

"羊绿色增产增效技术集成模式研究与示范"项目
推进会召开

研究所组织专家赴临潭县开展扶贫培训活动

试验基地建设项目开工典礼在张掖综合试验基地隆重
举行，李金祥副院长出席典礼

研究所"综合实验室"荣获 2014 年度甘肃省建设工程
"飞天奖"

阎萍副所长荣获"全国优秀科技工作者"称号

研究所举行纪念中国人民抗日战争暨世界反法西斯战争
胜利 70 周年演唱会

2015 届研究生毕业论文答辩会及专业学位硕士研究生
论文答辩、中期检查报告会召开

大洼山试验基地举行天然气锅炉点火仪式

举行庆祝"三八"妇女节联欢会

第五部分　二〇一六年简报

2016 年综合政务管理

● 砥砺奋进创佳绩

1月5日，研究所召开年度部门工作汇报会，全面总结2015年工作。

2015年，研究所全面贯彻党的十八届三中、四中、五中全会和习近平总书记系列重要讲话精神，扎实开展"三严三实"专题教育，以科技创新工程为抓手，开拓创新，真抓实干，科技创新取得新突破，条件建设获得新进展，文明建设实现新跨越，全所呈现出蓬勃发展的新局面。在机制创新方面，修订了研究所《科研人员岗位业绩考核办法》《奖励办法》等规章制度，有效激发了职工创新创业的积极性，为研究所建立以绩效管理为核心的新机制奠定了基础。在科技创新方面，获得科研项目80项，合同经费为5 050.8万元。历经20多年培育的"高山美利奴羊"新品种通过国家畜禽品种委员会审定。新品种的培育成功，凸显了研究所在草食家畜育种方面的创新优势，对于推动产业发展将产生重大影响，为科技创新工程谱写了绚丽的篇章。获科技成果奖励12项，新兽药证书2项，发表论文159篇，获授权专利259项，出版著作9部。1人入选国家百千万人才工程，1人获"国家有突出贡献中青年专家"荣誉称号，1人获得国务院政府特殊津贴，"兽药创新与安全评价创新团队"入选第二批农业科研杰出人才及创新团队。中国农业科学院羊育种工程技术研究中心通过审批，综合实验室建设项目分别荣获"甘肃省建设工程飞天奖"和"兰州市建设工程白塔奖"，张掖试验基地建设项目已完成总建设任务的2/3。研究所获得"甘肃省卫生单位"称号。落实党风廉政建设"两个责任"，提高干部职工廉洁自律意识和干事创业的作风。中央文明委授予研究所"全国文明单位"称号，标志着研究所文明建设又向前迈进了一大步；全国总工会授予所工会"全国会员评议职工之家示范单位"称号。

在新的一年里，研究所决心在部院党组的领导下，以科技创新工程为引领，抢抓一带一路发展机遇，瞄准学科前沿，突出特色优势，力求在管理机制、科学研究、人才队伍、平台建设、党建和文明建设等方面取得新的进展，实现"十三五"的良好开局。

● 1月7日，研究所召开所班子年度考核述职会议，全体中层干部、中级及以上职称人员参加会议。会上，所班子成员报告了2015年班子和个人工作，与会人员对所班子和班子成员进行了考核测评。

● 1月7日，杨志强所长主持召开研究所2015年度干部选拔任用"一报告两评议"会议，全体中层干部、中级及以上职称人员参加会议。会上，刘永明书记报告了2015年研究所干部选拔任用工作，与会人员对研究所2015年干部选拔任用工作进行了评议测评。

● 1月7日，杨志强所长主持召开2015年职工年度考核会议，对全体职工进行了年度考核，评选了文明处室、文明班组、文明职工。刘永明书记、张继瑜副所长、阎萍副所长和党办人事处杨振刚处长参加会议。

● 1月13~18日，杨志强所长、刘永明书记赴北京参加中国农业科学院2016年院工作会议。

● 研究所视频收看2016年院工作会议

1月14日上午，中国农业科学院2016年工作会议在北京开幕。张继瑜副所长、处级以上干部、创新工程团队首席专家和科研骨干 60 余人在研究所视频会议室同步收看了大会实况。

此次视频会议，是研究所在京外首次同步参加院工作会议。在参加视频会议后，研究所与会人员对李家洋院长的报告给予了高度评价，认为报告全面、系统的总结了 2015 年全院工作；对 2016 年 10 个方面的工作指导性强；对李家洋院长提出的到 2020 年初步建成世界一流农业科研院所的战略目标充分期待，大家纷纷表示在部、院党组的领导下，以科技创新工程为引领，抢抓一带一路发展机遇，瞄准学科前沿动态，突出特色优势，奋发有为，真抓实干，适应新常态，开创新局面，在建设世界一流农业研究所的征程中迈出坚实而有力步伐，不断取得新进展。

● 研究所贯彻落实院 2016 年工作会议精神

1 月 20 日，研究所召开职工大会，传达贯彻中国农业科学院 2016 年工作会议和党风廉政建设工作会议精神，部署研究所 2016 年工作。

杨志强所长主持会议并传达了中国农业科学院 2016 年工作会议精神和李家洋院长的工作报告，刘永明书记传达了中国农业科学院 2016 年党风廉政建设工作会议精神和院党组书记陈萌山的讲话，张继瑜副所长传达了院党组纪检组组长史志国在党风廉政建设会议上的工作报告。

杨志强要求全所职工认真贯彻落实院工作会议和党风廉政建设工作会议精神，并对研究所 2016 年重点工作进行了安排部署。杨志强指出，2016 年研究所要重点做好七个方面的工作：一、坚持以创新工程为统领，抢抓一带一路发展机遇，开展世界一流农业科研院所建设等中心工作，完善创新工程配套制度，并继续抓好科研立项工作和项目的结题验收和总结工作；继续加大国际合作和国家自然基金项目申报力度；强化科研经费管理。二、进一步加强所地、所企科技合作，大力促进协同创新和科研成果转化；围绕服务三农和甘肃省"双联"活动，大力开展技术培训、科技下乡和科技兴农工作。三、加强与国内外高等院校和科研院所的科技合作，积极开展学术活动和人员交流。四、加强科技创新团队人才建设和中青年科技人才的培养。五、加强基地设施和平台条件建设，完成张掖基地建设项目和 2016 年度修缮购置项目，完成 2013 年度修购项目验收。六、加强管理，进一步完善各类人员的绩效考核办法和奖励办法；严格劳动纪律；加强财务管理，严格执行财务预算进度；大力推进所务党务公开；进一步抓好安全生产工作。七、抓好党建工作，继续加强职工学习教育；认真贯彻落实党风廉政建设政策措施；抓好工会、统战、妇女和老干部工作；持续开展文明创建活动，营造文明和谐、积极向上的创新文化环境。

● 1 月 22 日，党办人事处杨振刚处长参加了中国农业科学院人事局召开的领导干部个人有关事项报告专题部署会议。

● 研究所召开创新工程试点期绩效考评会

1 月 25 日，研究所外聘同行专家，根据《中国农业科学院科技创新工程绩效管理办法（试行）》规定和院创新办相关要求，对 8 个创新团队进行绩效考评。所领导、团队首席及团队成员、部门负责人参加了会议。张继瑜副所长主持会议。

牦牛资源与育种等 8 个创新团队首席分别从主要研究进展、新增科研项目、人才团队建设、条件平台建设、国际合作交流、预算经费执行、存在问题与建议等方面对试点期工作进行了详细汇报。专家组通过听取汇报、对照考核指标完成情况、现场答疑等，一致认为，研究所自科技创新工程实施以来，以增量撬动存量，以创新驱动发展，创新能力有了明显提升，重大成果培育取得丰硕成绩，服务产业发展能力持续增强，圆满完成了试点期目标任务。针对存在的问题，专家组提出了意见建议：一是进一步凝练团队研究方向，围绕团队专业优势，在已有研究基础上培育新兴学科，增强团队竞争力；二是进一步优化科研团队人员结构，在引进优秀人才的同时注意团队成员的自我培养，形成结构合理的人才梯队；三是在当前定量考核评价的基础上，应对团队在行业领域的地位进行定性评价，充分认清发展形势。

杨志强所长指出，按照院科技创新工程进度安排，"十三五"期间，创新工程将从试点探索期转入调整推进期，要认真总结在试点期取得的成效和经验，找出制约团队发展的主要问题，为研究所学科优化和团队调整提供依据，为下一步开展科学研究提供思路，也为研究所争创一流农业科研院所找准方向。

● 陈萌山书记到研究所指导工作

1月27日，中国农业科学院党组陈萌山书记，院党组成员、人事局魏琦局长，财务局刘瀛弢局长，监察局舒文华局长等一行8人到所检查指导工作。

陈萌山书记一行参观了研究所史陈列室、中兽医药陈列馆、兽药研究室和中兽医（兽医）研究室。在工作汇报会上，杨志强所长就研究所"十二五"工作主要进展、存在问题和"十三五"工作思路进行了汇报。阎萍研究员和杨博辉研究员分别汇报了"牦牛资源与育种""细毛羊资源与育种"2个科技创新团队的工作进展与未来规划。刘永明书记主持会议。

在听取汇报后，陈萌山书记和与会人员进行了座谈和交流，进一步了解创新团队建设遇到的困难和瓶颈问题，鼓励大家继续抓好创新工作，勇担责任，开拓工作新局面。陈书记在讲话中指出：兰州牧药所发展势头良好，发展前景广阔。在谈到未来工作时陈书记提出七点要求：第一，要立足西部，克服地域劣势，发挥学科优势，按照行业和地方科技需求，更好融于地方，服务地方。第二，要着眼未来，服从大局，谋划大事，根据国家重大需求，结合未来发展方向，做出更大的贡献。第三，要扶持大项目，在科技成果培育孵化上大下功夫，积极主动，整体提升研究所的科技竞争力。第四，要重视基础研究，完善创新考核机制。第五，要大力推进协同创新，建立大协作、大联合创新机制。第六，建立绿色增产增效模式，集成社会技术，正真发挥中国农业科学院在农业发展中的引领作用，使之产生倍加效应。第七，加强交流，解放思想，借鉴学习，服务科研，转变作风、理念和思路，更好地为科研工作服务。陈书记指出，研究所立足西部，潜心科研，忠于使命，各方面都取得很好的工作进展，他代表中国农业科学院向研究所全体职工拜早年，并祝大家节日快乐。

兰州兽医研究所殷宏所长、张永光书记，研究所张继瑜副所长、科技创新团队首席专家和各部门主要负责人参加了会议。

● 1月28日，刘永明书记主持召开研究所干部会议，传达学习中国农业科学院人事局关于领导干部个人有关事项报告工作文件精神，对领导干部报告个人有关事项进行了部署；杨志强所长通报了院党组陈萌山书记到所调研情况，传达了陈萌山书记在研究所的讲话精神，提出了贯彻落实陈萌山书记讲话精神的要求。

● 1月28日，杨志强所长主持召开办公会议，研究了2015年研究所绩效奖励相关事宜。刘永明书记、张继瑜副所长、阎萍副所长和条件建设与财务处负责人参加了会议。

● 研究所召开2015年总结表彰大会

1月29日，研究所召开2015年总结表彰大会。

杨志强所长从科研进展、成果转化、产业开发、科技兴农、条建建设、党建与文明建设等方面总结了2015年研究所各项工作取得的进展与成绩，号召大家以科技创新工程为引领，抢抓一带一路发展机遇，瞄准学科前沿，突出特色优势，更加奋发有为，更加开拓进取，更加高效实干，力求在2016年取得新的更大的进展，为"十三五"开好局起好步，在现代农业科研院所建设中走在前列！杨志强所长还代表所领导班子向全所职工致以新春祝福，祝大家在新的一年里身体健康、工作顺利、万事如意、阖家欢乐！祝研究所的各项事业蓬勃发展，再创辉煌。刘永明书记主持会议。

张继瑜副所长宣读了研究所关于2015年获政府部门奖励的集体、个人的决定。阎萍副所长宣读了研究所《关于表彰2015年度文明处室、文明班组、文明职工的决定》。研究所领导向受到表彰的集体和个人颁奖。

● 1月29日，研究所召开2016年离退休职工迎春茶话会。杨志强所长向离退休职工通报了研究所2015年工作，刘永明书记主持会议。退休职工围绕研究所创新发展、条件建设、职工生活等畅所欲言，充分交流。离退休职工、所领导和管理服务部门负责人参加了茶话会。

● 研究所开展春节前走访慰问活动

2月2日，研究所杨志强所长、刘永明书记、张继瑜副所长和阎萍副所长率领职能部门负责人走访慰问研究所离休干部、困难党员、困难职工，为他们送上鲜花和慰问金，把研究所的关怀和浓浓的节日祝福送到他们身边。

走访中，所领导详细询问老同志们的身体状况、生活情况，认真听取了老同志们的意见建议，表示要更加关心、爱护、照顾离退休老同志，切实做好新时期离退休服务工作。

● 2月2日，杨志强所长主持召开所务会，会议通报了研究所民主生活会情况，传达了中央办公厅、国务院《关于2016年元旦春节放假期间有关工作的通知》和中国农业科学院《关于切实做好2016年元旦春节期间安全生产的工作》文件精神，安排部署了研究所2016年春节假期放假值班等相关事宜。刘永明书记、张继瑜副所长、阎萍副所长和各部门负责人参加了会议。

● 2月4日，杨志强所长、刘永明书记带领全所安全员对研究所各部门进行安全和卫生检查。

● 2月22~25日，研究所申报的2016年度修购专项"农业部黄土高原野外观测试验站观测楼修缮"和"牧草新品种选育及草地生态恢复与环境建设研究仪器设备购置"项目实施方案，顺利通过中国农业科学院和农业部评审。

● 2月23日，研究所领导班子召开专题会议，研究研究所2016年工作。

● 2月24日，杨志强所长主持召开所务会议，安排部署了2016年研究所行政工作，刘永明书记安排部署了党的工作，张继瑜副所长、阎萍副所长分别就分管工作进行了说明。各部门负责人参加会议。

● 2月26日，张继瑜副所长主持召开研究所兽用药物创制重点实验室建设项目专题会议，4家单位投标，经综合评议，研究确定甘肃西招国际招标有限公司为仪器设备招标代理单位。

● 2月29日，杨志强所长、刘永明书记、张继瑜副所长、阎萍副所长赴北京参加中央第八巡视组专项巡视中国农业科学院党组工作动员会。

● 3月1日，兰州市人大常委会席飞跃副主任一行14人到所调研，就《兰州市养犬管理条例》草案部分内容与研究所专家进行研究讨论。杨志强所长、张继瑜副所长、办公室赵朝忠主任、中兽医（兽医）研究室潘虎副主任及相关专家参加了座谈会。

● 3月2日，杨志强所长代表研究所与条件建设与财务处、后勤服务中心及药厂签订了2016年度经济目标责任书。刘永明书记、张继瑜副所长、阎萍副所长、办公室赵朝忠主任及相关人员参加了签订仪式。

● 3月7日，研究所试验基地建设项目三标段公开招标资格预审会在甘肃省公共资源交易局开标厅进行，经资格评审，有22家企业通过资格预审。条件建设与财务处肖堃处长和基地管理处杨世柱副处长参加预审会。

● 3月8日，研究所试验基地建设项目组召开专题会议，研究确定了七家入围投标施工单位。

● 兰州市南北两山绿化指挥部领导考察大洼山试验基地

3月9日，兰州市南北两山环境绿化工程指挥部王恩瑞指挥一行到研究所大洼山试验基地考察指导工作，并与基地管理处人员进行了座谈。

杨志强所长主持座谈会，对指挥部长期给予大洼山试验基地的支持表示感谢，同时表示研究所将积极配合指挥部做好试验基地的绿化工作，并强调绿化工作对保护生态环境和试验基地的发展具有重要作用。基地管理处董鹏程副处长介绍了大洼山试验基地的管理情况、科研情况以及大洼山规划情况。王指挥对大洼山试验基地在绿化、消防等方面取得的成绩给予肯定，同时指出大洼山基地位于南北两山的关键位置，具有重要的生态地位，希望大洼山试验基地的工作人员努力工作，发挥试验基地在牧草和中药材种植方面的优势，形成以牧草繁育和中药材展示为特色的绿化模式，为南北两山的绿化提供新思路。阎萍副所长及相关人员参加了座谈会。

● 研究所召开第四届职工代表大会第五次会议

3月10日，研究所第四届职工代表大会第五次会议在科苑东楼召开。会议由所党委书记、工会主席刘永明主持，研究所第四届职工代表大会代表35人出席了会议，全体职工旁听了大会。

会议听取了杨志强所长代表所班子作的研究所2015年工作报告、财务执行情况报告和2016年工作安排。代表们不负重托，积极履行职责，认真讨论和审议了杨志强所长的报告、研究所工会2015年工作及财务执行情况报告、第四届职工代表大会第四次会议代表意见落实情况和关于确认调整职工住房公积金缴存基数的建议，对研究所的发展提出了建设性的意见和建议。代表们认为，杨志强所长的报告内容全面，总结成绩到位，分析问题准确，工作重点突出。大会一致同意通过杨志强所长的报告、所工会2015年工作报告及财务执行情况报告，同意调整职工住房公积金缴存基数。

所党委书记、工会主席刘永明对贯彻本次大会精神提出了希望和要求。大会号召全所干部职工在农业部、中国农业科学院党组的领导下，认真贯彻党的十八届三中、四中、五中全会精神和习近平总书记系列重要讲话精神，落实中国农业科学院2016年工作会议和党风廉政建设工作会议精神，认真总结"十二五"工作，凝心聚力，奋发进取，真抓实干，进一步落实各项工作，全面提升科技创新水平和服务能力，为实现"十三五"时期研究所发展良好开局、建设现代农业科研院所做出新贡献。

● 3月15日，杨志强所长、张继瑜副所长、科技处王学智处长、条件建设与财务处肖堃处长、中兽医（兽医）研究室李建喜主任赴上海兽研所考察实验耗材采购平台建设情况。

● 3月16日，杨志强所长、刘永明书记、阎萍副所长、条件建设与财务处肖堃处长、基地管理处董鹏程副处长在大洼山现场落实2016年研究所修购专项事宜。

● 3月19~20日，杨志强所长参加甘肃省科协第七届第三次会议。

● 3月21~25日，杨志强所长参加兰州市人大第十五届第六次会议。

● 3月21日，研究所召开专题会议，会议传达学习了中国农业科学院《关于进一步集中整治领导干部办公用房超标和公务用车超标的紧急通知》精神，研究决定了研究所贯彻落实《通知》精神相关事宜。杨志强所长、刘永明书记、张继瑜副所长、阎萍副所长、办公室赵朝忠主任参加了会议。

● 3月22日，研究所开展了2016年硕士研究生复试录取工作。按照中国农业科学院研究生院《关于做好2016年硕士研究生复试录取工作的通知》要求，由张继瑜副所长为主任，阎萍研究员、王学智研究员、高雅琴研究员、李建喜研究员、李剑勇研究员和荔霞副处长等7人组成了复试考核专家组。对报考研究所的14名硕士研究生进行了复试。

● 3月24日，财政部驻甘肃监察专员办事处鲁怀忠处长、王迎庆副处级调研员莅临研究所调研，杨志强所长代表研究所做了专题汇报。鲁怀忠处长就财政部关于中央单位基本情况调研工作安排做了说明，并对甘肃监察专员办事处工作职能进行了介绍。条件建设与财务处肖堃处长、党办人事处杨振刚处长、科技管理处曾玉峰副处长及相关人员参加了会议。

● 3月24日，西北农林科技大学动物医学院院长周恩民教授一行4人到所考察，就兽医学科队伍建设、平台建设、人才培养、学术交流、研究生培养方面进行了交流探讨。刘永明书记、办公室赵朝忠主任、科技管理处曾玉峰副处长，中兽医（兽医）研究室潘虎副主任及相关专家参加了会议。

● 3月30日，中国农业科学院科研经费管理使用自查工作动员部署视频会召开，杨志强所长、刘永明书记、张继瑜副所长、阎萍副所长和职能部门负责人、创新工程首席科学家及课题组组长在研究所视频室观看视频会议。

● 3月31日，杨志强所长主持召开全所职工大会。张继瑜副所长传达了中国农业科学院科研经费使用管理情况自查方案，杨志强所长传达了陈萌山书记在中国农业科学院科研经费管理使用自查工作动员部署视频会上的讲话，并安排部署了研究所科研经费管理使用自查工作。

● 3月31日，刘永明书记和条件建设与财务处巩亚东副处长赴北京参加中国农业科学院科研经费使用管理情况检查培训会。

● 4月1日，杨志强所长主持召开全所职工大会。张继瑜副所长传达了中国农业科学院科研经费使用管理情况自查方案，杨志强所长传达了陈萌山书记在中国农业科学院科研经费管理使用自查工作动员部署视频会上的讲话，并安排部署了研究所科研经费管理使用自查工作。2~4日，研究所组织财务人员、科研团队财务助理对2013—2015年科研经费使用情况进行自查，对自查出的问题进行了立行立改。5日向中国农业科学院提交了科研经费使用情况自查报告。7~9日，接受了中国农业科学院检查组对2013—2015年科研经费使用情况的专项检查，对检查出的问题进行了立行立改。

● 4月4日，杨志强所长赴北京参加中国农业科学院科研经费使用管理情况检查工作培训会。6~10日，按院里要求，由杨志强所长带队，条件建设与财务处肖堃处长、科技管理处曾玉峰副处长、党办人事处荔霞副处长等5人组成的中国农业科学院科研经费使用管理情况检查组，对南京农业机械化研究所、农业环境和可持续发展研究所进行科研经费使用管理情况专项检查。

● 中国农业科学院基因所筹备组方宜文副组长一行到研究所考察

4月8日，中国农业科学院深圳农业基因组研究所筹备组副组长方宜文率领基因所及辖区派出所警官一行5人到研究所，就"警民共建"、和谐所区建设和科技项目合作事宜进行考察。

刘永明书记代表研究所介绍了研究所基本情况，并就"警民共建"进行了交流。为了说明共建情况，小西湖派出所杨小军指导员和杨俊浩警官向考察组介绍了工作成效，刘永明书记介绍了与小西湖派出所开展"警民共建"工作以来的经验、做法及共建效果。牧药所与基因所就共同开展科技合作事宜进行了交流。张继瑜副所长、阎萍副所长等围绕研究所科研工作中涉及基因方面的工作需求及工作现状等与基因所进行了讨论。双方对进行科技合作表达了强烈愿望，为下一步切实开展合作打下了基础。

方宜文一行还参观了研究所史陈列室、研究所大院和中兽医药陈列馆。办公室赵朝忠主任、科技管理处王学智处长、部分团队首席、后勤服务中心苏鹏主任、张继勤副主任等，与方宜文副组长率领的基因所樊伟研究员、中农长乐（深圳）生物育种技术有限公司董事长吴世强、基因所所在地鹏程派出所高峰指导员、大鹏公安分局机训大队负责人宋晓年、鹏程派出所社区消防队张远雄队长等参加了相关活动。

● 4月12日，七里河区人大代表、研究所杨志强所长参加兰州市人大主任段英茹调研区人大会议。

● 4月13日，杨志强所长主持召开人事办公会议，研究推荐了中国农业科学院科研英才培育工程人选，决定推荐丁学智为中国农业科学院科研英才培育工程院级候选人；初步确定郭宪、岳耀敬为所级候选人，根据中国农业科学院院级人选评审结果最终确定所级人选。

● 4月18日，杨志强所长主持召开固定资产清理清查工作会。阎萍副所长传达了中国农业科学院关于开展2016年资产清查的通知（农科院财〔2016〕50号），杨志强所长安排部署了研究所固定资产清理清查工作。刘永明书记、张继瑜副所长、科技管理处、条件建设与财务处负责人及相关人员参加了会议。

● 4月20~21日，中国农业科学院基建局计划处徐欢处长来所考察研究所2017年基本建设项目大洼山综合试验站基本建设项目，研究生公寓建设项目选址选线等相关事宜。杨志强所长、刘永明书记、张继瑜副所长、阎萍副所长、后勤服务中心苏鹏主任、基地管理处董鹏程副主任、条件建设与财务处巩亚东副处长参加了会议。

● 4月21日，杨志强所长主持召开专题会议，研究决定对研究所家属楼除东区1~4号楼外所有家属楼楼道和墙面进行粉刷。此项工程由刘永明书记负责，后勤服务中心负责组织。张继瑜副所长、阎萍副所长和办公室、后勤服务中心、党办人事处、条件建设与财务处负责人参加了会议。

● 4月21日，杨志强所长主持召开所长办公会议，研究了农业有毒有害津贴和畜牧兽医医疗卫生津贴发放范围和发放标准事宜。刘永明书记、张继瑜副所长、阎萍副所长、党办人事处杨振刚处长、荔霞副处长参加了会议。

● 4月25~26日，杨志强所长、阎萍副所长和条件建设与财务处肖堃处长赴张掖基地参加研究所试验基地建设项目三标段开工典礼。

● 4月27日，刘永明书记主持召开专题会议。决定成立由刘永明任组长，苏鹏、肖堃任副组长的项目组，负责家属楼楼道、外墙粉刷项目的实施。通过对甘肃建设监理公司等3家投标单位进行综合评议，最终确定甘肃建设监理公司为项目招标代理公司。项目组成员参加会议。

● 4月28日，党办人事处杨振刚处长等参加了中国农业科学院人事局召开的干部人事档案专项审核工作推进会暨外调工作专项培训会。

● 5月4日，杨志强所长主持召开所长办公会议，研究推荐了2016年度政府特贴专家候选人，决定推荐张继瑜研究员、杨博辉研究员为2016年度政府特贴专家候选人。

● 5月4日，杨志强所长主持召开所长办公会议，研究了"五七工""家属工"养老保险申报事宜。

● 5月6日，研究所举行了2016年博士研究生复试，所长杨志强研究员任复试委员会主任，张继瑜副所长主持会议，刘永明研究员、阎萍研究员、李建喜研究员、李剑勇研究员、科技处处长王学智研究员、人事处副处长荔霞副研究员组成复试小组，对5位博士进行了复试，经综合评议录取博士4名。

● 杨志强所长一行赴陇南市调研

5月11~14日，杨志强所长、阎萍副所长等一行6人在陇南市副市长杨永坤的陪同下，对陇南市的徽县、成县、康县和武都区牛、羊、猪养殖场及生态放养鸡生产基地、中草药生产加工企业进行了考察，详细了解了相关产业发展状况，对企业生产中存在的问题进行了现场指导。

杨永坤副市长主持召开了"中国农业科学院兰州畜牧与兽药研究所与陇南市人民政府所地合作座谈会"。陇南市农牧局、科技局等有关单位负责人向杨志强所长一行介绍了陇南市中药材产业开发和陇南市畜牧业发展情况，并提出了陇南畜牧业与中草药产业发展面临的问题和技术难题。杨志强所长和专家在深入交流探讨的基础上建言献策。

杨所长指出，陇南市独特的自然环境与资源为畜牧养殖和中草药产业的发展提供了得天独厚的条件，畜牧养殖业生产要发挥优势，突出特色。研究所将围绕陇南市特色产业的发展，在技术、人才等方面给予大力支持，推动畜牧业的大发展。

一同参加调研的还有王学智处长、李建喜主任、郭健副研究员和荔霞副处长等。

● 5月13日，刘永明书记主持召开专题会议。会议对甘肃方圆工程监理有限责任公司等3家投标单位进行综合评议，最终确定甘肃建祥工程建设监理有限公司为研究所家属楼楼道、外墙粉刷项目监理公司。

● 研究所学位论文答辩、中期检查和开题报告工作顺利完成

5月17~18日，研究所组织专家举行了2016届研究生毕业论文答辩、2014级研究生中期检查和2015级博士研究生开题报告会。1名博士研究生、1名博士留学生、9名硕士研究生和1名硕士留学生参加学位论文答辩，4名博士研究生和12名硕士研究生进行中期检查，4名博士研究生进行开题。

论文答辩、中期考核和开题报告会按学科分为兽医组、兽药组和畜牧组，分别由杨志强所长、张继瑜副所长和阎萍副所长主持，共邀请所内外26位专家为研究生的毕业论文答辩、中期考核和开题报告进行评审。

论文答辩、中期检查和开题报告过程中，同学们表达清晰流畅，多媒体报告展示简洁扣题。评审专家对13名应届毕业生的论文进行了评议并形成决议，13名应届毕业生顺利通过了学位论文答辩，16名研究生通过中期考核，4名研究生完成开题。

● 5月17日，杨志强所长召开招标专题会议，研究确定2016—2017年度玻璃仪器、化学试剂、实验室小型设备、耗材、中药材、办公用品等采购委托单位。共有17家企业报名招标。经综合评议，最终确定兰州文曦分析仪器有限公司等10家单位中标入围玻璃仪器、化学试剂、实验室小型设备及耗材采购；兰州复兴厚药材有限责任公司等2家单位中标入围中药材采购；兰州慧腾工贸有限公司等2家单位中标入围电子产品及耗材采购；甘肃茂盛商贸有限公司等3家单位中标入围办公用品及耗材采购。相关人员参加了会议。

● 5月18日，中国农业科学院研究生院组织召开2016年学科评估工作安排视频会，阎萍副所长、科技管理处王学智处长、中兽医（兽医）研究室李建喜主任、兽药研究室李剑勇主任、畜牧研究室杨博辉研究员及相关人员参加会议。

● 5月19日，中国农业科学院南京农业机械化研究所党委办公室主任、人事处副处长夏春华一行4人来所考察学习。刘永明书记主持召开座谈会，就党的建设、人才队伍建设、文明建设等进行了交流。

● 5月19~20日，研究所组织开展2016年工作人员招录笔试面试，确定了2016年拟招录人选。随后，对拟招录人选在研究所网站进行了为期7天的公示。

● 5月24日，刘永明书记主持召开专题会议，就研究所家属楼楼道、外墙粉刷施工预选单位进行了遴选确认，并对甘肃博兴建设工程有限公司等11家投标单位进行综合评议，最终确定甘肃博兴建设工程有限公司、兰州市第一建设股份有限公司、甘肃第二建设集团有限责任公司、甘肃凯特装饰工程有限公司、甘肃华英建筑安装工程有限责任公司、甘肃省建筑装饰工程公司、甘肃港东建筑安装机械化有限公司7家单位为研究所家属楼楼道、外墙粉刷施工预选单位。

● 5月30日，杨志强研究员主持召开研究所学位评定委员会会议，刘永明研究员、张继瑜研究员、阎萍研究员、杨博辉研究员、郑继方研究员、李剑勇研究员、梁剑平研究员和时永杰研究员等8位委员参加会议。会议研究决定建议授予韩吉龙、Isam Karam博士学位，授予佘平昌、彭文静、黄美州、张玲玲、Megersa Ashenafi Getachew、文豪、林杰、曹明泽和周恒硕士学位，并推荐韩吉龙和黄美州学位论文为院级候选优秀论文。会议还对2017年招生资格审核查情况进行讨论，经委员会审核，张继瑜、阎萍、高雅琴、时永杰、李建喜、严作廷、梁剑平、李剑勇、王学智、杨博辉、蒲万霞、李宏胜、周绪正、吴培星、郭宪、梁春年、罗超应、丁学智和田福平19位导师符合

条件具备 2017 年招生资格。

● 5 月 31 日，杨志强所长参加兰州市人大组织的调研活动。

● 6 月 3~4 日，杨志强所长赴黑龙江省哈尔滨市参加中国农业科学院研究生院兽医学院管理委员会会议。

● 6 月 6 日，杨志强所长主持召开所长办公会议，研究确定了如下事项：决定聘任梁春年等 3 名获得高级专业技术职务任职资格的人员到相应的专业技术岗位；同意杜文斌同志的辞职申请和陈炅然同志病退的申请。刘永明书记、张继瑜副所长、阎萍副所长及党办人事处杨振刚主任参加了会议。

● 6 月 7 日，杨志强所长主持召开会议，会议通报了预算进度，并对课题经费运算进度管理提出了严格进度、又好又快、双管激活、促进创新的整体要求。科技管理处王学智处长，条件建设与财务处巩亚东副处长及各创新工程首席科学家参加了会议。

● 6 月 8 日，杨志强所长主持召开所务会，研究通过了 2016 年端午节放假的相关事宜。刘永明书记、张继瑜副所长、阎萍副所长和各部门负责人参加了会议。

● 6 月 14~16 日，中国农业科学院基本建设局陈璐副局长一行 4 人莅临研究所对研究所承担的试验基地建设项目和兽用药物创制重点实验室建设项目两个在建基本建设项目进行了检查。阎萍副所长代表研究所汇报了项目建设情况并陪同检查组对工程施工进展、档案资料管理、项目经费使用等进行了现场查验。

● 6 月 15 日，杨志强所长主持召开专题会议，研究讨论了药厂、伏羲宾馆和大洼山综合试验站转制等相关问题，条件建设与财务处巩亚东副处长，后勤服务中心张继勤副主任，基地管理处董鹏程副处长、王瑜处长助理参加了会议。

● 6 月 17 日，研究所组织专家举行了博士后出站考核评审会，评审专家对郝智慧博士后出站进行了评议，最终顺利通过了出站考核评审。党办人事处杨振刚所长主持召开会议。

● 6 月 20 日，研究所家属区住宅楼墙面粉刷工程公开招标在甘肃省公共资源交易中心开标，经电子评标，确定甘肃凯特装饰工程有限公司中标。

● 6 月 24~25 日，杨志强所长、阎萍副所长、基地管理处董鹏程副处长等一行 4 人赴北京，向中国农业科学院基本建设局汇报了研究所 2017 年拟申报两个基本建设项目情况。

● 6 月 25 日，杨志强研究员和李建喜研究员赴北京参加中国农业科学院研究生院 2016 年研究生学位评审会。

● 6 月 29 日，湖北武当动物药业有限责任公司陈国民总经理来所交流研讨，科技管理处王学智处长主持会议，张继瑜副所长、中兽医（兽医）研究室李建喜主任、严作廷副主任、郑继方研究员、王胜义助理研究员、兽药研究室蒲万霞研究员、周旭正副研究员、程富胜副研究员、尚若锋副研究员、李冰助理研究员和科技管理处曾玉峰处长参加会议。

● 研究所开展安全生产月系列活动

研究所于 6 月开展了以"强化安全发展观念，提升全民安全素质"为主题，内容丰富、形式多样的安全生产月系列活动。

在研究所领导的高度重视下，研究所在 5 月底专题安排部署了安全生产月活动方案，明确了活动主题。活动内容细致到环节、落实到部门，确保扎实有效，为促进安全生产和持续稳定发展提供保障。本次活动内容主要分 4 个方面：

一是在全所范围内认真学习习近平总书记关于安全生产的讲话精神、新的安全生产法以及 2016 年安全生产活动的指导思想、工作重点等。

二是以多种形式开展贯穿全月的安全生产宣传活动。制作了以习近平总书记对于加强安全生产工作提出的5点要求为主要内容的主题板报；在办公楼电子屏循环滚动播放安全生产有关的视频、图片等宣传材料；在研究所大院悬挂安全生产主题标语，全方位营造舆论氛围。

三是集中学习教育。6月28日，研究所召开全所职工大会，举办了2场专题讲座，观看了1部警示教育片。会议首先由甘肃中轻轻工产品质量检验检测有限责任公高级工程师、副经理袁辉，针对实验室安全隐患做了题为《实验室安全防护》的主题讲座。袁辉工程师所讲事例及相关知识契合研究所实际情况，对研究室实验室安全防护工作有很大帮助。第二场报告邀请到甘肃省职业健康与环境卫生促进会主任王鹏，作了题为《珍惜生命　关爱健康》的主题报告。王鹏主任的报告对遇到意外事故如何开展自救和他救、雾霾天气对人体的危害与预防、如何提高个人免疫力改善亚健康、如何预防心脑血管疾病等关系职工安全、健康的切身问题进行了讲解，受到与会职工好评。报告会后，全体职工集中观看了2016年安全生产月警示教育片《伤逝》。杨志强所长发表讲话，强调了研究所安全生产工作的重要性，要求各部门和全体职工要将以人为本、预防为主的安全生产理念内化于心、外化于形，高度重视安全生工作并常抓不懈，全面提升安全生产水平。

四是开展安全隐患自查及检查，杜绝安全隐患。为了做到防微杜渐，要求各部门开展安全生产自查。自查结束后，23日，研究所安全生产工作检查小组针对自查报告中出现的问题，对各部门进行安全隐患检查，针对问题就地落实整改措施和责任人，限期解决隐患问题。

通过系列生产月活动的开展，"强化安全发展观念，提升全民安全素质"的主题思想在牧药所深入人心，全所职工的安全生产意识得到了强化，发现的安全隐患得到了解决，安全生产水平稳步提高。

● "农业部兰州黄土高原生态环境重点野外科学观测试验站观测楼修缮"项目开工

7月1日，研究所承担的2016年度修购专项-农业部兰州黄土高原生态环境重点野外科学观测试验站观测楼修缮项目在大洼山综合试验基地开工。杨志强所长、刘永明书记、张继瑜副所长、以及各单位领导和工作人员等共50余人参加了开工仪式。阎萍副所长主持开工仪式。

甘肃华成建筑安装工程有限责任公司副总经理范效平、甘肃建翔建设监理有限公司副总经理邹广文和杨志强所长分别致辞。杨志强所长宣布项目开工，并与参加典礼的各位嘉宾为项目奠基。

农业部兰州黄土高原生态环境重点野外科学观测试验站观测楼建于20世纪80年代，观测楼为科学研究和科研人员的学习生活提供了良好的条件，但因缺乏维护，局部出现裂缝、下陷，部分墙体脱落。此次获农业部和中国农业科学院的专项支持，进行全面维修。项目主要工程内容包括主体加固；屋面保温及防水改造；室内外墙面、天棚、地面改造；门窗更换；给排水、暖通、电气改造；室外改造等。

项目实施后，将全面提升建筑物安全性和使用功能，为科学试验研究搭建功能完善、运转高效、支撑有力的平台设施。

● 7月4日，杨志强所长主持召开所务会，讨论通过了研究所奖励办法等10个管理办法。刘永明书记、张继瑜副所长、阎萍副所长和各部门负责人，各创新团队首席科学家参加了会议。

● 7月4日，杨志强所长主持人事办公会议，研究确定研究所各类人员申报有毒有害津贴、畜牧兽医津贴有关事项。刘永明书记、阎萍副所长、党办人事处杨振刚处长、荔霞副处长参加了会议。

● 王汉中副院长到兰州牧药所指导工作

7月6日，中国农业科学院王汉中副院长和成果转化局综合处彭卓处长到所检查指导工作。

王汉中副院长一行参观了研究所史陈列室、中兽医药陈列馆。在工作汇报会上，党委书记刘永明就研究所基本情况和研究所巡视边查边改情况、整改方案制订情况和整改任务落实情况进行了汇报。

王汉中副院长指出，兰州牧药所整改工作整体推进有序，扎实有效，并对整改报告提出了建议。在谈到今后的工作时王汉中副院长要求增强"四个意识"，立足西部，潜心科研，忠于使命，为服务三农多做贡献。

阎萍副所长和各职能部门负责人参加了会议。

● 7月12日，研究所科研经费预算查询系统和耗材采购系统正式启动，杨志强所长、刘永明书记、条件建设与财务处负责人、各团队首席科学家出席启动仪式。

● 7月12日，后勤服务中心张继勤副主任、药厂王瑜副厂长赴北京参加中国农业科学院非公司制企业改制工作交流座谈会。

● 7月13日，杨志强所长主持召开所务会，安排了2016年暑期休假的相关事宜。刘永明书记、张继瑜副所长、阎萍副所长和各部门负责人参加了会议。

● 7月14日，杨志强所长主持召开所长办公会议。按照中国农业科学院非公司制所办企业改制工作要求，研究决定了注销中国农业科学院兰州牧药所综合试验站，同意将中国农业科学院中兽医研究所药厂和中国农业科学院兰州牧药所伏羲宾馆改制为有限责任公司。责成改制两企业负责人起草改制方案。刘永明书记、张继瑜副所长、阎萍副所长及办公室赵朝忠主任，条件建设与财务处肖堃处长、巩亚东副处长，基地管理处董鹏程副处长、王瑜副厂长，后勤服务中心张继勤副主任参加了会议。

● 7月19~21日，杨志强所长参加兰州市人大和七里河区人大组织的执法检查。

● 7月25日，研究所2016年度修购专项——牧草新品种选育及草地生态恢复与环境建设研究仪器设备购置项目，在甘肃省公共资源交易中心开标并完成了全部仪器设备的公开招标。

● 兰州市发展和改革委员会副主任王建明到所调研

7月25日，兰州市发展和改革委员会副主任王建明一行来研究所调研，座谈会由刘永明书记主持。

刘永明书记代表研究所对王建明副主任一行表示热烈欢迎，他从历史沿革、科学研究、成果培养等方面介绍了研究所基本概况，并对兰州市委市政府、市发改委多年来的关心和支持表示感谢。他表示，研究所近年来承担了多个兰州市科技创新项目，在科技成果转化和科技创新方面取得了不错的成绩，今后研究所将更加积极参与到兰州市经济建设和社会发展中，所地双方在畜牧、兽药产业等方面开展更积极、有效和全方位的合作，为区域现代农业发展提供有力的科技支撑。研究所参会的畜牧、兽药、兽医等方面专家结合自身研究方向，就兰州市科研成果转化、建立创业大学及经济和社会发展提出了建设性的意见和建议。

王建明副主任对研究所的工作给予充分肯定，希望通过此次调研，进一步加强双方交流合作，促进科技成果转化和科技创新项目实施，有力推动兰州市经济社会健康持续发展。

● 塔里木大学动物科学学院陶大勇书记一行到研究所交流

7月27日，塔里木大学动物科学学院陶大勇书记一行5人到研究所考察交流。

座谈会上，杨志强代表研究所对陶大勇书记一行来研究所考察交流表示欢迎，并介绍了研究所的基本情况。中兽医与临床团队王旭荣博士介绍了研究所近几年来治疗动物疾病复方中兽药的研究。双方就中草药研究室建设经验、中草药研究现状、动物普通病研究现状、联合培养研究生和联合申报科研项目等具体事宜进行了深入交流。陶书记希望深化与研究所的合作交流，进一步加强与研究所的合作水平。杨志强所长指出，新疆具有独特的自然环境与特殊的中草药资源，畜牧养殖业和中草药产业的发展特色优势突出。研究所将加大与塔里木大学科研项目、人才培养的深度交流合作，推动双方事业大发展。陶大勇书记一行参观了中兽医（兽医）研究室、兽药研究室及医药陈列馆。

科技管理处王学智处长、兽药室梁剑平副处长、办公室陈化琦副主任及中兽医（兽医）研究室严作廷副主任参加了座谈会。

● 7月28~29日，杨志强所长、条件建设与财务处巩亚东副处长赴北京参加中国农业科学院财务工作会议。

● 7月29日，刘永明书记召开研究所家属区住宅楼墙面粉刷工程进度会，施工单位、监理单位和项目组成员参加了会议。

● 8月1日，中国农业科学技术出版社闫庆建主任一行来研究所就图书出版进行调研。杨志强所长主持会议，科技管理处、办公室、各研究室及创新团队负责人参加会议。

● 8月2日，杨志强所长主持召开科研经费预算进度推进会。条件建设与财务处巩亚东副处长，各创新团队首席科学家、团队秘书参加了会议。

● 8月3日，杨志强所长、基地管理处董鹏程副处长一行3人赴北京汇报2017年基本建设项目申报情况。

● 8月4日，杨志强所长赴北京参加财政部组织召开的中央办公厅、国务院办公厅《关于进一步完善中央财政科研项目资金管理等政策的若干意见》培训会。

● 8月5日，科技管理处曾玉峰副处长赴北京参加院科技局组织召开的基本科研业务费管理工作会。

● 8月9日，张继瑜副所长、科技管理处曾玉峰副处长和条件建设与财务处巩亚东副处长赴北京参加财政部组织召开《关于进一步完善中央财政科研项目资金管理等政策的若干意见》培训会。

● 8月9~15日，张继瑜副所长带队调研"中国农业科学院科研英才培育工程——成长互助项目实施细则"。棉花所、兰州兽医所、饲料所相关领导和研究所党办人事处杨振刚处长参加调研和实施细则的起草。

● 8月11日，北京农业职业学院畜牧兽医系刘洪超书记一行8人来所考察，杨志强所长、阎萍副所长及畜牧研究室高雅琴主任、草业饲料研究室时永杰主任、细毛羊资源与育种团队首席科学家杨博辉研究员参加了会议。

● 8月11日，杨志强所长主持召开人事办公会议。刘永明书记传达了中国农业科学院关于推荐全国农业先进集体和先进个人的通知，经讨论决定推荐中国农业科学院兰州畜牧与兽药研究所中兽医（兽医）研究室作为全国农业先进集体候选单位；决定推荐杨博辉研究员作为全国农业先进个人候选人。阎萍副所长、党办人事处荔霞副处长参加了会议。

● 8月11日，杨志强所长主持召开专题会议。刘永明书记通报了家属楼楼道、外墙粉刷项目的进展情况，并研究决定了相关修整事项，要求修整项目进行预算审核，最终按审核结果结算。阎萍副所长、条件建设与财务处肖堃处长、后勤服务中心苏鹏主任、张继勤副主任参加了会议。

● 湖北省农业科学院邵华斌副院长一行到研究所考察

8月14日，湖北省农业科学院邵华斌副院长一行5人到研究所考察交流。

在座谈会上，杨志强所长对邵华斌副院长一行来研究所考察表示欢迎，并介绍了研究所的基本情况。邵华斌副院长、中药材研究所林先明副所长、畜牧兽医研究所罗青平研究员分别介绍了湖北省农业科学院、中药材研究所和畜牧兽医研究所的基本情况，希望深化与研究所的合作交流，进一步加强与研究所的科技合作。双方就畜禽健康养殖及中兽药综合利用等具体事宜进行了交流。杨志强所长指出，湖北农业科学院近年来发展迅速，科研实力和发展水平让人瞩目。研究所将在前期合作基础上，继续加大与湖北省农业科学院国家重点科研项目交流合作，加强基础科研平台建设，推动双方事业发展。

邵华斌副院长一行参观了研究所所史陈列室及中兽医药陈列馆。刘永明书记、阎萍副所长及办公室赵朝忠主任参加了座谈会。

● 河北威远动物药业有限公司马国峰总经理一行来研究所交流

8月16日，河北威远动物药业有限公司马国峰总经理一行来研究所就科技合作进行交流。

张继瑜副所长重点就研究所在兽医、兽药研究方面的科技平台、人才队伍、科技成果等做了介绍。马国峰总经理介绍了公司基本情况，对研究所在新兽药研究领域拥有的雄厚力量表示赞赏，希望能尽快引进转化研究所现有兽药新产品，并通过有效的合作方式积极参与新兽药研发。双方就新兽药研发、市场需求、技术问题、发展趋势等进行了广泛交流。科技管理处、兽药研究室、中兽医（兽医）研究室负责人和相关专家参加了会议。

马国峰总经理一行还参观了中兽医药陈列馆、中兽医（兽医）研究室和兽药研究室。

● 8月16日，杨志强所长主持召开专题会议，研究张掖试验基地建设项目仪器设备招标事宜。对审查筛选的甘肃上能科贸发展有限公司等7家投标企业进行综合评标，确定甘肃上能科贸发展有限公司为电热锅炉采购中标企业、升牧（上海）畜牧设备有限公司为农牧机械及饲料加工设备中标企业。条件建设与财务处肖堃处长、基地管理处杨世柱副处长、党办人事处荔霞副处长及相关人员参加了会议。

● 8月17日，杨志强所长、条件建设与财务处肖堃处长一行3人在兰州参加财政部驻兰专员办组织的2017年部门财务预算评审会。

● 杨志强所长随团出访吉尔吉斯共和国、塔吉克斯坦和俄罗斯联邦

8月22~31日，杨志强所长陪同农业部副部长、中国农业科学院院长李家洋赴吉尔吉斯共和国、塔吉克斯坦和俄罗斯联邦访问，为全面推动中国农业科学院与三国农业科技合作奠定了坚实的基础。

吉尔吉斯共和国、塔吉克斯坦和俄罗斯联邦是"丝绸之路经济带"沿线重要国家，是上海合作组织的重要成员国，也是中国农业科学院开展欧亚农业科技国际合作的重点国家。

在吉尔吉斯共和国期间，代表团会见了政府第一副总理阿布勒兹耶夫·九舍科耶维奇及农业、食品和农垦部部长别克巴耶夫·图尔都纳赛尔，双方围绕全面加强农业科技合作进行了深入交流并达成共识。代表团还访问了国立农业大学，与校长纳泽·卡西耶夫进行了会谈，就共建联合研究中心达成共识。

在塔吉克斯坦期间，代表团会见了主管农业的副总理左科尔左达·左伊尔及农业部部长萨多力·伊扎吐洛，双方就加强包括农作物、畜牧兽医、农产品加工等在内的全方位农业科技合作以及共建科技园区等进行了深入交流并达成共识。代表团还会见了塔吉克斯坦农业大学校长萨利莫夫·法伊祖拉耶维奇，双方共同签署了《中国农业科学院与塔吉克斯坦农业大学农业科技合作谅解备忘录》。

在俄罗斯联邦期间，代表团访问俄罗斯科学院，会见了副院长肯纳蒂·罗曼年科，交流了俄农业科技体制的改革实践与经验，深入探讨了提升双方全领域、全方位农业科技交流与合作的渠道，并签署了《中国农业科学院与俄罗斯科学院农业科技合作谅解备忘录》。代表团访问了圣彼得堡国立农业大学，会见了校长谢尔盖·希罗科夫，双方重点就共建中俄农业分析技术联合实验室深入交换了意见。

一同出访的还有中国农业科学院国际合作局局长冯东昕、棉花所所长李付广、草原研究所所长侯向阳和农业部办公厅副处长牛敏杰等。

● 研究所与成都中牧生物药业召开联席会议

为落实双方达成的战略合作协议并进一步深度合作，8月23日，成都中牧药业有限公司廖成

斌董事长一行 5 人，与张继瑜研究员等专家在研究所举行联席会议。

会议围绕成都中牧生物药业有限公司在"苍朴口服液""板黄口服液"和"射干地龙颗粒"等中兽药研发技术、生产工艺方面急需解决的难点、前瞻性问题展开，其公司相关技术人员和研究所与会专家就有关问题一一对接，并深入分析探讨、提出解决方案。同时双方就中药提取物药渣处理、中药检验、断奶仔猪腹相应中兽药等方面合作研发进行沟通交流，并达成下一步合作意向。

● 中国农业科学院人事局吴京凯副局长一行来研究所调研离退休工作

8 月 23 日，中国农业科学院人事局副局长、离退休办公室主任吴京凯一行 3 人到研究所调研离退休管理服务工作。刘永明书记主持调研座谈会，相关部门负责人、离退休职工代表参加了会议。

座谈会上，吴京凯副局长介绍了此次调研目的和内容。党办人事处杨振刚处长向调研组汇报了研究所基本情况、离退休工作基本情况以及有关离退休职工待遇、党组织建设、精神文化生活及联系老同志等方面情况。调研组成员与参会人员就离退休职工待遇落实情况、工作经费、党的建设等相关问题进行了讨论与交流。刘永明书记谈到做好离退休工作的体会：一要畅通老同志交流渠道；二要关心、交心老同志；三要大事小事一视同仁。吴京凯副局长肯定了研究所离退休管理服务工作，认为研究所对离退休工作高度重视，对离退休职工关心爱护，各项政策落实到位，离退休职工在研究所发展中发挥了经验优势和正能量，为研究所创造了稳定和谐的发展环境，研究所"全国文明单位"的称号实至名归。

吴京凯副局长一行还参观了离退休职工活动室。

● 8 月 24 日，张继瑜所长主持召开科研人员会议，宣讲《关于进一步完善中央财政科研项目资金管理等政策的若干意见》。

● 9 月 1~3 日，农业部工程中心郝聪明处长、中国农业科学院基建局万桂林副处长一行 6 人到研究所张掖基地调研，对研究所承担的试验基地建设项目实施情况进行了检查。阎萍副所长、基地管理处杨世柱副处长参加了调研活动。

● 9 月 2 日，杨志强所长主持召开推广研究员人选推荐会议，经过专家评议投票，同意推荐董鹏程为推广研究员候选人，参加中国农业科学院推荐评选。

● 甘肃省科技厅李文卿厅长来所调研

9 月 6 号，甘肃省科技厅李文卿厅长到所调研并座谈。杨志强所长、刘永明书记、阎萍副所长出席座谈会，研究所科技管理处负责人及创新团队首席参加座谈会。张继瑜副所长主持会议。

杨志强从研究所基本情况、"十二五"科研工作进展以及"十三五"工作需求等方面做了详细介绍，并感谢甘肃省科技厅长期以来对研究所科研工作的支持和帮助，将努力做好研究所的下一步工作，力争在"十三五"有新的收获。

李文卿对研究所在重点项目立项、重大成果培育、重要平台建设等方面取得的成绩表示赞赏，对研究所立足西部为地区畜牧业发展作出的贡献表示肯定。李文卿指出，"十三五"伊始，国家在科技体制机制等方面出台了一系列政策。新形势下，科技创新能力的提升势必带动全面创新。因此，研究所作为农业科研国家队，继承和发扬老一辈科学家吃苦钻研的优良传统，明白我们肩负的历史使命，要有担当精神和科学家精神，深入思考、厘清思路、找准位置、勇于改革、攻坚克难，着力打造畜牧兽医专业的一流学科和一流研究所，继续为国家农业科技发展提供战略决策，为农业产业发展提供解决方式，促进农业提质增效、农民增产增收。

李文卿一行还实地考察了研究所大洼山综合试验基地及相关研究室、陈列室。甘肃省科技厅基础处副处长郭涛、办公室主任科员猴雪峰陪同调研。

● 中国农业科学院饲料所党委书记康威来研究所考察

9月7~8日，中国农业科学院饲料研究所党委书记康威、国家饲料中药物基准实验室主任李秀波研究员等一行3人，到所考察。杨志强所长、张继瑜副所长、阎萍副所长与康威书记等就科技合作进行了交流。威书记一行还实地考察了研究所大洼山综合试验基地，参观了中兽医药陈列馆。

● 9月13日，杨志强所长主持召开所务会议，讨论通过了研究所科研英才培育工程管理办法，安排部署了研究所2016年中秋节期间放假值班。刘永明书记、张继瑜副所长、阎萍副所长、各部门负责人参加了会议。

● 9月13日，杨志强所长主持召开人事办公会议。研究同意吴晓云等3位同志按期转正，杨晓玲等3位同志转入研究所编制管理，聘任吴晓云等4位同志助理研究员技术职务。研究了异地居住的退休职工体检相关事宜。刘永明书记、阎萍副所长、党办人事处杨振刚处长参加了会议。

● 9月14日，杨志强所长主持召开科研经费预算进度推进会。刘永明书记、阎萍副所长、条件建设与财务处巩亚东副处长，各创新团队首席科学家、团队秘书参加了会议。

● 9月18日，张继瑜副所长、科技管理处王学智处长参加院国际合作局主持召开的"农业科技'走出去'研讨会"。

● 9月20日，杨志强所长主持召开专题办公会，研究宾馆停车场路面和道牙、库房墙面维修施工单位招标事宜。对兰州友家水电维修工程有限公司等5家投标企业进行综合评标，最终确定甘肃星晖装饰工程有限公司中标，条件建设与财务处肖堃处长、后勤服务中心张继勤副主任及相关人员参加了会议。

● 9月26~28日，中国农业科学院离退休工作会议在兰州饭店召开。刘永明书记参加会议。在会上，研究所老干部管理科被评为中国农业科学院离退休工作先进集体。

● 9月28日，阎萍副所长主持召开专题会议，研究张掖试验基地建设项目监控设备采购安装招标事宜。对兰州天成信息科技有限公司等3家投标企业进行综合评标，最终确定张掖市昊远电子信息技术有限责任公司为中标单位，条件建设与财务处肖堃处长、基地管理处杨世柱副处长及相关人员参加了会议。

● 9月29日，杨志强所长主持召开所务会议，安排部署了研究所2016年"十一"国庆节期间安全生产、安全保卫及放假值班等相关事宜。刘永明书记、张继瑜副所长、阎萍副所长、各部门负责人参加了会议。

● 9月27~28日，杨志强所长赴北京参加院创新人才推进计划评审会。

● 9月29日，中国农业科学院人事局李巨光副局长带领的中国农业科学院人事人才建设调研组到所，就人才队伍建设有关情况进行了座谈。刘永明书记向调研组一行介绍了研究所人才队伍建设情况。

● 9月30日，党办人事处杨振刚处长参加了在兰州兽医研究所召开的中国农业科学院劳资调配工作调研座谈会。

● 10月8日，杨志强所长主持召开所长办公会议，根据《甘肃省人力资源社会保障厅财政厅关于2016年调整退休人员基本养老金的通知》和《农业部办公厅关于2016年增加在京中央国家机关事业单位退休人员基本养老金预发工作的通知》文件，决定调整发放退休人员基本养老金。刘永明书记、张继瑜副所长、阎萍副所长及职能部门负责人参加了会议。

● 研究所公文运转工作受表彰

中国农业科学院开展2015—2016年年度"好公文""优秀核稿员"和"公文运转优秀部门"评选活动，共评选出10个"好公文"获奖单位，10位优秀核稿员和4个公文运转优秀部门。研究所荣获中国农业科学院年度"好公文"单位称号，办公室赵朝忠主任荣获"优秀核稿员"称号。

● 中国农业科学院党组成员刘大群到所调研研究生工作

10月9日，中国农业科学院党组成员、研究生院刘大群院长到所调研研究生工作。研究所杨志强所长、刘永明书记出席座谈会，阎萍副所长主持会议。研究生院办公室王仕龙陪同调研。

阎萍副所长从研究所基本情况、研究生工作进展以及研究生工作的建议和需求等方面做了详细介绍，并感谢研究生院长期以来对研究所研究生工作的大力支持和帮助，将努力做好研究所的下一步研究生工作。

刘大群院长对研究所在研究生工作中取得的成绩表示赞赏，对研究所立足西部为研究生工作做出的贡献表示肯定。刘大群对于研究所提出的招生生源紧缺、生活住宿条件亟待改善、研究生活动经费急需提高、留学生生源质量控制等问题进行了详细的了解和讨论，表示会尽快拿出解决办法帮助研究所顺利开展研究生工作。

刘大群院长还参观了所史陈列室。科技管理处负责人、创新团队首席、研究生导师和学生代表参加座谈会。

● 10月10日，杨志强所长、刘永明书记和张继瑜副所长参加甘肃农业大学建校70周年庆祝大会。

● 10月10～11日，党办人事处杨振刚处长参加农业部2016年"西部之光"访问学者、新疆特培学员欢迎座谈会暨专题研修班。

● 10月11日，杨志强所长主持召开科研经费预算进度推进会。阎萍副所长、条件建设与财务处负责人、各创新团队首席科学家、团队秘书参加了会议。

● 10月11日，杨志强所长主持召开专题会议。会议研究决定，在严格执行《研究所公务用车管理办法》的同时，将车辆行驶里程数与车辆用油量结合考核，按季度核算车辆的百公里油耗，各车型百公里油耗按照国家标准最高上浮25%，由车辆管理部门及条件建设与财务处审核把关。办公室、条件建设与财务处及基地管理处负责人参加了会议。

● 10月11～13日，杨志强所长、阎萍副所长一行8人赴张掖基地，对研究所承担的试验基地建设项目进行预验收。经查验现场、档案和会议质询，参加验收各方同意项目通过预验收并提出整改意见。

● 10月12日，中国农业科学院科技局刘建安处长及资源所、作物所专家一行6人到研究所调研科研设施与仪器共享情况。

● 10月14日，研究所对伏羲宾馆停车场路面和道牙、库房墙面维修施工工程验收。根据查核情况，验收专家组一致同意工程通过验收。杨志强所长、条件建设与财务处肖堃处长、后勤服务中心张继勤副主任及相关人员参加了验收。

● 10月17日，张继瑜副所长主持召开现场议标会，会议研究农业部兽用药物创制重点实验室建设项目增购（样品快速蒸发仪）事宜。对审查筛选的北京新阳创业科技发展有限公司等3家投标企业进行综合评标，最终确定甘肃迪森德仪器设备有限公司中标。条件建设与财务处肖堃处长、巩亚东副主任、党办人事处荔霞副处长及相关人员参加了会议。

● 贵州省种畜禽种质测定中心唐隆强副书记来所交流

10月18日，贵州省种畜禽种质测定中心唐隆强副书记一行10人来所就科技合作及畜禽种质检测进行交流。

杨志强所长介绍了研究所发展历史及学科设置、取得的成就等。农业部动物毛皮及制品质检中心高雅琴副主任介绍了质检中心的机构与设置、人员、仪器设备、检测项目、质量体系运行情况以及取得的成果等。唐隆强介绍了贵州省种畜禽种质测定中心基本情况，对研究所在牦牛和细毛羊新品种培育方面取得的成就表示赞赏，对研究所厚重的历史积淀和先辈科学家表示敬仰，希望两个测试中心开展合作交流。科技管理处曾玉峰副处长、质检中心部门负责人参加了会议。

唐隆强一行参观了研究所所史陈列室、中兽医药陈列馆和农业部动物毛皮及制品质检中心。

● 10月19日，中国农业科学院油料作物研究所廖伯寿所长、张学昆副所长、基地办金河成主任一行3人来所考察。杨志强所长介绍了研究所的基本情况，并与廖伯寿所长等就科技创新工程进展情况进行了交流。廖伯寿所长一行还参观了研究所所史陈列室、农业部动物毛皮及制品质量监督检验测试中心、中兽医药陈列馆。阎萍副所长、办公室赵朝忠主任、陈化琦副主任陪同参观考察。

● 10月18日，杨志强所长主持召开院综合政务会议筹备委员会，会议安排部署了综合政务会议相关事宜。兰州兽医研究所赵海燕副书记、综合办杨敏处长及研究所办公室赵朝忠主任、陈化琦副主任和相关人员参加了会议。

● 10月18~20日，草业研究室田福平副研究员赴北京参加中国农业科学院研究生院组织召开2016年研究生指导教师培训班，并取得导师资格证书。

● 10月19~28日，科技管理处王学智处长、党办人事处杨振刚处长赴北京参加农业部部属三院处级干部能力建设培训班。

● 10月19~22日，条件建设与财务处巩亚东副处长赴北京参加农业部财务司主办的2016年部属单位财务处长（审计处长）培训班。

● 研究所两个修购专项通过部级验收

10月20~23日，农业部科教司调研员郝先荣等领导专家一行10人对研究所承担的2013、2014年度修购专项"中国农业科学院共建共享项目'张掖大洼山综合试验站基础设施改造'和'中国农业科学院公共安全项目所区大院基础设施改造'"项目进行了验收。

验收专家组对项目工程完成情况、工程质量、使用和共享情况进行了实地查验，审阅了项目档案，核查了项目资金使用情况。验收专家组一致认为两个项目按照实施方案批复完成了全部内容，项目管理规范，资金使用符合国家和农业部相关法律法规要求，档案资料齐全，达到了预期效果，同意通过验收。

项目的实施，使研究所张掖试验基地、大洼山试验基地和大院基础设施条件得到了明显改善，解决了大洼山基地供暖问题。张掖试验基地科研试验用地更为充足，田间设施、育种设施更加完备，有效提升了试验基地作为科技创新第二实验室的科技支撑能力。改善了研究所工作、生活环境，美化了研究所所容所貌，为广大职工群众提供了更加舒适的生产、生活环境，为今后研究所可持续发展奠定了一定的基础。

杨志强所长、阎萍副所长、条件建设与财务处肖堃处长及项目组成员等参加了验收会议。

● 10月22日，杨志强所长、刘永明书记、后勤服务中心苏鹏主任检查研究所供暖准备情况。

● 10月24日，杨志强所长、刘永明书记赴北京参加了中国农业科学院干部大会。

● 10月24~28日，条件建设与财务处肖堃处长赴深圳参加农业部干部管理学院主办的2016年资产管理培训班。

● 中国农业科学院办公室汪飞杰主任一行检查研究所保密工作

10月26日，中国农业科学院办公室汪飞杰主任、院办秘书处左旭副处长、干部石瑾一行到研究所，对研究所保密工作进行检查和指导。杨志强所长主持召开汇报会。

会上，杨志强所长详细介绍了研究所保密工作现状和进展。检查组一行认真听取了关于保密工作情况的汇报，检查了相关保密专用设备，查阅了相关管理制度，审查了机要文件运转规范，同时也抽查了办公用涉密非涉密计算机。汪飞杰主任对研究所保密工作给予充分肯定，对研究所进一步做好保密工作提出了指导性建议和意见。

杨志强衷心感谢检查组对研究所保密工作的关心和支持，表示检查指导工作有助于进一步推动研究所的保密工作，研究所将规范管理，继续强化保密意识。

汪飞杰主任一行还参观了研究所所史陈列室、中兽医药陈列馆和大洼山综合试验基地。刘永明书记及办公室赵朝忠主任参加了会议并陪同参观。

● 中国农业科学院综合政务会议在兰州召开

10月27~28日，中国农业科学院2016年综合政务会议在兰州召开。本次会议重点是总结近年综合政务工作经验，研究新形势下工作思路，部署下一步工作重点，开展业务交流培训。农业部办公厅巡视员陈邦勋出席会议并作报告，院办公室汪飞杰主任、兰州兽医所殷宏所长，院办公室姜梅林副主任、文学出席会议。兰州牧药所杨志强所长代表兰州两所致欢迎词。

会上宣读了院党组书记陈萌山对综合政务工作所作的批示。陈萌山在批示中充分肯定了近年来全院办公室系统各项工作取得的成效，他勉励大家继续加强学习、深入研讨、苦练本领，在平凡的岗位上做出不平凡的业绩。

汪飞杰就进一步提高政务管理工作水平提出6点要求。一是加强制度建设，着力提高执行效果。二是推进信息化建设，创新服务手段。三是强化督察督办，确保政令畅通。四是围绕重点工作开展宣传，提高科技传播实效。五是增强保障能力，服务院所中心工作。六是加强政务队伍建设，全面提升履职能力。

陈邦勋围绕如何提高公文写作能力作了专题报告。院办公室、作物科学研究所、哈尔滨兽医研究所、农业部环境保护科研监测所、烟草研究所、农产品加工研究所交流了创新工程管理、档案管理、机要保密、信息化建设、办公自动化建设、科技传播工作的先进做法和经验。

中国农业科学院机关各部门综合处处长、院属各单位办公室主任共70余人参加会议。

会议期间，代表们还参观了兰州兽医研究所所部和兰州牧药所所部、所史陈列室、中兽医药陈列馆、大洼山基地等。

● 10月29日，杨志强所长赴平凉市参加现代农业发展论坛，并作了题为《扎实做好兽医预防工作 大力推进现代畜牧业建设》的报告。

● 11月1日，杨志强所长参加甘肃省农业科技创新联盟成立大会，并陪同参会的中国农业科学院副院长万建民和科技局局长梅旭荣考察研究所。

● 院监察局姜维民副局长到研究所调研"两个平台"建设情况

11月2日，中国农业科学院监察局副局长姜维民一行3人到研究所调研科研项目试剂耗材采购平台和科研经费信息公开平台建设情况。所长杨志强主持座谈会，党委书记刘永明、副所长张继瑜、阎萍和相关部门负责人、部分创新团队财务助理参加了座谈会。

会上，张继瑜汇报了研究所科研项目试剂耗材采购平台和科研经费信息公开平台建设使用情况、存在的问题及建议。调研组成员与参会人员就如何更好建设使用两个平台进行了深入讨论交流。调研组对研究所两个平台建设工作给予了肯定，对平台使用过程中的疑问进行了解答。调研组还实地查看了研究所两个平台建设使用情况。

● 11月2日，中国农业科学院人事局调研组组长、烟草所副所长梁富昌，人事局综合处处长严定春、人才处处长季勇等8人莅临研究所调研科研项目劳务费开支情况。党委书记刘永明主持召开调研会议。党办人事处处长杨振刚向调研组汇报了研究所基本情况、科研项目劳务费开支及人才队伍建设等情况。调研组与参会人员进行了讨论交流。创新团队首席专家、条件建设与财务处、科技管理处负责人参加了会议。

● 11月4日，杨志强所长主持召开专题会议，研究讨论了研究所2016年第三季度科研成果奖励相关事宜。刘永明书记、张继瑜副所长、阎萍副所长及科技管理处负责人参加了会议。

● 11月7日，杨志强所长主持召开所长办公会议，会议安排布置了制定修订研究所相关规章制度。刘永明书记和各职能部门负责人参加了会议。

● 11月7日，杨志强所长主持召开科研经费预算进度推进会。条件建设与财务处负责人、各创新团队首席科学家、团队秘书参加了会议。

● 11月8日，甘肃省兽医局局长周生民一行到研究所药厂检查工作，并了解药厂GMP车间复验工作。杨志强所长、张继瑜副所长和药厂王瑜副厂长等参加会议。

● 11月9~10日，杨志强所长、科技管理处王学智处长等一行3人赴杭州市参加2016年中国农业科学院科研管理工作会议。

● 11月10日，研究所组织召开2016年第二批学位授权点自我评估会，张继瑜副所长主持会议。由甘肃省农业科学院、兰州大学、西北民族大学、中国科学院兰州化学物理研究所、甘肃农业大学等单位的专家组成的评估组，在听取研究所基础兽医学、临床兽医学、动物遗传育种与繁殖培养点的汇报，审阅评估材料后，提出了诊断式评议意见。科技管理处、畜牧研究室、中兽医（兽医）研究室和兽药研究室负责人参加会议。

● 11月11~12日，杨志强所长赴天津参加京津冀科技协同与创新百名院所长领导者创新论坛。

● 11月14~16日，张继瑜副所长等一行2人赴上海市参加中国农业科学院科研经费信息公开平台和物资采购平台建设推进会暨采购平台培训班。

● 11月15日，党委书记刘永明主持召开人事办公会议，研究推荐畜牧研究室为中国农业科学院先进集体，李建喜为先进个人人选。阎萍副所长和职能部门负责人参加了会议。

● 11月15日，条件建设与财务处巩亚东副处长参加中国农业科学院2016年创新工程经费管理培训班。

● 11月17日，刘永明书记赴北京参加了中国农业科学院干部大会。

● 11月21日，杨志强所长主持召开所长办公会议。根据《甘肃省人民政府办公厅印发甘肃省调整机关工作人员基本工资标准实施意见等三个实施意见的通知》文件，决定调整发放工作人员基本工资，并从2016年7月1日开始执行。研究决定发放每月缓发的岗位津贴20%的一半。刘永明书记、张继瑜副所长、阎萍副所长及办公室、党办人事处和条件建设与财务处负责人参加了会议。

● 11月24日，中国农业科学院人事局吴限忠处长一行到所调研。

● 11月25日，杨志强所长主持召开所长办公会议。会议安排部署了研究所近期工作。各职能部门和后勤服务中心负责人参加了会议。

● 苏丹农业与林业部代表团来所访问交流

11月27日，由苏丹农业与林业部哈萨布司长为团长的代表团一行10人来所访问，农业部对外经济合作中心王先忠处长和甘肃省农牧厅刘志民副厅长等陪同访问。

杨志强所长会见了代表团一行并介绍了研究所基本情况，蒲万霞研究员介绍了中国兽药研发与推广情况。研究所科研人员与苏丹代表团就苏丹兽药需求及中国兽药在苏丹应用等方面进行了交流。

访问期间，代表团参观了研究所所史陈列室、中兽医药陈列馆、牧草标本室和实验室。通过实地考察，代表团成员一致认为研究所科研实力雄厚，合作前景广阔。科技管理处王学智处长、兽药研究室尚若锋副研究员、王学红副研究员等参加了座谈会。

● 11月27日至12月3日，杨志强所长参加兰州市七里河区第十八届人民代表大会第一次会议。

● 12月1~2日，中国农业科学院财务局张士安副局长到研究所调研资产与预算管理情况。

刘永明书记主持召开调研会议。条件建设与财务处肖堃处长，巩亚东副处长参加了会议。

● 12月5~6日，刘永明书记赴海南省万宁市参加中国农业科学院中国热带科学院工会干部培训班。

● 12月7日，杨志强所长主持召开研究所安全生产会议，会议传达学习了《中国农业科学院关于加强安全生产工作的紧急通知》文件，并要求各部门做好安全生产风险隐患排查工作。研究所安全生产委员会成员参加了会议。

● 12月9日，党办人事处杨振刚处长参加中国农业科学院人事局召开的实施绩效工资会议。

● 研究所举行消防安全知识讲座和消防演练

12月9日，研究所组织全体职工及研究生举行消防安全知识讲座和消防演练活动。

此次活动旨在全面贯彻习近平总书记、李克强总理重要指示和批示精神，落实农业部、中国农业科学院要求，深刻吸取江西丰城"11·24"特别重大坍塌事故血的教训，加强职工群众安全教育，普及安全知识，增强安全意识，牢固树立把苗头当隐患抓、把隐患当事故抓、把小事当大事抓的意识，做到防微杜渐，防患未然。

活动邀请兰州市政安消防宣传中心吴教官做消防安全知识讲座。讲座以近年来发生的典型火灾案为例，讲解了火灾发生的原因及造成的重大灾难和严重后果、火灾中易出现的延误逃生时机的误区、初起火灾的应对方法和消防器材应用知识。讲座后结束后，在研究所大院进行了消防演练，吴教官手把手教大家水基和干粉2种灭火器的使用方法。通过讲座和消防演练活动，全所职工和研究生进一步加深了对"大火无情"的认知，熟练掌握了灭火器的正确使用方法，提高了应急救援能力。

● 12月12日，杨志强所长、刘永明书记赴北京参加中国农业科学院干部会议。

● 12月12号，科技管理处曾玉峰副处长赴北京参加了中国农业科学院研究生院组织的农业工程、环境科学与工程、食品科学与工程三个学科申报博士学位一级学科授权点申报筹备工作情况通报会。

● 12月12~13日，杨志强所长赴海南省三亚市参加第五届国际农业科学院院长高层研讨会。

● 12月14~15日，杨志强所长、阎萍副所长、条件建设与财务处肖堃处长，基地管理处董鹏程副处长、杨世柱副处长赴海南省参观考察中国农业科学院水稻所陵水基地、棉花所三亚基地和东方市三阳养殖厂。

● 12月19~20日，王学智处长和周磊助理研究员赴北京参加了中国农业科学院国际合作局组织的中国农业科学院外事管理培训班。

● 12月19日，刘永明书记主持召开家属楼楼道粉刷项目初步验收会议。验收组通过情况汇报、现场察看、审阅资料、质询答疑，提出初步验收意见，并明确了具体整改要求。后勤服务中心苏鹏主任、张继勤副主任、条件建设与财务处肖堃处长、巩亚东副处长、党办人事处荔霞副处长及项目组成员、施工单位和监理单位代表参加了会议。

● 12月22日，研究所召开2016年度中层干部考核述职会议。杨志强所长、刘永明书记、张继瑜副所长、阎萍副所长及全体职工参加了会议。会上，各部门负责人报告了一年来部门工作及个人工作情况，参加会议人员对各部门工作和中层干部进行了考核测评。

● 12月22日，杨志强所长主持召开研究所领导班子会议，会议传达学习了《中国农业科学院关于再次确认院属单位事业单位分类改革意向方案的通知》文件精神，经研究讨论决定研究所申报公益一类事业单位。刘永明书记、张继瑜副所长、阎萍副所长及党办人事处杨振刚处长参加了会议。

● 12月22日，杨志强所长主持召开研究所2016年度职工考核会议。会议考核评选出优秀职工 29 名、文明职工 5 名、文明处室 2 个、文明班组 5 个。刘永明书记、张继瑜副所长、阎萍副所长及党办人事处杨振刚处长参加了会议。

● 12 月 23 日，杨志强所长主持召开副高级专业技术职务资格评审委员会会议，会议宣布中国农业科学院批准的 25 个评审委员会委员，杨志强担任评审委员会主任，刘永明担任评审委员会副主任，杨振刚担任评审委员会秘书长。

● 12 月 26 日，四川省羌山农牧科技股份有限公司董事长张鑫燚一行 12 人来研究所进行合作交流。杨志强所长主持召开了座谈会，张鑫燚董事长重点介绍了公司发展及其与研究所过去几年科技合作的进展，并就进一步开展合作提出了相应的技术需求，重点围绕开展联合实验室，无抗中兽药饲料添加剂的制定标准，绿色养猪产业开发等事宜进行了深入的探讨。会议确定了研究所与四川省羌山农牧科技股份有限公司下一步合作计划。刘永明书记、张继瑜副所长、科技管理处王学智处长、曾玉峰副处长、李建喜研究员、严作廷研究员、郑继方研究员、梁剑平研究员等专家参加了座谈会。

● 12 月 27 日，党委书记刘永明主持召开全所职工大会，部署了研究所 2016 年度职称评审、岗位分级聘用和聘期考核工作。会上，刘永明书记传达了中国农业科学院关于 2016 年度职称评审、岗位分级聘用和聘期考核文件精神，党办人事处杨振刚处长传达了研究所职称评审、岗位分级聘用和聘期考核工作安排意见，杨志强所长提出了具体要求。

● 12 月 27 日，杨志强所长主持召开所长办公会议，决定根据相关文件精神发放农业有毒有害保障津贴、畜牧兽医卫生津贴和艰苦边远地区津贴。刘永明书记、张继瑜副所长、阎萍副所长及办公室、条件建设与财务处、党办人事处负责人参加了会议。

● 12 月 28 日，研究所对家属楼楼道粉刷项目进行了竣工验收。刘永明书记主持验收会。经评议，同意通过竣工验收。杨志强所长、后勤服务中心苏鹏主任、张继勤副主任、条件建设与财务处肖堃处长、巩亚东副处长、党办人事处荔霞副处长及项目组成员、监理单位代表参加了会议。

● 12 月 29 日，研究所召开所领导班子年度述职述廉考核暨干部选拔任用"一报告两评议"会议。所班子及班子成员向中层以上干部、中级及以上职称人员作了述职报告，参会人员对所班子及班子成员进行了考核测评；刘永明书记报告了研究所 2016 年度干部选拔任用工作情况，参会人员对研究所 2016 年度干部选拔任用工作进行了测评。

● 12 月 29 日，杨志强所长主持召开所长办公会议，根据公务用车管理规定和中国农业科学院相关会议精神，为保障正常的科研和管理工作需要，研究决定调整使用研究所相关车辆。刘永明书记、张继瑜副所长、阎萍副所长及各职能部门负责人参加了会议。

● 12 月 29 日，杨志强所长主持召开所务会，会议安排部署了 2017 年元旦假期放假值班等相关事宜。刘永明书记、张继瑜副所长、阎萍副所长和各部门负责人参加了会议。

● 12 月 29 日，杨志强所长主持召开所务会，讨论通过了《中国农业科学院兰州畜牧与兽药研究所奖励办法》等 7 个管理办法。刘永明书记、张继瑜副所长、阎萍副所长和各部门负责人参加了会议。

● 12 月 30 日，刘永明书记参加甘肃省卫生与健康大会。

● 12 月 30 日，杨志强所长组织召开研究所 2017 年度出访计划会议。会议根据《中国农业科学院关于印发因公临时出国（境）管理办法》务实、重点、交叉的要求，对各创新团队申报的 18 个出访团组逐一进行审核，最终确定 12 个出访团。张继瑜副所长、科技管理处王学智处长、各创新团队首席及团队代表参加会议。

2016 年科技创新与科技兴农

● 研究所召开 2015 年科研项目总结会

1 月 4 日，研究所组织召开了"2015 年科研项目总结会"，全所科研人员参加会议，张继瑜副所长主持会议。

项目主持人分别从项目年度计划任务完成情况、成果创新和存在问题等方面进行了汇报。所领导、各部门负责人、团队首席组成的考核小组对各项目组 2015 年度的工作执行完成情况进行了点评。

刘永明书记对本年度项目完成情况给予充分肯定，并要求各创新团队做好实验数据分析归纳工作，努力发表高水平论文；各团队要围绕研究方向，谋划好"十三五"科研工作；根据研究进展，加大力度培育重大成果。

杨志强所长在总结讲话中提出五点要求：一要开展"十二五"科研项目总结工作，进一步凝练科研成果。二要积极做好"十二五"科研项目归档工作，做好科研项目结题验收工作。三要规范项目管理，做好科研项目经费预算进度。四要根据国家科技体制改革要求，组织落实"十三五"重大项目申报、重大成果培育工作。五要根据国家"十三五"农业科技创新形势及任务，结合研究所"十三五"科技发展规划，在学科建设、科研平台、创新团队、科研计划等方面超前谋划布局，组织落实好"十三五"科研工作。杨志强所长代表所班子感谢全体科研人员和管理人员一年来的辛勤工作，希望大家再接再厉，努力做好 2016 年科研工作。

● 1 月 12 日，兰州市科技大市场王海燕主任来研究所调研，张继瑜副所长主持会议，科技管理处负责人及相关人员参加调研会议。

● 研究所召开 2016 年度国家自然科学基金项目申报暨"十三五"国家科技立项工作研讨会

1 月 13 日，研究所召开了 2016 年度国家自然科学基金项目申报暨"十三五"国家科技立项工作研讨会，全体科技人员参加会议，科技管理处王学智处长主持会议。

张继瑜副所长根据研究所 2016 年科研工作总体思路，结合国家"五大"科技计划要求，分别从基础研究、关键共性技术研究、集成示范研究等方面，对研究所各团队的科研立项及"十三五"重点领域进行了安排布置。张继瑜副所长指出，面对国家深化体制机制改革的新形势，为实现研究所跨越式发展，必须超前谋划布局，组织落实好研究所"十三五"科技工作。为加强基础研究和理论创新，应高度重视国家自然科学基金项目和国家科技计划项目的申报。他希望全所科研人员要不断积累和刻苦努力，加强同行专家交流，学习成功经验，把握时间节点，积极做好 2016 年度申报工作，力争在基金项目立项工作上实现量和质的突破。各学科、创新团队要结合研究方向，凝练科研成果，夯实工作基础，创新科研思路，为"十三五"期间研究所国家科技项目申报工作做好充足的前期准备。曾玉峰副处长做了题为"2016 年研究所国家自然科学基金项目申报文本注意事项"的报告；王学智处长对研究所 2015 年基金申请情况和存在的问题进行了说明，并对 2016 年基金项目申报工作进行了安排和动员。

各研究室负责人、创新团队首席及部分科研人员针对 2016 年及"十三五"国家科技计划立项进行了讨论，并从研究所重视基金项目申报、完善研究所职称评价制度和基金申报具体思路等方面提出了意见建议。

● 1月22日，科技管理处王学智处长参加了甘肃省科学技术厅召开国家科技计划管理改革培训会。

● 甘肃省农牧厅姜良副厅长到研究所调研指导工作

2月1日，甘肃省农牧厅姜良副厅长一行5人应邀到研究所就"高山美利奴羊"新品种推广转化工作进行专题调研指导。杨志强所长主持了会议。

在会上，细毛羊资源与育种创新团队首席专家杨博辉研究员就"高山美利奴羊"新品种主要工作进展、存在的问题和下一步工作目标进行了汇报。姜良副厅长与参会人员进行了座谈交流，详细了解了"高山美利奴羊"新品种推广工作中遇到的困难和瓶颈问题，并鼓励研究所进一步抓好成果宣传评价、推广转化及科技奖励培育等工作。

姜良副厅长指出，"高山美利奴羊"的育成对西部地区畜牧业发展具有重要影响，社会经济效益显著，推广应用前景广阔。在谈到未来工作时他强调了三点：第一要着眼未来，认真总结，积极宣传"高山美利奴羊"新品种；第二要扩大新品种的推广转化范围，不能局限在省内。要将其转化为生产力，产生经济效益，更好融于地方，服务地方，做出更大的贡献。第三要科学研究、成果转化两手抓，科学研究上挖掘新方向，也能够产生重大价值，进一步产出科技成果。

甘肃省农牧厅畜牧处万占全副处长，科教处丁连生处长、丁树忠副处长、于轩主任，研究所刘永明书记、张继瑜副所长、科技管理处王学智处长参加会议。

● 2月2日，张继瑜副所长主持会议，安排部署研究所"十三五"国家重点研发计划"畜禽重大疫病防控与高效安全养殖综合技术研发"重点专项的申报工作。科技管理处处长王学智、研究室李剑勇研究员、李建喜研究员、严作廷研究员、梁剑平研究员、高雅琴研究员、时永杰研究员、李锦华副研究员参加会议。

● 2月3日，科技管理处王学智处长参加2015年度甘肃省科学技术奖励大会和2016年全省科技工作大会。研究所"奶牛主要产科病防治关键技术研究、集成与应用"获得甘肃省科技进步二等奖，"西北干旱农区肉羊高效生产综合配套技术研究与示范"获得甘肃省科技进步三等奖，"重离子束辐照诱变提高兽用药物的生物活性研究及产业化"获得甘肃省技术发明三等奖。

● 2月19日，甘肃省科技厅组织召开加快发展众创空间服务实体经济转型升级电视电话会议，科技管理处王学智处长等参加会议。

● 2月26日，杨志强所长主持召开研究所部分科研人员座谈会，刘永明书记、张继瑜副所长，科技管理处王学智处长、曾玉峰副处长、院科技创新团队首席、2015年度工作成绩突出的科研人员代表以及部分科研人员参加了会议。会议以座谈的形式，分享了科研人员的成功经验和对研究所科技创新工作的意见建议。

● 紫花苜蓿新品种实现成果转化

近日，兰州牧药所分别与甘肃陇穗草业有限公司、酒泉大业种业有限责任公司签定了"航苜1号紫花苜蓿"和"中兰2号紫花苜蓿"新品种授权生产许可协议，有偿授权这两家企业对研究所培育的苜蓿新品种扩大生产经营。协议的签署不仅对研究所的牧草新品种产业化生产具有重要的推动作用，而且对牧草新品种的培育、新成果的转化和草产业的发展具有积极的意义。

"航苜1号紫花苜蓿"于2014年通过甘肃省草品种审定委员会审定（登记号：GCS014），该品种优质、丰产，多叶率高、产草量高和营养含量高，填补了我国多叶型紫花苜蓿新品种的育种空白。

"中兰2号紫花苜蓿"于2013年通过甘肃省草品种审定委员会审定（登记号：GCS001），该品种适宜于黄土高原半干旱半湿润地区旱作栽培，草产量超过当地推广的其他紫花苜蓿品种 10% 以上。

● 3月2日，杨志强研究员主持国家科技基础性工作专项"传统中兽医药资源抢救和整理" 2015 年计划任务执行情况总结与推进会。会议对项目取得的工作进展进行了总结，对存在的问题、工作难点和重点任务进行了安排部署。张继瑜研究员、王学智研究员、李建喜研究员、郑继方研究员、李剑勇研究员及课题组成员参加会议。

● 3月2~3日，藏区牦牛遗传资源调查第一次研讨会议在研究所召开。来自西藏、四川、青海、甘肃等省区的牦牛研究专家与各牦牛产区主管部门负责人参加会议。会议由全国畜牧总站杨红杰处长主持。杨志强所长、张继瑜副所长、阎萍副所长及牦牛资源与育种创新团队人员参加了会议。

● 3月4日，杨志强所长主持召开专题工作会议，安排 2016 年度研究所院科技创新工程经费预算工作。2016 年度研究所创新工程总经费 1 274 万元。张继瑜副所长、科技管理处王学智处长、条件建设与财务处巩亚东副处长及相关人员参加了会议。

● "三生"项目年度工作交流会在研究所召开

3月5日，由阎萍研究员主持的"十二五"国家科技支撑计划"甘肃甘南牧区'生产生态生活'保障技术集成与示范"2015 年度工作交流会在研究所召开。甘肃省科技厅副厅长郑华平出席会议，兰州大学、甘肃农业大学、甘肃省情报科学研究所、甘南州畜牧科学研究所等 5 个子课题承担单位的专家和项目组成员参加了会议。会议由甘肃省科技厅任贵忠处长主持，杨志强所长致辞。

会上，各子课题负责人分别围绕 2015 年工作进展、课题整体进展、取得成就、存在问题等方面作了专题报告。与会代表进行了认真讨论和交流。阎萍研究员指出，2016 年是课题实施的攻坚阶段，各子课题在集成、组装已有相关技术的基础上，更应注重研究、凝练和引进新技术，积极发展现代草原畜牧业，努力开辟牧民增收和就业新途径，进而提出有针对性的甘肃牧区生态-生产功能优化与可持续发展管理关键技术应用和示范推广模式。

郑华平副厅长在总结讲话中指出，各子课题要逐一针对任务，切实完成好课题任务；要梳理前期成果，总结亮点及创新工作；加强科技经费监管，为项目的审计验收做好准备。

● 3月7日，杨志强所长主持专题会议，安排部署了研究所 2016 年度中国农业科学院科技创新工程工作。张继瑜副所长宣布研究所 2016 年度创新工程经费分配原则与方案，明确了 2016 年创新工程工作目标和任务。条件建设与财务处巩亚东副处长通报了各创新团队 2015 年经费预算执行情况。杨志强所长与各创新团队首席签署了科研人员工作计划任务书。刘永明书记，阎萍副所长，科技管理处、条件建设与财务处负责人，各创新团队首席和秘书参加了会议。

● "中兽药生产关键技术研究与应用"项目年度总结会召开

3月11~13日，由研究所牵头，联合浙江大学、西北农林科技大等 12 家单位协同创新的国家公益性行业（农业）科研专项"中兽药生产关键技术研究与应用"项目 2015 年度工作总结会在浙江大学召开。

会议各专家分别就 2015 年完成情况、经费执行情况、工作亮点和项目实施以来的总体进展进行了汇报。会议还对课题存在的个性和共性问题、经费预算执行情况和经费管理进行了讨论。项目首席专家、研究所所长杨志强研究员安排部署了下一阶段的工作任务，并要求在扎实推进研究工作的同时，要切实按照国家有关规定合理使用好项目经费。张继瑜副所长主持会议。中国农业科学院科技局刘涛处长、浙江大学科研院王芳展教授、动物科学学院汪以真副院长、研究所王学智处长、肖堃处长和李建喜主任等参加了会议。

"中兽药生产关键技术研究与应用"项目自实施以来，在新兽药创制、技术研发、标准制定和成果培育等方面取得了重要进展。已研发新产品 22 个，获得国家新兽药证书 4 个，制定质量标准 4 项，形成中兽药有效成分提取技术 6 套，建立中兽药生产新工艺 14 个，形成中试生产线 5 条和试验示范基地 6 个，成功转化阶段性成果 4 项，示范中兽药生产新技术 2 项。获省部级奖励的阶段性成果 2 项，国家发明专利授权 16 项，实用新型专利授权 12 项，发表论文 102 篇（SCI 收录 21 篇），出版著作 6 部，培养研究生 54 人，培训技术人员 300 人次。

参加会议的还有西南大学、西北农林科技大学、重庆市畜牧科学院、中国农业科学院上海兽医研究所、内蒙古农牧业科学院、西藏牧科院畜牧兽医研究所等单位的专家及项目组成员。与会领导和专家还参观了浙江大学实验室及试验基地。

● "传统中兽医药资源抢救和整理"项目交流会召开

3 月 12 日，由研究所牵头，联合西南大学和西北农林科技大学等多家单位共同实施的国家科技基础性工作专项"传统中兽医药资源抢救和整理"课题执行情况交流会在浙江大学召开。

项目通过 2 年半的执行，现已在研究所建成一个涵盖文化、标本和器械于一体的中兽医药陈列馆，同时建成了一个中兽医药资源共享数据库，分别在西南大学、西北农林科技大学建成分馆。目前收集的中兽医诊疗器械、中兽医药标本、中兽医挂图等实物均已陈列于各个馆内。中兽医古籍、中兽医药、中兽医名人、经方验方等文字资料正在进行电子化处理和平台数据上传。会上，项目组成员就项目实施过程中的相关进行了交流，并提出了许多合理化的建议。

首席专家杨志强研究员指出，开展传统中兽医药资源抢救和整理工作不同于其他科研项目，需要大家理清思路、专人负责、注重细节、互相配合、加强沟通交流、提高效率。同时，他希望参加单位抓紧时间，进一步完善电子化共享数据平台，早日实现信息共享。张继瑜副所长、王学智处长等参加了会议。

● 研究所和上海朝翔生物技术有限公司签订合作协议

3 月 13~14 日，杨志强所长、张继瑜副所长等一行 6 人前往上海市，与上海朝翔生物技术有限公司陈佳铭董事长等就开展所企合作进行洽谈并签约。

签约仪式在公司活动中心举行。本着"立足当前、面向长远、资源共享、协同创新、优势互补，互利互惠"的原则，双方将联合发掘传统中兽药在动物疾病精准防治、兽药及动物保健品等领域的作用，加快产业创新发展，提升兽药企业的创新主体地位，促进科技成果与新技术的转化应用，共同构建协同科技创新机制。双方签订了合作文本，并举行了科技合作战略伙伴、中兽药工程技术试验基地、国家科技基础性工作专项"传统中兽医药抢救和整理"中兽医药上海标本馆的授牌仪式。

中国热带农业科学院王文壮副院长，南京农业大学宋大鲁教授，研究所王学智处长、肖堃处长、李建喜主任、郑继方研究员等出席了签约仪式。福建农林大学、中国农业科学院上海兽医研究所等单位专家参加了仪式。

在陈佳铭董事长的陪同下，杨志强所长一行还参观了该公司研发中心、上海元亨汉医药博物馆及其下属位于浙江省平湖生物医药科技产业园的浙江聚英药业有限公司和浙江天源动物药业有限公司。

● 3 月 23 日，科技管理处王学智处长等参加了甘肃省科技厅组织召开的甘肃省企业国家重点实验室建设运行推进会。

● 面向生产 协同创新 促进成果转化

3 月 24 日，张继瑜副所长一行 6 人应邀赴成都中牧生物药业有限公司就兽药研发、成果转化、技术创新、生产工艺等方面开展了研讨交流。

研究所专家针对成都中牧生物药业有限公司在兽药研发和生产中面临的关键技术和新产品需求

等开展交流，对企业生产中遇到的问题进行了分析解答。2015年研究所与成都中牧生物药业有限公司签署了长期合作协议，截至目前，通过与成都中牧有限公司合作，研究所实现了"苍朴口服液""射干地龙颗粒"和"板黄口服液"3项新兽药成果的转让与生产。

● 3月24日，中国农业科学院哈尔滨兽医研究所组织召开"动物疫病快速诊断与防控"重点任务实施方案与协同创新行动编制讨论会议。张继瑜副所长、科技管理处王学智处长、中兽医（兽医）研究室李建喜主任和兽药研究室李剑勇副主任参加会议。

● 研究所8个科研项目通过验收

3月29日，甘肃省科技厅组织专家对研究所主持完成的甘肃省科技重大专项"甘肃超细毛羊新品种培育及产业化研究与示范""新型高效安全兽用药物'呼康'的研究与示范"及甘肃省科技支撑计划、甘肃省国际科技合作、甘肃省农业科技成果转化资金计划和甘肃省中小企业创新基金计划等8个科研项目进行了验收。中国科学院化物所师彦平研究员、兰州大学王建林教授、甘肃省农业大学余四九教授、西北民族大学魏锁成教授、兰州大学李发第教授、甘肃省动物卫生监督所王登临所长、兰州大学万红波注册会计师等组成的验收专家组，在认真听取汇报、详细查阅资料后认为：8个项目验收资料齐全，完成了计划任务指标，在相应研究和应用领域有新的突破和创新，同意通过验收。

甘肃省科技重大专项"甘肃超细毛羊新品种培育及产业化研究与示范"项目育成了首个适应高山寒旱草原生态区的细型细毛羊新品种——高山美利奴羊，并通过国家畜禽遗传资源委员会审定。建立优质细毛羊生产基地3个，累计推广优秀种羊3 384只，实现细毛羊新增产值3 247.2万元，新增利润1 948.3万元。甘肃省科技重大专项"新型高效安全兽用药物'呼康'的研究与示范"项目研制出了对猪细菌性呼吸系统疾病疗效确切的新型复方氟苯尼考注射剂（呼康），并建立了中试生产工艺与配套生产线1条，建立了推广示范基地3个。甘肃省科技支撑计划"樗白皮活性成分水针防治仔猪腹泻研究与应用"项目完成了樗白皮活性组份的提取和纯化，并对其活性组成分进行了安全性、毒理学试验，建立实验动物腹泻模型。甘肃省科技支撑计划"防治猪气喘病中药颗粒剂的研究"项目研制了防治猪气喘病新型中药复方颗粒剂，并制订了质量标准草案；获得发明专利1项，转化科技成果10万元。甘肃省国际科技合作"奶牛子宫内膜炎病原检测及诊断一体化技术研究"项目建立了快速诊断奶牛子宫内膜炎化脓隐秘杆菌和大肠杆菌的PCR方法，获得实用新型专利2项。甘肃省国际科技合作"乳源耐甲氧西林金黄色葡萄球菌分子流行病学研究"项目分离金黄色葡萄球菌141株，在MLST数据库注册新型金黄色葡萄球菌菌株3个。甘肃省农业科技成果转化资金计划"防治奶牛卵巢疾病中药'催情助孕液'示范与推广"项目制成了"催情助孕液"子宫灌注剂，制订了质量标准草案1项，建立推广示范点3个，举办的"奶牛繁殖疾病防控技术"培训班培训人员117人。甘肃省中小企业创新基金计划"益生菌转化兽用中药技术熟化与应用"项目筛选出发酵黄芪的最佳培养基配方，研发了药物饲料添加剂"发酵黄芪散"，获得发明专利2项。

杨志强所长代表研究所对甘肃省科技厅的各位领导和参会专家表示欢迎。郑华平副厅长指出，科研项目的实施不仅要按照项目任务书要求，完成既定计划任务，更要严格科研经费管理，提高科研经费使用效益。研究所要根据甘肃省畜牧生产发展需求，大力推进科技成果转化，促进甘肃省畜牧业的发展。甘肃省科技厅农村处任贵忠处长、国际合作处欧阳春光处长、研究所张继瑜副所长、科技管理处和各项目负责人及相关人员参加了会议。

● 3月30~31日，中国农业科学院哈尔滨兽医研究所组织召开"动物疫病快速诊断与防控"重点任务实施方案与协同创新行动计划制定会议，具体确定各研究所牵头负责的实施方案具体内容、协同创新行动内容与课题分解。兽药研究室李剑勇副主任和科技管理处曾玉峰副处长参加会议。

● "农业部动物毛皮及制品质量监督检验测试中心（兰州）"通过复审

4月13~15日，依托于研究所的农业部动物皮毛及制品质量监督检验测试中心（兰州）（以下简称"中心"）顺利通过复查评审。

评审组由农业部农产品质量安全监管局和国家计量认证农业评审组4位专家组成。评审组专家听取了中心常务副主任高雅琴研究员关于实验室质量管理体系运行情况和3年来工作汇报，实地考察了检验场所，查阅了质量体系文件，进行了人员笔试和座谈。3年来，中心共完成各类项目7项，获得国家实用新型专利49项，在动物毛、皮产品质量检测、技术咨询、名优产品评选和信息服务等方面做了大量工作，受到国内外同行的高度评价；制定并颁布实施河西绒山羊和西藏羊等2项国家标准，完成国家标准报批稿1项，完成标准草案1项；科研立项方面突出动物毛皮及制品检测技术的优势，完成了青海、甘肃等省份各大生产企业、科研院所、大学等单位的山羊绒、绵羊毛、毛皮及饲料样品2 200份、37批次的检测任务，为动物毛皮及制品行业的科研、教学、市场流通等提供了科学、准确、及时的服务和强有力的技术支撑。中心还对外开展剪毛技术规范及羊毛分等分级技术培训、羊毛细度投影显微镜检测方法培训、动物毛皮检测及鉴别技术培训以及古代毛皮服饰鉴别培训和咨询服务等。

评审组对该中心近年来的发展给予了高度评价，认为该中心在机构和人员、质量体系、仪器设备、检测工作、记录与报告、设施与环境6个方面符合《检验检测机构资质认定评审准则》和《农产品质量安全检测机构考核评审细则的要求》，具备按相关标准进行检测的能力，一致同意通过农产品质量安全检测机构考核、部级产品质检机构审查认可和检验检测机构资质认定。

● 4月14~15日，科技管理处曾玉峰副处长、条件建设与财务处巩亚东副处长赴北京参加院规划办组织召开的科技创新工程2019年预算文本审核会议。

● 4月14~17日，张继瑜研究员、李剑勇研究员等一行5人赴天津参加科技部兽用化学药物产业创新联盟会议。

● 4月20日，科技管理处王学智处长参加兰州市科学技术局召开的科技创新座谈会。

● 4月21日，兰州市科学技术局召开全市科技奖励大会。研究所苗小楼副研究员主持的"'益蒲灌注液'的研制与推广应用"项目获得兰州市科技进步二等奖，李剑勇研究员主持的"'阿司匹林丁香酚酯'的创制及成药性研究"项目获得兰州市技术发明三等奖。

● 4月22~23日，杨志强研究员、罗超应研究员和王旭荣副研究员赴河北省保定市参加公益性行业（农业）科研专项中兽医关键技术研究与示范年度项目执行情况汇报交流会。

● 4月23~24日，张继瑜研究员赴河北省保定市参加科技部科技支撑项目"新型动物药剂创制与产业化关键技术研究"执行情况汇报交流会。

● 保护知识产权激发创新活力——研究所知识产权保护工作创佳绩

自中国农业科学院科技创新工程实施以来，研究所为了实现跨越发展，建立了与创新工程相适应的科技人员绩效考核和科研奖励等办法，加强知识产权保护，激发科技人员创新能动性，加快科研产出，突出原始创新，成效显著。

2014年，研究所发明专利申请公布79件，同比增长61.22%，发明专利授权15项，同比增长66.66%，实用新型专利授权135项，同比增长264.86%，授权专利占所在甘肃省2014年全年总量2.94%，登记软件著作权3项。

2015年，专利申请授权相比2014年翻番，实现了量质并重。发明专利申请公布数量达到103件，同比增长30.38%，占全院总数6.81%，排名第4；发明专利授权27项，同比增长80%，占全院总数4.40%，全院排名第9；实用新型专利授权245项，同比增长81.48%，占全院总数

29.66%，连续2年全院排名第1。授权专利占所在地甘肃省2015年全年总量3.94%，同比增长34.01%；登记软件著作权3项。

2016年第一季度，研究所知识产权工作再传佳音。1~3月，研究所取得专利授权37项，其中发明专利授权13项，实用新型专利授权24项，延续高增长势头。目前，研究所知识产权工作机制不断完善，知识产权创造、运用、保护、管理和服务能力显著提升，为研究所深入实施科技创新工程提供了有力支撑。

● 英国伦敦大学米夏埃尔·海因里希教授到研究所访问

5月10日，英国伦敦大学药学院生药学及植物疗法学中心米夏埃尔·海因里希教授应邀到所访问。

张继瑜副所长向海因里希教授介绍了研究所基本情况，米夏埃尔·海因里希教授作了题为《从传统药物中提取活性成分面临的核心挑战》的学术报告，与科研人员进行了交流，并就开展合作研究进行了深入探讨。米夏埃尔·海因里希教授还参观了中兽医药陈列馆。

米夏埃尔·海因里希教授为伦敦大学药学院生药学及植物疗法学中心主任、国际传统药学会委员会成员、药物生物学家和生药学家，担任《药理学前沿》杂志传统药物学专栏编辑、《民族药理学》杂志综述编辑、英国广播公司电视台"相信我，我是个医生"系列节目主持人。他主要从事药用及食用植物研究，先后开展大麻属植物的药物活性研究、药用和有毒植物的代谢组学研究和欧洲药用植物历史等研究工作，发表论文200多篇，出版著作10余部，于2013年获得由国际传统药学会颁发的"国际杰出传统药物学家奖"。

● 5月11~13日，中国农业科学院科技局组织召开院2017—2019年农业部重大专项设施运行费项目现场答辩评审会，科技管理处曾玉峰副处长、条件建设与财务处巩亚东副处长参加会议。

● 5月11日，张继瑜副所长赴北京参加农业部畜牧总站组织的无公害畜禽养殖安全用药研讨会。

● 新兽药"银翘蓝芩口服液"实现技术转让

5月17日，研究所与济南亿民动物药业有限公司签订了新兽药"银翘蓝芩口服液"技术转让协议。杨志强所长和济南亿民动物药业有限公司董事长王涛分别代表双方在转让协议上签字。

签约仪式上，杨志强所长对兽用化学药物创新团队取得的阶段性科研成果在企业开花结果表示祝贺。他强调双方要共同协调、相互配合，切实执行好协议内容，真正为解决企业生产实际问题、提高企业生产效益做贡献。他希望签约不仅是双方良好合作的起点，更是开展形式多样合作的桥梁，通过合作实现双赢，为我国现代畜牧业发展做更多贡献。参加签约仪式的有刘永明书记、张继瑜副所长、阎萍副所长、兽用化学药物创新团队首席科学家李剑勇研究员及济南亿民动物药业有限公司技术总监何玉武等。

据悉，鸡传染性支气管炎因发病率高、传播速度快、致死率高，对整个养禽业造成了巨大的经济损失。"银翘蓝芩口服液"是李剑勇研究员为首席的兽用化学药物创新团队研制的中兽药复方制剂，临床防治鸡呼吸道感染疾病疗效显著，无毒副作用，市场应用前景广阔。该药填补了国内兽药市场有效预防和治疗鸡传染性支气管炎的空白，为促进我国鸡养殖业的健康发展，保障动物性食品安全具有重要意义。

● 5月18日，杨志强所长赴北京参加2016年中国畜牧兽医学会动物药品学会理事长工作会议。

● 荷兰瓦赫宁根大学胡伯·撒瓦卡教授到研究所访问

5月18~20日，荷兰瓦赫宁根大学胡伯·撒瓦卡教授应邀到研究所进行交流访问。

杨志强所长向胡伯·撒瓦卡教授介绍了研究所基本情况及发展现状。双方就进一步加强畜禽养殖与疾病防控方面项目合作、人员短期培训和研究生联合培养等进行了交流，在天然免疫研究方面与中兽医与临床创新团队达成了初步合作意向。期间，胡伯·撒瓦卡教授做了题为"树突状细胞对T细胞的激活效应"的学术报告，就食源性蛋白对机体免疫防御与应答机制方面的研究进展与广大科研人员进行了交流探讨。

胡伯·撒瓦卡教授现为瓦赫宁根大学细胞生物学与免疫学团队首席专家，主要从事食物过敏与兽医免疫学研究，在食物过敏免疫机制研究方面有较深造诣，发表论文400余篇（其中最高影响因子48），培养博士研究生40多名。

● 5月20日，杨志强所长主持召开所长办公会，讨论并通过了研究所2016年第一季度成果奖励。刘永明书记，张继瑜副所长，阎萍副所长，科技管理处、条件建设与财务处负责人参加了会议。

● 5月20日，杨志强所长主持召开科研项目管理工作专题会议，决定强化研究所承担科研项目的层级管理，研究所科研经费支付的合同及协议等统一加盖"中国农业科学院兰州畜牧与兽药研究所科技合同专用章"。张继瑜副所长、阎萍副所长、科技管理处、条件建设与财务处负责人参加了会议。

● 藏区牛羊疾病防控与藏草药加工技术培训会圆满成功

为提升藏区牦牛藏羊疾病防控技术水平，增强牧民的人畜共患病防控意识，5月22~26日，由国家公益性行业科研专项"青藏高原社区草-畜高效技术转化关键技术"项目支持的"藏区牛羊疾病防控与藏草药加工技术培训会"在研究所举办。来自西藏、青海、云南、四川、甘肃5省区的学员共30余人参加了培训。

杨志强所长出席开班仪式并讲话。他对学员的到来表示欢迎，对项目的背景和重大意义做了介绍。他指出，不断提升藏区牦牛藏羊疾病防控技术水平是项目参加单位义不容辞的责任，希望学员在培训会上认真学习、积极交流。西藏牧业科学院畜牧兽医研究所拉巴次旦研究员代表参训学员讲话。他感谢研究所提供的良好学习机会，并表示学员们一定会将培训会上学习的技术带回藏区，为牧民提供更好的服务。

培训会邀请了中农威特生物科技股份有限公司李克斌研究员、甘肃农业大学贾宁教授、中国农业科学院兰州兽医研究所李有全研究员、甘肃省疫病预防控制中心贺奋义研究员、研究所罗永江副研究员和王旭荣副研究员，重点开展了牛羊口蹄疫、牛羊重要传染病、牛羊寄生虫病、牧区人畜共患病的病理诊断和防控技术培训，并进行了藏草药加工与炮制的方法和操作实训、牛羊疾病实验室检测常规技术的实训。培训期间，学员们还在中兽医药标本馆、大洼山基地、兰州兽医研究所寄生虫标本馆、中农威特生物科技股份有限公司疫苗生产车间进行了观摩和学习。

培训后，学员们一致认为此次培训会理论与实际相结合，内容丰富，针对性强，提高了学员们的牛羊疾病防治理论与操作技能。

● 5月24日，杨志强所长、张继瑜副所长和科技管理处王学智处长赴北京参加中国农业科学院创新工程试点期绩效考评综合评估会议。

● 5月25日，杨志强所长赴重庆参加中国畜牧兽医学会学术年会和常务理事会。

● 实践十号卫星搭载牧草种子交接仪式在研究所举行

5月30日，由我国实践十号返回式科学实验卫星搭载的兰州牧药所牧草种子交接仪式在研究所举行。航天神舟生物科技集团有限公司赵辉总工程师将研究所搭载的14份牧草种子亲手交给杨志强所长。

张继瑜副所长主持会议。杨志强所长代表研究所介绍了牧药所基本情况及我国草产业的发展现状与需求。常根柱研究员和杨红善分别介绍了研究所牧草航天育种工作进展和实践十号返回式卫星搭载牧草种子情况。赵辉总工程师对研究所开展的牧草航天育种研究给予了充分肯定。双方表示，发挥各自优势条件，将进一步加强在牧草航天育种研究领域的合作，推动我国牧草产业的发展。中国空间技术研究院航天生物公司航天工程育种研究室主任鹿金颖、研究所阎萍副所长、科技管理处王学智处长和草业研究室时永杰主任等参加会议。

会后，鹿金颖主任和赵辉总工程师分别做了"航天搭载技术在植物空间诱变及航天育种中的应用""我国航天事业空间诱变的发展历程"的学术报告。重点对空间诱变的原理方法、育种优势及生产应用做了介绍，并对中国空间技术研究院在空间诱变育种研发方面开展的工作、取得成果和未来发展趋势做了说明。在所期间赵辉总工程师一行还到研究所所史陈列馆、中兽医药陈列馆和大洼山试验基地航天苜蓿资源苗圃进行参观考察。

研究所自 2009 年起开展牧草航天育种研究，在兰州大洼山试验站创建了"牧草航天育种资源圃"，先后通过"神舟 3 号飞船""神舟 8 号飞船""神舟 10 号飞船""天宫一号目标飞行器"和"实践十号返回式卫星"等 5 次搭载了 6 类牧草 27 份牧草材料，包括紫花苜蓿 15 种、燕麦 5 种、红三叶 4 种、猫尾草 1 种、黄花矶松 1 种和沙拐枣 1 种。牧草航天育种课题组先后在黑龙江、内蒙古及甘肃的陇东、陇中、河西等地建立了 10 个牧草航天育种试验点，已成功培育出"航苜 1 号紫花苜蓿"地方新品种 1 个，现正在开展以紫花苜蓿为主，包括燕麦、红三叶和猫尾草等多类牧草的航天育种研究。

● 5 月 30 日，张继瑜副所长主持召开肉羊双增项目现场会筹备工作会，安排部署了前期准备工作和任务分工。杨志强所长、科技管理处王学智处长、双增项目首席专家杨博辉研究员参加了会议。

● 研究所驻村帮扶工作队获得表彰

近日，中共甘肃省临潭县委召开了农牧村扶贫暨双联工作会议，表彰奖励了 2015 年双联行动和扶贫攻坚工作年终考核先进的单位和个人。研究所精准扶贫工作队被评为先进驻村帮扶工作队，办公室陈化琦同志获优秀驻村帮扶工作队队长奖。

自 2015 年 7 月驻村帮扶工作队成立以来，在研究所大力支持下，驻村帮扶干部主动参与、积极作为，听民声、访民意、解民忧、暖民心，零距离服务群众，充分发挥上联下达的"管道"作用。以产业帮扶为重点，着力解决村道硬化、住房改建、办公设施改善等问题，使临潭县新城镇肖家沟村、南门河村、羊房村基础设施进一步改善、经济社会各项事业得到较快发展，贫困户收入持续增加。

驻村后，驻村帮扶干部认真开展调查研究，掌握了村情民意，找准了工作的着力点和突破口，制订了三个村的"两规划一计划"；筛选确定了精准扶贫建档立卡户 293 户、1 210 人；填写了《贫困户户情台账》和《民意调查表》等各类调查表，制作了《民情联系卡》和精准扶贫资料袋，建立健全了 293 户的档案资料；完成了精准扶贫大数据系统平台建设因户施策信息采集录入工作和基层党建工作；为肖家沟村争取到 150 万元的"精准扶贫、整村推进"道路建设项目，修建了 2 000 m 村干道；争取到了甘肃省交通厅 80 万元资金，在南门河村、肖家沟村修建 2 座便民桥；为南门河村 80 户群众争取危房改造资金 320 万元，此外，研究所出资 3.4 万元，购买 70 余套办公桌椅，帮助解决了肖家沟村村委会的办公设施；向 3 个村的养殖户免费发放价值 5 万元的牛羊用矿物质营养舔砖、驱虫药和消毒药品；举办了 1 期 120 余人参加的牛羊养殖及疫病防治技术培训班和中草药种植技术培训班，向 3 所小学和养殖户发放了《肉牛标准化养殖技术图册》《肉牛养殖主推技术》《肉羊标准化养殖技术图册》等图书资料 3 500 余册。

● 6 月 3 日，甘肃省委召开常委（扩大）会议，传达学习全国科技创新大会、两院院士大会、中国科协第九次全国代表大会精神，专题安排部署我省贯彻落实的具体工作。科技管理处王学智处长参加会议。

● 6月6~8日，中国农学会、农业部人力资源开发中心在广州市举办了2016—2017年度中华农业科技奖申报推荐工作培训班。牦牛资源与育种创新团队郭宪副研究员，兽用药物创新与安全评价创新团队程富胜副研究员、尚小飞助理研究员，奶牛疾病创新团队王胜义助理研究员，科技管理处杨晓助理研究员参加会议。

● 研究所8项兰州市科技计划项目通过验收

6月8日，由研究所主持完成的"新型中兽药'产复康'的产业化示范与推广"等8个兰州市科技发展计划项目，通过了市科技局组织的项目验收。

兰州市科技局任世强主任主持会议。杨志强所长对各位领导和专家表示欢迎，对兰州市科技局长期以来对研究所的大力支持表示感谢。杨所长表示，研究所将进一步完善科研项目管理，提高科研经费使用效益，大力推进成果转化，推动甘肃省畜牧业的发展。此次验收的8个项目分别是"新型中兽药'产复康'的产业化示范与推广""苦楝皮有效成分穴位注射治疗仔猪腹泻研究""新型中草药饲料添加剂用于改善猪肉品质及风味的研究""防治家禽免疫抑制病多糖复合微生态免疫增强剂的研制与应用""新型中兽药苦豆子总碱的提取及制剂的研究""预防奶牛子宫内膜炎的灭活疫苗的研制及应用"和"新型高效抗温热病中药注射剂银翘蓝芩的研制"。专家组分别听取项目负责人汇报、查阅资料和质疑答疑后，认为各个项目均完成了计划任务指标，并在一些研究和应用领域有新的突破和创新，一致同意通过验收。

兰州市科技局张娟副主任、研究所张继瑜副所长、王学智处长、各项目负责人及相关科研人员参加了会议。

● 6月20日，杨志强所长主持召开专题会议，组织安排"生物育种国家实验室"部分材料撰写工作。阎萍副所长介绍了中国农业科学院关于"生物育种国家实验室"起草会议精神和工作安排。王学智处长、杨博辉研究员、高雅琴研究员、曾玉峰副处长、李锦华副研究员、丁学智副研究员、袁超助理研究员参加了会议。

● 6月22~24日，科技管理处曾玉峰副处长、刘丽娟助理研究员参加由兰州大学在张掖组织召开的2016年度国家自然科学基金甘肃联络网管理工作会议。

● 研究所科研人员访问泰国清迈大学

为了推进中泰传统兽医学联合实验室的建设，进一步促进中泰兽医学、兽药学、植物药学在动物疾病防治等方面的科技合作和交流。应泰国清迈大学的邀请，6月26~30日，罗超应研究员等一行4人到清迈大学兽医学院和药学院进行访问交流。

罗超应等一行4人首先访问了清迈大学兽医学院，与院长坤柴教授和兽医学院的有关人员进行了学术交流。该院院长助理苏卡拉教授介绍了清迈大学兽医学院的情况。罗超应研究员、王旭荣副研究员和王贵波助理研究员分别做了关于穴位注射、中兽药防治奶牛产科病和电针治疗犬椎间盘突出的学术报告。罗超应一行还参观了兽医学院的伴侣动物和野生动物教研室、食品动物教研室、兽医诊断实验室、大动物医院、小动物医院等部门。

在清迈大学药学院，院长杰卡蓬教授简要介绍了药学院的研究情况和植物药的研究人员。希望双方在以后的工作中加强交流，推动合作。在帕妮教授的带领下，罗超应一行参观了该院药用植物北方研究中心、植物药标本展示厅和药用植物种植园。

本次访问，进一步加深了双方的了解，为共建实验室、开展科技合作奠定了良好的基础。

● 6月27~30日，为落实巡视组巡视反馈意见，开展"三农"重大问题调研，培育重大科技成果，推进成果转化应用，服务"三农"，张继瑜副所长主持召开科研人员座谈会，分别同畜牧研究室、草业研究室、中兽医（兽医）研究室和兽药研究室科研人员一起，认真深入分析各团队发展定位、学科优势，结合社会经济发展需求，分别就学科发展方向、重大成果培育、科研规章制度完善、科技成果转化应用等方面进行发言和讨论。科技管理处、办公室、党办人事处和条件建设与财务处负责人参加会议。

● 6月30日，科技管理处王学智处长参加兰州市建设兰白科技创新改革试验区领导小组召开的"兰白试验区促进科技成果转化政策宣讲暨专题研讨会"。

● 研究所在甘肃省2015年双联行动中获评优秀

近日，中共甘肃省委通报了2015年全省联村联户为民富民行动考评结果，研究所双联工作被评为优秀。

2015年，研究所积极响应党中央号召，认真贯彻落实省委省政府决策部署和全省双联行动大会精神，紧扣"重在联、贵在为、深在制"的要领，着力在融合联动、精准扶贫攻坚上下功夫，在落实"六大任务""三大工程"上下深功夫，进一步推进甘肃省临潭县新城镇羊房村、南门河村、肖家沟村、红崖村双联行动和精准扶贫工作融合联动扶贫攻坚。双联行动中，研究所主动参与、积极作为，听民声、访民意、解民忧、暖民心，以产业帮扶为重点，着力解决村道硬化、住房改建、办公设施改善等问题，使临潭县新城镇四个双联村的基础设施进一步改善，贫困户收入持续增加，经济社会各项事业得到较快发展。

● 7月1日，张继瑜副所长主持召开了畜牧研究室科研人员座谈会，分别就重大成果培育、重大科学命题研究、科技管理制度建设、人才培养、团队建设等方面开展调研。职能部门负责人参加会议。

● 7月1日，甘肃省科技重大专项子课题"饲用甜高粱种质创新及栽培饲用技术与示范"项目主持人贺春贵研究员来所检查子课题项目执行情况，子课题负责人王晓力副研究员汇报了项目工作进展。张继瑜副所长对项目的执行和下一步工作提出了新要求。甘肃省农业科学院畜草与农业研究所高级畜牧师刘拢生，科技管理处王学智处长、曾玉峰副处长及项目组成员参加了会议。

● 7月5日，河南商丘爱己爱牧生物科技有限公司陈五常董事长、吴春丽总经理来所洽谈交流，科技管理处曾玉峰副处长、兽药研究室李剑勇研究员、尚若锋副研究员、中兽医（兽医）研究室严作廷研究员、潘虎研究员、李宏胜研究员、罗超应研究员等相关人员参加会议。

● 7月5日，澳大利亚国立大学Catherine Schuetze博士访问研究所，Schuetze博士参观了中兽医药陈列馆和藏兽医药相关药材标本与器械，与研究所相关研究人员就藏兽医药发展与保护进行交流，并赴甘肃省甘南藏族自治州、四川省阿坝藏族羌族自治州等地拜访藏兽医师、开展藏兽医药调查工作。

● "羊绿色增产增效技术集成模式观摩会议"在甘肃召开。

7月6~7日，中国农业科学院"羊绿色增产增效技术集成模式观摩会议"在甘肃省永昌县召开。中国农业科学院副院长李金祥、甘肃省农牧厅副厅长姜良和中国农业科学院兰州畜牧与兽药研究所所长杨志强、副所长张继瑜等出席会议。中国农业科学院成果转化局局长袁龙江主持会议。

李金祥在讲话中指出，羊产业是我国草畜业的重要组成部分，在国家肉类安全供给战略中的地位非常重要，羊肉生产必须保持持续稳定发展，这是我国肉类安全和社会稳定的大局需要。这次示范现场展示出的技术和成果更加坚定了我们依靠科技进步促进羊肉生产稳定发展的信心。李金祥强调，提高羊产业竞争力要解决好4个突出问题。一是提高规模养殖比重，转变落后生产方式；二是加强专门化品种培育，提高生产水平；三是提高养殖比较效益，扩大母畜养殖总量；四是缩小羊的内外价差，消除进口冲击影响。李金祥要求进一步提高思想认识，深化提升模式研究工作，履行中国农业科学院作为国家队的职责使命，面向产业做好集成，做好推广，做好服务；要将模式研究工作纳入创新工程，确保支持到位，制度保障到位，人才支撑到位；在研究所和创新工程考核评价体系中，模式研究要提高分值，引导和加强相关工作的落实；要加强项目实施过程中的监督检查，重要的节点要加强考核，加强交流，特别是做好示范；要关注产业发展和产业政策问题，及时为国家和地方政府部门提供咨询意见。

中国农业科学院细毛羊资源与育种创新团队、"羊绿色增产增效技术集成模式研究与示范"项目首席科学家杨博辉研究员在会上发布了羊绿色增产增效技术集成模式。该模式计划将成熟、规范、高效、操作性强的肃南牧区技术模式包和永昌农区技术模式包进行大范围推广实施。

姜良代表甘肃省农牧厅讲话。他对羊双增项目在地方现代畜牧业发展中的贡献给予了充分肯定，认为该项目实施思路清晰、措施得力，在转变生产方式、发展现代畜牧养殖业中具有科技引领的作用，促使当地畜牧养殖业取得了显著成效，带动了当地群众的发家致富。姜良要求，在今后的项目实施过程中，要进一步加强科技与实际的结合，增强辐射带动作用，让羊的规模养殖成为群众脱贫致富的重要支柱。

杨志强代表研究所对中国农业科学院、省农牧厅等上级单位和金昌市、永昌县、肃南县的大力支持以及合作单位、研究人员的共同努力表示感谢对项目愿景进行了展望，并希望项目人员在部、院及省农牧厅的领导支持下，以科技创新工程为引领，抢抓一带一路发展机遇，瞄准学科前沿，突出特色优势，取得新的更大的进展。

李金祥一行还考察了张掖综合试验站牧区示范点、肃南县皇城牧区绵羊育种场示范点、永昌县农区肉羊专业合作社和永昌农区肉羊种养加销一体化生态循环示范点。

甘肃省绵羊繁育技术推广站李范文站长、金昌市人民政府市长助理顾建成等领导、有关专家、技术人员和专业合作社农牧民代表、内蒙古代表区代表、中国科学报和农民日报等共70多个单位200余人出席会议并参加活动。

● 李剑勇研究员一行4人访问南非夸祖鲁-纳塔尔大学。

7月10~16日，应南非夸祖鲁-纳塔尔大学生命科学院院长 Samson Mukaratirwa 教授邀请，李剑勇研究员一行4人赴南非夸祖鲁-纳塔尔大学进行了为期7天的学术交流访问。

访问团分别与生命科学院、物理化学院和健康科学院的相关科研人员以报告会的形式进行了座谈，李剑勇研究员等介绍了研究所情况、兽用化学药物团队的研究方向和主要科研情况。听取了对方专家做的南非天然产物及其在化学药物合成中研究进展的报告、小分子肽类药物的化学合成、成药性研究及其在抗肿瘤疾病应用等报告。参观了植物发育生长研究中心实验室、多肽催化研究中心实验室等。随后，访问团分别与生命科学院 Shahidul Islam 教授、Neil A Koorbanally 教授、Samson Mukaratirwa 教授、Matthew Adeleke 博士等5个有合作意向的课题组进行了座谈，双方通过交换阅读发表文章，就研究工作中遇到的具体问题等进行了深入务实的交流，初步确立了开展合作的意向。

● 7月11~12日，张继瑜副所长赴西藏自治区拉萨市参加全国农业科技援藏座谈会，考察了研究所西藏达孜牧草试验站，并看望了研究所驻站科研人员。

● 研究所4项兰州市科技计划项目顺利通过验收。

7月13日和7月20日，由研究所承担完成的"奶牛隐性乳房炎快速诊断技术 LMT 的产业化开发""中型狼尾草在盐渍土区生长特性及其应用研究""中药制剂'清宫助孕液'的产业化示范与推广"和"高效畜禽消毒剂二氧化氯粉剂的研究及产业化"项目分别通过了兰州市科技局组织的项目验收。

两次验收会分别由兰州市科技局农村处安谈铭处长和成果处曹挺主任主持。验收专家组在认真听取项目负责人汇报、详细查阅资料、质疑答疑后一致认为：所有项目验收资料齐全，完成了任务书考核指标，在一些研究和应用领域有新的突破和创新，同意通过验收。

研究所领导对各位领导和专家莅临研究所指导工作表示欢迎，对兰州市科技局长期以来对研究所的大力支持表示感谢。研究所科技管理处负责人及相关课题主持人和课题组成员参加会议。

● "奶牛健康养殖重要疾病防控关键技术研究"年会在兰州召开

7月22~23日，研究所承担的"十二五"国家科技支撑计划"奶牛健康养殖重要疾病防控关键技术研究"课题年度会议在兰州召开。中国农业科学院科技局王述民副局长、项目管理处刘涛副处长，研究所张继瑜副所长出席会议。课题负责人和研究骨干共30余人参加会议。

张继瑜副所长对各位专家莅临兰州指导工作表示感谢，希望各位领导和专家一如既往关心和支持研究所的发展。王述民副局长强调，2016年是课题的收官之年，要认真梳理和总结课题任务完成情况，凝练标志性成果，为课题的验收工作做好准备，还要积极谋划"十三五"项目立项。

课题主持人严作廷研究员汇报了课题任务总体研究进展及经费预算执行情况，吉林大学王哲教授、东北农业大学师东方教授及各研究方向负责人分别汇报了子课题研究任务完成情况。经过5年的联合攻关，该课题研发新兽药8种，疫苗5种，取得新兽药证书7个；研制出诊断技术或试剂盒16种、检测技术3套；制定国家标准1个，行业标准1个，地方标准2个、疾病防治技术规范3套；出版著作15部；申报发明专利35项，获得授权发明专利20项；培养研究生80余人，培养省部级中青年人才3人。课题总体上完成了各项计划任务，经费预算执行良好。

● 7月22日，中国农业科学院科技局王述民副局长、项目管理处刘涛副处长来所调研。王述民副局长就实验室管理、生物安全、兽医立法及管理体制改革等问题同与会人员进行了探讨交流。期间，王局长还考察了农业部兽用药物创制重点实验室、甘肃省中兽药工程技术研究中心、所史陈列室、中兽医药陈列馆和大洼山基地。刘永明书记、张继瑜副所长等陪同调研。

● 7月25~27日，中国农业科学院李金祥副院长、张继瑜副所长、阎萍副所长赴张掖参加国家肉牛牦牛产业技术体系第六届技术交流大会暨"张掖肉牛"高端研讨会。会议期间，张继瑜副所长、阎萍副所长陪同李金祥副院长到张掖试验基地视察研究所基建项目进展情况。

● 7月26日，西南民族大学生科院唐善虎院长、李思宁博士一行来研究所就研究所承担的国家科技支撑计划子课题"优质安全畜产品质量保障及品牌创新模式研究与应用"项目完成情况进行调研。项目主持人牛春娥副研究员从任务完成情况、考核指标完成情况、经费使用情况及下一步工作计划等方面进行了汇报。唐院长对项目取得的成绩表示满意，并就更好实施项目提出了意见建议。科技管理处及细毛羊资源与育种团队相关人员参加会议。

● 7月28日，四川省阿坝州若尔盖县农牧局旦珍塔局长一行来研究所就深入开展藏兽医药合作开展交流。杨志强所长出席会议，科技管理处、中兽医（兽医）研究室相关负责人及科研人员参加会议。

● 7月29日，王学智处长参加院科技局组织召开西部农业研究中心科研计划协调会。

● 8月3日，张继瑜副所长主持会议就"十三五"期间重点研发计划申报工作进行动员安排。科技管理处、各创新团队负责人及科技骨干参加会议。

● 8月5日，杨志强所长主持召开了专题办公会，安排部署2016年基本科研业务费项目资助相关事宜。阎萍副所长、科技管理处和各研究室负责人参加了会议。

● 8月9日，杨志强所长主持召开中国农业科学院2016年度农业部中央级公益性科研院所基本科研业务费项目申报遴选推荐工作会议。会议成立了以杨志强所长为组长、阎萍副所长任副组长，各创新团队首席、研究室负责人、科技管理处和条件建设与财务处相关负责人组成的项目申报遴选专家组，经过遴选决定，推荐"高山美利奴羊高效扩繁与推广应用"等22个项目申报院2016年度基本科研业务费资助项目。

● 8月16~19日，科技管理处王学智处长参加农业部科技发展中心组织的"农业部作物有害生物综合治理学科群"现场抽查验证评估工作会议。

● 8月17日，杨志强所长主持召开所长办公会，研究讨论了研究所2016年第二季度科研成果奖励相关事宜。刘永明书记、张继瑜副所长及职能部门负责人参加了会议。

● "新型动物专用化学药物的创制与产业化关键技术研究" 2016年中期总结交流会召开

8月19~20日，研究所主持的"十二五"国家科技支撑计划课题"新型动物专用化学药物的创制与产业化关键技术研究"2016年中期总结交流会在河南洛阳召开。普莱柯生物工程股份有限公司、青岛农业大学、上海兽医所、北京欧博方医药科技有限公司、洛阳惠中兽药有限公司、常州齐晖药业有限公司、齐鲁动物保健品有限公司等8个子课题承担单位的专家以及项目咨询专家组部分成员出席了会议。

会议主要就项目启动近一年来的研究工作进展、任务细化落实、存在的问题进行了交流和研讨，并部署了下阶段的工作任务。各子课题围绕项目启动以来的研究进展、取得的阶段性成果、存在的问题和下一阶段工作安排等方面作了专题汇报。项目负责人及咨询专家组成员对各课题的工作进展进行了点评和指导，对重点技术问题开展了广泛的讨论，并提出了具体建议。

项目负责人张继瑜研究员向参会单位和专家转达了科技部农村司和甘肃省科技厅对推进本课题各项工作的期望和要求，并在会议总结时指出，本课题自2015年启动以来，在科技部和甘肃省科技厅的大力支持和各参与单位的共同努力下，在新兽药创制、技术研发和成果培育等方面已取得了重要进展，目前已有2项国家一类新兽药获得批准，3项新兽药的研发工作进展顺利，同时在论文发表、专利申报、技术研发、规范制定和人才培养等方面均取得了良好进展。但同时应当看到，随着兽用化学药物研制和申报的要求逐步提高，后续工作时间紧、任务重，部分任务的研究方案需要进一步细化和调整以适应新药申报的要求。张继瑜研究员还对下一阶段的工作任务进行了部署。

● 8月26日，张继瑜副所长主持召开"奶牛主要疾病综合防控与关键技术创新协同创新"项目专题讨论会。科技管理处、中兽医（兽医）研究室和兽药研究室负责人及相关专家参加会议。

● 9月3日，研究所组织召开"十三五"中兽医药行业发展战略研讨会。中国农业科学院科技局陆建中副局长、中国农业大学许剑琴教授和杨志强所长、刘永明书记等20余位专家参加会议。杨志强所长就研究所近年来在科研立项、科研产出、科技创新、党建文明建设等方面取得的成绩做了重点介绍。陆建中副局长对研究所在中兽医药研究方面的学术积淀和取得的成绩给予充分肯定，就科技体制改革后项目申报形式和相关政策进行了分析讲解。中兽医（兽医）研究室李建喜主任汇报了"十三五"国家重点专项"中兽医药现代化与绿色养殖技术研究"项目申报计划。张继瑜副所长主持会议。各位专家还参观了中兽医药陈列馆、中兽医（兽医）研究室和兽药研究室。

● 张继瑜副所长到英国伦敦大学、布里斯托大学和荷兰莱顿大学交流访问

近日，应英国伦敦大学、布里斯托大学和荷兰莱顿大学邀请，张继瑜副所长一行4人赴3所大学访问与交流。

访问英国伦敦大学期间，双方就前期初步达成的中（兽）药药材质量控制及鉴别等协议进一步进行了讨论和交流，就甘肃省道地药材质量控制研究达成了合作协议。张继瑜副所长一行还考察了该校药学院实验室。

在英国布里斯托大学访问期间，张继瑜副所长一行与该校化学院宋中枢教授、生物学院安迪·安德鲁博士就天然产物、抗生素的生物合成进行交流，就真菌基因改造及天然产物生物合成与结构修饰研究等议题进行深入讨论。并考察了该校化学院与生物学院实验室。

在荷兰莱顿大学访问期间，张继瑜副所长一行与该校生物学院罗伯特教授及其研究团队就植物代谢组学、药材质量控制及相关研究展开交流和讨论，并参观了实验室和《民族药物学杂志》编辑部。

● 藏区首个牧民新村无线 wi-Fi 全覆盖

9月4日，"十二五"国家科技支撑计划课题"甘肃甘南草原牧区'生产生态生活'保障技术集成与示范"在碌曲县尕秀村示范基地举行了种牛投放仪式暨牦牛健康养殖培训。此次种牛投放，是课题组继 2012—2013 年投放大通牦牛种公牛及优良甘南牦牛的基础上，再次引进大通牦牛种公牛 30 头，向碌曲县尕秀村牦牛选育及健康养殖示范基地核心区及李恰如种畜场等辐射区牧户投放。

阎萍副所长主持种牛投放仪式，甘南州畜牧科学研究所杨勤所长、甘南州科技局张勇副局长出席仪式并讲话。尕秀村党支部书记拉毛加介绍了课题近 5 年来的实施效果。国家肉牛牦牛产业技术体系甘南综合试验站、李恰如种畜场领导及牧民群众 50 余人参加了仪式。仪式结束后，课题组成员结合种牛的引进、隔离等问题，对种公畜投放后饲养管理、卫生防疫、使用安全等注意事项进行详细的讲解。

据悉，自"甘肃甘南草原牧区'生产生态生活'保障技术集成与示范"项目启动以来，课题组从家畜良种选育、资源优化配置，天然草地生产功能提升，新能源的综合利用及科技信息平台建设等方面通过联合攻关、技术集成、技术示范等手段，着力实现甘肃高寒牧区畜牧业生产力提升，人与自然全面协调可持续发展。截至目前，项目组研发了汉藏文科技信息服务网站，开通 8M 电信网络，安装了 Ad Hoc 无线移动网络通信设备，实现了藏区首个牧民新村无线 Wi-Fi 全覆盖，累计发布牦牛、草畜平衡等各类农牧信息 15 000 余条；先后发放推广 61 套太阳能户用发电系统、148 台生物质气化炉，解决了牧民夏季牧场用电难的问题；通过"牦牛选育与健康养殖关键技术"集成示范，累计投放大通牦牛及甘南牦牛种公牛 20 头，建立基础母牛 1 500 头，改良后的牦牛生产性能提高 10%；集成适用于牦牛、藏羊的营养平衡调控和供给技术 6 套，推广牦牛补饲料、裹包草料及营养舔砖 120 余吨；建立了退化草地治理示范区、鼠害及毒杂草防治的试验示范区及人工草地示范区 4 500 余亩，试验区毒害草生物量比例下降了近 30%；同时与当地兽医部门紧密协作，投放包虫病驱虫药物吡喹酮、阿苯达唑片超过 60 000 头次。课题实施成果引起《甘肃日报》《甘南州电视台》等媒体的关注和报道。

● 以色列农业专家来研究所访问交流

近日，以色列农业研究院思明·亨金（Zalmen Henkin）博士、耶尔·拉奥（Yael Laor）博士、艾瑞奥·谢莫纳（Ariel Shabtay）博士和美里·津德尔（Miri Zinder）博士一行来研究所进行访问交流。

刘永明书记就研究所相关科研工作进展做了介绍。谢莫纳博士和津德尔博士分别做了题为"反刍动物天然牧草及农副产品的营养利用"和"日粮调控提高家畜肉奶品质研究"的学术报告，并与研究所广大科研人员就农副产品在牛羊养殖中的综合开发、天然牧草资源的挖掘利用、家畜肉奶品质的营养调控等方面问题进行了讨论和交流。谢莫纳博士一行还参观了研究所中兽医药陈列馆等。

● 发挥科技优势 助力精准脱贫

9月5日，中国农业科学院兰州畜牧与兽药研究所副所长阎萍一行 6 人深入甘南藏族自治州临潭县新城镇开展双联帮扶工作。临潭县人大常委会主任何子彪，临潭县双联办负责人和新城镇主要领导陪同。

在双联物资赠送仪式上，兰州畜牧与兽药研究所阎萍副所长代表研究所分别向南门河村和肖家沟村赠送了 156 件办公家具、"大通牦牛"种公牛 4 头及价值 5 万元的营养舔砖兽药等产品。何子彪主任代表临潭县感谢兰州牧药所送来的双联物资，认为研究所充分发挥畜牧养殖方面的专业优势，在双联村特色产业发展方面做了大量工作，为村里办了许多实事、好事。希望各村将捐赠的种公牛养护好，切实发挥该优良品种的作用，改良当地牦牛品种，使当地农牧民群众尽快脱贫致富。

捐赠仪式结束后，阎萍副所长一行到肖家沟村检查指导驻村帮扶工作队工作开展情况。阎萍副所长要求新选派的驻村帮扶工作队根据相关要求，尽快深入群众，了解村内情况，认真做好扶贫帮扶工作。何子彪主任充分肯定了驻村帮扶工作队驻村以来取得的工作成绩，希望他们在今后的工作中继续发挥专业特长，不断创新工作思路，尽最大能力多为村里办实事、办好事。

● 9月9日，科技管理处曾玉峰副处长参加中国农业科学院科技局召开的国家重点研发计划2017年度项目畜牧申报工作推进会。

● 9月17～19日，杨志强所长赴四川省成都市参加2016年第六届中国兽医药大会，并参加中国畜牧兽医学会动物药品学分会第五届全国会员大会，会上当选为副理事长。

● 9月20～25日，应日本鸟取大学和HighChem株式会社药物研发中心邀请，杨志强研究员、科技管理处王学智研究员、中兽医（兽医）研究室李建喜研究员、兽药研究室蒲万霞研究员和吴培星副研究员一行赴该机构访问。

● 9月25日，张继瑜副所长、科技管理处曾玉峰副处长参加甘肃省科技厅组织召开的2016中国兰州科技成果博览会。

● 9月27～28日，科技部科技信息研究所张超中研究员、杜艳艳研究员和中国农业大学许剑琴教授来研究所开展"健康畜牧业促进生态文明的对策研究"课题调研。科技管理处、兽药研究室、中兽医（兽医）研究室负责人和相关专家参加了会议。张超中研究员一行参观了研究所中兽医药陈列馆、中兽医（兽医）研究室和兽药研究室。

● 9月30日，张继瑜副所长主持召开研究所学科建设工作会议，根据中国农业科学院文件要求，结合学科建设需要，对研究所创新工程设置的三级学科体系进行了补充完善。研究所学术委员会、研究室主任、创新团队首席参加了会议。

● 兽用药物创制重点实验室学术委员会会议在兰州召开

10月9日，农业部兽用药物创制重点实验室和甘肃省新兽药工程重点实验室第一届学术委员会第四次会议在研究所召开。

重点实验室主任张继瑜研究员向与会委员和专家汇报了过去两年重点实验室各项工作的进展。自2014年10月第一届学术委员会第三次会议召开以来，重点实验室主持和承担的各类科研项目共计150余项，到位经费4 000余万元；获得各项科技成果奖励13项；获得新兽药证书5项；发表SCI论文37篇，其他论文190余篇，出版著作8部；颁布实施农业行业标准1项，国家标准1项；获得发明专利授权39件，实用新型专利授权150余件；重点实验室"兽药创新与安全评价"团队入选农业部创新团队；1人入选国家百千万人才工程，1人获国家有突出贡献的中青年专家，1人被评为全国农业科研杰出人才，1人享受国务院政府特殊津贴，新增博士研究生导师1人，培养研究生20余人。有50余人次赴国外开展交流、学习与短期培训；邀请国内外专家40余人次来重点实验室做学术报告与交流；100余人次参加了国内的学术交流。农业部重点实验室基础条件建设项目购置825万元的12台（件）大型仪器设备。

与会委员和专家对重点实验室两年来取得的工作成绩和建设成果给予了充分肯定，对于重点实验室的学科发展、创新研究、平台建设、人才培养、开放运行等进行了讨论，并提出了意见和建议。

学术委员会主任殷宏研究员主持了学术会议，杨志强所长代表研究所致辞，农业部兽用药物与兽医生物技术重点实验室学科群王笑梅常务副主任出席会议并代表学科群讲话，夏咸柱院士等10位学术委员会委员出席了会议。研究所领导班子、科技管理处、兽药研究室、中兽医（兽医）研究室负责人、团队首席以及重点实验室的其他相关人员参加了会议。

● 夏咸柱院士、段文龙研究员到研究所进行学术交流近日，我国著名的兽医学家夏咸柱院士和中国兽医药品监察所段文龙研究员，应邀到所做学术报告。

夏院士做了题为《动物疫苗研制与动物疫病防控》的报告。他从动物疫病防控的重要性、免疫接种在动物疫病防控中的关键作用，以及动物疫苗研发现状与发展趋势等方面，深入浅出地向大家做了介绍。

段文龙研究员做了题为《新兽药注册与政策解读》的报告。主要从近十年的新兽药注册评审概况、注册评审的原则与依据、新兽药注册评审相关政策和即将开展的 GLP 和 GCP 认证工作，做了详细解读。

杨志强所长主持报告会。科研管理部门负责人、兽药研究室和中兽医（兽医）研究室的科研人员及研究生参加报告会。

● 10月10~12日，科技管理处曾玉峰副处长赴陕西省西安市参加了国家自然科学基金西北地区联络网管理工作会。

● 10月13日，兰州市科技局农村处安谈铭处长就"防治奶牛胎衣不下中兽药制剂归芎益母散的创制"项目前期研究情况进行调研。科技管理处王学智处长、曾玉峰副处长和相关人员参加会议。

● 10月25~31日，阎萍研究员、郭宪副研究员、丁学智副研究员一行3人对芬兰 Orion 医药和丹麦奥胡斯大学举行了学术访问。

● 10月26~30日，张继瑜副所长赴比利时布鲁塞尔欧盟总部参加中欧国际合作项目 H2020 项目小组会议，并作了题为《细胞内病原原虫病防治策略》的报告。

● 《畜禽品种（配套系）羊 贵德黑裘皮羊》国家标准通过专家审定

10月27~28日，受全国畜牧业标准化技术委员会的委托，研究所组织专家对研究所主持完成的《畜禽品种（配套系）羊 贵德黑裘皮羊》国家标准（预审稿）进行了审定。审定会由杨志强所长主持，刘永明书记出席会议。

审定会专家组由田可川、李金泉、雷良煜、雅文海、赵国琳、张利平、白滨七位专家组成，田可川研究员担任组长。专家组遵循科学、客观、公正、实用、规范的原则，在听取标准起草首席专家牛春娥副研究员汇报的基础上，进行了认真细致的审查和逐字逐句的讨论。

专家一致认为：《畜禽品种（配套系）羊 贵德黑裘皮羊》国家标准（预审稿）是根据我国畜牧业生产实际需要而制定的，标准总体水平先进，技术指标设置合理、科学，具有很强的可操作性，有利于品种的保护和开发利用、提高畜产品质量、促进畜牧业的发展。标准起草小组在标准起草过程中，能够广泛收集相关技术资料，开展了大量的实验，征求相关领域专家意见和建议，标准符合科学性、实用性、可操作性和规范性的要求。专家组一致同意通过审定，并建议将修改后形成的送审稿尽快报送全国畜牧业标准化技术委员会。

科技管理处负责人及标准编制小组全体成员参加了审定会。

● 10月29日，科技管理处组织召开"十三五"重点研发计划"中兽医药现代化与绿色养殖技术研究"项目申报书撰写讨论会，王学智处长主持会议，刘永明书记代表研究所欢迎参会专家，中兽医（兽医）研究室李建喜主任就项目申报准备情况做了主要介绍，参会专家围绕项目目标、任务及内容等进行讨论，并对各参加单位的任务进行了梳理和分解。

● 11月2~3日，杨志强所长、阎萍副所长、畜牧研究室梁春年副主任和科技管理处曾玉峰副处长赴青海大通牛场参加无角牦牛研讨会。

● 11月4日，杨志强所长主持召开2016年度研究生奖学金评审会议。按照各类奖学金评定办法，会议评定马宁等6位学生获得一等学业奖学金、赵吴静等22位学生获得二等学业奖学金；

会议推荐马宁等 2 名学生参评国家奖学金、刘龙海等 2 名学生参评大北农励志奖学金、张吉丽参评陶氏益农奖学金。刘永明书记、张继瑜副所长、阎萍副所长、科技管理处负责人及研究所学位评定委员会相关专家参加了会议。

● 11 月 10~11 日，阎萍副所长、畜牧研究室高雅琴主任、科技管理处王学智处长赴杭州市参加中国农业科学院召开的农产品质量安全风险评估与学科建设研讨会议。

● 11 月 11 日，张继瑜副所长主持召开会议，遴选推荐研究所申报的 2017—2019 年基本科研业务费入库项目。会议推荐"经方白虎汤调控细胞外抗原交叉呈递的作用机制"院级统筹优秀青年引导专项 1 项、"牛羊寄生虫病变异监测规范和数据标准"等所级统筹科研项目 33 项进入 2017—2019 年中央级公益性科研院所基本科研业务费项目库。各研究室及创新团队负责人参加会议。

● 11 月 16~17 日，杨志强研究员、张继瑜研究员赴江苏省绍兴市参加中国畜牧兽医学会成立 80 周年纪念暨第十四次会员代表大会，杨志强研究员当选为常务理事，张继瑜研究员当选为理事。

● 11 月 20 日，杨志强所长赴南京农业大学参加盛彤笙兽医科学奖颁奖典礼。

● 11 月 27 日至 12 月 17 日，张继瑜副所长参加中国农业科学院"现代农业科研院所建设与发展培训"赴美国培训交流。

● "奶牛乳房炎病原菌高通量检测技术与三联疫苗引进和应用"项目通过验收

12 月 3 日，中国农业科学院科技管理局组织有关专家对研究所主持的农业部 948 项目"奶牛乳房炎病原菌高通量检测技术与三联疫苗引进和应用"进行了验收。农业部科教司技术引进与条件建设处夏锦慧处长主持会议。

专家组认真听取了项目主持人李建喜研究员汇报，审阅有关资料，经质询与讨论后，一致认为：项目管理规范，验收资料齐全，完成了合同任务指标，同意通过验收。

"奶牛乳房炎病原菌高通量检测技术与三联疫苗引进和应用"项目先后派出 7 人次赴国外短期学习交流，邀请西班牙技术人员 9 人次来华指导工作；引进了乳房炎病原菌高通量检测技术 2 项，奶牛乳房炎三联疫苗 1 种，奶牛传染性乳房炎防控管理技术规程 1 项；建立 Startvac 疫苗结合中兽药"蒲行淫羊散"预防大肠杆菌、金黄色葡萄球菌及凝固酶阴性葡萄球菌感染性乳房炎的技术 1 项；制订 1 套适合于我国规模化奶牛场的乳房炎综合防治技术方案，建立 3 家示范基地；发表论文 3 篇，申报专利 6 项，制定标准（草案）1 项，签订国际科技合作协议 1 份。

阎萍副所长、科技管理处负责人及课题组相关人员参加会议。

● 12 月 8 日，中国农业科学院组织召开了 2017 年国家自然基金项目申报暨技能培训视频会，全所科研人员参加了会议。

● 中兽医研究所药厂 GMP 车间通过复验

12 月 17 日，中国农业科学院中兽医研究所药厂顺利通过甘肃省兽医局组织的兽药 GMP 复验。

兽药 GMP 检查组专家通过听取汇报、现场检查、查看文件和生产记录、人员考核等方式，对药厂实施兽药 GMP 管理情况和生产管理、质量管理情况进行了全面检查，经评议后综合评定：药厂粉/散/预混剂/片剂、固体消毒剂生产车间符合兽药 GMP 要求，符合率 94.1%，推荐该车间为兽药 GMP 合格车间。

杨志强所长对专家组公正的考核评审及提出的建议表示衷心的感谢，并要求药厂按照专家意见尽快做好相关的整改工作，保证药厂有效管理和安全生产。

甘肃省兽医局周生明副局长、监察处陶积汪处长和研究所刘永明书记等参加了复验。

● 12 月 19~20 日，国际家畜研究所韩建林教授和国际旱地农业研究中心 Joram 博士一行应邀来研究所访问。杨志强所长会见了代表团，阎萍副所长介绍研究所基本情况，Joram 博士介绍了国际旱地农业研究中心情况。研究所草业研究室、畜牧研究室科研人员与韩建林教授、Joram 博士就建立 CAAS-ICARDA 旱地畜牧业联合实验室及双方合作开展旱地畜牧业研究的主题等方面进行了交流。

● 研究所召开 2016 年科研工作总结会议

12 月 21 日，研究所召开了 2016 年科研工作总结汇报会。会议由张继瑜副所长主持，全所人员参加会议。

研究所各创新团队首席分别从项目完成情况、主要科研进展、取得重要成果、存在问题及下年度工作计划等方面进行全面汇报。2016 年，研究所获得各级科技奖励 9 项，发表论文 151 篇（其中 SCI 论文 31 篇），颁布国家标准 1 项，获得授权专利 208 项（发明专利 50 项），授权软件著作权 3 项，出版著作 16 部，获批新兽药证书 3 项，与 15 家单位达成成果转化及技术服务协议，各项科研工作进展顺利。

刘永明书记对研究所科研人员一年来取得的成绩表示祝贺，并要求各科研团队围绕学科建设，凝练科学主题。在基础研究、成果转化、团队人才建设等方面进一步加强。

杨志强所长做总结讲话。他指出：要牢记科研是立所之本，全所工作要紧紧围绕科研这一中心开展。团队首席要围绕团队建设和发展，树立责任在团队、任务在成员、保障在管理的意识，充分调动科研人员的积极性和创造力，推动研究所科技事业取得新的突破。杨志强所长代表所班子感谢全体科研人员和管理人员一年来的辛勤工作，希望大家再接再厉，努力做好 2017 年科研工作。

● 研究所召开 2016 年国际合作与交流总结汇报会

12 月 23 日，研究所召开 2016 年国际合作与交流总结汇报会。科技管理处王学智处长主持汇报会。张继瑜副所长、阎萍副所长和全体科研人员参加了会议。

为推动研究所创新工程的顺利实施，提升研究所对外国际科技合作水平，广泛深入地开展国际科技合作、促进科技发展，研究所召开了国际合作与交流总结汇报会。2016 年研究所派出 12 个团组 52 人（次）分别出访肯尼亚、英国、德国、荷兰、匈牙利、丹麦、芬兰、南非、俄罗斯、塔吉克斯坦、吉尔吉斯斯坦、泰国、爱尔兰和日本 14 个国家的相关研究所和大学参加国际学术会议、开展合作交流与技术培训，各出访团组在会上汇报了出访内容、取得成果和下一步合作计划。12 个出访团组中有 2 个团组分别与英国剑桥大学和匈牙利圣伊斯特万大学签订了科技合作协议备忘录，内容涉及到合作研究、联合申请项目、人才交流和研究生培养等。

阎萍副所长对研究所 2016 年度国际合作与交流取得的进展给予了高度评价和充分肯定，并对各创新团队进一步提升国际合作与交流成效、科技创新与合作水平提出了要求。

张继瑜副所长指出，2016 年研究所国际合作与交流为下一步建立良好的国际合作关系奠定了坚实的基础。2017 年要按照新的管理办法优化出访日程，明确出访重点，制定目标性强、任务明确的出访计划；落实已与研究所签订合作协议的国外大学和机构的人才培养工作，加强技术培训，并邀请外国专家来所指导工作，提高创新团队科研水平。

● 12 月 30 日，应研究所邀请，原甘肃省委常委、副省长、中国藏学研究中心副总干事洛桑·灵智多杰来所做了"青藏高原生态畜牧业发展战略研究"的学术报告。杨志强所长主持报告会，各研究室主任和全体科技人员参加报告会。洛桑·灵智多杰还参观了研究所中兽医药陈列馆和牧草陈列室。

2016 年党的建设和文明建设

● 1月6日，杨志强所长主持召开研究所党建述职评议暨落实党风廉政建设"两个责任"考核会议，研究所全体在职党员、部分离退休党员和学生党员参加会议。会上，刘永明书记报告了研究所 2015 年党的建设各项工作和落实党风廉政建设"两个责任"情况，与会党员对研究所 2015 年党建工作和落实"两个责任"情况进行了考核评议。

● 1月8日，刘永明书记主持召开党支部书记会议，安排了各支部党建述职评议考核工作和民主评议党员工作。

● 1月13~20日，研究所 7 个党支部开展了党建述职评议考核和民主评议党员工作。

● 1月15日，刘永明书记、杨志强所长和张继瑜副所长参加院 2016 年党风廉政建设工作会。

● 1月25日，刘永明主席主持召开研究所工会委员会扩大会议，通报了 2015 年工会经费收支情况，研究决定自 2016 年开始，为全体会员祝贺生日，发放生日蛋糕券。研究所工会委员及小组长参加会议。

● 1月28日，刘永明书记主持召开研究所党委会议。会议听取了各党支部 2015 年党建述职评议考核测评情况和民主评议党员情况，研究确定了各党支部党建评议考核结果，通过了各党支部民主评议党员的建议意见；同意畜牧党支部关于确定张志飞同志为入党积极分子的意见。杨志强所长、张继瑜副所长、阎萍副所长、党办人事处杨振刚处长参加了会议。

● 2月3日，研究所工会为工会会员举行了集体生日，喜逢生日的职工及所领导参加了聚会。党委书记刘永明主持活动，杨志强所长对喜逢生日的会员致以诚挚的问候，祝福他们身体健康、事业进步、生活美满。张继瑜副所长和阎萍副所长向全体喜逢生日的会员送上生日贺卡，感谢大家一直以来的辛勤劳动和对研究所的贡献。

● 3月2日，刘永明书记主持召开研究所工会委员会会议，会议讨论通过了工会 2015 年工作总结和 2016 年工作要点，研究确定了 2016 年计划开展的 7 项活动。所工会委员参加了会议。

● 3月3日，刘永明书记主持召开专题会议，安排部署了研究所在两会和中央第八巡视组进驻中国农业科学院期间的相关工作，传达学习了相关文件精神。

● 研究所举办"三八"妇女节庆祝活动

3月4日，研究所工会组织女职工和女学生在大洼山试验基地举办了庆祝"三八"妇女节趣味活动。

研究所党委书记、工会主席刘永明代表研究所向全体女同志表达了节日的问候和良好的祝愿。活动设置乒乓球、跳绳、踢毽子、投篮、乒乓球等趣味活动，女同志都踊跃参加到活动中，心中的激动和喜悦，洋溢在每个人的脸上，现场气氛热烈、温馨。大家展示了积极向上、美丽健康的精神风貌，收获了健康和快乐的好心情！本次活动不仅丰富了女同志的精神文化生活，缓解了工作压力，同时也促进了友谊，加深了感情，使女同志充分感受到了节日的喜悦和快乐，激励大家以更加饱满的热情、更加昂扬的状态创造新的工作业绩。

● 3月8日，刘永明书记赴北京参加中国农业科学院巡视准备专题党组会。

● 3月9日，刘永明书记主持召开党委扩大会议，传达学习了习近平、王岐山在中纪委六次全会上的重要讲话精神，通报了2月29日院党组巡视工作有关安排，并对积极配合巡视工作提出了具体要求。所领导、全体中层干部以及各党支部书记参加了会议。

● 3月15~18日，张继瑜副所长、党办人事处副处长荔霞在北京管理干部学院参加了中国农业科学院《中国共产党廉洁自律准则》和《中国共产党纪律处分条例》培训会。

● 3月17日，刘永明书记主持召开党委会，会议讨论通过了研究所2016年中心组学习计划、2016年党务工作要点和干部职工教育学习计划，安排部署了研究所反腐倡廉工作。

● 3月18日，党办人事处荔霞副处长参加了中国农业科学院党的建设统计工作会议。

● 3月21日，刘永明书记主持召开研究所干部会议，传达学习中国农业科学院党组关于开展"四风"问题集中检查工作文件精神，部署研究所"四风"问题集中检查工作。各部门负责人和支部书记参加了会议。

● 4月7日，党办人事处杨振刚处长参加兰州市委组织部召开的党代表换届推选工作座谈会。

● 4月11日，研究所组织收看了中国农业科学院党员干部警示教育视频会议，所领导、职能部门负责人、研究室主任、创新团队首席专家、部分课题主持人参加了会议。

● 4月13日，刘永明书记主持召开研究所理论学习中心组学习会议，学习了习近平总书记关于从严治党的论述和在中纪委十八届六次全会上的讲话、王岐山在中纪委十八届六次全会上的讲话、韩长赋在农业部党风廉政建设会议上的讲话和陈萌山书记在中国农业科学院党员干部警示教育视频会议上的讲话，与会人员结合学习和研究所科研经费管理进行了交流。

● 4月13~22日，研究所党委按照中国农业科学院党组的部署，开展了党员党费收缴工作检查补交工作。

● 4月14日，刘永明书记主持召开所党委会议。会议在听取了党办人事处关于年终一次性奖励是否纳入党费计算基数向中国农业科学院直属机关党委、兰州市委组织部请示的情况汇报后，研究决定年终一次性奖励不作为党员党费计算基数，导师津贴不作为党费计算基数。

● 研究所开展2016年春季义务植树活动

又到春回大地、芳草吐绿的好时节。为了增强广大职工的主人翁意识，丰富职工生活，4月15~25日，研究所组织职工在大洼山试验基地开展了2016年春季义务植树活动。

本次义务植树活动以部门为单位，全所在职职工、研究生共200余人参加了植树活动。植树现场，所领导和广大职工、研究生挥锹挖坑，扶苗栽树，植树活动现场一片热火朝天的景象。经过几天的辛勤劳动，3 200余棵新栽的树苗挺立在和煦的春风里。

近年来，研究所大洼山试验基地在部院的关怀和支持下，基础条件建设取得了积极进展，试验条件大大改善。大洼山试验基地以打造生态试验基地为契机，通过空地绿化、道路绿化等加大造林绿化的力度，不断改善环境，促进试验基地生态环境面貌持续改善。

● 研究所举办"立足本职敬业奉献"报告会

为持续开展创先争优活动，深入推进科技创新工程，4月15日，研究所邀请全国劳动模范、党的第十七次全国代表大会代表、北京市奶牛中心副主任张晓霞高级畜牧师做了题为"立足本职 敬业奉献"的报告。报告会由杨志强所长主持，全所职工和研究生参加。

张晓霞副主任结合自己39年来在奶牛育种工作中的经历和感受，从知识使我迈进了科学的神圣殿堂、在工作中我享受了无比的快乐、岗位使我实现了自身的最大价值和创新使我永不停步4个方面，从原本只有高中文凭的化验员成长为国内奶牛行业的知名专家，全国最大的种公牛冷冻精液生产企业技术总监的人生历程，讲述了她痴迷于事业，"爱牛如子"，把"一切为了公牛，为了公牛的一切"作为工作的最高标准，全天围绕牛群展开的工作流程，几乎所有的节假日都与牛一起度过的爱岗敬业的动人事迹。讲述了她在普通的岗位上——种公牛站的化验员、技术员、质检员、管理员，单调的工作中——养牛、生产冷冻精液中，日复一日，年复一年的，几十年如一日，发挥共产党员率先垂范、无私奉献的精神，用自己的行动和精神，影响和感召身边的人。

杨志强所长在总结讲话中指出：张晓霞副主任的报告朴实而感人，事迹平凡而伟大。希望全体职工和研究生学习她对事业坚定执着的信念，学习她对工作求真务实的精神，学习她立足岗位长期坚守的韧性，立足本职，敬业奉献，为研究所科技创新工程的实施和跨越发展努力工作。报告会后大家纷纷表示，要以先进典型为镜，兢兢业业干好本职工作，在平凡的岗位上多作贡献。

● 4月18日，刘永明书记主持召开所党委会议，研究确定了兰州市优秀党务工作者候选人推荐人选、甘肃省兽医工作先进个人推荐人选。

● 4月18日，刘永明书记、党办人事处杨振刚处长参加了甘肃省人才工作领导小组召开的"深化人才发展体制机制改革座谈会"。刘永明书记作了交流发言。

● 4月19日，研究所召开全体党员大会。刘永明书记传达了中国农业科学院党组关于加强党费收缴管理工作的通知，对研究所党员党费收缴、补交等工作进行了说明和部署。党办人事处杨振刚处长传达了中组部《关于中国共产党党费收缴使用和管理的规定》。

● 4月25日，刘永明书记主持召开支部书记会议，按照中国农业科学院党建工作领导小组关于开好专题组织生活会的要求，对各党支部召开专题组织生活会进行了部署。

● 4月26日，刘永明主席主持召开所工会委员、工会小组长会议，安排了庆"五一"健步走活动。

● 4月28日，中国农业科学院"两学一做"学习教育动员部署会（视频）会召开，杨志强所长、刘永明书记、张继瑜副所长、阎萍副所长和各支部书记在研究所分会场参加了会议。

● 研究所举行"庆五一 健步走"活动

为庆祝"五一"国际劳动节，增强职工体质，研究所于4月29日举行"庆五一健步走"活动。杨志强所长、刘永明书记、张继瑜副所长与200多名职工、研究生参加了活动。

健步走路线从研究所出发，沿兰州市北滨河路、黄河风情线至元通大桥，经南滨河路返回。途中花坛苗圃，星罗棋布。大家健步在这绿色的长廊中，精神饱满、热情高涨。在10公里的行进路途中，大家甩开臂膀，迈开大步，呼吸着清新的空气，欣赏着美丽的景色，感受着健步走带来的快乐。经过2个多小时的活动，大家放松了心情，锻炼了身体，增进了友谊，展示了朝气蓬勃的精神风貌。研究所将以此次活动为契机，进一步增强创新活力，努力营造健康向上的和谐发展环境。

● 5月3日，刘永明书记参加兰州市委召开的"两学一做"学习教育工作推进会。

● 5月4日，刘永明书记主持召开所党委会议，会议讨论通过了研究所"两学一做"学习教育实施方案、"两优一先"评选方案。

● 5月4日，刘永明书记主持召开党支部书记会议，部署了中国农业科学院和兰州畜牧与兽药研究所优秀共产党员、优秀党务工作者、先进基层党组织评选推荐工作。

● 研究所召开"两学一做"学习教育动员部署会议

为了深入学习贯彻习近平总书记关于"两学一做"学习教育重要指示和中国农业科学院党组、中共兰州市委"两学一做"学习教育工作部署，5月5日，研究所召开了"两学一做"学习教育动员部署大会。杨志强所长主持会议，刘永明书记、张继瑜副所长与全体党员参加了会议。

杨志强所长传达了习近平总书记关于"两学一做"学习教育重要指示精神。刘永明书记按照中国农业科学院以及兰州市委的要求，结合研究所工作实际，从开展"两学一做"学习教育的重要性和必要性，学习教育要突出重点、把握关键；学习教育要精心组织、确保实效三个方面做了动员部署，正式启动了研究所"两学一做"学习教育工作。

刘永明书记指出，要深入学习贯彻习近平总书记系列重要讲话精神，充分认识开展"两学一做"学习教育的重要意义。开展"两学一做"学习教育，是落实党章关于加强党员教育管理要求、面向全体党员深化党内教育的重要实践，是推动党内教育从"关键少数"向广大党员拓展、从集中性教育向经常性教育延伸的重要举措，是加强党的思想政治建设的重要部署；是推动全面从严治党向基层延伸的必经之路，是党员锤炼党性坚定理想信念的根本措施，是营造全党上下风清气正政治生态的重要抓手。

永明书记强调，开展"两学一做"学习教育，基础在学，关键在做。要紧密结合研究所实际，坚决贯彻落实中央和农业部、中国农业科学院、兰州市委决策部署，推进"两学一做"学习教育取得实实在在的成效。要求全体党员主动加强学习，做信念坚定、对党忠诚，牢记宗旨、心系群众，坚持原则、严守纪律，品德高尚、作用突出的合格党员。

刘永明书记指出，深入开展"两学一做"学习教育，是2016年研究所党建工作的龙头任务，各党支部要把这次学习教育作为一项政治任务，融入党员教育管理新常态，认真学习、深刻领会、逐级传达、扎实落实会议精神，进一步增强政治意识、大局意识、核心意识、看齐意识，在思想上行动上始终与以习近平同志为总书记的党中央保持高度一致，为建设一流科研院所奠定坚实的组织基础。

杨志强所长在总结讲话中指出，各党支部主要负责同志要把开展"两学一做"学习教育作为当前的重大政治任务，组织学习，抓好落实，确保"两学一做"学习教育扎实推进，取得实效。

● 5月5日，刘永明书记主持召开党支部书记、支部委员会议，学习了研究所"两学一做"学习教育方案，对研究所开展"两学一做"学习教育进行了研讨交流。

● 研究所职工参加"关爱母亲河"志愿服务行动

为弘扬和传递"改善环境质量，建设美丽兰州"的理念，5月6日，研究所组织职工31人参加了由兰州市七里河区文明委开展的"关爱母亲河"志愿服务活动。此次活动目的是号召大家践行志愿精神，参与环境保护，建设美丽兰州。

研究所志愿者在黄河边，开展清洁河堤、清理垃圾活动。河岸边，一个个忙碌的身影构成了一道美丽的风景线。志愿者们沿着河岸边的小道，将岸边的废弃塑料袋、饭盒、烟头等垃圾捡拾进垃圾袋。

近年来，研究所在注重科技创新的同时，也重视自身创新文化建设和参与地方文明创建。本次活动充分展示了牧药人健康向上的精神风貌，彰显了牧药人服务公益的人文文化，拓展了研究所文明创建工作内涵，为推进研究所创新文化建设和创建文明和谐研究所增加了新的内容。

● 5月6日，刘永明书记主持召开所党委会议，研究确定了研究所"两学一做"学习教育中的11项工作。根据各党支部党员投票推荐情况，确定了优秀共产党员6名，优秀党务工作者2名，先进党支部2个。

● 5月12日，刘永明书记参加兰州市总工会召开的民主管理政务公开座谈会。

● 5月19日，刘永明书记主持召开所党委会议，对干部档案审核中17名正处级干部、正高级职称人员的年龄、工龄、党龄、学历、工作经历和干部身份等内容进行了认定；确定2016年党员发展对象2名。

● 5月25日，党办人事处杨振刚处长参加了兰州市"两学一做"学习教育党务骨干市级示范培训班学习。

● 5月26日，刘永明书记主持召开党支部书记、委员会议，党办人事处杨振刚处长传达了兰州市"两学一做"学习教育党务骨干示范培训班培训内容，与会人员对开展"两学一做"学习教育进行了进一步研讨，刘永明书记对做好"两学一做"学习教育进行了再部署。

● 5月27日，刘永明书记参加兰州市工会代表会议，会议推选了参加甘肃省总工会第十二次代表大会代表。

● 6月2日，杨志强所长、刘永明书记、张继瑜副所长和阎萍副所长赴北京参加中央第八巡视组专项巡视中国农业科学院党组情况反馈专题会议。

● 6月12日，研究所组织收看了中国农业科学院贯彻中央巡视组整改意见部署视频会议，所领导、职能部门负责人、研究室主任、创新团队首席专家、部分课题主持人参加了会议。

● 6月14日，研究所召开落实中央巡视组巡视反馈意见整改方案讨论会。杨志强所长，刘永明书记及各职能部门负责人参加了会议。

● 刘永明书记作《落实全面从严治党要求，扎实开展"两学一做"学习教育》专题党课

6月16日，刘永明书记以《落实全面从严治党要求，扎实开展"两学一做"学习教育》为主题，为研究所全体党员做了"两学一做"专题党课。刘永明书记结合学习习总书记系列重要讲话精神，联系研究所实际，从习近平全面从严治党理论形成的时代背景、理论体系和准确领会"两学一做"学习教育精神等方面做了讲解。党课由杨志强所长主持。

刘永明书记指出，扎实开展"两学一做"，要从政治和全局高度，充分认识学习教育的重大意义。开展"两学一做"学习教育，既是加强党的思想政治建设的重大部署，也是推动管党治党工作向基层延伸的重要举措，最终目的是要增强各级干部的履职能力、尽责态度和奉献精神。全所广大党员，必须切实增强使命感责任感紧迫感，把"两学一做"的成效转化为推动工作的动力。

刘永明书记结合实际，对"两学一做"学习教育近期重点工作进行再部署：在党的组织活动场所悬挂党旗，要求每一名党员牢记入党誓词、佩戴党徽；在研究所网站开设"两学一做"学习教育专栏；以互联网为载体，采用兰州市"两学一做"学习教育平台手机APP开展"两学一做"学习教育；党委委员联系党支部；党支部书记联系创新团队；设立党员先锋岗、服务窗口、责任区；全面推进班子成员、党支部书记在所在党支部讲党课。

● 6月20~21日，刘永明书记、张继瑜副所长赴北京参加中国农业科学院"两委书记"京区单位党支部书记培训班和"两学一做"学习教育调度会。

● 6月22~25日，刘永明书记参加兰州市总工会第十二次代表大会。

● 6月29日，研究所组织收看了中国农业科学院纪念建党95周年暨"两优一先"表彰大会视频会，全所党员参加了会议。

● 6月30日，刘永明书记主持召开巡视整改专项会议。

● 研究所举办中国共产党成立95周年庆祝大会

为隆重庆祝中国共产党成立95周年，6月30日，研究所举办了中国共产党成立95周年庆祝大会。大会由研究所所长杨志强主持，所领导班子成员及全体党员参加了大会。

伴随着庄严的国歌声，庆祝大会正式拉开帷幕。杨志强所长带领新老党员入党宣誓和重温入党誓词，铮铮誓言深深地印在每个党员的心中，让新党员感受党的神圣，坚定入党信念和为共产主义奋斗终生的决心，激励新党员以实际行动积极实践入党誓词；让老党员重温入党宣誓时的庄严承诺和坚定决心，增强党性意识，以更加饱满的热情发挥共产党员的先锋模范作用。

刘永明书记代表所党委向辛勤工作在各个岗位上的广大共产党员致以节日的问候和崇高的敬意！刘永明书记回顾了中国共产党建党95周年走过的光辉历程，昭示我们：必须坚持党要管党、从严治党，全面加强党的建设。庆祝大会同时表彰了优秀共产党员、优秀党务工作者和先进党支部；向党员先锋岗和党员责任区进行了授牌。

所党委号召广大党员向先进个人和先进集体学习，争做先进，充分发挥共产党员的先锋模范作用。以实际行动，加强研究所党的建设和党员教育管理，提高研究所党建科学化水平，发挥党委在研究所发展中的政治核心作用，保障和促进研究所科技创新和现代农业科研院所建设。

● 研究所举办"两学一做"学习教育知识竞赛活动

6月30日，为深入推进"学党章党规、学系列讲话、做合格党员"学习教育，研究所举办了"两学一做"学习教育知识竞赛活动。所领导班子成员及全体党员参加了活动。

"两学一做"学习教育知识竞赛活动以党支部为单位组建七个代表队，每队3人。竞赛题型分为必答题、抢答题和场下抢答题。竞赛中，选手们默契配合，沉着应赛，精准作答，比分交替领先。抢答环节，选手们争分夺秒，踊跃回答，演绎了一场又一场精彩绝伦的巅峰对决，赢得了现场观众一阵又一阵的掌声。经过一个多小时的激烈角逐，机关第二党支部获一等奖；离退休党支部、畜牧党支部获二等奖；兽医党支部、兽药党支部获三等奖；草业基地党支部、机关第一党支部获组织奖。

目前，全党上下正在开展"两学一做"学习教育，落实党章关于加强党员教育管理和从严治党要求。今天，我们开展"两学一做"学习教育知识竞赛，就是要在研究所广大党员中兴起学党章党规、学系列讲话、做合格党员的良好氛围，使广大党员进一步坚定理想信念，增强政治意识、大局意识、核心意识、看齐意识，做讲政治、有信念，讲规矩、有纪律，讲道德、有品行，讲奉献、有作为的合格的共产党员。研究所各党支部和广大党员要以高度的政治责任感、良好的精神状态和扎实的工作作风，把学习教育组织好、开展好，为推动研究所"十三五"各项事业健康持续发展提供强大的思想、组织和作风保障。

● 7月4日，研究所高山美利奴羊新品种培育及应用课题组荣获中国农业科学院2012—2015年度中国农业科学院"青年文明号"称号。

● 7月4日，在中国农业科学院开展的2014—2015年度优秀共产党员、优秀党务工作者和先进基层党组织评选活动中，研究所党委荣获先进基层党组织称号，党委书记刘永明荣获优秀党务工作者称号，畜牧党支部书记高雅琴荣获优秀共产党员称号。

● 7月4日，刘永明书记主持召开所党委扩大会议，讨论通过了《中共中国农业科学院兰州畜牧与兽药研究所委员会关于党费收缴使用管理的规定》《中共中国农业科学院兰州畜牧与兽药研究所委员会关于党支部"三会一课"管理办法》《中共中国农业科学院兰州畜牧与兽药研究所委员会关于领导班子成员落实"一岗双责"的实施意见》，决定开展党支部调整换届选举工作。杨志强所长、阎萍副所长和各支部书记参加了会议。

● 7月7日，七里河区委统战部副部长马定涛莅临研究所，对区政协委员候选人严作廷、郭健和郝宝成进行了民主测评和谈话考察。杨振刚、荔霞、潘虎、李锦宇、杜天庆、王学红、王胜义、郭文柱和王贵波参加了会议。

● 7月13日，刘永明书记主持召开所党委会议，就领导干部个人事项报告核查结果处理问题进行了研究。杨志强所长、张继瑜副所长、阎萍副所长、党办人事处杨振刚处长参加了会议。

● 7月15日，刘永明书记主持召开所党委会议，会议应兰州市七里河区委统战部关于协助考察政协七里河区第九届委员会委员拟推荐人选的要求，对拟推荐人选严作廷、郭健、郝宝成进行了考察。会议讨论通过了《中共中国农业科学院兰州畜牧与兽药研究所纪委关于严禁工作人员收受礼金礼品的实施细则》《中共中国农业科学院兰州畜牧与兽药研究所纪委信访或举报工作管理办法》。杨志强所长、张继瑜副所长，阎萍副所长，党办人事处杨振刚处长、荔霞副处长参加了会议。

● 甘肃省地矿局第三地质矿产勘查院田毅主席一行到研究所调研

7月26日，甘肃省地矿局第三地质矿产勘查院工会主席田毅一行11人到所调研文明单位创建工作。

田毅主席一行参观了研究所大院环境、所史陈列室、中兽医药陈列馆、兽药研究室及中兽医（兽医）研究室。

座谈会上，刘永明书记代表研究所对田毅主席一行来研究所考察调研表示欢迎，并向客人介绍了研究所文明创建工作的经验、做法及主要成效等。党办人事处杨振刚处长向田毅主席一行介绍了研究所基本情况和文明单位创建情况。田毅主席一行就文明单位创建工作与研究所参会人员进行了深入交流，希望能与研究所加强合作与交流，进一步提升文明创建水平。

研究所管理服务部门负责人参加了座谈会。

● 兰州畜牧与兽药研究所召开警示教育大会

7月28日，党委书记刘永明主持召开了研究所警示教育大会，全体职工观看了由中国农业科学院监察局和武汉市武昌区人民检察院联合摄制的警示教育片《转基因学者的变异人生—卢长明、曹应龙贪腐警示录》。

观看警示教育片后，刘永明书记指出，卢长明和曹应龙的案例暴露出他们的世界观、价值观严重扭曲，法律意识淡薄、贪心重、私欲强、道德品行差等问题，为了满足个人私欲，他们完全置党纪、党规和国家法律于不顾。研究所科研人员及管理人员要以正确的人生观和价值观约束自己，牢固树立法律意识、法纪意识，自觉遵守各项政策规定，提高自身拒腐防变能力。各部门、各党支部要结合"两学一做"学习教育，及时开展研讨交流活动，达到警示教育目的，共同营造研究所风清气正、干事创业的良好氛围，为研究所科技创新迈上新台阶作出积极贡献！

● 杨志强所长讲《不忘初心 做合格党员 在争创一流研究所中建功立业》专题党课

8月12日，杨志强所长围绕"两学一做"学习教育有关要求，聚焦习近平总书记在建党95周年和创新科技三会重要讲话精神，以《不忘初心 做合格党员 在争创一流研究所中建功立业》为题，为研究所全体党员讲了党课。专题党课由刘永明书记主持。

杨所长从三个方面进行了讲解。一是坚持不忘初心、继续前进。习近平总书记"七一"重要讲话的主题主旨、内涵实质，使广大党员进一步明确了"不忘初心、继续前进"的方向和目标，增强了"四个自信"和"四种意识"，广大党员应深刻了解了中国共产党在95年波澜壮阔的历史进程中，我们党为中华民族作出的三个伟大历史贡献，深刻阐明了我们党的执政理念和执政方略，深刻阐述了面向未来、面对挑战必须"不忘初心、继续前进"的八个坚持。二是坚持四讲四有，做合格党员。要把"不忘初心、继续前进"的要求体现在践行"四讲四有"合格党员标准上。全体党员要坚持以知促行，做讲政治、有信念，讲规矩、有纪律，讲道德、有品行，讲奉献、有作为的合格党员。三是坚持创新发展，在争创一流研究所中建功立业。"十八大"以来，习近平总书记强调要发动科技创新的强大引擎，让中国这艘航船，向着世界科技强国不断前进，向着中华民族伟大复兴不断前进，向着人类更加美好的未来不断前进。习总书记的讲话让我们感受到，党和国家正在营造一个让各领域科技成果不断涌现的土壤。研究所要深入贯彻学习习总书记的讲话精神，强化战略导向、破解发展难题、加强科技供给、服务经济主战场。1. 增强自主创新的紧迫感和责任感；2. 加强基础科学和前沿技术的原始创新；3. 推进技术集成与应用；4. 加快科技成果转化与应用；5. 拓展科技国际合作与交流；6. 强化科技创新能力条件建设；7. 培养勇于创新的科技队伍；8. 加强科技管理机制创新。最后，杨所长对研究所发展提出了宏伟蓝图：在研究所成立60周年之际（2018年），我们要走在建设世界一流研究所的路上；在研究所成立100周年之际（2058年），我们要建成世界一流研究所！

● 8月18日，党办人事处荔霞副处长参加中共兰州市委办公厅关于召开的中国共产党兰州市第十三次代表大会代表选举工作会议。

● 8月19日，党委书记刘永明主持召开党委会议，研究推荐了兰州市第十三次党代会代表初步提名人。全体党委委员参加了会议。

● 研究所召开理论学习中心组会议

8月25日，研究所召开理论学习中心组会议，学习习近平总书记在庆祝中国共产党成立95周年大会和全国科技创新大会上的重要讲话精神，听取中共中央党校副教育长、哲学部主任、博导韩庆祥的视频辅导报告，围绕"增强看齐意识，用习近平总书记系列重要讲话精神武装头脑"开展专题研讨。会议由党委书记刘永明主持，所领导、全体中层干部、各党支部书记及创新团队首席专家参加了会议。

会上，刘永明书记和大家一起学习了《中共中国农业科学院党组关于学习贯彻习近平总书记在庆祝中国共产党成立95周年大会上重要讲话精神的通知》文件精神以及习近平总书记在庆祝中国共产党成立95周年大会上的讲话。张继瑜副所长和大家一起学习了《中共中国农业科学院党组关于贯彻落实全国科技创新大会精神的意见》文件精神以及习近平总书记在全国科技创新大会上的重要讲话。集体收看了中共中央党校副教育长、哲学部主任韩庆祥教授作的《用习近平系列重要讲话精神武装头脑 指导实践 推动工作》的视频辅导报告，报告从习近平总书记治国理政的方法论、核心理念、根本主线、奋斗目标、强国之路、战略布局、总体思路等11个方面全面深入地解读了习总书记系列重要讲话精神。与会人员围绕"增强看齐意识，用习近平总书记系列重要讲话精神武装头脑"开展了专题研讨。

刘永明书记强调，研究所领导干部要认真学习习近平总书记在建党95周年大会以及全国科技创新大会上的重要讲话精神，用理论知识武装头脑、指导实践工作；认真组织本部门、本党支部学习；深入推进研究所"两学一做"学习教育，加强学习，撰写"两学一做"心得体会，以党员学习推进支部工作；加强标准党支部创建，强化党支部及党员考核，促进研究所党员队伍建设。

● 9月7~8日，党办人事处杨振刚处长参加在哈尔滨召开的中国农业科学院2016年党办主任培训班学习培训。

● 10月8日，刘永明书记主持召开党委会议，研究决定对所属党支部进行调整和换届。党委成员参加了会议。

● 研究所举办离退休职工欢度重阳佳节趣味活动

为弘扬和传承中华民族敬老爱幼的传统美德，10月9日，研究所举行了离退休职工欢度重阳佳节趣味活动。党委书记刘永明代表研究所领导班子向离退休职工致以节日的问候和美好的祝福。

趣味活动内容丰富，形式多样，设置项目有跳棋、趣味保龄球、海底捞月、蒙眼贴五官、心有灵犀、投篮、运乒乓球、飞镖等深受老同志们喜爱的趣味游戏。活动现场充满了欢声笑语，离退休职工兴致高昂、各显身手，收获了快乐，也收获了奖品。

通过趣味活动的开展，既丰富了离退休职工的精神文化生活，也为他们搭建了一个相互沟通的平台，让离退休职工在感受研究所快速发展的步伐，也真切感受到研究所大家庭的温馨与快乐，真正实现"老有所养、老有所为、老有所乐"。

● 研究所理论学习中心组学习党的十八届六中全会精神

10月31日，研究所理论学习中心组召开会议，学习党的十八届六中全会精神。会议由党委书记刘永明主持，所领导、全体中层干部、各党支部书记及创新团队首席专家参加了会议。

会上，刘永明书记传达了《中共中央办公厅发出通知要求 认真学习宣传党的十八届六中全会精神》《中国农业科学院党的建设工作领导小组办公室中国农业科学院直属机关党委〈关于组织学习党的十八届六中全会公报的紧急通知〉》，集体学习了《中国共产党第十八届中央委员会第六次全体会议公报》、人民日报《坚定不移推进全面从严治党》等3篇社论。

集中学习后，刘永明书记就研究所贯彻学习党的十八届六中全会精神提出具体要求：一是要高度重视、认真组织全体党员和工作人员学习；二是按照上级单位要求，做好安排和部署；三是全体领导干部要认真领会精神实质和核心内容，牢固树立"四个意识"，持续推进全面从严治党，共同营造风清气正的研究所政治生态。

● 张继瑜副所长讲《共筑中国梦 建设一流研究所》专题党课

11月4日，研究所纪委书记、副所长张继瑜以《共筑中国梦 建设一流研究所》为题，为研究所全体党员讲了"两学一做"专题党课。党课由党委书记刘永明主持。

张继瑜从中国梦是历史的选择、是伟大复兴之路、是中国共产党人的庄严使命3个方面阐明了实现中国梦是中华儿女的共同期盼，从中国梦的核心内涵、本质属性、世界分享和奋斗目标4个方面诠释了实现中国梦的思想内涵，以必须走中国道路、必须弘扬中国精神、必须坚持和平发展3个必须阐述了实现中国梦的实践要求，希望全体职工要通过辛勤诚实劳动、始终艰苦奋斗、加强学科建设、提高创新能力，建设国内领先、国际一流研究所，同心共筑中国梦。

刘永明指出，报告运用大量的理论、历史典故和数据，给大家讲了一堂深刻而又生动的党课，对全体党员理解中国梦以及建设一流研究所科研梦有着重要意义，希望各党支部结合"两学一做"学习教育，开展研讨交流，深刻领会党课内容，用实际行动推动研究所的发展。

● 11月4日，党委书记刘永明主持召开专题会议，安排部署研究所党支部调整及支部换届选举工作。各支部书记参加了会议。

● 11月14日，刘永明主席主持召开研究所工会委员（扩大）会议，会议就开展工会会员健康生活方式技能培训与演练活动有关事宜进行了专题研究。所工会委员、各工会小组长参加了会议。

● 11月15日，兰州市委第五考察组对兰州市人大代表候选人初步人选李建喜进行了考察。党委书记刘永明主持考察测评会议，阎萍副所长、职能部门负责人及中兽医（兽医）研究室部分职工参加了会议。

● 研究所组织职工观看《党风廉政教育警示录典型案例选》

11月16日，为进一步加强党风廉政教育，牢固树立全面从严治党的意识，研究所组织全体职工观看了《党风廉政教育警示录典型案例选》。案例涉及近年来发生在行政、教育、医疗、金融、证券、财会等多个领域和行业，包括了虚开发票报账、贪污、挪用公款、泄密、以权谋私、赌博等职务犯罪和渎职犯罪。案例对犯罪产生的原因进行了深入剖析，对各单位开展党风廉政教育、完善法治制度、加大监管力度、严把用人关、构建反腐倡廉长效机制具有重要意义。

全所职工从警示录案例受到启发，从思想上重视廉政建设，树立红线意识，杜绝违法违纪行为。

● 11月17~23日，由各党支部牵头，组织在职职工、离退休职工及研究生共165人，观看了电影《大会师》。

● 11月18日，研究所举行了道德讲堂讲座，邀请研究所退休副所长张遵道以《莫忘过去 努力前进》为题，作了研究所发展历程的报告。党办人事处处长杨振刚主持了会议，青年职工及研究生参加了报告会。

● 11月21日，兰州市委考察组对兰州市政协委员候选人严作廷进行了考察。党委书记刘永明主持考察测评会议，研究所党办人事处负责人及中兽医（兽医）研究室部分职工参加了会议。

● 11月21日，兰州市七里河区委第十一届第一次常委会议研究同意，严作廷、郭健、郝宝成同志为政协兰州市七里河区第九届委员会委员。

● 11月22～25日，党委书记刘永明、纪委书记张继瑜赴长沙市参加中国农业科学院学习贯彻党的十八届六中全会精神暨"两研会"六届四次会议。

● 研究所开展健康生活方式技能培训与演练活动

11月29日，研究所邀请中国环境健康与卫生安全促进会甘肃省健康教育专业委员会专家王新娟老师开展了"健康生活方式技能培训与演练"活动。活动由所党委书记、工会主席刘永明主持，全体会员参加了活动。

王新娟老师从突发意外事故自救与互救、雾霾的危害及预防知识、健康的生活方式及如何科学养生、办公室职业病的预防等方面，通过理论讲解、CPR假人演示、图片展示和与职工的现场互动等方式，为研究所职工普及了健康生活知识。

刘永明代表研究所对王新娟老师的精彩培训及演练讲解表示衷心感谢！他指出，王老师给大家讲了一堂深刻、生动而又实用的教育课，对全体会员掌握保健知识、应急救护技能、享受健康生活有很大帮助。他希望大家都能管理好自己的身心，拥有健康的身体，这样才能更好的生活工作。

● 研究所理论学习中心组学习贯彻党的十八届六中全会精神

12月2日，研究所召开理论学习中心组会议，学习贯彻党的十八届六中全会精神，开展"两学一做"第四次专题研讨。会议由刘永明书记主持，全体中层干部、各党支部书记及创新团队首席专家参加了会议。

会上，刘永明书记传达了《中共中国农业科学院党组关于学习宣传贯彻党的十八届六中全会精神的通知》，集体观看了由中共中央党校党建教研部张希贤教授主讲的十八届六中全会视频报告《开辟全面从严治党新篇章》及《全面加强党内监督 增强"四种能力"》。与会人员结合学习体会及"两学一做"研讨专题"学宗旨，坚持创新为民"开展了热烈的讨论交流。

刘永明书记强调，一是各部门、各党支部要高度重视学习宣传贯彻十八届六中全会精神，认真组织职工、党员学习贯彻，结合"两学一做"撰写学习心得文章，加强媒体宣传工作；二是要结合当前工作，党建述职、民主评议党员、专题组织生活会、领导班子民主生活会，严格规范党内政治生活，认真开展批评与自我批评；三是凝聚精神力量，聚焦中心工作，认真按照所里要求，将学习宣传贯彻十八届六中全会精神与研究所科技创新、产业发展、管理工作结合起来，认真做好年末各项工作。

● 12月8日，杨志强副书记主持召开专题会议。按照中共兰州市委要求，在全体党员推荐的基础上，会议研究同意推荐李剑勇、高雅琴、潘虎为出席党的十九大代表候选人初步人选。阎萍副所长、党办人事处杨振刚处长参加了会议。

● 坚持修学笃行 德润科研气质

12月15日，应研究所青年工作委员会邀请，研究所创新团队"细毛羊资源与育种"首席科学家杨博辉研究员为研究所全体青年职工、研究生做了题为《修学笃行筑团队》的道德讲堂讲座。所党委书记刘永明主持会议，60余人参加了报告会。

杨博辉以细毛羊资源与育种创新团队为例，从团队特点、结构、功能、愿景、建设和管理6个方面，就开展科技创新、培育科技成果，详细讲解了以高尚道德品质润浸科研工作、用良知和情怀服务三农的研究历程。报告深入浅出、具体生动，获得了与会青年的强烈共鸣。杨博辉还介绍了细毛羊资源与育种创新团队在人员分工、绩效考评等领域积累的优秀工作经验，为全所科研工作者提供了宝贵的借鉴。杨博辉寄语青年职工，要珍惜自己、珍惜团队、珍惜单位；要学会谋事；要坚持吃苦精神、坚持问题导向、坚持正确的奋斗目标、坚持正确世界观、人生观。

● 12月19日，刘永明书记主持召开所党委会议，会议研究同意各党支部关于支部委员会委员候选人推荐意见。杨志强所长、张继瑜副所长、阎萍副所长、党办人事处杨振刚处长参加了会议。

● 12月23日，刘永明书记主持召开所党委会议。会议根据中共兰州市委审查意见，研究决定推荐李剑勇为出席党的十九大代表候选人推荐人选；会议研究同意各党支部委员选举结果及委员分工情况。

● 12月27日，刘永明书记主持召开所领导班子民主生活会征求意见座谈会，研究所职工代表、中层干部代表、民主党派代表、离退休职工代表共25人参加了会议。

● 研究所召开党建工作会议

12月28日，研究所召开党建工作会议。党委书记刘永明主持会议，各党支部书记、委员参加了会议。

本次会议是所党委在研究所党支部换届选举后为加强党建工作、进一步规范组织建设召开的。会上，大家学习了中共中国农业科学院党组《关于进一步加强和改进新形势下思想政治工作的意见》《中共中国农业科学院党组关于印发党风廉政约谈暂行规定的通知》《中共中国农业科学院兰州畜牧与兽药研究所委员会关于党费收缴使用管理的规定》《关于党支部"三会一课"管理办法》《关于落实党风廉政建设主体责任监督责任实施细则》《党员积分考核管理办法》等文件；学习了支部党建工作有关知识。宣读了《中共中国农业科学院兰州畜牧与兽药研究所委员会关于各党支部委员会选举结果暨委员分工的批复》。通过对党建知识的深入学习，支委们进一步掌握了党建工作的方法和要求，有利于提高研究所党建工作规范化和科学化水平。

刘永明书记就近期有关党建工作进行了部署：一是组织党员深入学习《条例》《准则》等党内法规，学习有关党建知识，提出支部工作思路；二是抓好党建述职评议考核工作；三是认真开展民主评议党员工作；四是用"责任、担当、上心、规范、考核"10个字要求各党支部委员树立责任心、有担当、对党建工作热心、规范党内生活、做好"三会一课"、加强考核与评议，认真做好各支部党建工作。

杨志强所长陪同农业部副部长、中国农业科学院院长
李家洋赴吉尔吉斯斯坦、塔吉克斯坦和俄罗斯联邦访问

中国农业科学院党组书记陈萌山，院党组成员、人事局
局长魏琦等到研究所检查指导工作

中国农业科学院"羊绿色增产增效技术集成模式观摩会议"
在甘肃省永昌县召开。图为副院长李金祥在现场观摩

中国农业科学院副院长王汉中到研究所调研工作

甘肃省科技厅厅长李文卿到研究所调研

中国农业科学院 2016 年综合政务会议在兰州召开

由我国实践十号返回式科学实验卫星搭载的草种子交接
仪式在研究所举行

农业部兽用药物创制重点实验室和甘肃省新兽药工程重
点实验室第一届学术委员会第四次会议在研究所召开

新兽药"银翘蓝芩口服液"实现技术转让

"航苜1号紫花苜蓿"和"中兰2号紫花苜蓿"实现
成果转化

藏区牛羊疾病防控与藏草药加工技术培训会在研究所召开

杨志强所长、阎萍副所长等一行6人在陇南考察并
指导生产

英国伦敦大学米夏埃尔·海因里希教授到研究所访问

农业部兰州黄土高原生态环境重点野外科学观测试验站
观测楼修缮项目在大洼山综合试验基地开工

研究所举办"两学一做"学习教育知识竞赛活动

研究所举行"庆五一健步走"活动